Nachrichtentechnik
Herausgegeben von H. Marko
Band 20

Richard Bamler

Mehrdimensionale lineare Systeme

Fourier-Transformation und δ-Funktionen

Mit 128 Abbildungen

Springer-Verlag
Berlin Heidelberg NewYork
London Paris Tokyo Hong Kong 1989

Dr.-Ing. habil. RICHARD BAMLER

Wissenschaftlicher Mitarbeiter,
Deutsche Forschungsanstalt für Luft- und Raumfahrt,
Oberpfaffenhofen

Dr.-Ing., Dr.-Ing. E. h. HANS MARKO

Universitätsprofessor, Lehrstuhl für Nachrichtentechnik
Technische Universität München

ISBN 3-540-51069-9 Springer-Verlag Berlin Heidelberg NewYork
ISBN 0-387-51069-9 Springer-Verlag NewYork Berlin Heidelberg

CIP-Titelaufnahme der Deutschen Bibliothek
Bamler, Richard:
Mehrdimensionale lineare Systeme : Fourier-Transformation und δ-Funktionen / Richard Bamler.
Berlin ; Heidelberg ; NewYork ; London ; Paris ; Tokyo ; Hong Kong : Springer, 1989
  (Nachrichtentechnik ; Bd. 20)
  ISBN 3-540-51069-9 (Berlin ...)
  ISBN 0-387-51069-9 (NewYork ...)
NE: GT

Druck: Color-Druck Dorfi GmbH,Berlin; Bindearbeiten: Lüderitz & Bauer, Berlin
2362/3020-543210 – Gedruckt auf säurefreiem Papier

Zur Buchreihe „Nachrichtentechnik"

Die Nachrichten- oder Informationstechnik befindet sich seit vielen Jahrzehnten in einer stetigen, oft sogar stürmisch verlaufenden Entwicklung, deren Ende derzeit noch nicht abzusehen ist. Durch die Fortschritte der Technologie wurden ebenso wie durch die Verbesserung der theoretischen Methoden nicht nur die vohandenen Anwendungsgebiete ausgeweitet und den sich stets ändernden Erfordernissen angepaßt, sondern auch neue Anwendungsgebiete erschlossen.

Zu den klassischen Aufgaben der Nachrichtenübertragung und der Nachrichtenvermittlung sind die Nachrichtenverarbeitung und die Datenverarbeitung hinzugekommen, die viele Gebiete des beruflichen und des privaten Lebens in zunehmendem Maße verändern. Die Bedürfnisse und Möglichkeiten der Raumfahrt haben gleichermaßen neue Perspektiven eröffnet wie die verschiedenen Alternativen zur Realisierung breitbandiger Kommunikationsnetze. Neben die analoge ist die digitale Übertragungstechnik, neben die klassische Text-, Sprach- und Bildübertragung ist die Datenübertragung getreten. Die Nachrichtenvermittlung im Raumvielfach wurde durch die elektronische zeitmultiplexe Vermittlungstechnik ergänzt. Satelliten- und Glasfasertechnik haben zu neuen Übertragungsmedien geführt. Die Realisierung nachrichtentechnischer Schaltungen und Systeme ist durch den Einsatz von Elektronenrechnern sowie durch die digitale Schaltungstechnik erheblich verbessert und erweitert worden. Die rasche Entwicklung der Halbleitertechnologie zu immer höheren Integrationsgraden erschließt neue Anwendungsgebiete besonders auf dem Gebiet der digitalen Technik.

Die Buchreihe „Nachrichtentechnik" trägt dieser Entwicklung Rechnung und bietet eine zeitgemäße Darstellung der wichtigsten Themen der Nachrichtentechnik an. Die einzelnen Bände werden von Fachleuten geschrieben, die auf den jeweiligen Gebieten kompetent sind. Jedes Buch soll in ein bestimmtes Teilgebiet einführen, die wesentlichen heute bekannten Ergebnisse darstellen und eine Brücke zur weiterführenden Spezialliteratur bilden. Dadurch soll es sowohl dem Studierenden bei der Einarbeitung in die jeweilige Thematik als auch dem im Beruf stehenden Ingenieur oder Physiker als Grundlagen- oder Nachschlagewerk dienen. Die einzelnen Bände sind in sich abgeschlossen, ergänzen einander jedoch innerhalb der Reihe. Damit ist eine gewisse Überschneidung unvermeidlich, ja sogar erforderlich.

Die derzeitige Planung der Reihe umfaßt die mathematischen Grundlagen, die Baugruppen und Systeme sowie die Technik der Signalverarbeitung und der Signalübertragung; eine Ergänzung bildet die Meßtechnik (siehe Schema nächste Seite).

Herausgeber und Verlag danken für alle Anregungen zur weiteren Ausgestaltung dieser Reihe. Die freundliche Aufnahme in der Fachwelt hat die Richtigkeit der Idee, das sich schnell entwickelnde Gebiet der Nachrichtentechnik oder Informationstechnik in einer Buchreihe darzustellen, bestätigt.

München, im Frühjahr 1989   H. Marko

Bisher erschienene Bände der Buchreihe »Nachrichtentechnik«

Vorwort

Die lineare Systemtheorie mit ihren 'Werkzeugen' *Faltung, Fourier-Transformation* und δ-*Funktionen* ist eine wohletablierte Methode zur Beschreibung von Zeitsystemen und -signalen. Die Erweiterung dieser nachrichtentechnischen Betrachtungsweise auf *mehr*dimensionale Systeme hat wesentlich zum Verständnis von Problemen der Bildgewinnung, der Bildverarbeitung und der Sensorik beigetragen.

Während speziell (eindimensionale) Zeitsignale und (zweidimensionale) Bildsignale in den Bänden 1 und 13 dieser Reihe ausführlich behandelt werden, will das vorliegende Buch die mathematischen Grundlagen einer allgemein n-dimensionalen linearen Systemtheorie vermitteln und anhand von Beispielen illustrieren. Dabei werden auch Gemeinsamkeiten und Unterschiede beim Übergang von einer auf mehrere Dimensionen verdeutlicht, wobei die δ-Funktionen ihrer — im Mehrdimensionalen — besonderen Vielfalt wegen einen großen Raum einnehmen.

Wegen dieser angestrebten Allgemeinheit werden in den Kapiteln 3 und 4 Gesetze und Zusammenhänge weitgehend frei von physikalischer Bedeutung und für unbeschränkte Dimensionenzahl hergeleitet. Diese Rechenregeln dienen dann in Kapitel 5 beispielhaft zur systemtheoretischen Behandlung von Wellenausbreitungsproblemen. Diesem eigentlichen 'mehrdimensionalen Teil' ist das Kapitel 2 über *ein*dimensionale Systemtheorie vorangestellt, einerseits um Leser unterschiedlichen Vorwissens in die Nomenklatur und den Stil dieses Buches einzuführen, andererseits um einige allgemeingültige Überlegungen schon vorab zu diskutieren. Dies ermöglicht in den späteren Kapiteln, Herleitungen etwas straffer zu gestalten und Zusammenhänge *induktiv* zu verdeutlichen.

Das vorliegende Buch entstand während meiner Lehr- und Forschungstätigkeit am Lehrstuhl für Nachrichtentechnik der Technischen Universität München. Daß an diesem Lehrstuhl die Systemtheorie einen solch hohen Stellenwert einnimmt, ist in erster Linie das Verdienst von Professor H. Marko, der dieses Buch initiiert und unterstützt hat und der mir häufig Diskussionspartner war. Viele Anregungen, didaktische Ratschläge und ein ungewöhnlich freundschaftliches Arbeitsklima verdanke ich H. Platzer, J. Hofer-Alfeis, H. Glünder, A. Gerhard, R. Lenz und J. Steurer. Einen Teil des Manuskripts hat S. Karl unter der erschwerten Bedingung meiner Handschrift in Reinform gebracht.

Mein herzlichster Dank gilt jedoch meiner Frau Gabi und meinen Kindern Richard und Robert, die auch dann mit mir Geduld hatten, wenn ich nicht in den uns gemeinsamen Dimensionen x, y, z und t anzutreffen war.

München, im Januar 1989   Richard Bamler

Inhaltsverzeichnis

1   Einführung

Systemtheorie ist die Behandlung von Problemen aus verschiedensten Gebieten unter Abstraktion von deren physikalischer Natur. Diese von KÜPFMÜLLER [1.1-1.3] maßgeblich geprägte Betrachtungsweise diente anfangs zur – z.T. idealisierten – Analyse von linearen Zeitsystemen für die Nachrichtenübertragung. Ein System wird danach z.B. durch eine *Übertragungsfunktion* vollständig beschrieben, die den mathematischen Zusammenhang zwischen Eingangs- und Ausgangssignal darstellt. Außer Spektraltransformationen, wie die Fourier- und Laplace-Transformation, spielen dabei δ-Distributionen eine zentrale Rolle. Seither ist diese bestechend einfache und *ein*dimensionale 'Eingangs-Ausgangs-Systemtheorie' vor allem in zwei Richtungen erweitert worden[1]: Die Einführung der *Zustandsdarstellung* von Zeit-systemen [1.5, 1.6] trug den Bedürfnissen der Regelungstechnik und der Automaten-theorie Rechnung; die Anwendung der Fourier-Methoden auf *mehr*dimensionale Signale und Systeme andererseits ermöglichte das Einbringen nachrichtentech-nischer Beschreibungsweisen speziell in die Optik [1.7, 1.8]. Die letztgenannte Ent-wicklung ist nicht etwa nur ein 'Reimport' des Fourier-Kalküls in die Physik, sondern tatsächlich eine Betrachtungsweise physikalischer Effekte unter anderen Aspekten: Während in der Physik Spektraltransformationen in erster Linie *Hilfs*mittel zur Lösung von Differentialgleichungen sind [1.9-1.11], stellen Integraloperatoren (also auch Spektraltransformationen) bei der nachrichtentechnisch orientierten Systemtheorie das *Beschreibungs*mittel selbst dar. Diese – und damit die Einbringung des System-begriffs – ermöglichen die anschauliche Formulierung von Ursache-Wirkungs-Beziehungen, deren Bedeutung in der Physik häufig vor der Notwendigkeit in den Hintergrund tritt, wirklich alle Lösungen der entsprechenden Differentialgleichung zu ermitteln. Diese unterschiedliche Wertung liegt daran, daß in der Nachrichtentechnik der Verlauf einer physikalischen Größe nicht lediglich als – wertfreie – mathematische Funktion betrachtet wird, sondern i. allg. ein *informationstragendes Signal* ist. Die Systemtheorie maßt sich nicht an, physikalische Phänomene 'korrekter' zu beschrei-ben oder gar fundamentale Erkenntnisse ausschließlich zu ermöglichen – zumal die ihr und der Physik zugrundeliegende Mathematik ja dieselbe ist; vielmehr ist ihre Domäne die 'Verwertung' physikalischer Gesetze auf einem höheren Abstraktions-niveau, um damit die Gemeinsamkeiten unterschiedlicher Phänomene bezüglich ihrer *Übertragungs*eigenschaften aufzuzeigen.

---

[1] Eine Historie der Systemtheorie findet sich in [1.4].

Signale und Systeme

Für das folgende genügt es, unter einem *System* eine Vorschrift zu verstehen, nach der bestimmten Eingangsgrößen Ausgangsgrößen zugeordnet werden. Mathematisch sei diese Vorschrift durch einen *Operator* $\mathfrak{S}\{.\}$ gegeben. Dabei ist es irrelevant, ob die Ein- und Ausgangsgrößen Spannung, Strom, Kraft, Feldstärke, Temperatur, Konzentration oder aber Blutdruck, Bevölkerungsdichte, Geldmenge, Verkehrsaufkommen usw. bedeuten. Stellt sich z.B. bei mehreren verschiedenen Aufgabenstellungen heraus, daß jeweils dieselbe mathematische Zuordnungsvorschrift gilt, so werden diese Probleme im Sinne der Systemtheorie gleich behandelt.

Dieser noch relativ allgemeine Systembegriff ermöglichte zwar, daß sich das 'Denken in Systemen' auf vielen Gebieten etablieren konnte, verhindert jedoch die Behandlung mit Hilfe einer allumfassenden und dabei noch handhabbaren Mathematik. Daher wollen wir nun schrittweise Abstriche von obiger Allgemeinheit machen, um schließlich zu der in diesem Buch behandelten Systemklasse zu gelangen.

Eine erste Annahme betrifft die Ein- und Ausgangsgrößen: Diese seien Funktionen vorerst beliebiger *kontinuierlicher* Variablen[1], und zwar sowohl

- natürlich vorkommende, physikalisch direkt erfaßbare *Signale* (z.B. Spannungs-, Konzentrations-, Temperatur-, Feldstärke- oder Schalldrucksignale), die i. allg. von den Ortskoordinaten x, y, z und/oder der Zeit t abhängen,
- wie auch willkürlich definierte *Hilfsfunktionen* (z.B. die Autokorrelationsfunktion und höhere Momente stochastischer Prozesse).

Die Grenze zwischen diesen beiden Typen ist fließend. So ist beispielsweise die Autokorrelationsfunktion eines Spannungsverlaufs sehr wohl durch physikalische Nachbildung der mathematischen Vorschrift meßbar; der technische Aufwand im Vergleich zur direkten Messung der Spannung ist jedoch ungleich höher. Wir nennen deshalb im folgenden Funktionen *beider* Klassen *Signale* und bezeichnen sie, falls sich aus dem jeweiligen Kontext keine andere Schreibweise anbietet, mit 'u(.)' und dem Index '1' bzw. '2', welcher die Unterscheidung zwischen Ein- und Ausgangssignalen zuläßt, z.B.

$$u_1(t) \,, \quad u_1(x,y,z,t)$$

für Eingangssignale und

$$u_2(t) = \mathfrak{S}\{u_1(t)\} \,, \quad u_2(x,y,z,t) = \mathfrak{S}\{u_1(x,y,z,t)\}$$

für die entsprechenden Ausgangssignale.

Wir unterscheiden zwischen zwei Klassen von *Eingangs*signalen:

---

[1] Sind die Signale Funktionen *diskreter* Variablen (z.B. bei Abtastsystemen), so erlaubt die Verwendung von δ-Funktionen trotzdem die Rechnung mit *kontinuierlichen* Veränderlichen.

–   physikalische *Ursachen* und

–   *beobachtete* Größen, die nur *indirekt* physikalisch beeinflußbar sind.

Ein Beispiel mag dies verdeutlichen: Ist der örtliche und zeitliche Verlauf der Wärme-energiezufuhr (Eingangssignal) in einem Raum gegeben, und soll die sich daraufhin einstellende Temperaturverteilung (Ausgangssignal) ermittelt werden, so handelt es sich um die Etablierung eines Ursache-Wirkungs-Gesetzes im strengen physikali-schen Sinn. Soll dagegen der Temperaturausgleichsvorgang nach Abschalten der Wärmequellen berechnet werden, also z.B. aus einer anfänglichen – jedoch nur *indirekt* (über den vorherigen Aufheizvorgang) beeinflußbaren – Temperaturvertei-lung (Eingangssignal) diejenige, die sich nach einer bestimmten Zeit einstellt (Aus-gangssignal), so tritt hier die eigentliche Ursache, die genaue Form des Aufheizvor-gangs, gar nicht in Erscheinung. Wir werden auf diesen Unterschied in Kapitel 5 noch genauer eingehen.

Die Anzahl der Variablen in einem Signal ist dessen *Dimensionalität*; $u_1(t)$ oder $u_2(t)$ bezeichnen wir demnach als *ein*dimensional und $u_1(x,y,z)$ oder $u_2(x,y,z)$ als *drei*-dimensional usw. In den Kapiteln 2 bis 4 abstrahieren wir meist von der physikali-schen Natur der Variablen und nennen sie x_1, x_2, ..., x_n, wobei 'n' immer die Dimensi-onalität sei. Diese Variablen fassen wir zum Vektor

$$\mathbf{x} = (x_1, x_2, ..., x_n)^T \quad \in \mathbf{R}^n$$

zusammen. Wir schreiben also Ein- und Ausgangssignale z.B. als

$$u_1(\mathbf{x})$$

bzw.

$$u_2(\mathbf{x}) = \mathbf{S}\{u_1(\mathbf{x})\} \, .$$

Ohne Einschränkung der Allgemeinheit können wir fürs erste annehmen, daß $u_1(.)$ und $u_2(.)$ von *denselben* Variablen abhängen. Falls dies physikalisch nicht gegeben sein sollte, wird einfach eine 'Abhängigkeit' in Form einer Konstanten angenommen. Somit haben Ein- und Ausgangssignale immer dieselbe Dimensionalität n. Wir nennen dann auch das System n-dimensional.

Hat ein System *mehrere* Ein- und Ausgänge, treten also

$$u_{1,1}(\mathbf{x}), u_{1,2}(\mathbf{x}), u_{1,3}(\mathbf{x}), \ldots$$

und

$$u_{2,1}(\mathbf{x}), u_{2,2}(\mathbf{x}), u_{2,3}(\mathbf{x}), \ldots$$

als Ein- und Ausgangssignale auf, so können diese ebenfalls zu den Vektoren

$$\mathbf{u}_1(\mathbf{x})$$

und

$$\mathbf{u}_2(\mathbf{x}) = \mathbf{S}\{\mathbf{u}_1(\mathbf{x})\} \tag{1-1}$$

4

zusammengefaßt werden (Bild 1-1)[1]. Man beachte, daß die Anzahl der Ein- oder Ausgangssignale nichts mit der oben definierten Dimensionalität des Signals zu tun hat, die eigentlich 'Dimensionalität des Variablenvektors' heißen sollte. Liegen nur jeweils *ein* Ein- und Ausgang vor, sprechen wir von einem *skalaren* System und *skalaren* Signalen, ansonsten von einem *vektoriellen* oder *multivariablen* System.

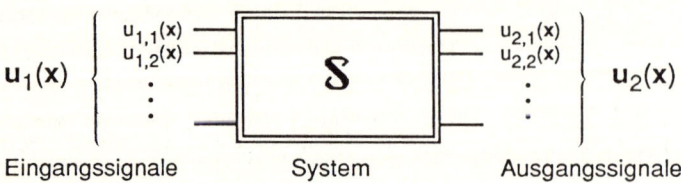

Bild 1-1: Allgemeines multivariables System

Aus (1-1) ergeben sich vier grundsätzliche Fragestellungen, mit denen sich die Systemtheorie beschäftigt:

- Das *Übertragungsproblem*. Dabei sind die Systemeigenschaften $S\{.\}$ und das Eingangssignal $u_1(.)$ gegeben. Es interessiert, wie $u_1(.)$ durch das System übertragen wird, d.h. die Berechnung von $u_2(.)$. Wir werden sehen, daß dieses Problem meist gut konditioniert und eindeutig lösbar ist.
- Das *Inversproblem*. Hier gilt es, aus $u_2(.)$ und $S\{.\}$ das Eingangssignal $u_1(.)$ zu *rekonstruieren*. Alle Bildgewinnungsverfahren fallen in diese Kategorie. Leider liegt hier meist schlechte Konditionierung, also Anfälligkeit gegen Störungen (z.B. Rauschen) vor. Oft ist auch die Lösung mehrdeutig. Soll nicht $u_1(.)$ möglichst genau ermittelt, sondern lediglich erkannt werden, *ob* ein bekanntes Eingangssignal oder auch *welches* von wenigen möglichen Eingangssignalen am System anliegt, sprechen wir von *Detektion* bzw. von *Klassifizierung*.
- Die *Systemidentifikation*. Hier versucht man durch geschickte Verwendung von Testsignalen $u_1(.)$ und Messung der entsprechenden Antworten $u_2(.)$ die Eigenschaften des Systems $S\{.\}$ zu ermitteln. Diese Aufgabe ist i. allg. mit endlich vielen Testsignalen nicht eindeutig lösbar, es sei denn, das System weist spezielle und bekannte Eigenschaften auf (z.B. Linearität).
- Das *Anfangswert-* oder *Randwertproblem*. Das Ausgangssignal – und evtl. einige seiner Ableitungen – ist hierbei nur zu einem bestimmten Zeitpunkt oder an einem bestimmten Ort (allgemein: in einem *Unterraum* von **x**) bekannt. Gesucht wird das Ausgangssignal $u_2(.)$ z.B. für alle Zeiten nach dem Anfangszeitpunkt. Interpretiert man die Anfangs-(Rand-)Werte (also im obigen Sinn die *beobachteten* Größen) als *Eingangs*signale eines geeignet zu definierenden

---

[1] Oftmals ist die Verwendung dieser Vektorschreibweise von der Physik her schon angezeigt; z.B. sind die elektrische und die magnetische Feldstärke von vektorieller Natur.

Systems, ist dieses Problem formal als Übertragungsproblem zu behandeln; die Schwierigkeit ist dann auf die Bestimmung dieses neuen Systems abgewälzt.

Die Eigenschaften eines Systems, hängen i. allg. von bestimmten *Parametern* ab. Bei der Definition eines speziellen Systems ist genau festzulegen, welche Größen Eingangsgrößen und welche Systemparameter sind. Wird ein Systemparameter als Eingangsgröße interpretiert oder umgekehrt, ergeben sich evtl. völlig andere Eigenschaften.

Beispiel
Bild 1-2 zeigt einen elektrischen Schwingkreis mit einem Kondensator von variablem Kapazitätswert C(t). Der Strom i(t) sei das Ausgangssignal. Je nach Aufgabenstellung können nun verschiedene Systeme definiert werden:
a) Ist C(t) = const oder stellt C(t) einen vom System vorgegebenen von außen nicht beeinflußbaren Verlauf dar (wie bei einem parametrischen Verstärker), so interessiert der Zusammenhang zwischen u(t) und i(t). Das entsprechende System hat u(t) als Eingangsgröße und C(t) als Systemparameter.
b) Wird der Schwingkreis mit einer vorgegebenen Spannung u(t) gespeist und kann C willkürlich verändert werden (z.B. durch Einbringen eines Dielektrikums von zu messender Dielektrizitätskonstante), so ist u(t) als Systemparameter zu behandeln und C(t) als Eingangsgröße. Das System, d.h. die Zuordnungsvorschrift, ist dann ein völlig anderes als in a).
c) Schließlich können u(t) *und* C(t) als Eingangsgrößen angenommen werden. Dies ist der allgemeinste Fall, schließt a) und b) als Sonderfälle ein, ist jedoch evtl. mathematisch aufwendiger zu behandeln.
Die vorliegende elektrische Schaltung könnte aber auch durch ein System beschrieben werden, dessen Eingangs- und Ausgangssignale *keine* der physikalischen Größen u(t) oder C(t) bzw. i(t) selbst sind, sondern beispielsweise die Autokorrelationsfunktionen von u(t) bzw. i(t). Wir sehen also, daß dasselbe System nicht nur verschiedene physikalische Realisierungen haben kann, sondern daß umgekehrt auch eine Realisierung je nach Problemstellung durch verschiedene Systeme beschrieben werden kann.

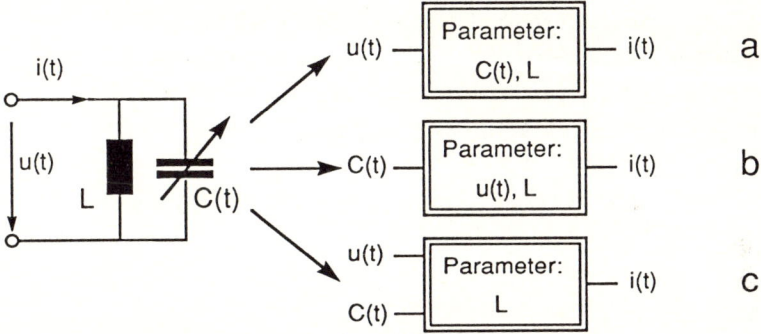

Bild 1-2: Beschreibung einer physikalischen Realisierung durch verschiedene Systeme

Systemklassen

Im Rahmen dieses Buches verlangen wir, daß das System *deterministisch* ist, d.h. daß einem Eingangssignal *eindeutig* ein Ausgangssignal zugeordnet ist; die Zuordnung braucht jedoch nicht *ein*-eindeutig zu sein. Wir werden also keine Systeme behandeln, deren Parameter sich in unvorhersehbarer Weise ändern (z.B. die Schallausbreitung bei zufälligen Dichte- und Strömungsänderungen des Mediums [1.12]).

Zur weiteren Systemklassifizierung eignen sich die Kriterien *linear* ↔ *nichtlinear*, *gedächtnislos* ↔ *gedächtnisbehaftet* und *verschiebeinvariant* ↔ *verschiebevariant*:

- Ein System ist *linear*, wenn jede Summe von Eingangssignalen die Summe der entsprechenden Ausgangssignale bewirkt (lineares Superpositionsprinzip):

$$S\{a\,u_1(x) + b\,v_1(x)\} = a\,S\{u_1(x)\} + b\,S\{v_1(x)\}\,. \tag{1-2}$$

Nichtlinear sind alle die Systeme, bei denen dies nicht gilt.

- Bei einem System *ohne Gedächtnis*[1] hängt der Wert $u_2(x_0)$ des Ausgangssignals an einer Stelle x_0 lediglich vom Wert $u_1(x_0)$ des Eingangssignals an *derselben* Stelle ab. Dagegen wird bei einem gedächtnisbehafteten System $u_2(x_0)$ auch von $u_1(x \neq x_0)$ und evtl. vom ganzen Eingangssignalverlauf beeinflußt.

- *Verschiebeinvariante* Systeme sind solche, bei denen

$$S\{u_1(x - x_0)\} = u_2(x - x_0)$$

gilt, also eine Verschiebung des Eingangssignals die entsprechende Verschiebung des Ausgangssignals bewirkt. Dies bedeutet, daß das System ein Eingangssignal immer gleich behandelt, ungeachtet des Zeitpunkts (oder des Orts usw.) seines Auftretens. Je nachdem, ob es sich um Zeit- oder Ortssysteme handelt, sprechen wir auch von *zeit*invarianten bzw. *orts*invarianten Systemen.

Betrachten wir vorerst *lineare* Systeme, mit denen wir uns in diesem Buch ausschließlich befassen werden. In Tabelle 1-1 sind für den *ein*dimensionalen Fall die möglichen Kombinationen der genannten Eigenschaften aufgelistet.

Tabelle 1-1: Einteilung linearer (eindimensionaler) Systeme

	gedächtnislos	gedächtnisbehaftet
verschiebe-invariant	$u_2(x) = a\,u_1(x)$ a: Konstante (*null*dimensional)	$u_2(x) = u_1(x) * s(x) = \int u_1(x')\,s(x-x')\,dx'$ *Faltung* s(x): Punkt-(Impuls-)Antwort (*ein*dimensional)
verschiebe-variant	$u_2(x) = m(x)\,u_1(x)$ *Modulation* m(x): Modulationsfunktion (*ein*dimensional)	$u_2(x) = \int u_1(x')\,h(x-x',x')\,dx'$ *allgemeine lineare Operation* h(x,x'): verschiebevariante Punkt-(Impuls-)Antwort (*zwei*dimensional)

[1] Wir benutzen hier den Begriff *Gedächtnis* ungeachtet der Natur von **x**, also z.B. auch für Ortssysteme, obwohl die damit assoziierte Kausalitätseigenschaft eigentlich nur für *Zeit*systeme gilt.

Offensichtlich werden eindimensionale lineare Systeme durch Funktionen charakterisiert, welche von *keiner*, *einer* oder auch *zwei* (allgemein: 0, n, oder 2n) Variablen abhängen. Wir werden sehen, daß sich daher auch allgemeine lineare n-dimensionale Operationen durch (2n)-dimensionale Faltungen ersetzen lassen.

Einige spezielle Klassen von *nichtlinearen* Operationen sind ebenfalls mit Hilfe linearer Systemtheorie behandelbar. Am einfachsten sind nichtlineare aber gedächtnislose Systeme. Durch Angabe ihrer — bei Verschiebevarianz von **x** abhängigen — Kennlinien sind sie bestimmt und für manche Anwendungen evtl. linearisierbar oder wenigstens mit Hilfe von Taylor-Reihen beschreibbar. Einige gedächtnisbehaftete nichtlineare Systeme sind aufspaltbar in lineare gedächtnisbehaftete und nichtlineare gedächtnislose und damit jedes dieser Teilsysteme einer geeigneten Behandlung zugänglich. Dabei kann diese Aufspaltung entweder in Form von Parallelsystemen oder auch als Kaskadierung vorgenommen werden. Falls solch eine Aufspaltung eines nichtlinearen gedächtnisbehafteten Systems nicht möglich ist, so kommt evtl. dessen Behandlung durch eine *Volterra-Reihe* in Betracht [1.13-1.15]. Bei dieser Methode wird die Nichtlinearität im wesentlichen durch Potenzen und lineare Integraloperationen ansteigender Dimensionalität angenähert.

Kehren wir nun wieder zur Klasse der *linearen* Systeme zurück und betrachten das aus Bild 1-3, links[1]. Es habe je zwei Ein- und Ausgänge. Nach dem Superpositionsprinzip aus (1-2) ist es möglich, statt $\mathbf{u}_2 = (u_{2,1}, u_{2,2})^T$ aus $\mathbf{u}_1 = (u_{1,1}, u_{1,2})^T$ *direkt* zu ermitteln, die Wirkungen der beiden Eingangsignale $u_{1,1}$ und $u_{1,2}$ *getrennt* zu untersuchen und dann zu addieren. Das bedeutet, daß wir das System $\mathcal{S}\{.\}$ entsprechend Bild 1-3, rechts, in die vier Teilsysteme

$$\mathcal{S}_{11}, \mathcal{S}_{12}, \mathcal{S}_{21} \text{ und } \mathcal{S}_{22}$$

aufspalten können. Es ist also

$$u_{2,1}(\mathbf{x}) = \mathcal{S}_{11}\{u_{1,1}(\mathbf{x})\} + \mathcal{S}_{12}\{u_{1,2}(\mathbf{x})\}$$

und   (1-3)

$$u_{2,2}(\mathbf{x}) = \mathcal{S}_{21}\{u_{1,1}(\mathbf{x})\} + \mathcal{S}_{22}\{u_{1,2}(\mathbf{x})\} .$$

Entsprechendes gilt auch für mehr als zwei Ein- und Ausgänge. Dieser Zusammenhang erlaubt uns nun, die Teilsysteme *einzeln* zu untersuchen. Daher beschränken wir uns im wesentlichen auf Systeme mit nur *einem* Ein- und Ausgang, also auf skalare Systeme, wollen aber nicht vergessen, daß diese Systeme evtl. *Teil*systeme im Sinne einer Aufspaltung nach (1-3) sind. In diesem Fall können wir, ohne Verwechslungen befürchten zu müssen, das Ein- und Ausgangssignal z.B. mit $u_1(\mathbf{x})$ bzw. $u_2(\mathbf{x})$ bezeichnen und die Indizes bei $\mathcal{S}\{.\}$ weglassen, also

$$u_2(\mathbf{x}) = \mathcal{S}\{u_1(\mathbf{x})\}$$

schreiben.

---

[1] Lineare Systeme zeichnen wir als *einfach* berandete Rechtecke.

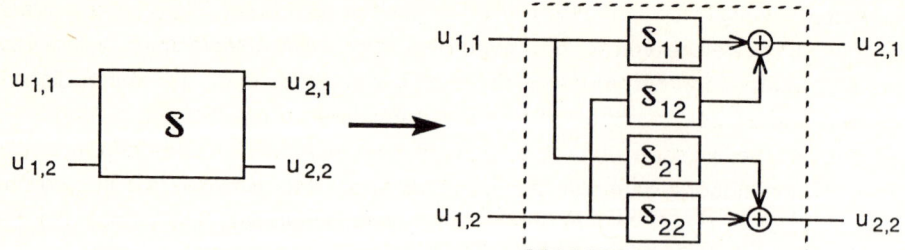

Bild 1-3: Aufspaltung eines linearen multivariablen Systems in skalare Teilsysteme

Die bisher gemachten Einschränkungen verdeutlichen, daß die hier behandelte lineare Systemtheorie zwar nur einen Teil aller möglichen 'Systemtheorien' darstellt; dieser Teil ist jedoch der physikalisch bei weitem relevanteste. Die lineare Systemtheorie leistet auch wertvolle Hilfe beim ersten Verständnis 'nicht ganz so linearer' Zusammenhänge, bei denen erst ein ungleich größerer mathematischer Aufwand eine genauere – und leider oft auch unübersichtlichere – Theorie ermöglicht. Außerdem haben wir bereits angesprochen, daß komplizierte Operationen (z.B. nichtlineare und/oder verschiebevariante) häufig durch Übergang in einen *höher*dimensionalen Raum durch einfachere (z.B. Faltung) ersetzt oder zumindest angenähert werden können.

Spektraltransformationen

Wie eingangs erwähnt, spielen Spektraltransformationen in der Systemtheorie eine entscheidende Rolle. Die folgende Aufstellung zeigt, welche Motivationen dem zugrunde liegen und warum gerade die Fourier-Transformation so häufig Anwendung findet:

–   Zur Beschreibung eines linearen Systems ist es bequem (und für dessen Invertierung häufig unerläßlich), die Signale in die *Eigenfunktionen* des Systems zu entwickeln. Eine Eigenfunktion $e(x;f)$ ist dadurch definiert, daß sie vom System nur mit einem konstanten Faktor, dem *Eigenwert* $\lambda(f)$ beaufschlagt und ansonsten unverändert übertragen wird:

$$\mathcal{S}\{e(x;f)\} = \lambda(f)\, e(x;f)\,.$$

Der (kontinuierliche oder diskrete) Parameter f unterscheidet die verschiedenen Eigenfunktionen voneinander; $\lambda(f)$ nennt man das *Eigenwertspektrum*. Ist der Satz aller Eigenfunktionen *vollständig*, so kann jedes Signal nach diesen Funktionen entwickelt werden; es entsteht ein *Spektrum*, welches nur noch von f abhängt und angibt, wie 'stark' die jeweilige Eigenfunktion im Signal enthalten ist. Die Wirkung des Systems auf ein Eingangssignal kann daher als Multiplikation des Eingangsspektrums mit dem Eigenwertspektrum des Systems verstanden werden – ein sowohl konzeptioneller wie auch evtl. praktischer Vorteil. Das *Invers*problem wird dann durch *Division* mit diesem Eigenwertspektrum gelöst – solange dieses nicht verschwindet oder zu kleine Werte annimmt.

Für den Fall eines linearen verschiebe*in*varianten Systems, das bekanntlich die Faltungsoperation ausführt, sind die Eigenfunktionen vom Typ e^{px} (mit p komplex), also gerade die Basisfunktionen der Fourier- und Laplace-Transformation.

– Ist das System *nichtlinear*, so kann die Anwendung von Spektraltransformationen *trotzdem* sinnvoll sein, wenn dem System ein 'Empfänger' folgt, welcher selbst linear ist. So werden beispielsweise auch nichtlineare Übertragungssysteme auf ihre Eignung zur Übertragung akustischer Information hin mit harmonischen Signalen (d.h. den Basisfunktionen der Fourier-Transformation) geprüft, weil das menschliche Ohr – in grober Näherung – ein Signal nach solchen Funktionen analysiert und eine Veränderung des Spektrums – auch wenn sie nicht multiplikativ ist – empfindlich registrieren kann [1.16].

– Eine andere Motivation ergibt sich aus der häufigen Notwendigkeit, Signale zu *codieren*, um sie mit möglichst wenig 'Aufwand' übertragen zu können. Hier ist es sinnvoll, eine Spektraltransformation anzuwenden, die Spektren liefert, welche bei der zu codierenden *Signalklasse* in einem möglichst großen Bereich (nahezu) verschwinden. Dann genügt es nämlich, relativ wenige Spektralwerte zu übertragen. Die Spektraltransformation wird hier also nicht nach den Eigenschaften eines Systems, sondern der Signalklasse, gewählt. So ist z.B. die Fourier-Transformation mit ihren amplitudenkontinuierlichen Basisfunktionen zur Codierung von *Binär*signalen keine glückliche Wahl; hier bieten sich Hadamard- und Walsh-Transformation an [1.17].

– Zwei nicht zu unterschätzende Vorteile der Fourier-Transformation sind ihre einfache Implementierung (z.B. durch die Fast-Fourier-Algorithmen) sowie eine weitverbreitete gute theoretische Durchdringung, um nicht zu sagen 'Gewöhnung'. Daher wird diese Transformation evtl. auch dann eingesetzt, wenn sie eigentlich nur *sub*optimal z.B. bezüglich einer gegebenen Signal- oder Systemklasse ist.

– Eine völlig andere Motivation für die Beschäftigung mit Fourier-Transformation kommt aus der physikalischen Realität: Schwingungsphänomene, und damit (näherungsweise) harmonische Signale, sind allgegenwärtig. Daher gibt es viele Effekte, die als harmonische Analyse interpretiert werden können. Wir werden in Abschnitt 5.3 sehen, daß das *Fernfeld* harmonischer Wellen tatsächlich ein physikalisches Analogon zur Fourier-Transformation darstellt; das System wirkt also selbst als 'Fourier-Transformator'.

2 Eindimensionale lineare Zeitsysteme

Für das Verständnis dieses Buches werden Grundkenntnisse der eindimensionalen linearen Systemtheorie mit ihren mathematischen Hilfsmitteln wie δ-Funktionen und Fourier- und Laplace-Transformation vorausgesetzt. Wir können uns also kurz fassen, wenn wir nun am Beispiel der Zeitsysteme die Aussagen der eindimensionalen linearen Systemtheorie diskutieren. Die entsprechenden Rechengesetze werden tabellarisch aufgeführt; detaillierte Erklärungen werden eingeschoben, falls der jeweilige Punkt für die folgenden Kapitel von Bedeutung ist. Der speziell an Zeitsystemen interessierte Leser sei auf die einschlägigen Standardwerke verwiesen [2.1-2.10].

In diesem Kapitel behandeln wir *Zeitsignale*, d.h. der allgemeine Variablenvektor **x** wird nun durch die Variable t ersetzt. Ein- und Ausgangssignale bezeichnen wir mit $u_1(t)$ bzw. $u_2(t)$. Wegen der Beschränkung auf lineare skalare Systeme läßt sich die Zuordnungsvorschrift, also der Operator, der das System definiert, leicht explizit angeben. Die allgemeinste lineare Verknüpfung eines Eingangssignals $u_1(t)$ mit einer das System beschreibenden Funktion $g(t,t')$ ist durch das *lineare Superpositionsintegral*

$$u_2(t) = S\{u_1(t)\} = \int\limits_{-\infty}^{+\infty} u_1(t')\, g(t,t')\, dt' \qquad (2\text{-}1)$$

gegeben. Nach (2-1) berechnet sich ein Wert von $u_2(.)$ zu einem bestimmten Zeitpunkt als das Integral über das mit $g(.)$ bewertete Eingangssignal $u_1(.)$. Dieser Integrationskern $g(.)$ kann für jeden Zeitpunkt (des Ausgangssignals) *verschieden* sein. Wenn dies der Fall ist, beschreibt (2-1) eine *zeitvariante* Operation. Bevor wir uns sowohl zwei Spezialfällen wie auch dem allgemeinen Fall der linearen Systeme zuwenden, sei eine kurze Einführung in Definition und Rechenregeln der δ-Funktionen gegeben. Von diesen Distributionen werden wir nämlich ausgiebig Gebrauch machen.

2.1 δ-Funktionen

Eine *Distribution* ist nicht durch ihre Form, sondern durch ihre *Eigenschaft* definiert[1]. Bei der im folgenden häufig verwendeten Distribution, der δ-*Funktion* oder dem *Dirac-Impuls* $\delta(t)$, ist diese Eigenschaft die lineare Zuordnung eines Zahlenwerts zu einer

---

[1] Wegen einer ausführlichen Diskussion dieser *verallgemeinerten Funktionen* s. [2.11].

beliebigen (aber bei t = 0 stetigen) Funktion u(t) gemäß

$$\int_{-\infty}^{+\infty} \delta(t)\, u(t)\, dt = u(0)\,. \qquad (2\text{-}2a)$$

Da für u(t ≠ 0) *beliebige* Funktionsverläufe zugelassen sind, muß gelten

$$\delta(t) = 0 \quad \text{für} \quad t \neq 0\,. \qquad (2\text{-}2b)$$

Der δ-Impuls δ(t) ist also unendlich 'schmal', hat andererseits aber ein endliches Impulsintegral. Dieses erhalten wir, indem wir in (2-2a) u(t) = 1 setzen:

$$\int_{-\infty}^{+\infty} \delta(t)\, dt = 1\,. \qquad (2\text{-}2c)$$

Wir erkennen, daß δ(t) keine Funktion im üblichen Sinne ist, sie müßte ja bei t = 0 den Wert *unendlich* annehmen und sonst verschwinden.

Man kann sich den δ-Impuls auch als Ergebnis des Grenzübergangs einer geeigneten Funktionenfolge vorstellen. Verringern wir nämlich bei einer geraden Funktion vom Impulsintegral *eins* die Breite bei gleichzeitiger Vergrößerung ihrer Höhe, sodaß gerade ihr Integral erhalten bleibt, so strebt diese Funktionenfolge gegen den δ-Impuls. In Bild 2-1 ist solch eine Folge dargestellt. Wir nennen sie eine *Realisierung* der δ-Funktion und bezeichnen sie mit $\delta_\varepsilon(t)$:

$$\delta_\varepsilon(t) = 1/\varepsilon\ \text{rect}(t/\varepsilon) = \begin{cases} 1/\varepsilon & \text{für} \quad |t| < \varepsilon/2 \\ 1/(2\varepsilon) & \text{für} \quad |t| = \varepsilon/2 \\ 0 & \text{für} \quad |t| > \varepsilon/2\,. \end{cases}$$

Es gilt[1]

$$\lim_{\varepsilon \to 0} \delta_\varepsilon(t) = \delta(t)\,. \qquad (2\text{-}2d)$$

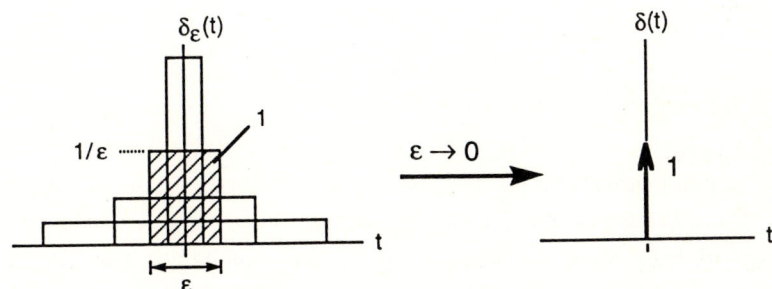

Bild 2-1: Die δ-Funktion δ(t) als Grenzwert der Realisierung δε(t)

[1] Andere – z.B. Gauß-förmige – Funktionen sind natürlich auch mögliche Realisierungen.

Der δ-Impuls selbst ist natürlich *nicht realisierbar*, er hat unendliche Energie. Wir zeichnen ihn als Pfeil wie in Bild 2-1. Die Höhe des Pfeils symbolisiert sein Impulsintegral – und nicht den Funktionswert, der ja unendlich ist. Den δ-Impuls verwendet man immer dann, wenn ein solch kurzer Impuls vorliegt, daß das zu untersuchende (träge) System lediglich auf dessen Impulsintegral und *nicht* mehr auf seine genaue Form anspricht. Dann ist es erlaubt, statt mit dem eventuell komplizierten Impulsverlauf zu rechnen, die einfacheren Regeln für δ-Impulse anzuwenden.

Rechenregeln für δ-Funktionen

Der δ-Impuls $\delta(t)$ tritt bei $t = 0$ auf; er kann aber auch verschoben werden, z.B. zu $t = t_0$: $\delta(t - t_0)$. Definition und Rechenregeln für solche δ-Funktionen beliebiger Lage sind in Tabelle 2-1 aufgelistet.

Tabelle 2-1: Rechengesetze für δ-Funktionen

Definition	$\int_{-\infty}^{+\infty} \delta(t - t_0)\, u(t)\, dt = u(t_0)$ mit $u(t)$ stetig bei $t = t_0$
Orthogonalität	$\int_{-\infty}^{+\infty} \delta(t - t_1)\, \delta(t - t_2)\, dt = \delta(t_1 - t_2)$
Ausblend-Eigenschaft	$\delta(t - t_0)\, u(t) = \delta(t - t_0)\, u(t_0)$
Koordinaten-Transformation	$\delta(a(t)) = \lvert a'(t_0)\rvert^{-1}\, \delta(t - t_0)$ mit $a(t_0) = 0$ (einfache Nullstelle)
Ähnlichkeits-Transformation	$\delta(k\,t) = \lvert k\rvert^{-1}\, \delta(t)$ mit k reell
Faltung	$u(t) * \delta(t - t_0) = u(t - t_0)$

Von besonderem Interesse für das Weitere ist die *Transformation* $a(t)$ des Arguments der δ-Funktion. Das dazu in der Tabelle aufgeführte Gesetz kann anhand einer Realisierung $\delta_\varepsilon(a(t))$ veranschaulicht werden (Bild 2-2). Diese habe den Wert $1/\varepsilon$, solange $\lvert a(t)\rvert < \varepsilon/2$ ist. $\delta_\varepsilon(a(t))$ ist also breiter, wenn sich die Kurve von $a(t)$ länger in diesem engen Bereich um *null* 'aufhält'. Dabei ist es irrelevant, ob $a(t)$ bei t_0 steigt oder fällt. Je *flacher* also $a(t)$ bei t_0 durch *null* geht, ein desto *größeres* Integral weist $\delta(a(t))$ auf. Hat $a(t)$ *mehrere* isolierte einfache Nullstellen, so besteht $\delta(a(t))$ aus mehreren δ-Impulsen, an jeder Nullstelle einem, jeweils bewertet mit dem Kehrwert des Betrags der Ableitung an der Nullstelle. Für $a(t) = -t$ erhält man speziell

$$\delta(-t) = \delta(t) \; ,$$

d.h. $\delta(t)$ ist *gerade*.

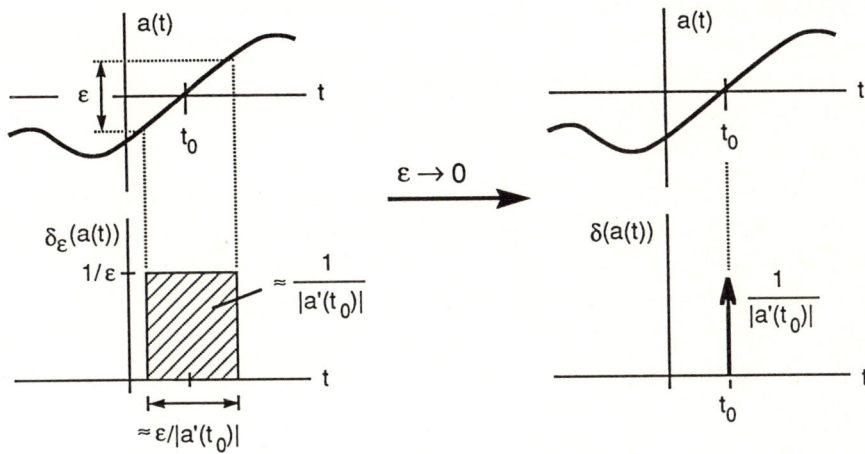

Bild 2-2: Veranschaulichung der Koordinatentransformation bei einer δ-Funktion

Differenzierte δ-Funktionen

δ-Impulse eignen sich zur Erweiterung des Differentiationsbegriffs auch auf Funktionen mit *Unstetigkeitsstellen*. In Bild 2-3 ist solch eine Funktion $u(t)$ und deren Ableitung $u'(t)$ skizziert. An der Unstetigkeitsstelle $t = t_u$ trete ein Sprung der Höhe b auf. In der Ableitung $u'(t)$ wird dieser Sprung als δ-Impuls des Integrals b berücksichtigt.

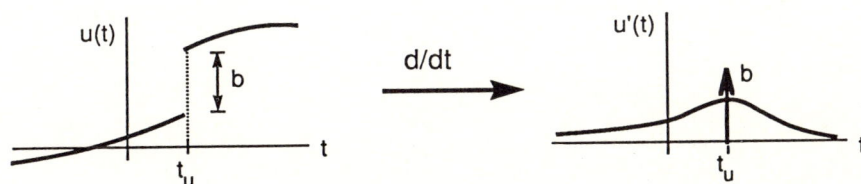

Bild 2-3: Distributive Differentiation einer unstetigen Funktion

Man überzeuge sich von der Plausibilität dieser Art Differentiation, indem man

$$\int_{-\infty}^{t} u'(\tau) \, d\tau$$

bilde. Dieses Integral liefert für $t < t_u$ (bis auf eine Integrationskonstante) wieder u(t). Sobald sich die obere Integrationsgrenze über t_u hinweg bewegt, entsteht neben dem stetigen Anteil von u(t) auch der konstante Wert b (wegen (2-2c)).

Wenn also unstetige Funktionen differenziert werden können, kann man dann auch eine vernünftige Definition eines differenzierten δ-Impulses – also einer Unstetigkeit 'par excellence' – angeben? Dazu greifen wir auf die Definitionsgleichung aus Tabelle 2-1 zurück, setzen statt $\delta(t - t_0)$ dessen postulierte Ableitung $\delta'(t - t_0) := d\delta(t - t_0)/dt$ ein und integrieren partiell:

$$\int_{-\infty}^{+\infty} \delta'(t - t_0)\, u(t)\, dt = \left[\delta(t - t_0)\, u(t) \right]\Big|_{-\infty}^{+\infty} - \int_{-\infty}^{+\infty} \delta(t - t_0)\, u'(t)\, dt \,.$$

Der erste Term der rechten Seite verschwindet, da $\delta(t = \pm\infty) = 0$ ist. Der zweite Term läßt sich mit Hilfe von (2-2a) sofort angeben, und wir erhalten als *Definition* des *differenzierten δ-Impulses*

$$\int_{-\infty}^{+\infty} \delta'(t - t_0)\, u(t)\, dt = -\,u'(t_0) \,. \tag{2-3a}$$

Genauso lassen sich *höhere* Ableitungen definieren. Es gilt dann allgemein für einen ν-fach differenzierten δ-Impuls an der Stelle $t = t_0$

$$\int_{-\infty}^{+\infty} \delta^{(\nu)}(t - t_0)\, u(t)\, dt = (-1)^{\nu}\, u^{(\nu)}(t_0) \,, \tag{2-3b}$$

wobei natürlich die ersten ν Ableitungen von u(t) bei $t = t_0$ stetig sein müssen.

Durch Differentiation einer *Realisierung* $\delta_\varepsilon(t)$ erhalten wir eine solche des differenzierten δ-Impulses. Mit der speziellen Realisierung aus Bild 2-1 ergibt sich z.B. (Bild 2-4)

$$\delta'_\varepsilon(t) = 1/\varepsilon\; \delta(t + \varepsilon/2) - 1/\varepsilon\; \delta(t - \varepsilon/2) \,.$$

Aus der Skizze in Bild 2-4 erklärt sich auch das Symbol, das wir für $\delta'(t)$ verwenden.

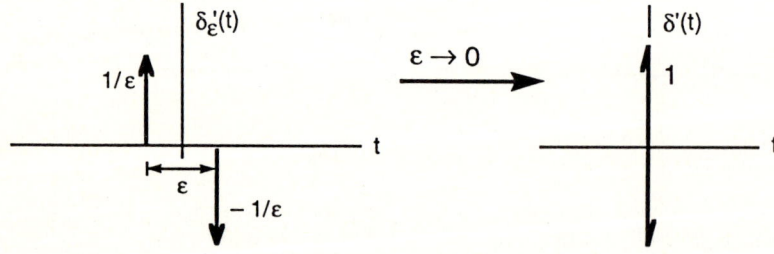

Bild 2-4: Realisierung des differenzierten δ-Impulses δ'(t)

Nach (2-3a,b) berücksichtigen auch *differenzierte* δ-Impulse die Eigenschaften einer mit ihnen multiplizierten Funktion u(t) nur an *einer* Stelle t = t_0. Sie weisen also ebenfalls *Ausblendeigenschaften* auf. Für den *einfach* differenzierten δ-Impuls gilt beispielsweise

$$u(t)\, \delta'(t - t_0) = u(t_0)\, \delta'(t - t_0) - u'(t_0)\, \delta(t - t_0)\,, \qquad (2\text{-}4)$$

wovon man sich leicht durch Berechnen von $[u(t)\, \delta(t - t_0)]' = u(t_0)\, \delta'(t - t_0)$ mit Hilfe der Produktregel der Differentiation überzeugen kann.

Ein weiteres wichtiges Gesetz betrifft die *Transformation* a(t) des Arguments einer differenzierten δ-Funktion: Mit

$$\delta(a(t)) = |a'(t_0)|^{-1}\, \delta(t - t_0)\,, \qquad a(t_0) = 0$$

und

$$\delta'(a(t)) = d\,\delta(a(t))/da = a'(t_0)^{-1}\, d\,\delta(a(t))/dt$$

erhalten wir

$$\delta'(a(t)) = [|a'(t_0)|\, a'(t_0)]^{-1}\, \delta'(t - t_0)\,, \qquad (2\text{-}5a)$$

bzw. bei ν-fach differenzierten δ-Impulsen

$$\delta^{(\nu)}(a(t)) = [|a'(t_0)|\, a'(t_0)^{\nu}]^{-1}\, \delta^{(\nu)}(t - t_0)\,. \qquad (2\text{-}5b)$$

Ein Sonderfall davon ist die *Ähnlichkeitstransformation*:

$$\delta^{(\nu)}(kt) = (|k|\, k^{\nu})^{-1}\, \delta^{(\nu)}(t)\,. \qquad (2\text{-}6)$$

Speziell gilt $\delta'(-t) = -\delta'(t)$, d.h. $\delta'(t)$ ist *ungerade* (vgl. Bild 2-4).

Übertragung von δ-Funktionen über lineare Systeme

δ-Impulse haben eine große Bedeutung als 'Testsignale' zur Beschreibung linearer Systeme. Wenden wir das Superpositionsintegral (2-1) z.B. auf $u_1(t) = \delta(t - t_0)$ an, so erhalten wir als Ausgangssignal

$$u_2(t) = S\{\delta(t - t_0)\} = \int_{-\infty}^{+\infty} \delta(t' - t_0)\, g(t,t')\, dt' = g(t,t_0)\,. \qquad (2\text{-}7)$$

Wir nennen g(t,t') daher die *zeitvariante Impulsantwort* des Systems. Dabei bezeichnet t' den Auftrittszeitpunkt des Eingangsimpulses (hier: t' = t_0), während t die Variable des Ausgangssignals ist. In Bild 2-5, links, sind drei δ-Impulse zu den Zeiten t_1, t_2 und t_3 mit den Impulsintegralen a_1, a_2 und a_3 skizziert, sowie ein mögliches Ausgangssignal angegeben.

Bei realisierbaren Zeitsystemen muß g(t,t') natürlich die *Kausalitätsbedingung*

$$g(t,t') \equiv 0 \qquad \text{für} \quad t < t'$$

erfüllen, da die Wirkung $u_2(t)$ nicht *vor* der Ursache (δ-Impuls) auftreten kann.

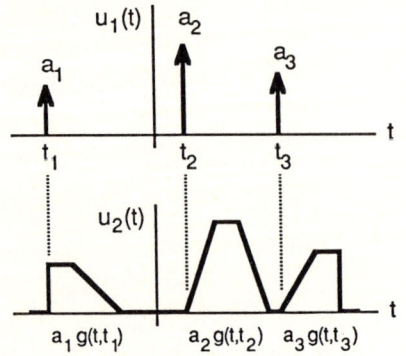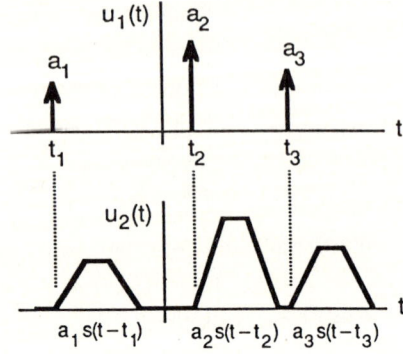

Bild 2-5: Antworten eines zeitvarianten (**links**) und eines zeitinvarianten (**rechts**) Systems auf δ-Impulse verschiedener Auftrittszeiten

2.2 Zeitinvariante Systeme

Bei zeit*in*varianten Systemen ändert sich die Impulsantwort mit dem Auftrittszeitpunkt eines Eingangsimpulses *nicht*, d.h. es gibt eine Funktion s(t), die *zeitinvariante Impulsantwort* (im folgenden kurz *Impulsantwort* genannt), mit

$$s(t - t') = g(t,t') \ . \tag{2-8}$$

Dann geht das Superpositionsintegral (2-1) in das *Faltungsintegral* über:

$$u_2(t) = \int_{-\infty}^{+\infty} u_1(t') \, s(t - t') \, dt' \tag{2-9a}$$

oder in symbolischer Schreibweise:

$$u_2(t) = u_1(t) * s(t) \ . \tag{2-9b}$$

Die Faltungsoperation ist *kommutativ*, also

$$u_2(t) = u_1(t) * s(t) = s(t) * u_1(t) \ . \tag{2-10}$$

Speziell für einen δ-Impuls $\delta(t - t_0)$ als Eingangssignal erhalten wir

$$u_2(t) = \delta(t - t_0) * s(t) = \int\limits_{-\infty}^{+\infty} \delta(t' - t_0)\, s(t - t')\, dt' = s(t - t_0)\, , \qquad (2\text{-}11)$$

d.h. ungeachtet des Zeitpunktes t_0, an dem der Impuls auftritt, erscheint am Ausgang wie gefordert *dieselbe* Antwort, natürlich um t_0 verschoben (Bild 2-5, rechts). Bei realisierbaren Zeitsystemen muß auch hier die *Kausalitätsbedingung* erfüllt sein:

$$s(t) \equiv 0 \qquad \text{für} \quad t < 0\, .$$

Veranschaulichung der Faltung

Im folgenden werden wir vom Faltungsintegral ausgiebig Gebrauch machen. Daher ist über die eindeutige Rechenvorschrift (2-9a) hinaus eine Veranschaulichung dieses Integrals angebracht. Zwei Wege bieten sich dazu an:
Die *erste* Erklärung der Faltung geht von (2-11) aus, also davon, daß jeder Eingangsimpuls die entsprechend verschobene Impulsantwort erzeugt. Wir denken uns nun nach Bild 2-6 ein beliebiges Signal $u_1(t)$ in *differentielle Impulse* zerlegt. In Bild 2-6 ist solch ein Impuls markiert. Er befinde sich bei $t = t'$ und habe die Breite $dt = dt'$. Die Impulshöhe ist durch den Signalwert von $u_1(.)$ bei $t = t'$ gegeben, daher ist sein Impulsintegral $u_1(t')\, dt'$. Mit (2-11) bewirkt dieser Impuls am Ausgang folgenden differentiellen Beitrag zu $u_2(t)$:

$$du_2(t) = u_1(t')\, s(t - t')\, dt'\, .$$

Das Integral darüber, die lineare Überlagerung aller dieser Beiträge, liefert das Faltungsergebnis nach (2-9a).

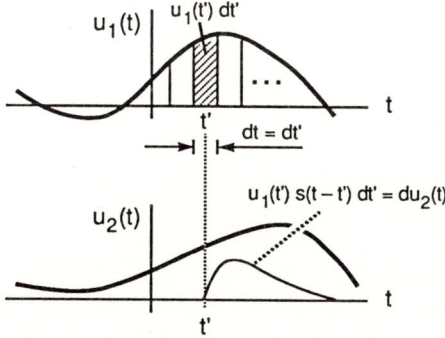

Bild 2-6: Die Faltung als Überlagerung differentieller Impulsantworten

Eine *zweite* Erklärung geht direkt vom Faltungsintegral (2-9a) aus. Danach sind folgende Schritte auszuführen, um das Ausgangssignal zu einem festen Zeitpunkt t zu berechnen (Bild 2-7):

a) Eingangssignal $u_1(.)$ und Impulsantwort $s(.)$ sind über t' aufzutragen:
$u_1(t) \rightarrow u_1(t')$ und $s(t) \rightarrow s(t')$

b) Die Impulsantwort ist an der Ordinate zu spiegeln: $s(t') \rightarrow s(-t')$
und um t zu verschieben: $s(-t') \rightarrow s(-(t'-t)) = s(t-t')$.

c) $u_1(t')$ und $s(t-t')$ sind zu multiplizieren.

d) Das Integral über dieses Produkt liefert den Wert $u_2(t)$.

Um $u_2(t)$ für *alle* Zeitpunkte zu ermitteln, wird die gespiegelte Impulsantwort kontinuierlich über $u_1(.)$ 'hinweggeschoben' und dabei laufend das Produkt integriert. Wegen der Kommutativität der Faltung kann natürlich auch umgekehrt $u_1(.)$ gespiegelt und über $s(.)$ geschoben werden.

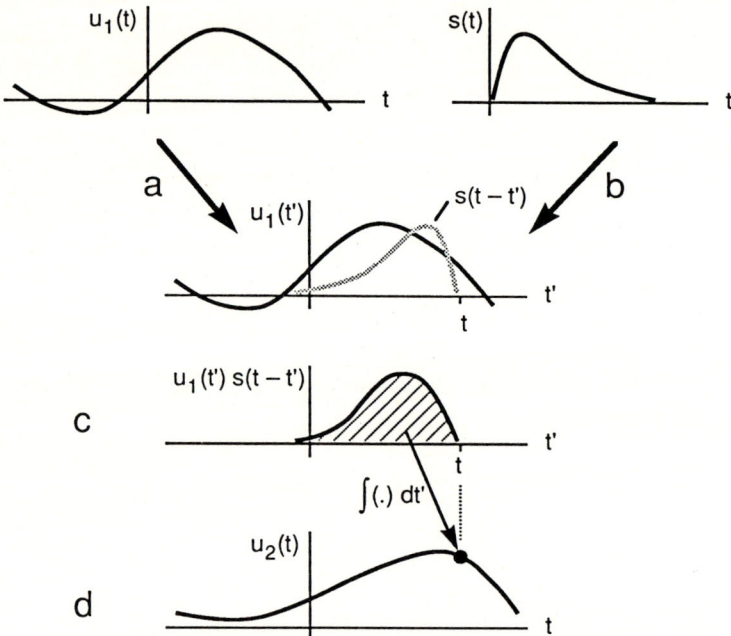

Bild 2-7: Die Impulsantwort als Bewertungsfunktion des Eingangssignals

Während die erste Erklärung zeigt, welche Wirkung *ein* Eingangssignalwert auf das Ausgangssignal hat, beschreibt die zweite Version, wie die Impulsantwort bestimmt, welche Anteile des Eingangssignals zu *einem* Wert des Ausgangssignals beitragen[1].

---

[1] Vgl. dazu auch den Begriff *rezeptives Feld* aus der Neurophysiologie.

Faltung mit δ-Funktionen

Die Faltung des δ-Impulses $\delta(t - t_0)$ mit einer Impulsantwort s(t) haben wir in (2-11) angegeben. Umgekehrt kann auch die Impulsantwort die Form eines δ-Impulses haben. Allgemein erhalten wir als Faltung eines Signals u(t) mit einer δ-Funktion

$$u(t) * \delta(t - t_0) = u(t - t_0) \, , \qquad\qquad (2\text{-}12)$$

also das Eingangssignal selbst, lediglich um t_0 verschoben. Eine *Zeitverschiebung* kann also als lineares zeitinvariantes System angesehen werden. Speziell für $t_0 = 0$ erhalten wir die Identität

$$u(t) * \delta(t) = u(t) \, .$$

Mit Hilfe von (2-3a) können wir auch sofort das Ergebnis einer Faltung mit dem differenzierten δ-Impuls δ'(t) angeben:

$$u(t) * \delta'(t - t_0) = \int_{-\infty}^{+\infty} u(t - t')\, \delta'(t' - t_0)\, dt' = -\frac{d}{dt'} u(t - t')\Big|_{t' = t_0} = u'(t - t_0) \qquad (2\text{-}13a)$$

oder für ν-fache Ableitungen der δ-Funktion

$$u(t) * \delta^{(\nu)}(t - t_0) = u^{(\nu)}(t - t_0) \, , \qquad\qquad (2\text{-}13b)$$

d.h. auch die *Differentiation* stellt ein lineares zeitinvariantes System dar.

2.3 Fourier-Transformation

Mit Angabe des Faltungsintegrals ist das Übertragungsproblem, also die Ermittlung von $u_2(t)$ aus $u_1(t)$ und s(t), gelöst. Zur Lösung des Inversproblems oder zur System-identifikation müßte jedoch dieses Integral *invertiert* werden. Wenn also z.B.

$$u_2(t) = u_1(t) * s(t)$$

gegeben ist, wie sieht dann die sog. *Rückfaltungs-Impulsantwort* $s_{inv}(t)$ aus, mit deren Hilfe $u_1(t)$ rekonstruiert werden kann, d.h.

$$u_1(t) = u_2(t) * s_{inv}(t) \quad ?$$

Zur Klärung dieser Frage, aber auch zur eventuellen Vereinfachung der Berechnung von Faltungen, dient z.B. die *Fourier-Transformation*. Sie entwickelt das Signal in *Eigenfunktionen* des zeitinvarianten Systems. Eigenfunktionen eines Systems werden von diesem lediglich mit einer Konstanten, dem *Eigenwert*, multipliziert und ansonsten *unverändert* übertragen – eine Operation, die einfach invertiert werden kann. Deshalb erleichtert (wie schon in Kapitel 1 angesprochen) eine Entwicklung nach Eigenfunktionen wesentlich die Behandlung linearer Systeme. Die Schwierigkeit liegt jedoch darin, diese Eigenfunktionen für die spezielle Systemklasse zu *finden*. Bei zeit*in*varianten Systemen aber sind sie bekannt, nämlich *Exponential-funktionen* vom Typ e^{pt}, wobei p komplex ist. Davon kann man sich leicht überzeugen, indem man $u_1(t) = e^{pt}$ in das Faltungsintegral (2-9a) einsetzt:

$$e^{pt} * s(t) = \int_{-\infty}^{+\infty} e^{p(t-t')} s(t') \, dt' = e^{pt} \int_{-\infty}^{+\infty} s(t') \, e^{-pt'} \, dt' \, . \tag{2-14}$$

Das Integral auf der rechten Seite ist eine Konstante bezüglich t und stellt den Eigenwert für jedes beliebige p dar.

Bei der *Fourier-Transformation* benutzt man nur rein *imaginäre* p, und zwar

$$p = j2\pi f \, ,$$

wobei wir f als (reelle) *Frequenz* bezeichnen. Die verwendeten Eigenfunktionen sind also die *komplexen harmonischen Schwingungen* $e^{j2\pi ft}$. Diese in (2-14) statt e^{pt} eingesetzt, ergeben nach Substitution von t' durch t im rechten Integral

$$e^{j2\pi ft} * s(t) = e^{j2\pi ft} \int_{-\infty}^{+\infty} s(t) \, e^{-j2\pi ft} \, dt = e^{j2\pi ft} S(f) \, . \tag{2-15}$$

Dabei ist S(f) der Eigenwert für jede Frequenz f. Da dieser angibt, wie harmonische Schwingungen vom System übertragen werden, nennen wir S(f) *Übertragungsfaktor*, *Übertragungsfunktion* oder auch *Systemfunktion*. I. allg. ist S(f) komplex, die Exponentialschwingung kann also durch das System nicht nur in ihrer Amplitude, sondern auch in ihrer Phasenlage verändert werden. Mit

$$S(f) = |S(f)| \, e^{j\varphi_s(f)}$$

gilt somit

$$e^{j2\pi ft} * s(t) = S(f) \, e^{j2\pi ft} = |S(f)| \, e^{j[2\pi ft + \varphi_s(f)]} \, .$$

Wir sehen daraus, daß z.B. eine cos-Schwingung i. allg. *keine* Eigenfunktion der Faltungsoperation ist. Hier könnte eine eventuelle Phasenverschiebung nicht durch einen Faktor (auch nicht durch einen komplexen) beschrieben werden.

Die Integraltransformation (2-15), die S(f) aus der Impulsantwort s(t) berechnet, ist die *Fourier-Transformation*. Ihre Transformationsgleichungen für ein allgemeines Signal u(t) lauten für die Hin- bzw. Rücktransformation

$$U(f) = \int\limits_{-\infty}^{+\infty} u(t)\, e^{-j2\pi ft}\, dt \qquad\qquad (2\text{-}16a)$$

und

$$u(t) = \int\limits_{-\infty}^{+\infty} U(f)\, e^{j2\pi ft}\, df\, , \qquad\qquad (2\text{-}16b)$$

symbolisch auch

$$u(t) \quad \circ\!\!\!-\!\!\!-\!\!\!\bullet \quad U(f) \qquad\qquad (2\text{-}16c)$$

oder

$$U(f) = \mathcal{F}\{u(t)\} \quad \text{bzw.} \quad u(t) = \mathcal{F}^{-1}\{U(f)\}\, .$$

Wir bezeichnen U(f) als die *Fourier-Transformierte*, oder kurz das *Spektrum*, von u(t). Speziell ist dann nach (2-15) die *Übertragungsfunktion* das *Spektrum der Impulsantwort* des Systems:

$$s(t) \quad \circ\!\!\!-\!\!\!-\!\!\!\bullet \quad S(f)\, . \qquad\qquad (2\text{-}17)$$

Für ein Signal und dessen Spektrum verwenden wir jeweils *dasselbe* Symbol, und zwar für das Signal als Klein- und das Spektrum als Großbuchstabe.

Anmerkung
Falls die Integrale (2-16a,b) nicht konvergieren, kann der konvergenzerzwingende Faktor $e^{-\sigma|t|}$ bzw. $e^{-\sigma|f|}$ (mit $\sigma > 0$) benutzt werden [2.5]:

$$U(f) = \lim_{\sigma\to 0}\ \int\limits_{-\infty}^{+\infty} u(t)\, e^{-\sigma|t|}\, e^{-j2\pi ft}\, dt$$

$$u(t) = \lim_{\sigma\to 0}\ \int\limits_{-\infty}^{+\infty} U(f)\, e^{-\sigma|f|}\, e^{j2\pi ft}\, df\, .$$

Es ist dann auch möglich, stationäre und sogar mit beliebigen Potenzen von t bzw. f ansteigende (jedoch *exponentiell begrenzte*) Signale oder Spektren zu transformieren. Wir wollen hier die Diskussion über Konvergenz und Geltungsbereich der Fourier-Transformation nicht vertiefen; ein wichtiger Punkt jedoch soll angesprochen werden: Die Fourier-Transformation konvergiert nur im Sinne des *mittleren quadratischen Fehlers*, d.h. zwei Signale $u_a(t)$ und $u_b(t)$ haben *dasselbe* Spektrum, wenn ihre *Differenzenergie* verschwindet:

$$\int\limits_{-\infty}^{+\infty} |u_a(t) - u_b(t)|^2\, dt = 0 \quad\Rightarrow\quad U_a(f) \equiv U_b(f)\, .$$

An beliebig (abzählbar) vielen isolierten Stellen dürfen sich also $u_a(t)$ und $u_b(t)$ um jeweils einen endlichen Wert unterscheiden. Dieser Unterschied liefert keine Differenzenergie und ist deshalb meist physikalisch auch irrelevant. Daher betrachten wir $u_a(t)$ und $u_b(t)$ als *dieselben* Signale. In diesem Sinne wird im folgenden auch das Gleichheitszeichen zwischen Signalen (bzw. Spektren) verwendet.

Für die Lösung des Übertragungsproblems bietet sich nun neben der Faltung der Weg über die Fourier-Transformierte an. Dazu denken wir uns das Eingangssignal

$u_1(t)$ durch sein Spektrum $U_1(f)$ repräsentiert. Dann können wir $u_1(t)$ als

$$u_1(t) = \int\limits_{-\infty}^{+\infty} U_1(f)\, e^{j2\pi ft}\, df$$

schreiben. Zur Faltung von $u_1(t)$ mit $s(t)$ benutzen wir (2-15) und erhalten

$$u_2(t) = u_1(t) * s(t) = \Big[\int\limits_{-\infty}^{+\infty} U_1(f)\, e^{j2\pi ft}\, df \Big] * s(t) = \int\limits_{-\infty}^{+\infty} U_1(f)\, [e^{j2\pi ft} * s(t)]\, df \overset{\text{nach (2-15)}}{\underset{\downarrow}{=}}$$

$$= \int\limits_{-\infty}^{+\infty} U_1(f)\, S(f)\, e^{j2\pi ft}\, df = \mathcal{F}^{-1}\{U_1(f)\, S(f)\}\ .$$

Damit ist das Ausgangsspektrum gleich dem mit der Übertragungsfunktion bewerteten Eingangsspektrum, und es gilt zusammenfassend

$$u_2(t) = u_1(t) * s(t) \quad\Rightarrow\quad U_2(f) = U_1(f)\, S(f)\ . \tag{2-18}$$

Gerade dies erwarten wir auch, wie anfangs angesprochen, von einer Entwicklung in Eigenfunktionen. Eine Faltung kann somit durch eine Fourier-Transformation, eine Multiplikation und eine Rücktransformation ersetzt werden.

Da bei diesem Berechnungsweg die einzelnen Frequenzanteile voneinander unabhängig manipuliert werden und evtl. spezielle Frequenzbereiche stark bevorzugt oder abgedämft werden können, bezeichnet man lineare zeitinvariante Systeme auch als *Filter*. Diese teilt man bei Bedarf grob in z.B. *Tiefpaßfilter* (wenn $S(f\rightarrow\infty) = 0$) und *Hochpaßfilter* ($S(f=0) = 0$) ein.

Gesetze und Korrespondenzen der Fourier-Transformation

Wichtige Rechenregeln der Fourier-Transformation sind in Tabelle 2-2 zusammengefaßt.

In Tabelle 2-3 finden sich einige grundlegende Fourier-Korrespondenzen. Dabei sind auch die Definitionen der im folgenden häufig benutzten Funktionen, wie 'rect(.), si(.), γ(.)' usw., angegeben. Mit Hilfe der Rechenregeln aus Tabelle 2-2 lassen sich daraus weitere Korrespondenzen berechnen. Häufig werden wir vom Verschiebungs-, Ähnlichkeits- und Differentiationssatz Gebrauch machen. Ein umfangreiches Tabellenwerk der Fourier-Transformation ist z.B. [2.12].

Tabelle 2-2: Gesetze der eindimensionalen Fourier-Transformation

Gesetz	$u(t)$ o——• $U(f)$	
Ähnlichkeitssatz	$u(kt)$ mit k reel	$|k|^{-1}\, U(f/k)$
Vertauschungssatz	$U(t)$ $U^*(t)$	$u(-f)$ $u^*(f)$
Satz der konjugiert-komplexen Funktionen	$u^*(t)$	$U^*(-f)$
Verschiebungssatz	$u(t - t_0)$ $u(t)\, e^{j2\pi f_0 t}$	$U(f)\, e^{-j2\pi t_0 f}$ $U(f - f_0)$
Differentiationssatz	$d\,u(t)/dt$ $-j2\pi t\, u(t)$	$j2\pi f\, U(f)$ $d\,U(f)/df$
Integrationssatz	$\displaystyle\int_{-\infty}^{t} u(\tau)\, d\tau$ $[-1/(j2\pi t)+1/2\,\delta(t)]\, u(t)$	$[1/(j2\pi f)+1/2\,\delta(f)]\, U(f)$ $\displaystyle\int_{-\infty}^{f} U(\varphi)\, d\varphi$
Faltungssatz	$u_1(t) * u_2(t)$ $u_1(t)\, u_2(t)$	$U_1(f)\, U_2(f)$ $U_1(f) * U_2(f)$
Korrelationssatz $(u_1(t) \otimes u_2(t) := u_1(t) * u^*_2(-t))$	$u_1(t) \otimes u_2(t)$ $u_1(t)\, u^*_2(t)$	$U_1(f)\, U^*_2(f)$ $U_1(f) \otimes U_2(f)$
Momentensatz	$\displaystyle\int_{-\infty}^{+\infty} t^\nu\, u(t)\, dt = (-j2\pi)^{-\nu}\, d^\nu U(f)/df^\nu \big|_{f=0}$ $(j2\pi)^{-\nu}\, d^\nu u(t)/dt^\nu \big|_{t=0} = \displaystyle\int_{-\infty}^{+\infty} f^\nu\, U(f)\, df$	
Parsevalsche Gleichung (Gleichheit der Energie in Zeit- und Frequenzbereich)	$\displaystyle\int_{-\infty}^{+\infty} u_1(t)\, u^*_2(t)\, dt = \int_{-\infty}^{+\infty} U_1(f)\, U^*_2(f)\, df$ $\displaystyle\int_{-\infty}^{+\infty} |u(t)|^2\, dt = \int_{-\infty}^{+\infty} |U(f)|^2\, df$	
Zuordnungssatz (Index: g : gerader Anteil u: ungerader Anteil)	$\mathrm{Re}\{u_g(t)\}$ o——• $\mathrm{Re}\{U_g(f)\}$ $\mathrm{Re}\{u_u(t)\}$ o——• $j\,\mathrm{Im}\{U_u(f)\}$ $j\,\mathrm{Im}\{u_g(t)\}$ o——• $j\,\mathrm{Im}\{U_g(f)\}$ $j\,\mathrm{Im}\{u_u(t)\}$ o——• $\mathrm{Re}\{U_u(f)\}$	

Tabelle 2-3: Einige wichtige Fourier-Korrespondenzen

Zeitbereich $\quad$ $u(t)$ $\quad$ o——• $\quad$ $U(f)$ $\quad$ Spektralbereich	
Einheitsimpuls $\qquad\qquad$ $\delta(t)$	1 $\hfill$ *Konstante*
Einheitssprung $\gamma(t) := \begin{cases} 0 & \text{für } t < 0 \\ 1/2 & \text{für } t = 0 \\ 1 & \text{für } t > 0 \end{cases}$	 $(j2\pi f)^{-1} + \delta(f)/2$
Vorzeichenfunktion $\text{sign}(t) := \begin{cases} -1 & \text{für } t < 0 \\ 0 & \text{für } t = 0 \\ 1 & \text{für } t > 0 \end{cases}$	$\hfill$ *einfacher Pol* $(j\pi f)^{-1}$
Rechteckfunktion $\text{rect}(t/T) := \begin{cases} 1 & \text{für } |t| < T/2 \\ 1/2 & \text{für } |t| = T/2 \\ 0 & \text{für } |t| > T/2 \end{cases}$	$\hfill$ *si-(sinc-)Funktion* $T\,\text{si}(\pi T f) = T\,\text{sinc}(Tf) := \sin(\pi Tf)/(\pi f)$
Dreieckfunktion $\text{tri}(t/T) := \begin{cases} 1 - |t/T| & \text{für } |t| \le T \\ 0 & \text{für } |t| > T \end{cases}$	 $T\,\text{si}^2(\pi Tf) = T\,\text{sinc}^2(Tf)$
$e^{-j2\pi f_0 t}$	$\delta(f - f_0)$
$\cos(2\pi f_0 t)$	$[\delta(f + f_0) + \delta(f - f_0)]/2$
$\sin(2\pi f_0 t)$	$j\,[\delta(f + f_0) - \delta(f - f_0)]/2$
$\sin(2\pi f_0 |t|)$	$f_0/\pi\,(f_0^2 - f^2)^{-1}$
$e^{-2\pi a|t|}$	$a/\pi\,(a^2 + f^2)^{-1}$
δ-Puls $\qquad$ $p(t) := \displaystyle\sum_{k=-\infty}^{+\infty} \delta(t - k)$	$p(f) := \displaystyle\sum_{i=-\infty}^{+\infty} \delta(f - i)$ $\hfill$ *δ-Puls*
Bessel-Funktion $\qquad$ $J_0(2\pi a t)$	$1/\pi\,(a^2 - f^2)^{-1/2}\,\text{rect}(f/(2a))$
Gauß-Funktion $\qquad$ $e^{-\pi t^2}$	$e^{-\pi f^2}$ $\hfill$ *Gauß-Funktion*
Chirp-Funktion $\qquad$ $e^{j\pi t^2}$	$\sqrt{j}\,e^{-j\pi f^2}$ $\hfill$ *Chirp-Funktion*
$|t|^{-1/2}$	$|f|^{-1/2}$
$\gamma(t)\,t^{-1/2}$	$1/2\,[1 - j\,\text{sign}(f)]\,|f|^{-1/2}$

2.4 Laplace-Transformation

Wie eingangs angesprochen, sind nicht nur *stationäre* komplexe harmonische Schwingungen Eigenfunktionen zeitinvarianter Systeme, sondern auch exponentiell an- und abklingende, also solche vom Typ e^{pt} mit einer beliebigen *komplexen* Frequenzvariablen p:

$$e^{pt} = e^{\sigma t} \, e^{j2\pi ft} .$$

Das entsprechende Transformationsintegral heißt dann:

$$U_b(p) = \int\limits_{-\infty}^{+\infty} u(t) \, e^{-pt} \, dt \qquad\qquad (2\text{-}19)$$

und hat große Ähnlichkeit mit dem Fourier-Integral (einschließlich konvergenzerzwingendem Faktor) aus der *Anmerkung* auf Seite 21, nur daß hier der Grenzübergang $\sigma \to 0$ *nicht* vollzogen wird. Daher erwarten wir, daß auch (einfach) exponentiell ansteigende Signale transformiert werden können, z. B.

$$u(t) = e^{at} \quad \text{mit} \quad a \neq 0 .$$

Dies in (2-19) eingesetzt, ergibt

$$U_b(p) = \int\limits_{-\infty}^{+\infty} e^{at} \, e^{-pt} \, dt = \frac{1}{a-p} \, e^{(a-\sigma-j2\pi f)t} \, \Big|_{-\infty}^{+\infty} .$$

Das Integral konvergiert für die *obere* Integrationsgrenze $t = +\infty$, wenn $a - \sigma < 0$, also $\sigma > a$ ist. Zur Konvergenz an der *unteren* Integrationsgrenze $t = -\infty$ jedoch muß $\sigma < a$ gelten, d.h. für *keinen* Wert von σ konvergiert das Integral. Würde u(t) im *negativen* Zeitbereich mit einem Exponenten a_- und im *positiven* Zeitbereich mit a_+ ansteigen, so ergäbe sich ein *Konvergenzbereich* von

$$a_+ < \sigma < a_-$$

für den Fall, daß

$$a_+ < a_-$$

ist. Gibt man sich mit dieser Einschränkung nicht zufrieden, kann das Transformationsintegral in zwei Teile mit unterschiedlichem Konvergenzbereich aufgespalten und die beiden so entstandenen Transformierten *getrennt* behandelt werden. Dies führt zur sog. *allgemeinen Spektraltransformation* [2.5].

Ein anderer Ausweg aus den geschilderten Konvergenzschwierigkeiten ist die Beschränkung auf *kausale* Signale, also solche, für die

$$u(t) \equiv 0 \qquad \text{für} \quad t < 0$$

gilt. Alle physikalisch sinnvollen Impulsantworten und Zeitsignale sind von dieser Art. Dann geht (2-19) über in

$$U(p) = \int_0^{+\infty} u(t)\, e^{-pt}\, dt\,. \qquad\qquad (2\text{-}20a)$$

Dies ist die (einseitige) *Laplace-Transformation*; (2-19) bezeichnet man dagegen als *zwei*seitige Laplace-Transformation.

Beispiel I
Für

$$u(t) = \gamma(t)\, e^{at}$$

erhalten wir

$$U(p) = \int_0^{+\infty} e^{at}\, e^{-pt}\, dt = \frac{1}{a-p}\, e^{(a-p)t}\,\Big|_0^{+\infty} = \frac{1}{p-a}\,,$$

wobei dieses Ergebnis nur für

$$\text{Re}\{p\} = \sigma > a$$

gilt. Speziell mit $a = 0$ finden wir die Laplace-Transformierte des *Einheitssprungs* zu

$$\gamma(t) \quad\circ\!\!-\!\!-\!\!\bullet\quad 1/p \quad \text{für} \quad \text{Re}\{p\} > 0\,. \qquad\qquad (i)$$

(Wir verwenden hier dasselbe Symbol wie bei der Fourier-Transformation, solange Verwechslungen ausgeschlossen sind.)

Setzen wir in (i) aus obigem *Beispiel* für $p = j2\pi f$ ein, um zur Fourier-Transformierten des Einheitssprungs zu gelangen, so erhalten wir fälschlicherweise das Spektrum

$$1/(j2\pi f)\,,$$

in welchem der δ-Impuls fehlt. Wir haben nämlich nicht berücksichtigt, daß

$$p = j2\pi f\,, \quad \text{also} \quad \sigma = 0\,,$$

nicht mehr zum Konvergenzgebiet des Transformationsintegrals gehört. Dementsprechend muß auch der Integrationsweg der *Rücktransformation* im Konvergenzgebiet liegen und damit *rechts* an allen Polen vorbei verlaufen:

$$u(t) = \frac{1}{j2\pi} \int_{\sigma_R - j\infty}^{\sigma_R + j\infty} U(p)\, e^{pt}\, dp\,, \qquad\qquad (2\text{-}20b)$$

also in unserem Beispiel mit

$$\sigma_R > a\,.$$

Die Laplace-Transformation vermeidet offensichtlich δ-Impulse, indem obige Bedin-

27

gung an den Integrationsweg gestellt wird, während dieser bei der Fourier-Transformation festliegt, nämlich die f-Achse, d.h. die *Imaginärachse* in der p-Ebene (Bild 2-8). Es ist also bei der Umwandlung von Laplace-Spektren in Fourier-Spektren immer dann Vorsicht geboten, wenn Pole auf der Imaginärachse der p-Ebene vorhanden sind. Es gilt zwar beispielsweise

$$p \; \hat{=} \; j2\pi f \, ,$$

aber

$$1/p \; \hat{=} \; 1/(j2\pi f) + 1/2 \; \delta(f) \, . \qquad\qquad (2\text{-}21a)$$

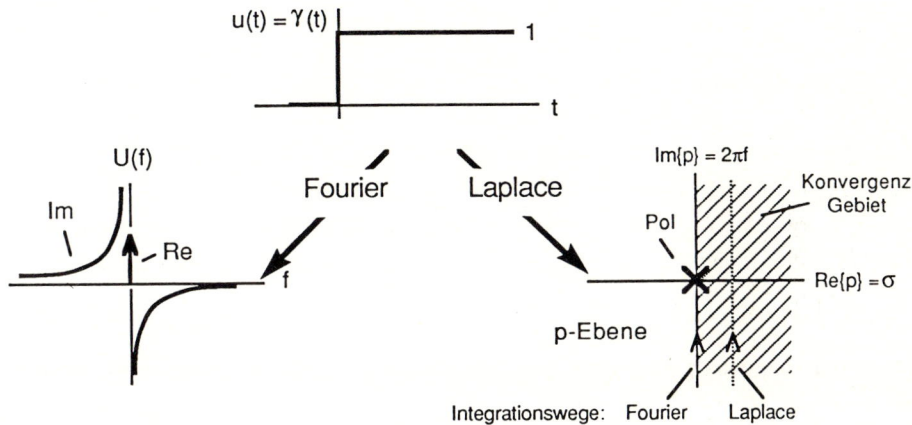

Bild 2-8: Unterschied von Fourier- und Laplace-Spektrum am Beispiel des Einheitssprungs

Eine häufig auftretende Pol-Konfiguration sind zwei symmetrisch auf der Imaginärachse liegende Pole, z.B. bei $p = \pm j2\pi f_0$. Hier tritt ebenfalls in der Fourier-Transformierten an jeder Polstelle zusätzlich ein δ-Impuls auf:

$$\frac{1}{p^2+(2\pi f_0)^2} \; \hat{=} \; \frac{-1}{4\pi^2(f^2 - f_0^2)} \; + \; j\frac{1}{8\pi f_0} \left[\delta(f+f_0) - \delta(f - f_0)\right] \, . \qquad (2\text{-}21b)$$

Wegen einer ausführlichen Diskussion über die Konversion von Fourier-, Laplace- und 'allgemeinen' Spektren siehe z.B. [2.5].

Da in diesem Buch die Laplace-Transformation eine untergeordnete Rolle spielt, wollen wir es beim bisher Gesagten belassen und lediglich in Tabelle 2-4 einige Korrespondenzen aufführen. Tabellen und Gesetze der Laplace-Transformation finden sich z.B. in [2.7, 2.13].

Tabelle 2-4: Einige wichtige Laplace-Korrespondenzen kausaler Signale

Zeitfunktion	$u(t)$ o——• $U(p)$	Laplace-Spektrum
$\gamma(t)$	$1/p$	
$(\omega_0 := 2\pi f_0)$ $\gamma(t)\cos(\omega_0 t)$	$p/(p^2+\omega_0^2)$	
$\gamma(t)\sin(\omega_0 t)$	$\omega_0/(p^2+\omega_0^2)$	
$\gamma(t)\,e^{j\omega_0 t}$	$1/(p-j\omega_0)$	
(a reell) $\gamma(t)\,e^{at}$	$1/(p-a)$	

2.5 Modulatoren

Neben den linearen zeit*in*varianten Systemen stellen *Modulatoren*, also lineare *zeitvariante* Systeme ohne Gedächtnis, eine wichtige Klasse elementarer Systeme dar. Ein Modulator multipliziert ein Eingangssignal mit einer *Modulationsfunktion* $m(t)$:

$$u_2(t) = u_1(t)\, m(t)\,. \tag{2-22a}$$

Mit dem Faltungssatz läßt sich diese Operation auch im Spektralbereich beschreiben:

$$U_2(f) = U_1(f) * M(f) = \int_{-\infty}^{+\infty} U_1(f')\, M(f-f')\, df'\,. \tag{2-22b}$$

Während also ein lineares zeit*in*variantes System im Zeitbereich eine Faltung ausführt, die einer Multiplikation im Frequenzbereich entspricht, ist dies beim Modulator gerade umgekehrt; man könnte ihn daher auch als *frequenzinvariantes* System bezeichnen. In Bild 2-9 ist dies zusammenfassend skizziert, wobei auch das spezielle Symbol für den Modulator verwendet wird.

Anmerkung
Man beachte, daß der Modulator nur dann *linear* ist, wenn m(t) als *Systemgröße* (wie auch die Impulsantwort bei einem zeitinvarianten System) betrachtet wird und nicht als zweites *Eingangssignal* fungiert.

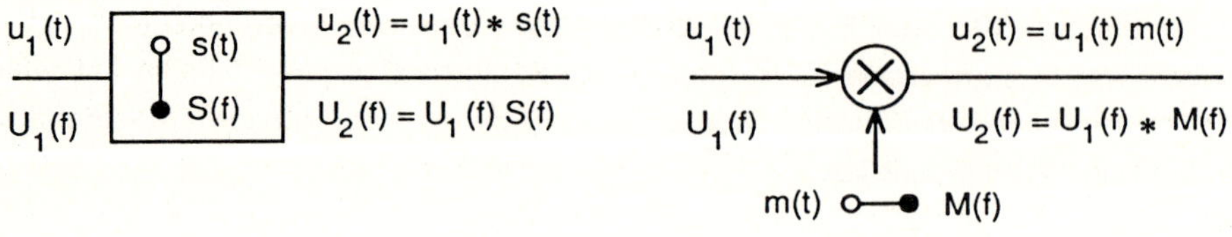

Bild 2-9: Zeitinvariantes System und Modulator (frequenzinvariantes System)

2.6 Zeitvariante Systeme

Wegen ihrer großen technischen Bedeutung und ihrer einfachen mathematischen Behandelbarkeit haben wir uns bisher – außer mit Modulatoren – nur mit zeit*in*varianten Systemen beschäftigt. Diese werden durch das Faltungsintegral

$$u_2(t) = \mathcal{S}\{u_1(t)\} = \int_{-\infty}^{+\infty} u_1(t') \, s(t - t') \, dt'$$

beschrieben. Dabei ist s(t) die Antwort des Systems auf einen δ-Impuls, also allgemein

$$s(t - t') = \mathcal{S}\{\delta(t - t')\} \,.$$

Die Impulsantwort hat für jeden Auftrittszeitpunkt t' dieselbe Form. Bei *zeitvarianten* Systemen ist dies nicht mehr gegeben, d.h. die nun *zeitvariante Impulsantwort* hängt zusätzlich zu (t – t') noch von t' selbst ab. Wir nennen diese Impulsantwort h(t,t'):

$$h(t - t', t') := \mathcal{S}\{\delta(t - t')\} \,. \tag{2-23}$$

Damit wird das Faltungsintegral zum allgemeinen linearen Superpositionsintegral

$$u_2(t) = \mathcal{S}\{u_1(t)\} = \int_{-\infty}^{+\infty} u_1(t') \, h(t - t', t') \, dt' \,. \tag{2-24a}$$

Neben dieser Definition der zeitvarianten Impulsantwort wird oft auch die Funktion

$$g(t,t') := h(t - t', t') = \mathcal{S}\{\delta(t - t')\} \tag{2-24b}$$

als solche bezeichnet. Die Systemgleichung (2-24a) ist dann das Superpositionsintegral in der Form von (2-1):

$$u_2(t) = \mathcal{S}\{u_1(t)\} = \int_{-\infty}^{+\infty} u_1(t') \, g(t,t') \, dt' \,. \tag{2-24c}$$

Die Definitionen (2-24a) und (2-24c) sind gleichwertig; erstere mag dem 'faltungsverwöhnten' Leser vertrauter erscheinen. Deshalb wollen wir im folgenden unter der *zeitvarianten Impulsantwort* meist h(t,t') verstehen. Diese ist offensichtlich *zwei*dimensional; daher werden wir einige Eigenschaften solcher Systeme erst diskutieren können, nachdem wir *mehr*dimensionale Signale und deren Transformationen behandelt haben.

Zur Beschreibung und speziell zur Invertierung eines zeitvarianten linearen Systems ist die Kenntnis von dessen Eigenfunktionen von großem Wert. Für Sonderfälle (wie die Faltung) lassen sich diese Eigenfunktionen auch angeben. In der folgenden Aufstellung *spezieller* zeitvarianter Systeme wird deshalb auch in einigen Fällen das Inversproblem angesprochen.

Beispiele spezieller linearer Systeme

Außer allgemeinen linearen Operationen sind in (2-24a,c) auch folgende Sonderfälle enthalten:

– *Faltung* (zeitinvariant):

$$u_2(t) = u_1(t) * s(t) \quad \Rightarrow \quad h(t,t') = s(t) \, .$$

Damit geht (2-24a) in das Faltungsintegral über. Die Eigenfunktionen für diesen Fall sind die Exponentialschwingungen z.B. der Fourier-Transformation. Eine Invertierung des Eigenwertspektrums ist dann eine Fourier-Inversfilterung, die Division durch die Übertragungsfunktion.

– *Multiplikation* (Modulator):

$$u_2(t) = u_1(t)\, m(t) \quad \Rightarrow \quad h(t,t') = \delta(t)\, m(t') \, .$$

Hier sind die Eigenfunktionen die Impulse $\delta(.)$ und das Eigenwertspektrum gleich $m(.)$. Eine Invertierung kann somit durch Multiplikation mit $1/m(.)$ erfolgen.

– *Koordinatentransformation*:

$$u_2(t) = u_1(a(t)) \quad \Rightarrow \quad h(t,t') = \delta(a(t+t') - t'), \qquad a(.) \text{ monoton}$$

oder:

$$g(t,t') = \delta\big(a(t) - t'\big) \, .$$

Die Impulsantwort $g(.)$ ist also eine δ-Linie entlang $t = a(t)$. Wir werden solche δ-Linien in Abschnitt 3.1 behandeln. Nach den dort herzuleitenden Rechenregeln ergibt $g(t,t')$ in (2-24c) eingesetzt tatsächlich

$$u_2(t) = \int\limits_{-\infty}^{+\infty} u_1(t')\, \delta(a(t) - t')\, dt' = u_1(a(t)) \, .$$

Eine Invertierung der Koordinatentransformation läßt sich durch die Umkehrfunktion $a^{-1}(.)$ sofort angeben, falls $a(.)$ streng monoton ist.

– *Fourier-Transformation*:

$$u_2(t) = \int\limits_{-\infty}^{+\infty} u_1(t')\, e^{-j2\pi tt'}\, dt' = U_1(t) \quad \Rightarrow \quad h(t,t') = e^{-j2\pi(t+t')t'}$$

bzw.:

$$g(t,t') = e^{-j2\pi tt'} \, .$$

Andere lineare Spektraltransformationen lassen sich in ähnlicher Weise beschreiben.

Außer diesen Sonderfällen gibt es noch spezielle Eigenschaften von h(.) oder g(.), die die Berechnung von zeitvarianten Operationen erleichtern können, z.B. eine eventuelle *Separierbarkeit* von h(.) in t und t' der Form

$$h(t,t') = s(t)\, m(t') \,.$$

Dann wird (2-24a) zu

$$u_2(t) = \int_{-\infty}^{+\infty} u_1(t')\, m(t')\, s(t-t')\, dt' = [u_1(t)\, m(t)] * s(t).$$

Diese zeitvariante Operation kann also durch eine Multiplikation mit nachfolgender Faltung ausgeführt werden.
Auf eine weitere Eigenschaft der Impulsantwort h(.), eine eventuelle Bandbegrenztheit, werden wir in Abschnitt 4.2 eingehen.

2.7 Analytische Signale

Dem Zuordnungssatz aus Tabelle 2-2 entnehmen wir, daß das Spektrum $U_{reell}(f)$ eines *reellen* Signals $u_{reell}(t)$ (und nur solche sind physikalisch sinnvoll) einen geraden Real- und einen ungeraden Imaginärteil hat:

$$u_{reell}(t) \quad \circ\!\!-\!\!\bullet \quad U_{reell}(f) = U_{Rg}(f) + j\, U_{Iu}(f) \,.$$

($U_{reell}(f)$ ist natürlich i. allg. *nicht* reell.) Es gilt also

$$U_{reell}(-f) = U^{*}_{reell}(f) \,, \tag{2-25}$$

womit eigentlich die Angabe *einer Hälfte* des Spektrums genügt. Daher benutzt man z.B. in der Hochfrequenztechnik und der Optik häufig statt $u_{reell}(t)$ das (komplexe) sog. *analytische Signal* $u_a(t)$, dessen Spektrum nur bei *positiven* Frequenzen existiert und dort bis auf den Faktor *zwei* mit $U_{reell}(f)$ übereinstimmt:

$$U_a(f) := 2\, \gamma(f)\, U_{reell}(f) \,. \tag{2-26a}$$

Mit

$$2\, \gamma(f) = 1 + sign(f) \,,$$

also

$$U_a(f) = U_{reell}(f) + U_{reell}(f)\, sign(f) \,,$$

und der Korrespondenz (Tabelle 2-3 und Vertauschungssatz)

$$sign(f) \quad \bullet\!\!-\!\!\circ \quad j/(\pi t)$$

können wir das *analytische Signal* angeben:

$$u_a(t) := u_{reell}(t) + j\, u_{reell}(t) * (\pi t)^{-1}. \qquad (2\text{-}26b)$$

Die Faltung eines Signals mit $(\pi t)^{-1}$ bezeichnet man als *Hilbert-Transformation*. Wir verwenden dafür das Symbol

$$\mathcal{Hilb}\{u(t)\} := u(t) * (\pi t)^{-1}. \qquad (2\text{-}27)$$

Danach kann man das analytische Signal dadurch konstruieren, indem man dem ursprünglichen reellen Signal dessen Hilbert-Transformierte als Imaginärteil hinzufügt:

$$u_a(t) := u_{reell}(t) + j\,\mathcal{Hilb}\{u_{reell}(t)\}. \qquad (2\text{-}26c)$$

Das reelle Signal kann aus $u_a(t)$ durch Realteilbildung zurückgewonnen werden:

$$u_{reell}(t) = \mathrm{Re}\{u_a(t)\}. \qquad (2\text{-}26d)$$

Beispiel I
Die wohl bekannteste Anwendung für das analytische Signal ist der Ersatz einer z.B. cos-Schwingung durch eine *komplexe* Exponentialschwingung. Mit

$$u_{reell}(t) = \cos(2\pi f_0 t) \qquad \circ\!\!-\!\!\bullet \qquad [\delta(f+f_0) + \delta(f - f_0)]/2 = U_{reell}(f)$$

gilt ja nach (2-26a)

$$U_a(f) = 2\,\gamma(t)\,U_{reell}(f) = \delta(f - f_0)$$

und damit

$$u_a(t) = e^{j2\pi f_0 t} = \cos(2\pi f_0 t) + j\sin(2\pi f_0 t).$$

Die Hilbert-Transformierte der cos-Funktion ist demnach die sin-Funktion:

$$\mathcal{Hilb}\{\cos(2\pi f_0 t)\} = \sin(2\pi f_0 t).$$

Beispiel II
Wird eine cos-Schwingung mit einem niederfrequenten (reellen) Signal $a(t)$ *moduliert*, also

$$u_{reell}(t) = a(t)\cos(2\pi f_0 t),$$

so gilt mit

$$\cos(2\pi f_0 t) = (e^{j2\pi f_0 t} + e^{-j2\pi f_0 t})/2$$

und dem Verschiebungssatz (Bild 2-10):

$$U_{reell}(f) = [A(f+f_0) + A(f - f_0)]/2. \qquad (i)$$

Ist (wie in Bild 2-10) die Ausdehnung von $A(f)$ *kleiner* als $2f_0$, so überlappen sich die beiden Terme aus (i) *nicht*, und $U_a(f)$ kann sofort angegeben werden:

$$U_a(f) = A(f - f_0), \qquad (ii)$$

also:

$$u_a(t) = a(t)\, e^{j2\pi f_0 t}\ .$$ (iii)

Ist andererseits A(f) im Vergleich zu f_0 sehr breitbandig, so müssen die dann auftretenden *Überlappungen* in (i) berücksichtigt werden, und das analytische Signal ist nicht mehr so einfach anzugeben. I. allg. tritt dabei eine *komplexe* Hüllkurve statt a(t) in (iii) auf. Trotzdem gilt auch dann

$$u_{reell}(t) = Re\{u_a(t)\}\ .$$

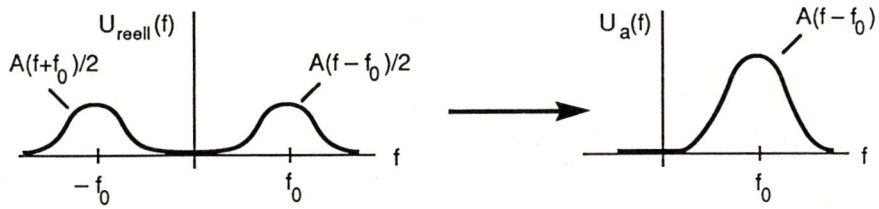

Bild 2-10: Spektrum des analytischen Signals einer niederfrequent modulierten cos-Funktion

2.8 Reguläre Abtastung

Bisher haben wir Funktionen der *kontinuierlichen* Zeitvariablen behandelt. In vielen Fällen der Signalerfassung oder -verarbeitung ist jedoch eine zeitlich *diskrete* Signaldarstellung notwendig. Dies kann z.B. dadurch geschehen, daß aus dem Signal einzelne Werte ausgeblendet werden. Diesen Vorgang bezeichnet man als *Abtastung*. Inwieweit diese abzählbar – evtl. aber unendlich – vielen Signalwerte den ursprünglichen kontinuierlichen Signalverlauf *korrekt* beschreiben, werden wir nun diskutieren. Dabei behandeln wir die Zeitvariable weiterhin als kontinuierlich und beschreiben den Abtastvorgang als Multiplikation des Signals mit einer Folge von δ-Impulsen. In Bild 2-11 ist dies skizziert. Wir nehmen an, daß die δ-Impulse alle dasselbe Impulsintegral haben, ihre zeitlichen Abstände jedoch beliebig sein können. Es handelt sich also um eine *nichtreguläre* Abtastung.

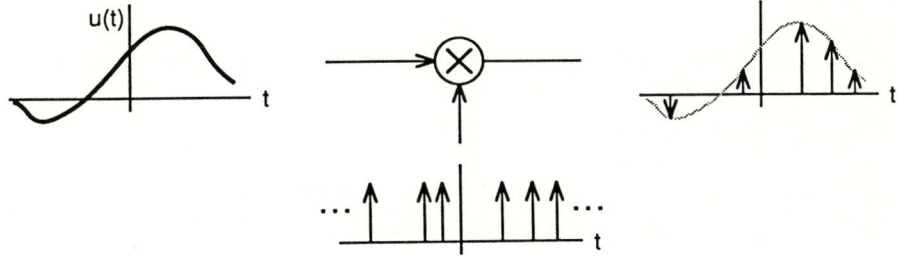

Bild 2-11: Nichtreguläre Abtastung eines Signals

34

Wenn das abgetastete Signal eine gültige Repräsentation des kontinuierlichen Signals sein soll, so muß dieses wieder aus den Abtastwerten *rekonstruiert* werden können. Es gilt nun zu klären, unter welchen Umständen diese Rekonstruktion möglich ist, und wie dann die geeignete Interpolationsvorschrift aussieht. Leider ist diese Frage in voller Allgemeinheit nicht beantwortbar.

Für den technisch häufigsten Fall der *regulären Abtastung* jedoch existiert eine sehr einfache Lösung. Dazu beschreiben wir nach Bild 2-12, oben, die Abtastung des Signals u(t) durch Multiplikation mit dem *regulären δ-Puls* (s. Tabelle 2-3)

$$p(t/\Delta t) := \Delta t \sum_{k=-\infty}^{+\infty} \delta(t - k\Delta t) .$$

Das *abgetastete* Signal ist dann

$$u_d(t) := u(t) \, p(t/\Delta t) = \Delta t \sum_k u(k\Delta t) \, \delta(t - k\Delta t) . \qquad (2\text{-}28)$$

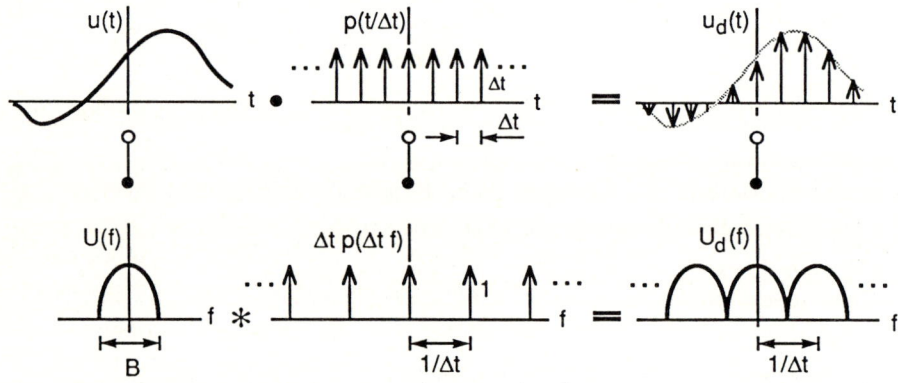

Bild 2-12, oben: Reguläre Abtastung eines Signals, **unten:** Auswirkung auf dessen Spektrum

Das Spektrum des abgetasteten Signals

Nach dem Faltungssatz bedeutet die Abtastung (2-28), daß das Signalspektrum mit der Fourier-Transformierten des δ-Pulses p(t/Δt) gefaltet wird:

$$U_d(f) = U(f) * \mathcal{F}\{p(t/\Delta t)\} . \qquad (2\text{-}29a)$$

Diese Fourier-Transformierte ist nach Tabelle 2-3 ebenfalls ein δ-Puls, und wir erhalten nach Anwendung des Ähnlichkeitssatzes

$$p(t/\Delta t) \quad \circ\!\!-\!\!\bullet \quad \Delta t \, p(f\Delta t) = \sum_i \delta(f - i/\Delta t) \qquad (2\text{-}29b)$$

und damit $U_d(f)$ zu (Bild 2-12, unten):

$$U_d(f) = U(f) * \Delta t \, p(f\Delta t) = U(f) * \sum_i \delta(f - i/\Delta t) \, . \tag{2-29c}$$

Nachdem die Faltung mit einem δ-Impuls eine *Verschiebung* bewirkt, also

$$U(f) * \delta(f - i/\Delta t) = U(f - i/\Delta t) \, ,$$

bedeutet die Faltung mit dem δ-Puls

$$U_d(f) = \sum_i U(f - i/\Delta t) \, . \tag{2-29d}$$

Dieses wichtige Ergebnis besagt, daß die reguläre Abtastung eines Signals einer periodischen Wiederholung dessen Spektrums entspricht. Ist dabei der Abtastabstand Δt, so ist der Wiederholabstand im Spektrum $1/\Delta t$.

Die Interpolation

Kann nun u(t) aus $u_d(t)$ rekonstruiert werden? Für ein beliebiges Signal wird dies sicher *nicht* möglich sein, da der Signalverlauf zwischen den Abtastwerten unwiederbringlich verlorengegangen ist. Falls aber u(t) bestimmte bekannte Eigenschaften hat, so ist die Menge aller möglichen Signale evtl. so stark eingeschränkt, daß eine eindeutige Rekonstruktion gelingt. Die hier interessierende Eigenschaft ist die *Bandbegrenztheit* von u(t), d.h. daß dessen Spektrum U(f) eine maximale Ausdehnung B hat. B nennen wir die (mathematische) *Bandbreite*. Sie ist (bei symmetrischer Lage von U(f)) doppelt so groß wie die höchste vorkommende Frequenz:

$$U(f) \equiv 0 \qquad \text{für} \quad |f| > B/2 \, .$$

Aus Bild 2-12, unten, ist nun sofort ersichtlich, daß sich die Wiederholspektren in $U_d(f)$ *nicht* überlappen, falls

$$B < 1/\Delta t \qquad \text{d.h.} \qquad \Delta t < 1/B \tag{2-30}$$

ist. Dann kann U(f) aus $U_d(f)$ mit Hilfe eines Filters der Übertragungsfunktion rect(fΔt) 'herausgefischt' werden:

$$U(f) = U_d(f) \, \text{rect}(f\Delta t) \, . \tag{2-31a}$$

Mit der Korrespondenz

$$\text{rect}(f\Delta t) \quad \bullet\!\!-\!\!\circ \quad 1/\Delta t \, \text{si}(\pi t/\Delta t)$$

erhalten wir aus (2-31a) auch die *Interpolationsvorschrift* im Zeitbereich für u(t):

$$u(t) = u_d(t) * [1/\Delta t \; si(\pi t/\Delta t)] \; . \qquad\qquad (2\text{-}31b)$$

Die Bedingung (2-30) zusammen mit (2-31a,b) ist das *Abtasttheorem*. In Bild 2-13 ist die Anwendung der Interpolationsformel (2-31b) auf $u_d(t)$ skizziert. Diese Faltung bedeutet danach, daß an jedem Abtastzeitpunkt die si-Funktion, bewertet mit dem jeweiligen Abtastwert, wiederholt wird und sich alle diese si-Anteile zu u(t) überlagern.

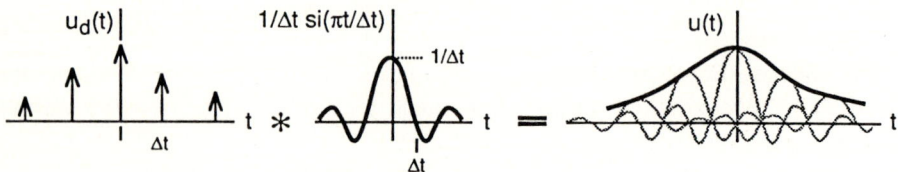

Bild 2-13: Rekonstruktion des abgetasteten Signals durch Faltung mit si-Funktion

Ist die Bedingung (2-30) des Abtasttheorems *nicht* erfüllt, so ergeben sich *Überlappungen* in $U_d(f)$ und U(f) ist nicht mehr (durch eine Filterung) wiederzugewinnen. Wenden wir trotzdem (2-31a) an, so schneiden wir vom Originalspektrum alle Teile mit $|f| > 1/(2\Delta t)$ ab. Schlimmer ist jedoch, daß Ausläufer von den Nachbarspektren das Originalspektrum stören. Diesen Effekt nennt man *Aliasing*, also 'unter anderem Namen erscheinend', da Frequenzanteile an anderen Stellen auftreten, als sie im Originalspektrum lagen. Um Alias-Fehler zu vermeiden, ist es also wichtig, *vor* der Abtastung sicherzustellen, daß u(t) ausreichend bandbegrenzt ist[1]. Ist andererseits die Abtastbedingung (2-30) soweit erfüllt, daß sogar ausgedehnte spektrale 'Lücken' zwischen den Wiederholspektren bleiben, so hat man bei der Wahl des Rekonstruktionsfilters die Freiheit, von dem in (2-31a) angegebenen – ohnehin nicht exakt realisierbaren – rect-Verlauf abzuweichen. Es muß lediglich sichergestellt sein, daß das Originalspektrum dieses Filter unverzerrt passieren kann, und daß die Wiederholspektren weggefiltert werden.

Anmerkung
Ein technisch realisierter Abtaster wird natürlich keinen δ-Puls verwenden, um die Abtastwerte aus dem Signal zu gewinnen. Vielmehr wird er wegen seiner Trägheit einen Abtastwert als zeitliches Mittel von u(t) über ein, wenn auch evtl. sehr kurzes, aber endliches, Intervall bilden. So wird z.B. statt u(kΔt)

$$\tilde{u}(k\Delta t) := 1/\varepsilon \int_{k\Delta t - \varepsilon/2}^{k\Delta t + \varepsilon/2} u(t')\, dt' \approx u(k\Delta t) \qquad\qquad (i)$$

gebildet (Bild 2-14, links). Wir erkennen dieses Integral unschwer als Faltung mit einer rect-Funktion, wobei jedoch vom Faltungsergebnis lediglich die Zeiten t = kΔt betrachtet werden:

---

[1] Vgl. dazu auch den fälschlicherweise J. Caesar zugeschriebenen Ausspruch 'alias iacta est' [2.14].

$$\tilde{u}(k\Delta t) = [u(t) * 1/\varepsilon \, \text{rect}(t/\varepsilon)]_{t = k\Delta t} \; . \tag{ii}$$

Wir können also den Einfluß der Mittelung (i) dadurch beschreiben, daß wir einem *idealen* Abtaster ein Filter der Impulsantwort $s_1(t) = 1/\varepsilon \, \text{rect}(t/\varepsilon)$ vorschalten (Bild 2-14, rechts). Je nach Realisierung weist jedoch $s_1(t)$ nicht unbedingt die beschriebene rect-Form auf, der Abtaster kann ja auch ein *gewichtetes* Zeitmittel bilden. Die Gewichtsfunktion zur Berechnung von $\tilde{u}(k\Delta t)$ ist dann allgemein $s_1(k\Delta t - t')$ (vgl. Bild 2-7). Falls möglich, sollte $s_1(.)$ so gewählt werden, daß die notwendige Bandbegrenzung des Eingangssignals weitgehend gewährleistet ist, im Idealfall also $s_1(t) = \Delta t \, \text{si}(\pi t/\Delta t)$, was natürlich wegen der unendlichen Ausdehnung der si-Funktion, und evtl. auch wegen der darin auftretenden negativen Werte (vor allem bei *Bild*abtastern) nicht exakt zu realisieren ist.

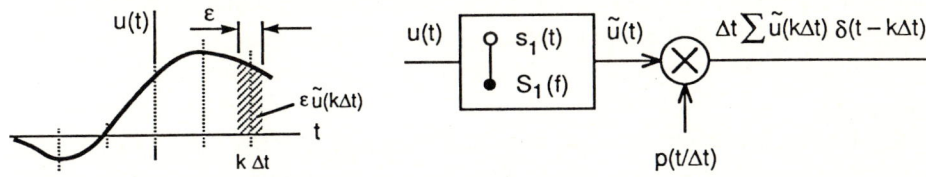

Bild 2-14, links: Bildung eines zeitlich gemittelten Abtastwertes, **rechts:** Modellierung eines *realen* Abtasters durch ein (Tiefpaß-)Filter und einen *idealen* Abtaster

Abtastung von Spektren

Wegen der Symmetrie der Fourier-Transformation können wir auch ein Abtasttheorem für Spektren formulieren. Die *Abtastung eines Spektrums* $U(f)$ an den Stellen $f = k\Delta f$ korrespondiert dann mit der *periodischen Wiederholung des Signals* $u(t)$ im Abstand $1/\Delta f$:

$$U_p(f) := \Delta f \sum_k U(k\Delta f)\, \delta(f - k\Delta f) \tag{2-32a}$$

$$u_p(t) = \sum_i u(t - i/\Delta f) \; . \tag{2-32b}$$

Für die fehlerfreie *Interpolation* des Spektrums (z.B. durch Faltung mit einer si-Funktion) muß nun gefordert werden, daß die Fourier-Transformierte von $U(f)$ – also das Signal $u(t)$ selbst – in seiner Ausdehnung begrenzt ist, z.B.

$$u(t) \equiv 0 \qquad \text{für} \quad |t| > D/2 \; .$$

Die Bedingung an den spektralen Abtastabstand lautet dann

$$\Delta f < 1/D \; . \tag{2-33}$$

Zeit-Bandbreite-Produkt von Signalen und Spektren

Wir haben gesehen, daß Signale oder Spektren verlustfrei abgetastet werden können, falls die jeweilige Abtastbedingung erfüllt ist. Ein bandbegrenztes Signal darf
man also z.B. alle Δt abtasten, um es in den Speicher eines Digitalrechners einzule-
sen. Leider ist aber ein Signal von *endlicher* Frequenz-Bandbreite $B < 1/\Delta t$ immer
unendlich lang und damit auch die abzuspeichernde Zahlenfolge. Dies kann man
leicht dadurch verstehen, indem man das auf $|f| < B/2$ begrenzte Spektrum *nochmals*
mit rect(f/B) multipliziert. Dadurch wird das Spektrum ja *nicht* beeinflußt. Das Signal
kann offensichtlich mit $B \, si(\pi Bt)$ gefaltet werden, ohne daß es sich ändert. Da ein Faltungsergebnis immer so lange ist, wie die Summe der Ausdehnungen der Faltungs-
partner, muß das solchermaßen gefaltete Signal unendlich lang sein. Dasselbe gilt
umgekehrt für das Spektrum eines auf das Zeitintervall $|t| < D/2$ begrenzten Signals.
Eine *endlich lange* Zahlenfolge wird also nie ein kontinuierliches Signal exakt beschreiben können. Andererseits können meist durch ein genügend großes Zeit- und
Frequenzintervall, innerhalb dessen das Signal oder das Spektrum betrachtet wird,
Alias-Fehler beliebig klein gehalten werden. In diesen Fällen kann man eine *Zeit-
dauer* D und eine *Bandbreite* B angeben, außerhalb derer das Signal bzw. sein
Spektrum nahezu verschwindet:

$$u(|t|>D/2) \approx 0 \qquad \text{und} \qquad U(|f|>B/2) \approx 0 \; .$$

Wird solch ein Signal nun im Abstand

$$\Delta t = 1/B$$

abgetastet, so fallen während seiner Dauer D

$$N_1 = D \, B \qquad\qquad\qquad\qquad\qquad\qquad\qquad\qquad (2\text{-}34)$$

Abtastwerte an[1] (D und B seien so gewählt, daß N eine natürliche Zahl ist). Diese
Größe nennt man das *Zeit-Bandbreite-Produkt* oder auch die Anzahl der *Freiheits-
grade* des Signals. Sie ist (zusammen mit der Amplitudenauflösung, und damit dem
Signal-Rausch-Verhältnis) das Maß für den *Informationsgehalt*.
Das Spektrum ist durch ebenso viele Werte darstellbar, da es alle

$$\Delta f = 1/D$$

abgetastet werden darf und die Ausdehnung B hat.

---

[1] Der Index bei N_1 steht für *eindimensional*.

3 Mehrdimensionale Signale und Systeme

Die Methoden der linearen Systemtheorie sind natürlich nicht nur auf (eindimensionale) Zeitsignale und -systeme anwendbar; vielmehr bietet sich die Erweiterung z.B. der Fourier-Transformation und der Faltungsoperation auf mehrdimensionale Signale an [3.1-3.6]. Diese Erweiterung wäre kein eigenes Kapitel wert, ergäben sich dabei nicht neuartige Gesetzmäßigkeiten. So hat z.B. die Drehung eines mehrdimensionalen Signals im Eindimensionalen keine Entsprechung. Auch die Vielfalt möglicher δ-Funktionen im Mehrdimensionalen verdient gesonderte Betrachtung.

Wie schon in Kapitel 1 angesprochen, muß es sich bei den interessierenden mehrdimensionalen Funktionen nicht notwendigerweise um physikalische Signale handeln; sie können auch *Hilfsgrößen* sein, wie die Autokorrelationsfunktion nichtstationärer stochastischer Prozesse [3.7, 3.8], die zeitvariante Impulsantwort h(t,t') aus Abschnitt 2.6 oder kombinierte Zeit-Frequenzdarstellungen von Zeitsignalen (z.B. die *Ambiguity-Funktion* [3.9] oder die *Wigner-Distributions-Funktion* [3.10]). Auch wenn man also nur an *Zeit*signalen interessiert ist, kann man häufig auf eine höherdimensionale Beschreibung nicht verzichten.

In den Abschnitten 3.1 mit 3.3 abstrahieren wir meist von der physikalischen Natur der Variablen. Wir bezeichnen sie einfach mit $x_1, x_2, ..., x_n$ und fassen sie im Vektor

$$\mathbf{x} = (x_1, x_2, ..., x_n)^T \quad \in \quad \mathbf{R}^n$$

zusammen. Hängt ein Signal nicht von *allen* n Variablen ab, z.B.

$$u(\mathbf{x}) = v(x_1) ,$$

so ist es in den restlichen Dimensionen als *konstant* (unendlich weit 'ausgeschmiert') zu betrachten. Andererseits sieht man es dem Ausdruck 'v(x_1)' nicht an, in welchem Koordinatensystem dieses Signal dargestellt sein soll. In Fällen, in denen dadurch Verwirrung entstehen könnte, benutzen wir die Schreibweise

$$u(\mathbf{x}) = v(x_1) \, 1(x_2) \, ... 1(x_n) \ .$$

Der Einfachheit halber nehmen wir an, daß **x** ein *Orts*vektor sei und verwenden statt 'Zeitbereich' oder 'Zeit-Ortsbereich' den Ausdruck 'Ortsbereich'. Die Impulsantwort wird dann zur 'Punktantwort' usw. In den späteren Abschnitten werden wir uns wieder physikalisch indizierter Begriffe bedienen, z.B. 'Punkt-Impulsantwort' im Zusammenhang mit Systemen in x, y, z und t.

Anmerkung

Die bildhafte Darstellung einer mehrdimensionalen Funktion bereitet naturgemäß Schwierigkeiten. Wir werden uns daher in den Skizzen auf zwei und drei Dimensionen beschränken. Bei ersteren haben wir die Wahl zwischen einer pseudo-perspektivischen Darstellung der Signalwerte über der x_1, x_2-Ebene (Bild 3-1a) und der einfachen direkten 'Aufsicht' auf diese Ebene, wobei die Funktionswerte geeignet

40

(z.B. durch Grauwert oder Höhenlinien) angedeutet werden (Bild 3-1b). Dreidimensionale Signale können nur noch auf letztere Weise – allerdings in einem dreidimensionalen Koordinatensystem – skizziert werden (Bild 3-1c) – es sei denn, man begnügt sich mit einem *zwei*dimensionalen *Schnitt*. Es ist also im folgenden jeweils die Bezeichnung der Koordinatenachsen zu beachten, um speziell Darstellungen wie die aus Bild 3-1a und Bild 3-1c nicht zu verwechseln.

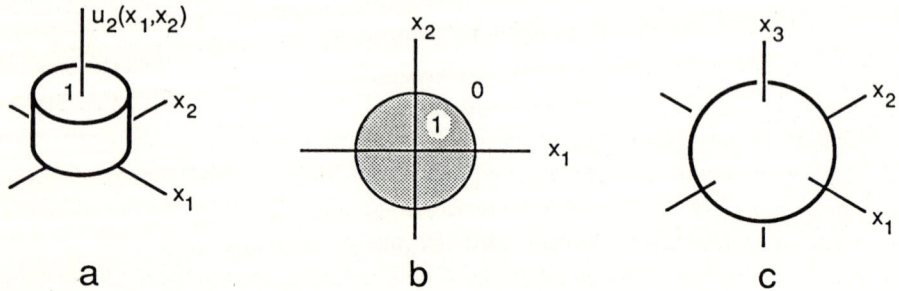

a   b   c

Bild 3-1: Mögliche Darstellungsweisen einer zwei- und einer dreidimensionalen Funktion

3.1 δ-Funktionen im Mehrdimensionalen

In den folgenden Abschnitten und Kapiteln stellen δ-Funktionen im Mehrdimensionalen ein wichtiges Hilfsmittel dar. Wir werden deshalb vorab deren Eigenschaften und Rechengesetze ausführlich behandeln (s. auch [3.1, 3.5, 3.6, 3.11]).

In Abschnitt 2.1 wurde der eindimensionale δ-Impuls durch die Eigenschaft

$$\int_{-\infty}^{+\infty} \delta(t - t_0)\, u(t)\, dt = u(t_0) \tag{3-1}$$

definiert. Daraus folgte

$$\int_{-\infty}^{+\infty} \delta(t)\, dt = 1 \tag{3-2a}$$

und

$$\delta(t) = 0 \qquad \text{für} \quad t \neq 0 . \tag{3-2b}$$

Solch eine δ-Funktion ist also durch Angabe ihres *Auftrittszeitpunktes* und ihres *Impulsintegrals* bestimmt. Dies gilt auch, wenn das Argument des δ-Impulses eine beliebige Funktion a(t) – mit nur einfachen Nullstellen – ist. Hat z.B. a(t) eine Nullstelle bei $t = t_0$, also

$$a(t_0) = 0 , \tag{3-3a}$$

so ist nach Tabelle 2-1

$$\delta(a(t)) = |a'(t_0)|^{-1} \delta(t - t_0) \,, \tag{3-3b}$$

und damit ist $\delta(a(t))$ ebenfalls allein durch Auftrittszeitpunkt (Ort) t_0 und Impulsintegral $|a'(t_0)|^{-1}$ beschrieben. Im Eindimensionalen sind diese Kenngrößen nur zwei Zahlen. Im Mehrdimensionalen jedoch kann der Ort ein Punkt, eine Linie, eine Fläche usw. sein, und der Integralwert kann zusätzlich vom Ort und der Integrationsrichtung abhängen. Die für solche δ-Funktionen geltenden Gesetze werden wir im folgenden anhand des zwei- oder dreidimensionalen Falls diskutieren. Zur Veranschaulichung werden wir uns dabei meist einer Realisierung vom Typ (s. Bilder 2-1 und 2-2)

$$\delta_\varepsilon(a(t)) = \frac{1}{\varepsilon} \operatorname{rect}\left(\frac{a(t)}{\varepsilon}\right) = \begin{cases} 1/\varepsilon & \text{für alle } t \text{ mit } |a(t)| < \varepsilon/2 \\ 1/(2\varepsilon) & \text{für alle } t \text{ mit } |a(t)| = \varepsilon/2 \\ 0 & \text{für alle } t \text{ mit } |a(t)| > \varepsilon/2 \end{cases} \tag{3-4}$$

bedienen.

Ein- und mehrdimensionale δ-Funktionen

Ersetzen wir das Argument des δ-Impulses $\delta(a(t))$ durch eine skalare reellwertige Funktion des Ortsvektors $\mathbf{x}$, erhalten wir

$$\delta(a(\mathbf{x})) \,.$$

Wir nennen diese Distribution — ungeachtet der Dimensionalität n von $\mathbf{x}$ — eine *eindimensionale δ-Funktion*, da sie lediglich *ein* Argument $a(.)$ hat. Nach (3-3a,b) existiert $\delta(a(.))$ dort, wo $a(.) = 0$ ist (Es sind nur solche Funktionen $a(.)$ als Argument von $\delta(.)$ zugelassen, die sich an ihren Nullstellen in Potenzreihen mit nichtverschwindenden linearen Gliedern entwickeln lassen.):

$$\delta(a(\mathbf{x})) = 0 \qquad \text{für alle } \mathbf{x} \text{ mit } a(\mathbf{x}) \neq 0 \,. \tag{3-5}$$

Im Eindimensionalen stellt also $\delta(a(\mathbf{x}))$ einen *Punkt*, im Zweidimensionalen eine *Linie* und im Dreidimensionalen eine *Fläche* dar. Die *Realisierung* solch einer Distribution ist analog zu (3-4)

$$\delta_\varepsilon(a(\mathbf{x})) = 1/\varepsilon \operatorname{rect}(a(\mathbf{x})/\varepsilon) \,. \tag{3-6a}$$

und es gilt wieder

$$\lim_{\varepsilon \to 0} \delta_\varepsilon(a(\mathbf{x})) = \delta(a(\mathbf{x})) \,. \tag{3-6b}$$

Beispiel I
Es sei $a(\mathbf{x}) = x_1 - x_{1,0}$, d.h. wir betrachten die δ-Funktion

$$\delta(x_1 - x_{1,0}) \,.$$

Im *Ein*dimensionalen stellt diese offensichtlich einen δ-*Punkt* bei $x_1 = x_{1,0}$ dar, da nach (3-1) gilt

$$\int_{-\infty}^{+\infty} \delta(x_1 - x_{1,0})\, u(x_1)\, dx_1 = u(x_{1,0})\,,$$

also

$$\int_{-\infty}^{+\infty} \delta(x_1 - x_{1,0})\, dx_1 = 1 \quad \text{und} \quad \delta(x_1 - x_{1,0}) = 0 \quad \text{für} \quad x_1 \neq x_{1,0}\,.$$

Im *Zwei*dimensionalen ist $\delta(x_1 - x_{1,0})$ – besser: $\delta(x_1 - x_{1,0})\, 1(x_2)$ – eine zur x_2-Achse parallele δ-*Gerade*,

$$\int_{-\infty}^{+\infty} \delta(x_1 - x_{1,0})\, u(x_1,x_2)\, dx_1 = u(x_{1,0},x_2)\,,$$

und im *Drei*dimensionalen eine δ-*Ebene*, parallel zur x_1,x_2-Ebene:

$$\int_{-\infty}^{+\infty} \delta(x_1 - x_{1,0})\, u(x_1,x_2,x_3)\, dx_1 = u(x_{1,0},x_2,x_3)\,.$$

Für $x_{1,0} = 0$ sind Realisierungen $\delta_\varepsilon(x_1)$ dieser drei Fälle in Bild 3-2, oben, skizziert: ein Rechteckimpuls, ein gerades 'Band' und eine ebene 'Platte', jeweils von endlicher Dicke ε. Das Impulsintegral bzw. das Linienintegral senkrecht zur Geraden oder zur Ebene ist gleich *eins*. Das Integral über die *gesamte* Gerade oder Ebene ist dann natürlich *unendlich*.
Ist $a(\mathbf{x})$ eine allgemeine Linearform von x_1,x_2 und evtl. x_3, so beschreibt $\delta(a(\mathbf{x}))$ eine *beliebig* orientierte Gerade bzw. Ebene.

Beispiel II
Nun sei $a(\mathbf{x}) = r - r_0$ und damit die zu diskutierende δ-Funktion

$$\delta(r - r_0) \quad \text{mit} \quad r := |\mathbf{x}|\,.$$

Für $n = 1$ hat $a(.)$ zwei einfache Nullstellen bei $x_1 = \pm r_0$, d.h. (Bild 3-3, links)

$$\delta(r - r_0) = \delta(x_1 + r_0) + \delta(x_1 - r_0) \quad \text{für} \quad n = 1\,.$$

Im Zweidimensionalen weist $a(.)$ eine kreisförmige Nullinie und im Dreidimensionalen eine kugelförmige Nullfläche, jeweils vom Radius r_0 auf. $\delta(r - r_0)$ ist also für $n = 2$ ein δ-*Kreis* und für $n = 3$ eine δ-*Kugel* (Bild 3-3). Das Linienintegral in radialer Richtung ist dabei immer gleich *eins*:

$$\int_0^{+\infty} \delta(r - r_0)\, dr = 1\,.$$

Punkte im *Zwei*dimensionalen oder *Linien* im *Drei*dimensionalen lassen sich offensichtlich nicht mehr als *ein*dimensionale δ-Funktion angeben, sondern stellen jeweils einen Schnitt (Multiplikation) zweier δ-Linien bzw. δ-Flächen $\delta(a_1(\mathbf{x}))$ und $\delta(a_2(\mathbf{x}))$ dar. Wir wählen für solch eine *zwei*dimensionale δ-Funktion die Schreibweise

$$\delta(a_1(\mathbf{x}),a_2(\mathbf{x})) := \delta(a_1(\mathbf{x}))\, \delta(a_2(\mathbf{x}))\,, \tag{3-7a}$$

bzw. allgemein für eine *k-dimensionale δ-Funktion*

$$\delta(\mathbf{a}(\mathbf{x})) := \delta(a_1(\mathbf{x}),a_2(\mathbf{x}),\ldots,a_k(\mathbf{x})) := \delta(a_1(\mathbf{x}))\, \delta(a_2(\mathbf{x})) \ldots \delta(a_k(\mathbf{x}))\,, \tag{3-7b}$$

mit $\mathbf{a}(.) \in \mathbf{R}^k$. $\delta(\mathbf{a}(\mathbf{x}))$ existiert an den Orten, an denen $a_1(\mathbf{x}) = 0$, $a_2(\mathbf{x}) = 0,\ldots, a_k(\mathbf{x}) = 0$, also $|\mathbf{a}(\mathbf{x})| = 0$ ist:

$$\delta(\mathbf{a}(\mathbf{x})) = 0 \quad \text{für alle } \mathbf{x} \text{ mit} \quad |\mathbf{a}(\mathbf{x})| \neq 0\,. \tag{3-8}$$

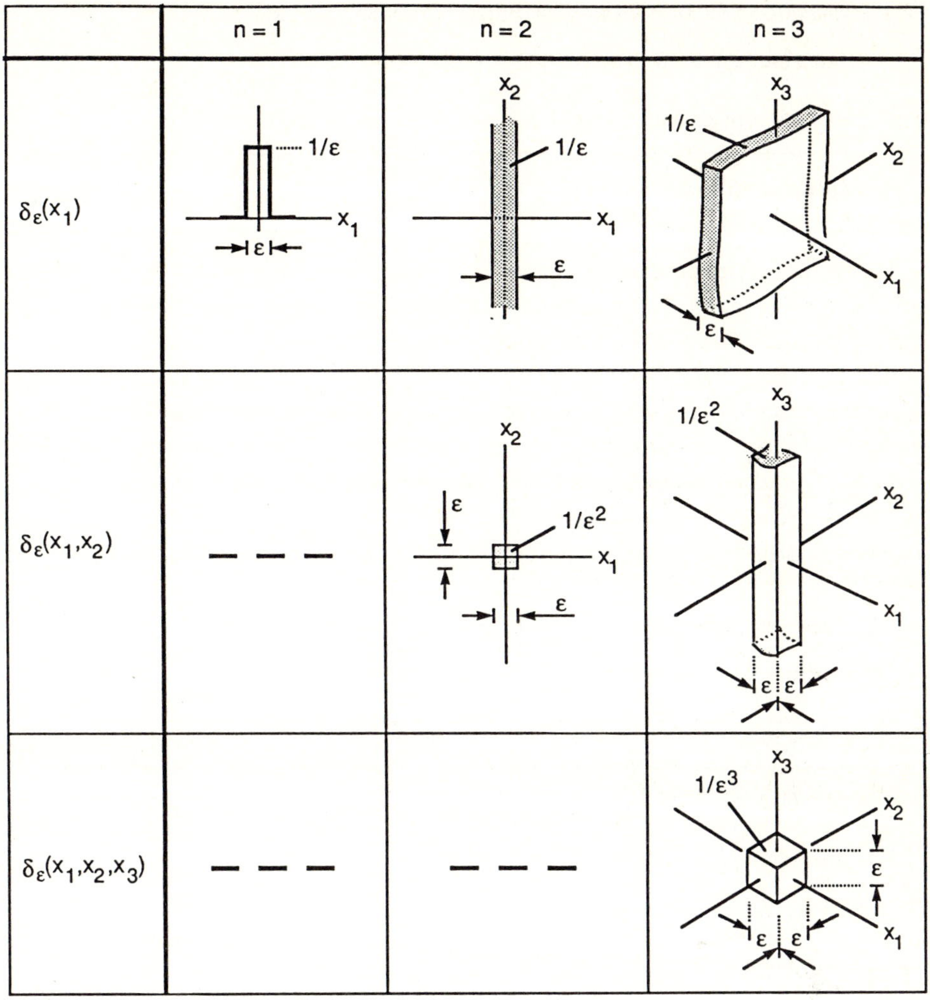

	$n = 1$	$n = 2$	$n = 3$
$\delta_\varepsilon(x_1)$			
$\delta_\varepsilon(x_1,x_2)$	– – –		
$\delta_\varepsilon(x_1,x_2,x_3)$	– – –	– – –	

Bild 3-2: Beispiele ein- und mehrdimensionaler δ-Funktionen (Realisierungen)

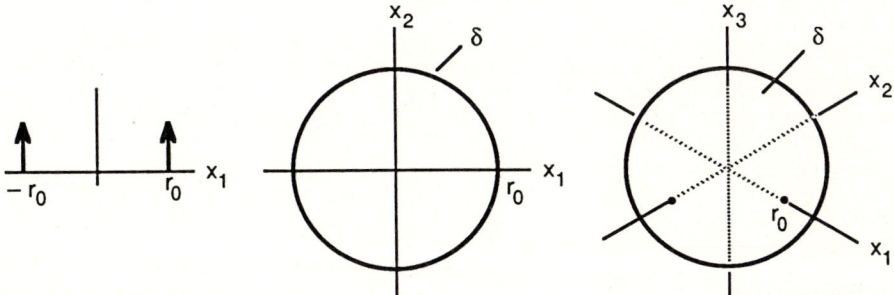

Bild 3-3: Die eindimensionale δ-Funktion $\delta(r - r_0)$, dargestellt im Ein-, Zwei- und Dreidimensionalen

Eine *Realisierung* einer *zwei*dimensionalen δ-Funktion ist z.B.

$$\delta_\varepsilon(a_1(\mathbf{x}), a_2(\mathbf{x})) := 1/\varepsilon^2 \, \text{rect}(a_1(\mathbf{x})/\varepsilon) \, \text{rect}(a_2(\mathbf{x})/\varepsilon) \ . \qquad (3\text{-}9a)$$

und einer k-dimensionalen δ-Funktion[1]

$$\delta_\varepsilon(\mathbf{a}(\mathbf{x})) := 1/\varepsilon^k \, \text{rect}(a_1(\mathbf{x})/\varepsilon) \cdot \ldots \cdot \text{rect}(a_k(\mathbf{x})/\varepsilon) \ . \qquad (3\text{-}9b)$$

In Tabelle 3-1 ist zusammengefaßt, welche Unterräume ein- und mehrdimensionale δ-Funktionen belegen. Offensichtlich beschreibt eine k-dimensionale δ-Funktion im n-dimensionalen Raum ein (n−k)-dimensionales geometrisches Gebilde.

In den nächsten Abschnitten werden wir uns genauer mit δ-Punkten, δ-Linien und δ-Flächen sowie den jeweiligen Sonderfällen der δ-Geraden und δ-Ebenen befassen. Nachdem wir hier vorerst nur den *Ort* solcher Distributionen betrachtet haben, wird uns dabei vor allem deren zweite Kenngröße, der *Integralwert*, interessieren.

Tabelle 3-1: Geometrische Orte, die von k-dimensionalen δ-Funktionen im n-dimensionalen Raum belegt werden; Sonderfälle in Klammern

	n = 1	n = 2	n = 3
k = 1: $\delta(a(\mathbf{x}))$	Punkte	Linien (Geraden)	Flächen (Ebenen)
k = 2: $\delta(a_1(\mathbf{x}), a_2(\mathbf{x}))$	– – –	Punkte	Linien (Geraden)
k = 3: $\delta(a_1(\mathbf{x}), a_2(\mathbf{x}), a_3(\mathbf{x}))$	– – –	– – –	Punkte

Beispiel III
Die zweidimensionale δ-Funktion (Bild 3-2, mitte)

$$\delta(x_1 - x_{1,0}, x_2 - x_{2,0}) = \delta(x_1 - x_{1,0}) \, \delta(x_2 - x_{2,0})$$

stellt im *Zwei*dimensionalen einen *δ-Punkt* vom Flächenintegral *eins* bei $(x_1, x_2) = (x_{1,0}, x_{2,0})$ dar:

$$\int\limits_{-\infty}^{+\infty}\!\!\int \delta(x_1 - x_{1,0}) \, \delta(x_2 - x_{2,0}) \, dx_1 dx_2 = 1$$

und

$$\delta(x_1 - x_{1,0}, x_2 - x_{2,0}) = 0 \qquad \text{für} \quad (x_1, x_2) \neq (x_{1,0}, x_{2,0}) \ .$$

Bild 3-4 veranschaulicht anhand einer Realisierung, wie dieser Punkt als Schnitt der beiden Geraden $\delta(x_1 - x_{1,0})$ und $\delta(x_2 - x_{2,0})$ entsteht. Im *Drei*dimensionalen ist $\delta(x_1 - x_{1,0}, x_2 - x_{2,0})$ – genauer: $\delta(x_1 - x_{1,0}, x_2 - x_{2,0}) \, 1(x_3)$ – eine *δ-Gerade* (Bild 3-2, mitte).
Ein dreidimensionaler *δ-Punkt* vom Volumenintegral *eins* ist dagegen (Bild 3-2, unten)

$$\delta(x_1 - x_{1,0}, x_2 - x_{2,0}, x_3 - x_{3,0}) = \delta(x_1 - x_{1,0}) \, \delta(x_2 - x_{2,0}) \, \delta(x_3 - x_{3,0}) \ .$$

---

[1] Anhand der solchermaßen definierten Realisierung erkennt man auch, daß nicht jede beliebige Funktion a(x) ein sinnvolles Argument einer δ-Funktion ist. So existiert beispielsweise $\delta_\varepsilon(|x_1| + |x_2|)$ zwar nur in der Umgebung des Koordinatenursprungs, approximiert also scheinbar einen δ-Punkt, dessen Flächenintegral (hier ist k = 2) verschwindet jedoch für ε → 0.

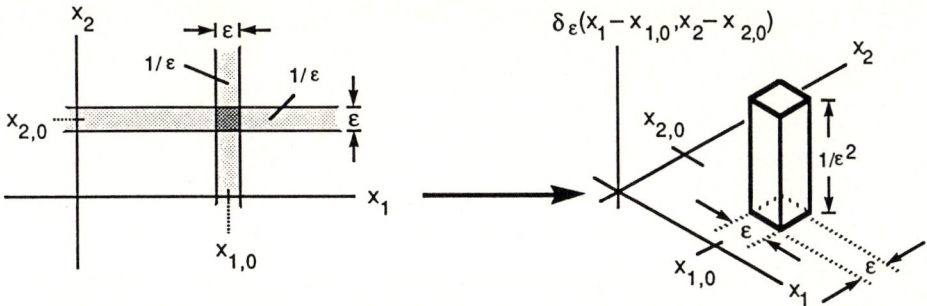

Bild 3-4: Ein zweidimensionaler δ-Punkt als Produkt zweier δ-Geraden (jeweils Realisierungen)

Beispiel IV

In *Beispiel II* hatten wir $\delta(r - r_0)$ als δ-Kreis (für n = 2) bzw. als δ-Kugel (für n = 3) erkannt. Ein δ-*Kreis* dagegen im *Drei*dimensionalen ist eine *zwei*dimensionale Distribution. So kann z.B. ein δ-Kreis, der gerade in der x_1, x_2-Ebene liegt und in x_3 keine Ausdehnung hat, als Produkt einer δ-Kugel und der δ-Ebene $\delta(x_3)$ verstanden werden:

$$\delta(r - r_0, x_3) = \delta(r - r_0)\,\delta(x_3) \qquad \text{mit} \quad r := |\mathbf{x}|\,.$$

δ-Punkte

Das Pendant zum zeitlichen δ-Impuls ist der δ-Punkt. Nach Tabelle 3-1 hat er die *Dimensionalität*

$$k = n\,.$$

Ein n-dimensionaler δ-*Punkt* ist häufig in der Form

$$\delta(\mathbf{x} - \mathbf{x}_0) = \delta(x_1 - x_{1,0})\,\delta(x_2 - x_{2,0}) \ldots \delta(x_n - x_{n,0}) \tag{3-10}$$

gegeben (vgl. Bild 3-4). Solch ein δ-Punkt existiert bei $\mathbf{x} = \mathbf{x}_0$ und hat einen Integralwert von *eins*:

$$\int_{-\infty}^{+\infty} \!\!\!\cdots\!\! \int \delta(\mathbf{x} - \mathbf{x}_0)\, d^n\mathbf{x} = 1 \tag{3-11a}$$

und

$$\delta(\mathbf{x} - \mathbf{x}_0) = 0 \qquad \text{für} \quad \mathbf{x} \neq \mathbf{x}_0\,. \tag{3-11b}$$

Integration von δ-Funktionen

Das Impulsintegral des δ-Impulses ist nach (3-3b)

$$\int_{-\infty}^{+\infty} \delta(a(t))\, dt = |a'(t_0)|^{-1}\,.$$

Auch ein n-dimensionaler δ-Punkt hat nach dem oben Gesagten einen eindeutigen Integralwert. In diesen beiden Fällen ist nämlich k = n, und es wird somit immer über den gesamten Raum integriert. Ist dagegen k < n, so erstreckt sich die Integration nur über einen k-dimensionalen Unterraum. Damit sind viele verschiedene 'Integrationswege' möglich, die dann zu unterschiedlichen Integralwerten führen. Zur Veranschaulichung dieser Aussage betrachten wir die Realisierung $\delta_\varepsilon(x_1 - x_{1,0})$ einer δ-Geraden im Zweidimensionalen nach Bild 3-5 und integrieren entlang der beiden eingezeichneten Integrationswege. Der erste Weg liefert offensichtlich

$$\int_{l_1} \delta(x_1)\, ds_1 = \lim_{\varepsilon \to 0} \left\{ \frac{1}{\varepsilon}\varepsilon \right\} = 1\,.$$

Dabei ist das Wegelement ds_1 in diesem Fall gleich dx_1. Integriert man jedoch entlang l_2, also im Winkel φ zur Geradennormalen, so ist die Weglänge durch $\delta_\varepsilon(x_1)$ gleich $\varepsilon/|\cos\varphi|$, und somit

$$\int_{l_2} \delta(x_1)\, ds_2 = |\cos\varphi|^{-1}\,. \tag{3-12}$$

Der *geringste* Integralwert ergibt sich offenbar bei einer zur δ-Geraden *senkrechten* Integrationsrichtung. Dies gilt für alle eindimensionalen δ-Funktionen, also δ-Linien im Zweidimensionalen und δ-Flächen im Dreidimensionalen. Wir nennen diesen Wert (der in unserem Beispiel gleich *eins* ist) den *Querschnitt*. Er ist neben dem Ort die zweite Kenngröße für δ-Funktionen. Der Querschnitt einer δ-Linie im Dreidimensionalen, also einer *zwei*dimensionalen δ-Funktion, sei dann das *Flächen*integral senkrecht zur δ-Linie. Weist eine δ-Funktion überall den Querschnitt von *eins* auf, nennen wir sie δ-*Einheits*funktion. Die bisher diskutierten Beispiele waren von dieser Art.

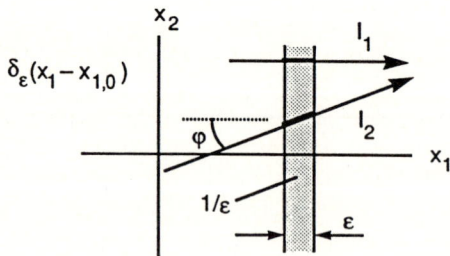

Bild 3-5: Realisierung einer δ-Geraden und zwei mögliche Integrationswege

Eindimensionale δ-Geraden und δ-Ebenen

Eine Gerade in der Ebene oder eine Ebene im Raum ist häufig durch die *Linearform*

$$\mathbf{x} \cdot \mathbf{g} - p = 0 \qquad\qquad (3\text{-}13a)$$

gegeben. Ausgeschrieben lautet diese

$$x_1 g_1 + x_2 g_2 \, (+ \, x_3 g_3) - p = 0 \, . \qquad\qquad (3\text{-}13b)$$

Dabei ist **g** der *Normalenvektor* der Geraden (Ebene). In seiner normierten Form besteht er aus den Kosinussen der Winkel α, β (und evtl. ϑ), die er mit der x_1-, x_2- (, x_3-) Achse einschließt (Bild 3-6):

$$\mathbf{g}/g = (\cos\alpha, \cos\beta \, (, \cos\vartheta))^{\mathsf{T}}$$

mit

$$g := |\mathbf{g}| \, .$$

Der Abstand der Geraden (Ebene) zum Ursprung ist $|p|/g$.

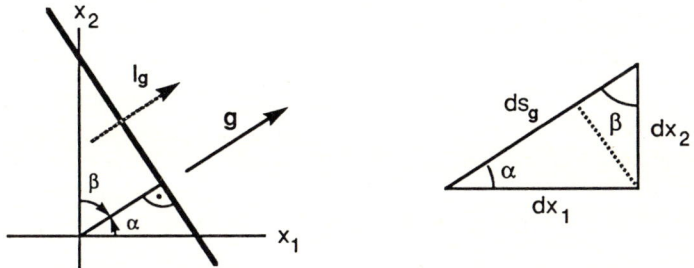

Bild 3-6, links: Gerade in allgemeiner Lage, **rechts:** Wegelement ds_g zur Querschnittsberechnung

Nachdem eine δ-Funktion nur an *dem* Ort existiert, für den ihr Argument verschwindet, kann nach (3-13a) eine eindimensionale *δ-Gerade* bzw. *δ-Ebene* als

$$\boxed{\delta(\mathbf{x} \cdot \mathbf{g} - p) \qquad\qquad (3\text{-}14)}$$

geschrieben werden. Welchen *Querschnitt* hat nun solch eine δ-Gerade (δ-Ebene)? Zu dessen Ermittlung integrieren wir $\delta(\mathbf{x} \cdot \mathbf{g} - p)$ längs der durch **g** vorgegebenen Richtung. Die Verschiebung p hat natürlich *keinen* Einfluß auf den Querschnitt:

$$\int\limits_{l_g} \delta(\mathbf{x} \cdot \mathbf{g} - p) \, ds_g = \int\limits_{l_g} \delta(\mathbf{x} \cdot \mathbf{g}) \, ds_g \, . \qquad\qquad (3\text{-}15)$$

Das Wegelement ds_g ist nach Bild 3-6, rechts, gleich

$$ds_g = dx_1 \cos\alpha + dx_2 \cos\beta \, (+ \, dx_3 \cos\vartheta) = d\mathbf{g} \cdot \mathbf{x}/g \, . \qquad\qquad (3\text{-}16)$$

Mit diesem Ergebnis wird (3-15) zu

$$\int_{I_g} \delta(\mathbf{x} \cdot \mathbf{g}) \, ds_g = \int_{I_g} \delta(\mathbf{x} \cdot \mathbf{g}) \, dg \cdot x/g = 1/g \ .$$

Der *Querschnitt* einer nach (3-14) definierten δ-Geraden bzw. δ-Ebene ist also

$$\int_{I_g} \delta(\mathbf{x} \cdot \mathbf{g} - p) \, ds_g = 1/g \ . \tag{3-17}$$

Ist **g** ein *Einheits*vektor,

$$g = |\mathbf{g}| = 1 \ ,$$

so ist (3-13a) die *Hessesche Normalform* der Geraden (Ebene). Eine δ-Gerade (δ-Ebene), welche durch eine Hessesche Normalform definiert ist, hat also ungeachtet ihrer Orientierung den Querschnitt von *eins* und ist somit eine δ-*Einheits*gerade bzw. δ-*Einheits*ebene.

Eindimensionale δ-Linien und δ-Flächen

Ist das Argument einer δ-Funktion *keine* Linearform, sondern eine beliebige Funktion a(**x**), so stellt δ(a(**x**)) eine beliebig gekrümmte Linie (L) bzw. Fläche (F) dar, die gerade dort existiert, wo a(.) verschwindet:

$$a(\mathbf{x}) = 0 \qquad \text{für alle} \quad \mathbf{x} \in L \quad \text{bzw.} \quad \mathbf{x} \in F \ . \tag{3-18}$$

Betrachten wir der Einfachheit halber vorerst die *zwei*dimensionale Funktion

$$a(\mathbf{x}) = a(x_1, x_2) \ ,$$

mit einer einfachen Nullinie. In Bild 3-7, links, ist solch eine Funktion durch ihre 'Falllinien' skizziert. Der ebenfalls eingezeichnete *Gradient* an der Nullinie

$$\nabla a(\mathbf{x} \in L) := \left(\partial a(.)/\partial x_1, \partial a(.)/\partial x_2 \right)^T \big|_{\mathbf{x} \in L}$$

steht offensichtlich auf dieser senkrecht und fungiert somit als *Normalenvektor* der δ-Linie.

Nachdem mit der Nullinie von a(**x**) der *Ort* der δ-Linie gegeben ist, interessiert deren *Querschnitt*. Dazu integrieren wir an einem ausgewählten Punkt $\mathbf{x}_0 = (x_{1,0}, x_{2,0}) \in L$ die δ-Linie entlang der durch $\nabla a(\mathbf{x}_0)$ vorgegebenen Richtung (Bild 3-7, rechts). Wir *linearisieren* zu diesem Zweck a(**x**) in der Umgebung von $\mathbf{x}_0$:

$$a(\mathbf{x}) \approx \tilde{a}(\mathbf{x}) := \frac{\partial a}{\partial x_1} (x_1 - x_{1,0}) + \frac{\partial a}{\partial x_2} (x_2 - x_{2,0}) \ , \tag{3-19a}$$

oder kompakter:

$$\bar{a}(\mathbf{x}) = \nabla a(\mathbf{x}_0) \cdot (\mathbf{x} - \mathbf{x}_0) = \nabla a(\mathbf{x}_0) \cdot \mathbf{x} - \nabla a(\mathbf{x}_0) \cdot \mathbf{x}_0 \ . \tag{3-19b}$$

Die δ-Linie $\delta(a(\mathbf{x}))$ wird also durch diese Linearisierung im Punkt $\mathbf{x}_0$ durch eine zu ihr *tangentiale δ-Gerade* $\delta(\bar{a}(\mathbf{x}))$ ersetzt (Bild 3-7, rechts), wobei wir im Vergleich mit (3-14) erkennen, daß

$$\nabla \bar{a}(\mathbf{x}_0) \stackrel{\wedge}{=} \mathbf{g} \qquad \text{und} \qquad \nabla \bar{a}(\mathbf{x}_0) \cdot \mathbf{x}_0 \stackrel{\wedge}{=} p$$

gilt. Nach (3-17) ist somit der Querschnitt der δ-Linie bei $\mathbf{x}_0$ gleich

$$\int_{l_{\nabla a}} \delta(a(\mathbf{x})) \, ds \Bigg|_{\mathbf{x}_0} = \int_{l_{\nabla a}} \delta(\bar{a}(\mathbf{x})) \, ds \Bigg|_{\mathbf{x}_0} = |\nabla a(\mathbf{x}_0)|^{-1} \ . \tag{3-20a}$$

Dieses Ergebnis gilt auch für δ-*Flächen*, nur daß hier der Gradient *drei* Komponenten hat. Der *Querschnitt* einer eindimensionalen δ-*Linie* oder δ-*Fläche* ist also allgemein

$$\boxed{\int_{l_\perp} \delta(a(\mathbf{x})) \, ds = |\nabla a(\mathbf{x}_0)|^{-1} \ . \qquad \text{mit} \qquad \mathbf{x}_0 \in L \quad \text{bzw.} \quad \mathbf{x}_0 \in F \ , \qquad (3\text{-}20b)}$$

wobei der Integrationsweg $l_\perp$ die δ-Linie (δ-Fläche) bei $\mathbf{x} = \mathbf{x}_0$ *senkrecht* schneide. Der Querschnitt der Linie (Fläche) ist offensichtlich i. allg. nicht konstant und hängt von der *Steilheit* ab, mit der a(x) durch Null geht. Im Eindimensionalen galt dies ebenfalls, wie wir in Abschitt 2.1 gezeigt haben, nur daß dort die Steilheit ein Skalar war[1].

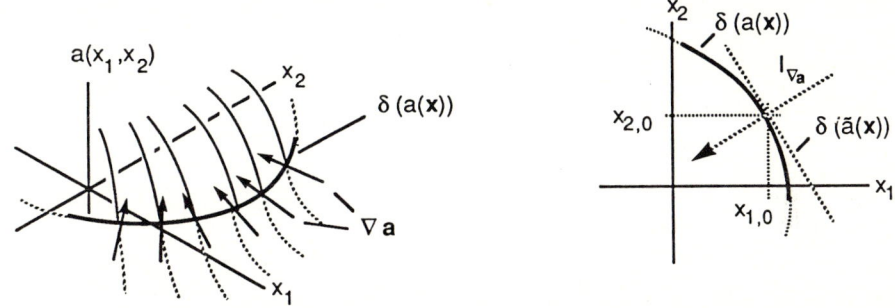

Bild 3-7, links: δ-Linie $\delta(a(\mathbf{x}))$ und ihr Argument a(x); **rechts:** Linearisierung durch $\delta(\bar{a}(\mathbf{x}))$

Gleichung (3-20b) erlaubt die Darstellung von δ-*Einheits*linien bzw. δ-*Einheits*flächen, also solchen mit konstantem Querschnitt von *eins*. Die δ-Funktion

$$\delta(a(\mathbf{x})/|\nabla a(\mathbf{x})|) = |\nabla a(\mathbf{x})| \, \delta(a(\mathbf{x})) \tag{3-21}$$

erfüllt gerade diese Bedingung:

---

[1] Eine δ-Linie oder δ-Fläche der Form $\delta(a(\mathbf{x}))$ kann wegen (3-20b) nur einen *reell*wertigen und *nicht*negativen Querschnittsverlauf aufweisen. *Komplex*wertige oder *negative* Querschnittsbelegungen müssen durch einen geeigneten Faktor (Bewertungsfunktion) berücksichtigt werden, z.B.: m(x) $\delta(a(\mathbf{x}))$.

$$\int_{l_\perp} |\nabla a(\mathbf{x})| \; \delta(a(\mathbf{x})) \; ds = 1 \; . \tag{3-22}$$

Damit ist auch die Umrechnung von δ-Linien (δ-Flächen) in äquivalente Schreibweisen möglich, also δ(a(**x**)) in δ(b(**x**)), wobei a(**x**) und b(**x**) dieselbe Nullinie (Nullfläche) haben, sonst aber unterschiedliche Funktionen sein können. Es gilt ja

$$|\nabla a(\mathbf{x})| \; \delta(a(\mathbf{x})) = |\nabla b(\mathbf{x})| \; \delta(b(\mathbf{x})) \tag{3-23}$$

und somit

$$\delta(b(\mathbf{x})) = \frac{|\nabla a(\mathbf{x})|}{|\nabla b(\mathbf{x})|} \; \delta(a(\mathbf{x})) \; . \tag{3-24}$$

Beispiel V

Wir wenden nun die bisherigen Ergebnisse auf den δ-*Kreis*

$$\delta(r - r_0) \quad \text{mit} \quad r := (x_1^2 + x_2^2)^{1/2}$$

aus *Beispiel II* an. Hier ist also a(**x**) = r − r$_0$ und somit

$$\nabla a(\mathbf{x}) = (\partial r/\partial x_1, \partial r/\partial x_2)^T = (x_1/r, x_2/r)^T = \mathbf{x}/r \; .$$

Der Gradient ist hier ein sog. *zentrales Vektorfeld* (s. auch Kapitel 5.1) und steht damit (wie erwartet) bei r = r$_0$ *senkrecht* auf der Kreislinie (Bild 3-8, links). Der Betrag von ∇a(**x**) ist dann wegen r = |**x**|

$$|\nabla a(\mathbf{x})| = |\mathbf{x}|/r = 1 \; ,$$

d.h. der δ-Kreis δ(r − r$_0$) ist eine δ-*Einheits*linie und kann wie in Bild 3-8, rechts, approximiert werden. Im Vergleich dazu betrachten wir nun die δ-Linie

$$\delta(x_1 - (r_0^2 - x_2^2)^{1/2})$$

im Gebiet |x$_2$| ≤ r$_0$. Das Argument verschwindet für

$$x_1^2 + x_2^2 = r_0^2 \quad \wedge \quad x_1 \geq 0 \; .$$

Diese δ-Linie ist also ein δ-*Halb*kreis vom Radius r$_0$ (Bild 3-9, links). Der Gradient des Arguments ist nun

$$\nabla a(\mathbf{x}) = (1, x_2/(r_0^2 - x_2^2)^{1/2})^T$$

und speziell für Punkte auf der δ-Linie, also mit x$_1$ = (r$_0^2$ − x$_2^2$)$^{1/2}$,

$$\nabla a(\mathbf{x} \in L) = (1, x_2/x_1)^T = \mathbf{x}/x_1 \; .$$

Auch hier steht ∇a(.) auf der Linie senkrecht. Sein Betrag ist jedoch *nicht* konstant, sondern (Bild 3-9)

$$|\nabla a(\mathbf{x} \in L)| = r_0/x_1 = 1/\cos\alpha \; ,$$

und damit hat dieser δ-Halbkreis einen Querschnittsverlauf über dem Winkel α von

$$\int_0^\infty \delta(x_1 - (r_0^2 - x_2^2)^{1/2}) \; dr = \cos\alpha \; .$$

Eine mögliche Realisierung dieser δ-Funktion zeigt Bild 3-9, rechts. Während also beim δ-Kreis δ(r − r$_0$) das Integral in *radialer* Richtung – und damit der Querschnitt – gleich *eins* war, ergibt hier das Integral in x$_1$-Richtung immer den Wert *eins*. Zwischen beiden δ-Linien gilt damit der Zusammenhang

$$\delta(x_1 - (r_0^2 - x_2^2)^{1/2}) = \gamma(x_1) \; \delta(r - r_0) \cos\alpha \; . \tag{i}$$

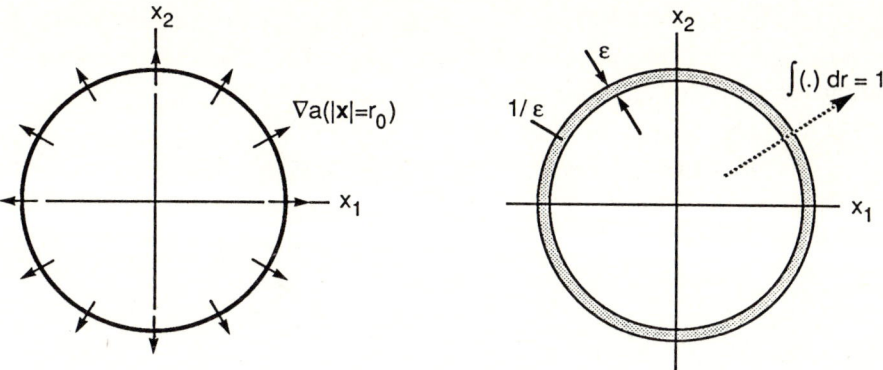

Bild 3-8, links: δ-Kreis $\delta(r - r_0)$, **rechts:** Realisierung $\delta_\varepsilon(r - r_0)$

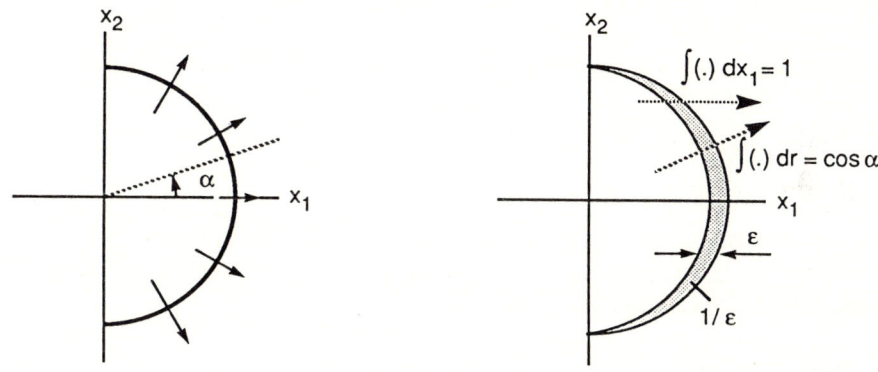

Bild 3-9, links: δ-Halbkreis $\delta(x_1 - (r_0^2 - x_2^2)^{1/2})$, **rechts:** Realisierung $\delta_\varepsilon(x_1 - (r_0^2 - x_2^2)^{1/2})$

Produkt von δ-Funktionen

Eine mehrdimensionale δ-Funktion ist nach (3-7b) als Produkt eindimensionaler δ-Funktionen definiert. In den *Beispielen III* und *IV* wurden bereits die Schnitte einiger spezieller δ-Funktionen berechnet.

Wir diskutieren nun die Multiplikation zweier *allgemeiner* eindimensionaler δ-Funktionen $\delta(a_1(\mathbf{x}))$ und $\delta(a_2(\mathbf{x}))$. Im *Zwei*dimensionalen sind dies δ-Linien (L_1 und L_2), die sich in einem oder mehreren Punkten (P_S) schneiden, im *Drei*dimensionalen δ-Flächen (F_1 und F_2) und deren Schnitt eine oder mehrere Linien (L_S). Für den *Ort* eines dieser Schnittgebilde gilt nach (3-8)

$$a_1(\mathbf{x} \in L_S, P_S) = a_2(\mathbf{x} \in L_S, P_S) = 0 . \tag{3-25}$$

Nun berechnen wir deren *Querschnitte.*

Betrachten wir zuerst zwei δ-*Einheits*linien, die sich bei $\mathbf{x} = \mathbf{x}_0$ unter dem Winkel

$\varphi = \varphi(\mathbf{x}_0)$ schneiden (Bild 3-10, links). In ihrer Realisierung sind dies zwei 'Bänder' der Breite ε und des Funktionswerts $1/\varepsilon$ (Bild 3-10, rechts). Das Flächenintegral des entstehenden 'Punktes' ist offensichtlich

$$\int\!\!\!\int_{-\infty}^{+\infty} \delta_\varepsilon(a_1(\mathbf{x}))\, \delta_\varepsilon(a_2(\mathbf{x}))\, d^2\mathbf{x} = 1/\varepsilon^2 \cdot \text{'Parallelogrammfläche'} = 1/|\sin\varphi| \, . \qquad (3\text{-}26)$$

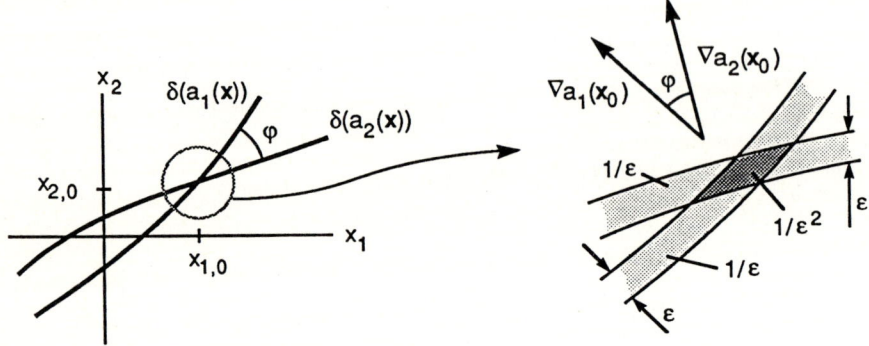

Bild 3-10: Schnitt zweier eindimensionaler δ-Einheitslinien

Handelt es sich nicht um δ-*Einheits*linien, so muß dieses Ergebnis noch mit den Querschnitten $|\nabla a_1(\mathbf{x}_0)|^{-1}$ und $|\nabla a_2(\mathbf{x}_0)|^{-1}$ der beiden Linien multipliziert werden, und wir erhalten für den *Schnittpunkt*

$$\delta(a_1(\mathbf{x}))\, \delta(a_2(\mathbf{x})) = \frac{1}{|\nabla a_1(\mathbf{x}_0)|\, |\nabla a_2(\mathbf{x}_0)|\, |\sin\varphi(\mathbf{x}_0)|}\, \delta(\mathbf{x} - \mathbf{x}_0) \, , \quad \mathbf{x} \in \mathbf{R}^2 \, . \qquad (3\text{-}27)$$

Eine äquivalente Betrachtung gilt auch für den Schnitt zweier δ-*Flächen*. Der Querschnitt der resultierenden δ-*Linie* bei $\mathbf{x} \in L_S$ ist dann

$$\frac{1}{|\nabla a_1(\mathbf{x})|\, |\nabla a_2(\mathbf{x})|\, |\sin\varphi(\mathbf{x})|} \qquad \text{mit} \qquad \mathbf{x} \in L_S \, . \qquad (3\text{-}28)$$

Die Gradienten $\nabla a_1(.)$ und $\nabla a_2(.)$ stellen die Normalenvektoren der δ-Flächen dar. Sie schließen den Winkel $\varphi(.)$ ein und stehen für $\mathbf{x} \in L_S$ auf der δ-Linie senkrecht (Bild 3-11).

Der *Richtungsvektor* $\mathbf{l}(\mathbf{x} \in L_S)$ der Linie kann somit als das *Vektorprodukt*

$$\mathbf{l}(\mathbf{x} \in L_S) = \nabla a_1(\mathbf{x}) \times \nabla a_2(\mathbf{x}) \qquad (3\text{-}29a)$$

angegeben werden. Der Betrag solch eines Vektorprodukts ist bekanntlich

$$|\mathbf{l}(\mathbf{x} \in L_S)| = |\nabla a_1(\mathbf{x})|\, |\nabla a_2(\mathbf{x})|\, |\sin\varphi(\mathbf{x})| \, , \qquad (3\text{-}29b)$$

also gleich dem Reziproken des Querschnitts der entstehenden δ-Linie. Damit können (3-27) und (3-28) eleganter geschrieben werden: Das Flächenintegral bzw. der *Querschnitt* der zweidimensionalen δ-Funktion

$$\delta\big(a_1(\mathbf{x}),a_2(\mathbf{x})\big) = \delta(a_1(\mathbf{x}))\,\delta(a_2(\mathbf{x})) \qquad \text{mit} \quad \mathbf{x} \in \mathbf{R}^2 \text{ bzw. } \mathbf{R}^3$$

ist dann

$$|\nabla a_1(\mathbf{x}) \times \nabla a_2(\mathbf{x})|^{-1} \qquad \text{für} \quad \mathbf{x} \in P_S \text{ bzw. } L_S\,, \qquad\qquad (3\text{-}30)$$

wobei im *zwei*dimensionalen Fall die Gradienten um eine dritte Komponente vom Wert *null* erweitert werden.

δ-*Einheits*punkte bzw. δ-*Einheits*linien sind danach von der Form

$$|\nabla a_1(\mathbf{x}) \times \nabla a_2(\mathbf{x})|\,\delta\big(a_1(\mathbf{x}),a_2(\mathbf{x})\big)\,. \qquad\qquad (3\text{-}31)$$

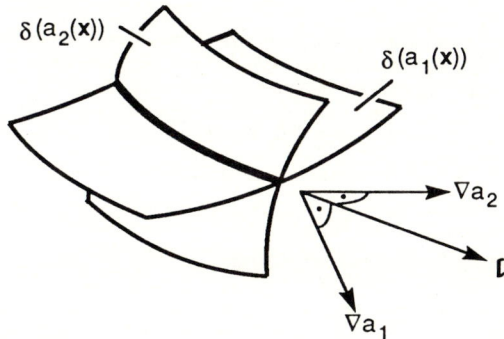

Bild 3-11: Schnitt zweier δ-Flächen

Beispiel VI
Als Sonderfall einer δ-Linie im Dreidimensionalen diskutieren wir die zweidimensionale δ-*Gerade*

$$\delta(\mathbf{x}\cdot\mathbf{g}_1 - p_1, \mathbf{x}\cdot\mathbf{g}_2 - p_2) = \delta(\mathbf{x}\cdot\mathbf{g}_1 - p_1)\,\delta(\mathbf{x}\cdot\mathbf{g}_2 - p_2)\,.$$

Die Gradienten der Argumente sind in diesem Fall

$$\nabla a_1(\mathbf{x}) = \mathbf{g}_1 \quad \text{und} \quad \nabla a_2(\mathbf{x}) = \mathbf{g}_2\,.$$

Der Richtungsvektor der Geraden ist damit $\mathbf{l} = \mathbf{g}_1 \times \mathbf{g}_2$ und ihr *Querschnitt*

$$|\mathbf{g}_1 \times \mathbf{g}_2|^{-1} = |\mathbf{l}|^{-1}\,.$$

Bei einer δ-*Einheits*geraden müssen also $\mathbf{g}_1$ und $\mathbf{g}_2$ so gewählt werden, daß gilt

$$|\mathbf{g}_1 \times \mathbf{g}_2| = 1\,.$$

Zuletzt betrachten wir den Schnitt *dreier* δ-Flächen $\delta(a_1(\mathbf{x}))$, $\delta(a_2(\mathbf{x}))$ und $\delta(a_3(\mathbf{x}))$ im Punkt $\mathbf{x} = \mathbf{x}_0$. Zwei dieser Flächen bilden eine δ-Linie vom Querschnitt $|\nabla a_1 \times \nabla a_2|^{-1}$. Ihr Richtungsvektor $\mathbf{l}(\mathbf{x}_0)$ (s. (3-29a)) am Schnittpunkt $\mathbf{x}_0$ weise mit der dritten Fläche den Winkel ϕ zu deren Normalenvektor $\nabla a_3(.)$ auf. Das Volumenintegral des entstehenden δ-Punktes ist in Äquivalenz zu Bild 3-10, rechts, abhängig vom Winkel der Normalenvektoren, der nun $\phi + \pi/2$ ist, also

$$\left(|\nabla a_1(\mathbf{x}_0) \times \nabla a_2(\mathbf{x}_0)| \, |\nabla a_3(\mathbf{x}_0)| \, |\cos\phi(\mathbf{x}_0)|\right)^{-1} = |(\nabla a_1 \times \nabla a_2) \cdot \nabla a_3|^{-1} \, .$$

Nach den Rechenregeln der Vektoralgebra ist dieses sog. *gemischte* oder *Spatprodukt* gleich der Determinante der durch die Vektoren $\nabla a_1(.) \ldots \nabla a_3(.)$ gebildeten Matrix, und wir erhalten schließlich als *Schnitt* dreier δ-Flächen den δ-Punkt

$$\delta(a_1(\mathbf{x}), a_2(\mathbf{x}), a_3(\mathbf{x})) = \frac{1}{|\det(\nabla a_1(\mathbf{x}_0), \nabla a_2(\mathbf{x}_0), \nabla a_3(\mathbf{x}_0))|} \, \delta(\mathbf{x} - \mathbf{x}_0) \, . \qquad (3\text{-}32)$$

Dieses Ergebnis gilt entsprechend für δ-Punkte *beliebiger* Dimensionalität; Gleichung (3-27) war ein Sonderfall davon.

Anmerkung
Die Gleichungen (3-27, 3-30 und 3-32) erlauben die Berechnung des Integralwerts eines δ-Punktes bzw. des Querschnitts einer mehrdimensionalen δ-Linie aus den Gradienten ihrer Argumente. Interpretiert man diese Formeln *geometrisch*, so erkennt man folgende wichtige Gesetzmäßigkeit:
Der Integralwert bzw. Querschnitt einer k-dimensionalen δ-Funktion $\delta(a_1(\mathbf{x}),\ldots,a_k(\mathbf{x}))$ ist gleich dem Kehrwert der Fläche (des Volumens...) des von den k Gradienten $\nabla a_1(.)\ldots\nabla a_k(.)$ aufgespannten Parallelogramms (Parallelepipeds...).

Differenzierte δ-Funktionen, Dipolfunktionen

Während im Eindimensionalen die Ableitung des δ-Impulses durch die Vorgabe 'v-fach differenziert' eindeutig spezifiziert ist, ergibt sich bei der Differentiation k-dimensionaler δ-Funktionen im n-dimensionalen Raum eine Vielzahl von Möglichkeiten. So kann jeder der k Faktoren $\delta(a_1(\mathbf{x})) \ldots \delta(a_k(\mathbf{x}))$ einer nach (3-7b) definierten δ-Funktion unterschiedlich *oft* ($v_1\ldots v_k$-mal) und in jeweils beliebiger *Richtung* differenziert werden. Wir sprechen in diesem Fall von v-fach differenzierten δ-Funktionen, wobei

$$v = v_1 + v_2 + \ldots + v_k \qquad (3\text{-}33)$$

sei. In diesem Abschnitt diskutieren wir nur *einfach* differenzierte δ-Funktionen und nennen diese δ-*Dipolfunktionen*.

Die allgemeinste Form einer *ein*dimensionalen Dipolfunktion ist durch

$$d\,\delta(a(\mathbf{x}))\big/d[\mathbf{b}(\mathbf{x}) \cdot \mathbf{x}] \qquad (3\text{-}34a)$$

gegeben, wobei $\mathbf{b}(.)$ ein (evtl. örtlich variierender) Vektor ist, welcher die Differentiations*richtung* angibt. Verläuft diese *senkrecht* zur δ-Linie (δ-Fläche) $\delta(a(\mathbf{x}))$, so kann $\mathbf{b}(\mathbf{x})$ zu $\nabla a(\mathbf{x})$ gewählt werden, und wir erhalten in diesem speziellen Fall

$$\delta'(a(\mathbf{x})) := \frac{d}{d\,a(\mathbf{x})}\;\delta(a(\mathbf{x})) = \frac{d}{d[\nabla a(\mathbf{x})\cdot\mathbf{x}]}\;\delta(a(\mathbf{x}))\;. \qquad (3\text{-}34\text{b})$$

Dies stellt die formale Erweiterung des differenzierten δ-Impulses $\delta'(a(t))$ aus Abschnitt 2.1 dar.

Zur Veranschaulichung zeigt Bild 3-12, links, eine δ-Linie und ihren Normalenvektor $\nabla a(\mathbf{x}\in L)$. Die Realisierung dieser Linie ist ein ϵ breites 'Band' vom Wert $(\epsilon|\nabla a(.)|)^{-1}$. Deren Differentiation entlang $\nabla a(.)$ liefert eine Realisierung von $\delta'(a(\mathbf{x}))$, nämlich zwei parallele δ-Linien (Bild 3-12, rechts) unterschiedlichen Vorzeichens, im Abstand ϵ und jeweils vom Querschnitt

$$\pm\,(\epsilon|\nabla a(\mathbf{x}\in L)|^2)^{-1}\;. \qquad (3\text{-}35\text{a})$$

Ist dagegen eine beliebige Differentiationsrichtung $\mathbf{b}(.)$ vorgegeben, die mit $\nabla a(.)$ den Winkel $\varphi(\mathbf{x}\in L)$ einschließt, so berechnen sich die genannten Querschnitte zu

$$\pm\cos\varphi(.)\,(\epsilon|\nabla a(.)|\,|\mathbf{b}(.)|)^{-1} = \pm\,\nabla a(.)\cdot\mathbf{b}(.)\,(\epsilon\,|\nabla a(.)|^2\,|\mathbf{b}(.)|^2)^{-1}\;, \qquad (3\text{-}35\text{b})$$

wovon man sich leicht überzeugen kann, indem man die so berechnete Approximation der Ableitung wieder entlang $\mathbf{b}(.)$ *integriert* und damit die Realisierung der ursprünglichen δ-Funktion erhält. Mit Hilfe von (3-35a,b) läßt sich eine differenzierte δ-Funktion nach (3-34a) in die Form $\delta'(a(.))$ aus (3-34b) umrechnen:

$$\frac{d}{d[\mathbf{b}(\mathbf{x})\cdot\mathbf{x}]}\;\delta(a(\mathbf{x})) = \frac{\nabla a(\mathbf{x})\cdot\mathbf{b}(\mathbf{x})}{|\mathbf{b}(\mathbf{x})|^2}\;\delta'(a(\mathbf{x}))\;. \qquad (3\text{-}36)$$

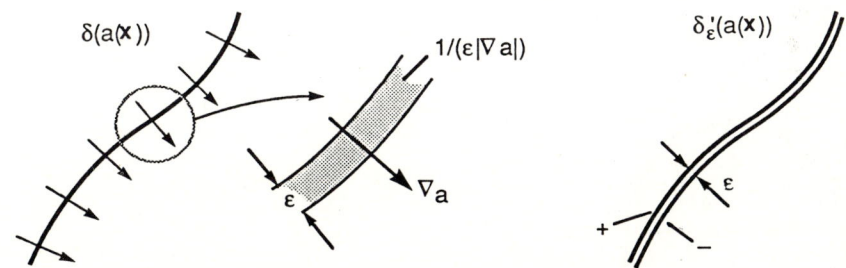

Bild 3-12: Differentiation einer δ-Linie entlang ihres Normalenvektors

*Mehr*dimensionale δ-Dipolfunktionen können über die Differentiationsregel für Produkte auf die obigen Fälle zurückgeführt werden, z.B. für $k = 2$:

$$\frac{d}{d[\mathbf{b}(\mathbf{x}){\cdot}\mathbf{x}]}\,\delta(a_1(\mathbf{x}),a_1(\mathbf{x})) = \frac{d}{d[\mathbf{b}{\cdot}\mathbf{x}]}\,[\delta(a_1(\mathbf{x})\,\delta(a_2(\mathbf{x}))]$$

$$(3\text{-}37)$$

$$= \delta(a_2(.))\,\frac{d}{d[\mathbf{b}{\cdot}\mathbf{x}]}\,\delta(a_1(.)) + \delta(a_1(.))\,\frac{d}{d[\mathbf{b}{\cdot}\mathbf{x}]}\,\delta(a_2(.))\ .$$

Jeder dieser beiden Terme kann bei Bedarf noch entsprechend (3-36) umgeformt werden.

Beispiel VII

Ein in *radialer* Richtung differenzierter δ-Kreis ist durch

$$\delta'(r - r_0) = d\,\delta(r - r_0)/dr$$

gegeben. Nachdem hier $|\nabla a(.)| \equiv 1$ ist (s. *Beispiel* V), kann nach (3-35a) dieser Dipolkreis durch zwei konzentrische δ-Kreise im Abstand ε und vom Querschnitt ±1/ε approximiert werden (Bild 3-13, links). Soll dagegen die Differentiation in x_1-Richtung erfolgen, ist also z.B. $\mathbf{b}(\mathbf{x}) = (1,0)^T$ und der Querschnitt der approximierenden δ-Kreise ist nach (3-35b) ±cosφ(**x**)/ε. Der Winkel φ(**x**) ist hier gleich dem in Bild 3-9 eingetragenen Winkel α. Der nach x_1 differenzierte Kreis unterscheidet sich also von $\delta'(r - r_0)$ durch den cosα-Faktor:

$$d\,\delta(r - r_0)/dx_1 = \delta'(r - r_0)\,\cos\alpha\ .$$

Interessant ist in diesem Zusammenhang, das Integral über den *gesamten* δ-Dipolkreis $\delta'(r - r_0)$ zu berechnen. Nach der Realisierung aus Bild 3-13, links, erhalten wir

$$\int\!\!\!\int_{-\infty}^{+\infty} \delta'_\varepsilon(r - r_0)\,dx_1 dx_2 = 2\pi(r_0 - \varepsilon/2)/\varepsilon - 2\pi(r_0+\varepsilon/2)/\varepsilon = -2\pi\ .$$

Dieses Integral verschwindet offensichtlich *nicht*, wie das des differenzierten δ-Impulses δ'(t). Eine Integration allein in *radialer* Richtung jedoch würde das Ergebnis *null* liefern.

Beispiel VIII

Eine *mehr*dimensionale Dipolfunktion ist der δ-Dipol*punkt* d δ(**x**)/dx_1, also z.B. im *Zwei*dimensionalen

$$d\,\delta(x_1,x_2)/dx_1 = \delta(x_1)\,d\,\delta(x_2)/dx_1 + \delta(x_2)\,d\,\delta(x_1)/dx_1 = \delta'(x_1)\,\delta(x_2)\ .$$

Er kann durch zwei δ-Punkte bei $(x_1,x_2) = (\pm\varepsilon/2,0)$ vom Flächenintegral ±1/ε approximiert werden (Bild 3-13, rechts).

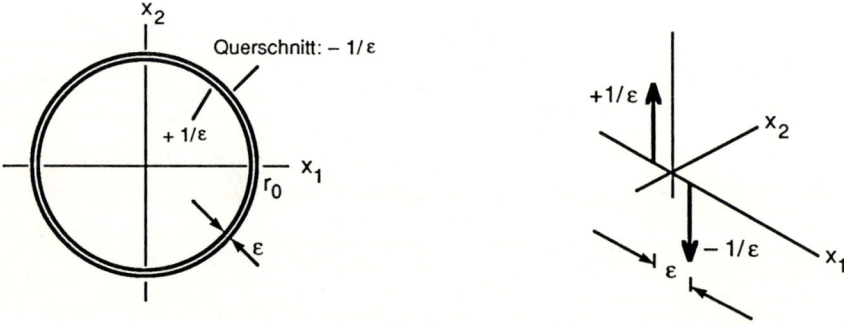

Bild 3-13: Realisierungen eines δ-Dipolkreises (**links**) und eines δ-Dipolpunktes (**rechts**)

Zusammenfassende Definitionen

In diesem Abschnitt 3.1 haben wir die Eigenschaften von δ-Funktionen im Mehrdimensionalen induktiv aus denen des vertrauten δ-Impulses δ(t) hergeleitet. Dieses Vorgehen sollte ein Verständnis vermitteln, das über die reine Anwendung mathematischer Formeln hinausgeht. Zum Schluß dieses Abschnitts ist es jedoch angebracht, Definitionen der δ-Funktionen 'nachzureichen', die alle hergeleiteten Eigenschaften (einschließlich derer des δ-Impulses aus Abschnitt 2.1) umfassen.
So ist eine *ein*dimensionale δ-Funktion δ(a(**x**)) durch

$$\int\!\!\int\!\!\cdots\!\!\int_{-\infty}^{+\infty} u(\mathbf{x})\, \delta(a(\mathbf{x}))\, d^n\mathbf{x} = \int_{a(\mathbf{x})=0}\!\!\cdots\!\!\int u(\mathbf{x})\, |\nabla a(\mathbf{x})|^{-1}\, d^{n-1}\mathbf{s} \qquad (3\text{-}38)$$

definiert. Dabei wird das $(n-1)$-fache Integral auf der rechten Seite über die durch $a(\mathbf{x}) = 0$ gegebene Linie (Fläche...) ausgeführt; $d^{n-1}\mathbf{s}$ sei das zugehörige differentielle Weg-(Flächen-...)Element. Ist beispielsweise δ(a(**x**)) eine δ-Linie (also n = 2), so besagt diese Definition, daß aus einer Funktion u(.) durch Multiplikation mit δ(.) die Werte auf der Linie 'ausgeblendet' und mit dem Querschnittsverlauf $|\nabla a|^{-1}$ bewertet werden. Das Flächenintegral kann dann durch ein Linienintegral ersetzt werden.
Entsprechend lautet die Definition einer eindimensionalen δ-*Dipol*funktion δ'(a(**x**))

$$\int\!\!\int\!\!\cdots\!\!\int_{-\infty}^{+\infty} u(\mathbf{x})\, \delta'(a(\mathbf{x}))\, d^n\mathbf{x} = \int_{a(\mathbf{x})=0}\!\!\cdots\!\!\int u'(\mathbf{x})\, |\nabla a(\mathbf{x})|^{-2}\, d^{n-1}\mathbf{s}\,, \qquad (3\text{-}39)$$

wobei hier u'(.) die *Normalen*ableitung (gebildet in Richtung von ∇a(.)) von u(.) auf der Linie (Fläche...) sei.
Die *zwei*dimensionale δ-Funktion δ(a_1(**x**),a_2(**x**)) – hier speziell für n = 3, also die δ-*Linie* – definieren wir mit (3-30) durch

$$\int\!\!\int\!\!\int_{-\infty}^{+\infty} u(\mathbf{x})\, \delta(a_1(\mathbf{x}),a_2(\mathbf{x}))\, d^3\mathbf{x} = \int\!\!\int_{a(\mathbf{x})=0} u(\mathbf{x})\, |\nabla a_1(\mathbf{x})\times\nabla a_2(\mathbf{x})|^{-1}\, ds\,. \qquad (3\text{-}40)$$

Dabei ist ds das differentielle Wegelement entlang der Linie.
Einen Spezialfall stellen die (k = n)-dimensionalen δ-*Punkte* dar, die das eigentliche Pendant zum δ-Impuls δ(t) sind. Ihre Definition ist nach (3-32b)

$$\int\!\!\int\!\!\cdots\!\!\int_{-\infty}^{+\infty} u(\mathbf{x})\, \delta(a_1(\mathbf{x}),\dots,a_n(\mathbf{x}))\, d^n\mathbf{x} = |\det(\nabla a_1(\mathbf{x_0}),\dots,\nabla a_n(\mathbf{x_0}))|^{-1}\, u(\mathbf{x_0}) \qquad (3\text{-}41a)$$

58

mit $a_1(x_0) = a_2(x_0) = ... = a_n(x_0) = 0$. Ist der δ-Punkt als *Einheits*punkt der Form $\delta(x - x_0)$ gegeben, so wird obige Gleichung zu

$$\iint...\int_{-\infty}^{+\infty} u(x)\, \delta(x - x_0)\, d^n x = u(x_0)\,. \tag{3-41b}$$

Anmerkung

Zur Vereinfachung der Formeln wurde in diesem Abschnitt immer angenommen, daß beim Schnitt von δ-Funktionen jeweils nur *eine* Linie bzw. *ein* Punkt entsteht. Die Erweiterung auf mehrere solcher Schnittgebilde ist trivial.

3.2 Mehrdimensionale Faltung

Die fundamentale *Faltungsoperation* ist im Mehrdimensionalen folgendermaßen definiert:

$$u_3(x) = u_1(x) * u_2(x) := \iint...\int_{-\infty}^{+\infty} u_1(x')\, u_2(x - x')\, d^n x'\,. \tag{3-42}$$

Dabei kann $u_2(x)$ z.B. die Punktantwort $s(x)$ eines ortsinvarianten Systems sein. Speziell die Faltung mit einem δ-*Punkt* bewirkt – wie im Eindimensionalen – lediglich eine *Verschiebung* des Signals, wie sich leicht mit (3-41b) zeigen läßt, also

$$u(x) * \delta(x - x_0) = u(x - x_0)\,. \tag{3-43}$$

Wir verwendeten in (3-42) als mehrdimensionales Faltungssymbol das fettgedruckte Sternchen '∗'. Soll verdeutlicht werden, in *wievielen* Dimensionen die Faltungsoperation ausgeführt wird, werden wir entsprechend viele *normal* gedruckte Sternchen schreiben. Manchmal ist es angezeigt, zusätzlich über das Faltungssymbol die dazugehörende Variable zu setzen (z.B. falls nicht in allen Dimensionen gefaltet wird). Es werden also im folgenden, je nach Zweckmäßigkeit, verschiedene Schreibweisen benutzt, wie z.B. für die *zwei*dimensionale Faltung:

$$u_1(x) * u_2(x) = u_1(x) \overset{x}{*} u_2(x) = u_1(x) ** u_2(x) = u_1(x) \overset{x_1}{*}\overset{x_2}{*} u_2(x)\,.$$

Wie die eindimensionale Faltung aus Abschnitt 2.2 kann auch die mehrdimensionale Faltung auf zwei Arten interpretiert werden:

– In der ersten Version wird $u_1(.)$ in differentielle Elemente (Punkte) zerlegt, und für jeden dieser Punkte wird $u_2(.)$, entsprechend bewertet und verschoben, ins

Ausgangskoordinatensystem eingetragen. Diese Interpretation bietet sich vor allem dann an, wenn $u_1(.)$ ohnehin aus δ-Punkten besteht. In Bild 3-14 ist dies für zweidimensionale Signale skizziert.

– Die zweite Interpretation ist in Bild 3-15 veranschaulicht. Danach werden $u_1(.)$ und $u_2(.)$ zuerst im **x**'-Koordinatensystem dargestellt. Dann wird $u_2(.)$ am Ursprung gespiegelt und um **x** verschoben. Das Integral über das Produkt von $u_1(\mathbf{x}')$ und $u_2(\mathbf{x} - \mathbf{x}')$ liefert den Wert des Faltungsergebnisses bei **x**. In Bild 3-15 werden *binäre* zweidimensionale Signale miteinander gefaltet. Daher ist hier das Integral des Produkts gleich der Überlappungsfläche der beiden Signale.

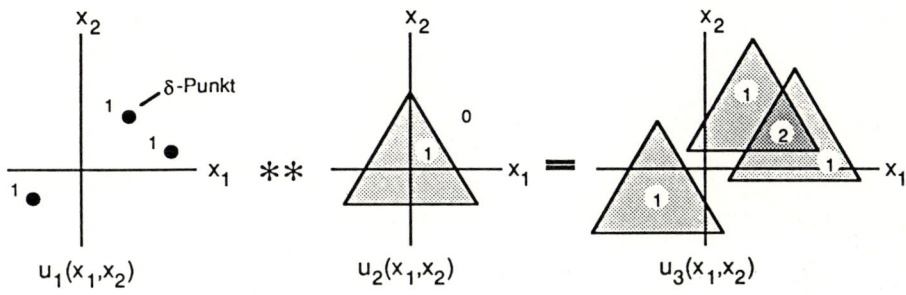

Bild 3-14: Faltung mit δ-Punkten

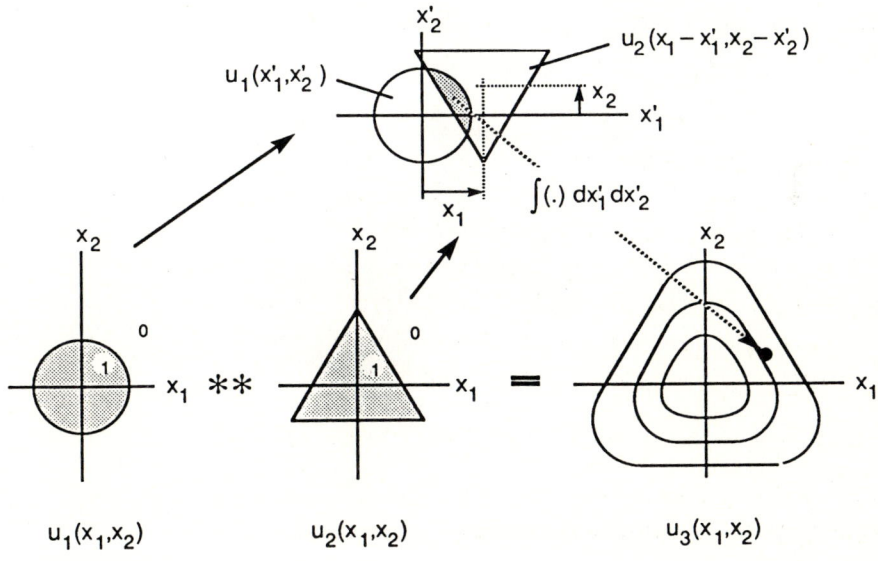

Bild 3-15: Zweidimensionale Faltung, wobei $u_2(.)$ als Bewertungsfunktion verstanden wird

Anmerkung

Speziell die *zwei*dimensionale Faltung reeller nichtnegativer Signale kann durch ein einfaches Experiment verdeutlicht werden, und zwar durch *Schattenwurf* zwischen parallelen Ebenen [3.12], wie in Bild 3-16 skizziert. Wir denken uns in Ebene I ein Signal $a(x_1,x_2)$ als Leuchtdichtefunktion (Lichtleistung pro Flächeneinheit) realisiert. In Ebene II befinde sich ein Diapositiv, dessen Transparenzfunktion $b(x_1,x_2)$ sei. Wegen der Parallelität der Ebenen wirft nun jedes Flächenelement, also jeder Punkt, aus $a(.)$ einen *Schatten* von $b(.)$ auf die Mattscheibe in Ebene III, und zwar gemäß der Lage des Punktes verschoben. Dabei erscheint natürlich $b(.)$ entsprechend der Abstände der Ebenen *vergrößert*, bei der skizzierten Konfiguration gerade um den Faktor *zwei*. (Dieser Maßstabsfaktor kann übrigens durch geeignete Einfügung einer Sammellinse zwischen den Ebenen II und III beseitigt werden.) Das Ausgangsbild $c(x_1,x_2)$ in Ebene III ist dann die Superposition aller dieser skalierten Replika, also

$$c(x_1,x_2) = a(-x_1,-x_2) ** b(x_1/2,x_2/2) .$$

In $a(.)$ mußten dabei die Koordinatenachsen *invertiert* werden, da ja ein Punkt aus $a(.)$, der z.B. 'oben' liegt, den Faltungskern $b(.)$ 'unten' in der Ebene III reproduziert. Wählen wir also $a(x_1,x_2)$ zu $u_1(-x_1,-x_2)$ und $b(x_1,x_2)$ zu $u_2(2x_1,2x_2)$, so ist die Anordnung aus Bild 3-16 ein zweidimensionaler *Faltungs*rechner. Würden wir $a(x_1,x_2)$ selbst als Eingangsfunktion $u_1(x_1,x_2)$ ansehen, so erhielten wir die *Korrelation*[1] zwischen $u_2(.)$ und $u_1(.)$. Die Konfiguration aus Bild 3-16 ist daher unter dem Namen *inkohärenter Schattenwurfkorrelator* bekannt (die lineare Überlagerung der Leuchtdichten in Ebene III gilt nämlich nur für örtlich *in*kohärentes Licht).

Versuchen wir nun z.B. mit Hilfe von Sonnenlicht ein Diapositiv auf eine Wand zu projizieren, so wirkt die Sonnenscheibe als $a(.)$ und das Dia als $b(.)$. Das Bild $c(.)$ an der Wand ist dann die Faltung des Dias mit einer Kreisscheibe und erscheint deshalb stark verunschärft.

Ein Sonderfall der Apparatur aus Bild 3-16 ist die *Lochkamera*. Hier ist die Ebene II opak bis auf ein kleines Loch; $b(.)$ ist also näherungsweise ein δ-Punkt $\delta(x_1,x_2)$. Damit muß $c(x_1,x_2) \approx a(-x_1,-x_2)$ sein, d.h. in der (Film-)Ebene III entsteht ein Abbild der Leuchtdichteverteilung in Ebene I (unter Vernachlässigung von Beugungseffekten).

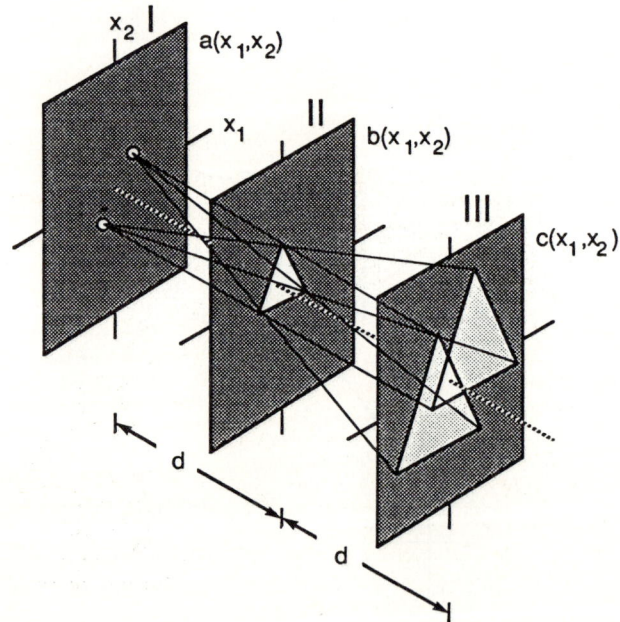

Bild 3-16: Realisierung von Faltung bzw. Korrelation durch Schattenwurf

---

[1] Die *Korrelation* zwischen zwei Signalen $u_1(x)$ und $u_2(x)$ ist definiert als $u_1(x) \otimes u_2(x) := u_1(x) * u_2^*(-x)$.

Faltung mit δ-Linien und δ-Flächen

Wie bereits angesprochen reproduziert ein δ-Punkt als Faltungskern das Signal selbst, und zwar an die Stelle des Punktes verschoben und mit seinem Integral bewertet. Die interessanteren Fälle sind aber die Faltung mit δ-Linien und δ-Flächen. Die dafür geltenden Rechenregeln können direkt aus den Gleichungen (3-38...3-40) hergeleitet werden. Exemplarisch betrachten wir die zweidimensionale Faltung mit einer δ-*Linie*. Nach (3-38) gilt dann

$$u(\mathbf{x}) \ast\ast \delta(a(\mathbf{x})) = \int_{a(\mathbf{x}-\mathbf{x}')=0} u(\mathbf{x}') \, |\nabla a(\mathbf{x}-\mathbf{x}')|^{-1} \, ds' \,, \tag{3-44}$$

wobei ds' ein Wegelement in der x_1,x_2-Ebene entlang der Nullinie von $a(\mathbf{x}-\mathbf{x}')$ ist. Das Faltungsprodukt am Ort $\mathbf{x}$ berechnet sich demnach als *Linienintegral* durch $u(.)$ längs der am Ursprung gespiegelten und um $\mathbf{x}$ verschobenen δ-Linie (Bild 3-17). Außerdem erfolgt eine Gewichtung der zu integrierenden Funktionswerte von $u(.)$ entsprechend dem Querschnitt $|\nabla a(.)|^{-1}$ der δ-Linie.

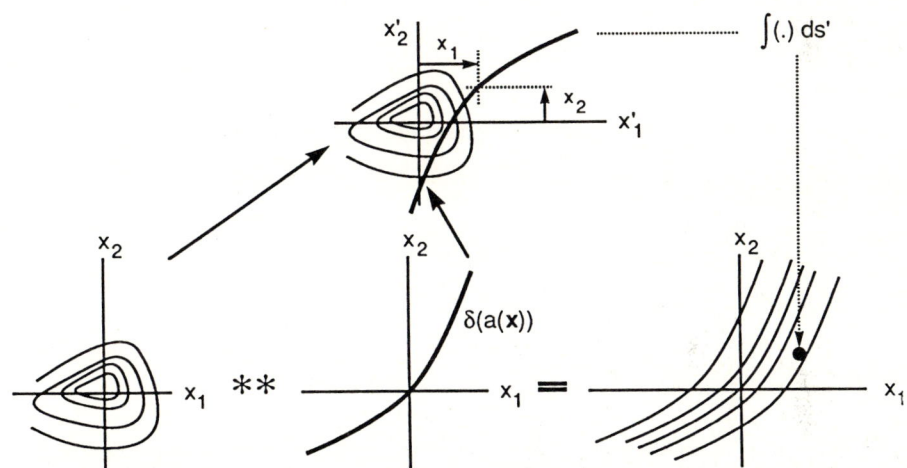

Bild 3-17: Faltung mit einer δ-Linie, interpretiert als Linienintegral durch das Signal

Eine zweite Interpretation geht von einer Näherung der δ-Linie durch eine 'Kette' von δ-Punkten im Abstand Δs aus. Jeder dieser Punkte reproduziert das Signal entsprechend seiner Lage und seines Flächenintegrals $\Delta s|\nabla a|^{-1}$ (Bild 3-18). Das Faltungsprodukt stellt nach dem Grenzübergang $\Delta s \to ds$ eine 'Verschmierung' des Signals $u(.)$ längs der Linie dar.
Äquivalente Überlegungen gelten auch für die Faltung mit δ-Flächen und δ-Linien im *Drei*dimensionalen.

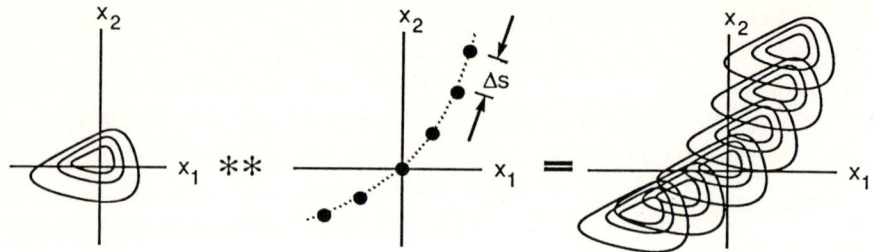

Bild 3-18: Faltung mit einer δ-Linie, interpretiert als 'Verschmierung' des Signals entlang dieser Linie

Faltung mit δ-Geraden und δ-Ebenen

Die Faltung mit δ-Funktionen nimmt eine besonders einfache Form an, wenn diese δ-*Geraden* bzw. δ-*Ebenen* sind. Dann erfolgt die 'Verschmierung' des Signals u(.) längs der Geraden (Ebene), d.h. das Faltungsprodukt ist eine (Parallel-)*Projektion* des Signals. In Bild 3-19 ist dies für eine δ-Gerade durch den Ursprung

$$\delta(\mathbf{g} \cdot \mathbf{x})$$

und mit (konstantem) Querschnitt von *eins* (also $|\mathbf{g}| = 1$) skizziert. Zweckmäßigerweise führt man ein *Hilfskoordinatensystem* (R,T) ein, das gegenüber dem ursprünglichen um den Winkel φ gedreht ist, sodaß die δ-Gerade auf der T-Achse zu liegen kommt (Bild 3-19):

$$\delta(\mathbf{g} \cdot \mathbf{x}) \equiv \delta(R)\,1(T)\;.$$

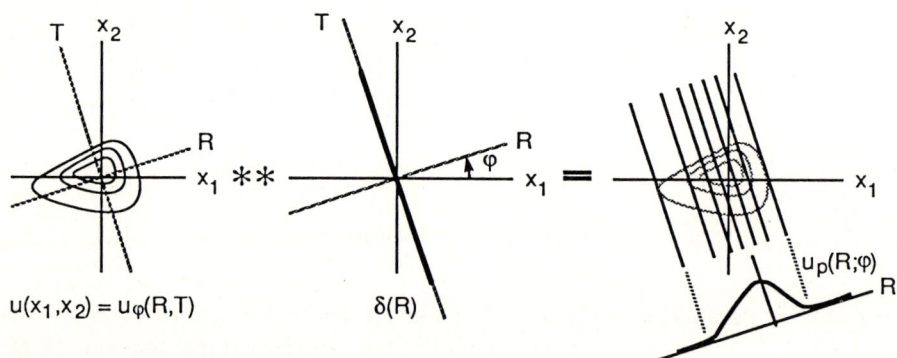

$$u(x_1,x_2) = u_\varphi(R,T) \qquad\qquad \delta(R)$$

Bild 3-19: Parallelprojektion eines Signals durch Faltung mit einer δ-Geraden

Bezeichnen wir das Signal in diesem neuen Koordinatensystem mit

$$u_\varphi(R,T) := u(x_1,x_2) \qquad\qquad\qquad (3\text{-}45a)$$

und die *Projektion* mit $u_p(R;\varphi)$, so gilt

$$u_p(R;\varphi) := \int\limits_{-\infty}^{+\infty} u_\varphi(R,T)\,dT = u_\varphi(R,T) \;*\,* \;\delta(R)\,. \qquad (3\text{-}46a)$$

Die Projektion von u(.) *in* T-Richtung *auf* die R-Achse ist also nur noch eine *ein*-dimensionale Funktion; der *Projektionswinkel* φ ist hier ein Parameter. Wird er dagegen als Variable interpretiert, so stellt die nun *zwei*dimensionale Funktion $u_p(R,\varphi)$ das Kontinuum der Projektionen unter *allen* Winkeln φ dar und wird als *Radon-Transformierte* [3.13] des Signals bezeichnet. Sie spielt eine wichtige Rolle bei allen Bildgewinnungsverfahren, die sich auf Projektionen des zu erfassenden Objekts stützen, wie bei der Röntgen-Tomographie [3.14-3.17].

*Drei*dimensionale Signale können sowohl entlang von *Geraden* wie auch *Ebenen* parallelprojiziert werden. In ersterem Fall wählt man zweckmäßigerweise ein R_1,R_2,T-Hilfskoordinatensystem, sodaß die Projektionsgerade durch

$$\delta(g_1 \cdot x, g_2 \cdot x) \equiv \delta(R_1)\,\delta(R_2)\,1(T)$$

gegeben ist. Das Signal in diesem Koordinatensystem nennen wir

$$u_{\varphi,\vartheta}(R_1,R_2,T) := u(x_1,x_2,x_3)\,. \qquad (3\text{-}45b)$$

(Hier bedarf es natürlich *zweier* Winkel zur Festlegung der Projektionsrichtung.) Die Projektion *längs* der T-Achse *auf* die R_1,R_2-Ebene ist dann

$$u_p(R_1,R_2;\varphi,\vartheta) := \int\limits_{-\infty}^{+\infty} u_{\varphi,\vartheta}(R_1,R_2,T)\,dT = u_{\varphi,\vartheta}(R_1,R_2,T) \;*\,*\,* \;\delta(R_1)\,\delta(R_2)\,.$$
$$(3\text{-}46b)$$

Soll dagegen längs *Ebenen*, also *auf* eine Gerade, projiziert werden, führen wir ein R,T_1,T_2-Koordinatensystem ein, sodaß die Projektionsebene durch T_1 und T_2 gegeben ist:

$$\delta(g_1 \cdot x, g_2 \cdot x) \equiv \delta(R)\,1(T_1)\,1(T_2)\,.$$

Die Projektion des Signals

$$u_{\varphi,\vartheta}(R,T_1,T_2) := u(x_1,x_2,x_3) \qquad (3\text{-}45c)$$

ist in diesem Fall

$$u_{pp}(R;\varphi,\vartheta) := \iint\limits_{-\infty}^{+\infty} u_{\varphi,\vartheta}(R,T_1,T_2)\,dT_1 dT_2 = u_{\varphi,\vartheta}(R,T_1,T_2) \;*\,*\,* \;\delta(R)\,. \qquad (3\text{-}46c)$$

Wir nennen $u_{pp}(.)$ eine *planare Projektion* von u(.).

Beispiel

δ-Linien eignen sich zur Beschreibung der Bewegung starrer Objekte. Denken wir uns dazu speziell ein sich zeitlich änderndes Bildsignal $u(x,y,t)$, das aus einem Objekt $o(x,y)$ besteht, welches entlang der *Trajektorie*

$$x = x(t), \qquad y = y(t) \tag{i}$$

verschoben wird (Bild 3-20, links). Die *Momentangeschwindigkeit* nennen wir $\mathbf{v} = (v_x, v_y)^T$ mit

$$v_x := \partial\, x(t)/\partial t \qquad \text{und} \qquad v_y := \partial\, y(t)/\partial t .$$

Der Hintergrund sei schwarz (*null*). Das Bildsignal ist also

$$u(x,y,t) = o(x - x(t), y - y(t)) .$$

Durch diese Bewegung des zweidimensionalen Objekts entsteht der *drei*dimensionale Vorgang $u(x,y,t)$. Stellen wir diesen in einem dreidimensionalen Koordinatensystem dar, wie in Bild 3-20, rechts, so ergibt sich eine Art 'Schlauch' entlang der gegebenen Linie. Damit ist $u(x,y,t)$ auch als zweidimensionale Faltung von $o(x,y)$ mit einer δ-Linie beschreibbar:

$$u(x,y,t) = o(x,y) \overset{x}{*}\overset{y}{*}\, b(x,y,t) \tag{ii}$$

mit

$$b(x,y,t) := \delta(x - x(t), y - y(t))$$

oder als

$$u(x,y,t) = [o(x,y)\,\delta(t)] * * * \delta(x - x(t), y - y(t)) .$$

Diese zweidimensionale δ-Linie hat die Eigenschaft

$$\int\!\!\int_{-\infty}^{+\infty} \delta(x - x(t), y - y(t))\, dx\, dy = 1 \qquad \text{für alle } t .$$

Damit ist sichergestellt, daß das Objekt während seiner Bewegung immer gleich 'hell' ist. Die *Projektion*

$$b_t(x,y) := \int_{-\infty}^{+\infty} b(x,y,t)\, dt = b(x,y,t) * * * \delta(x,y) \tag{iii}$$

dieser δ-Linie auf die x,y-Ebene ist eine *ein*dimensionale δ-Linie entlang der Trajektorie. Ihr Ort ist nach Invertierung von (i) gegeben durch

$$t_x(x) = t_y(y) ,$$

wobei $t_x(x)$ und $t_y(y)$ die – als existent angenommenen – Umkehrfunktionen zu $x(t)$ und $y(t)$ seien. Die Trajektorie läßt sich also als

$$b_t(x,y) = \left(|v_x(t_x(x))|\, |v_y(t_y(y))| \right)^{-1} \delta(t_x(x) - t_y(y))$$

angeben (die Herleitung dieses Ergebnisses möge der Leser mit Hilfe der Rechenregeln aus Abschnitt 3.1 selbst vollziehen). Ihr *Querschnitt* ist $|\mathbf{v}|^{-1}$, der Kehrwert des Geschwindigkeitsbetrags, und damit proportional zur 'Verweildauer' des Objekts am jeweiligen Ort x,y. Würden wir eine *Langzeitbelichtung* des Objekts aufzeichnen, während sich dieses bewegt, so würden wir das Bild

$$u_L(x,y) := \int_{-\infty}^{+\infty} u(x,y,t)\, dt = u(x,y,t) * * * \delta(x,y)$$

erhalten, also mit (iii)

$$u_L(x,y) = o(x,y) * * b_t(x,y) .$$

Die 'Verwischung' des Objekts durch seine Bewegung während der Belichtung läßt sich somit als Faltung mit der Trajektorie $b_t(x,y)$ beschreiben [3.11]. An Stellen, an denen die Momentangeschwindigkeit klein ist, wird das Objekt natürlich entsprechend hell erscheinen und umgekehrt. Diese Bewertung steckt bereits im Querschnitt der δ-Linie $b_t(x,y)$.

Ein Sonderfall ist die Bewegung mit *konstanter* Geschwindigkeit:

$$x = x(t) = v_x t, \qquad y = y(t) = v_y t .$$

$b(x,y,t)$ und $b_t(x,y)$ sind dann δ-*Geraden*:

$$b(x,y,t) = \delta(x - v_x t, y - v_y t)$$

und

$$b_t(x,y) = |v_x v_y|^{-1}\, \delta(x/v_x - y/v_y) = \delta(x v_y - y v_x) \ .$$

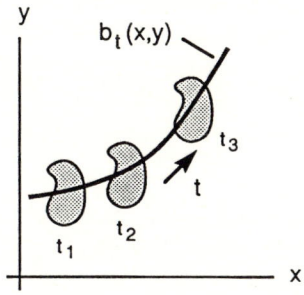 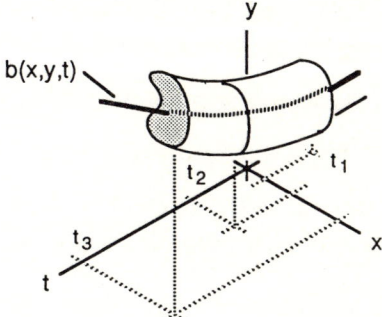

Bild 3-20: δ-Linien als Trajektorien

3.3 Mehrdimensionale Fourier-Transformation

Auch die Fourier-Transformation läßt sich formal leicht auf mehrere Dimensionen erweitern. Mit dem *Frequenzvektor*

$$\mathbf{f} = (f_1, f_2, \ldots, f_n)^T \quad \in \ \mathbf{R}^n$$

gelten die *Transformationsgleichungen*[1]:

$$U(\mathbf{f}) = \int\!\!\int\!\!\cdots\!\!\int_{-\infty}^{+\infty} u(\mathbf{x})\, e^{-j2\pi \mathbf{f}\cdot\mathbf{x}}\, d^n\mathbf{x} \tag{3-47a}$$

und

$$u(\mathbf{x}) = \int\!\!\int\!\!\cdots\!\!\int_{-\infty}^{+\infty} U(\mathbf{f})\, e^{j2\pi \mathbf{f}\cdot\mathbf{x}}\, d^n\mathbf{f} \tag{3-47b}$$

oder symbolisch:

$$u(\mathbf{x}) \quad \circ\!\!-\!\!-\!\!\bullet \quad U(\mathbf{f}) \ . \tag{3-47c}$$

---

[1] Falls nötig, führt man auch hier einen konvergenzerzwingenden Faktor ein (s. *Anmerkung* auf S. 21).

Wie bei der Faltung verwenden wir auch für die mehrdimensionale Fourier-Transformation von Fall zu Fall unterschiedliche Symbole:

$$u(\mathbf{x}) \quad \circ\!\!-\!\!\!\!-\!\!\bullet \quad U(\mathbf{f}) , \qquad u(\mathbf{x}) \quad \circ\!\!-\!\!\!\!\overset{\mathbf{x}}{-}\!\!\bullet \quad U(\mathbf{f}) ,$$

oder z.B. bei *zwei* Dimensionen:

$$u(x_1,x_2) \quad \circ\!\!=\!\!=\!\!\bullet \quad U(f_1,f_2) , \qquad u(x_1,x_2) \quad \circ\!\!\overset{x_1,x_2}{=\!\!=}\!\!\bullet \quad U(f_1,f_2) .$$

Das Skalarprodukt $\mathbf{f}\cdot\mathbf{x}$ in (3-47a,b) lautet ausgeschrieben

$$\mathbf{f}\cdot\mathbf{x} = f_1 x_1 + f_2 x_2 + \ldots + f_n x_n .$$

Die *Basisfunktionen* $e^{j2\pi\mathbf{f}\cdot\mathbf{x}}$, nach denen entwickelt wird, lassen sich also auch als Produkt *ein*dimensionaler komplexer harmonischer Schwingungen darstellen:

$$e^{j2\pi\mathbf{f}\cdot\mathbf{x}} = e^{j2\pi f_1 x_1} \cdot e^{j2\pi f_2 x_2} \cdot \ldots \cdot e^{j2\pi f_n x_n} .$$

Demnach kann die n-dimensionale Fourier-Transformation auch *getrennt* nach den einzelnen Variablen ausgeführt werden.

Für manche Anwendungen ist es angezeigt, nicht das *totale* Spektrum zu berechnen, sondern mit einem *Teilspektrum* zu arbeiten. Dies ist ein Spektrum, das durch Transformation nach nicht allen Variablen entstehen. Transformieren wir z.B. das zwei-dimensionale Signal $u(x_1,x_2)$ nur nach x_1, so erhalten wir das Teilspektrum

$$U^{x1}(f_1,x_2) \quad \bullet\!\!\overset{x_1}{-}\!\!\circ \quad u(x_1,x_2) .$$

Dieses nach x_2 transformiert ergibt $U(f_1,f_2)$. $U^{x1}(f_1,x_2)$ ist also auch ein Teilspektrum von $U(f_1,f_2)$, allerdings bezüglich x_2. Wir können es somit auch als $u^{x2}(f_1,x_2)$ bezeichnen. Zusammengefaßt gilt (hier für zwei Dimensionen):

$$u(x_1,x_2) \left\{ \begin{array}{c} \circ\overset{x_1}{-}\bullet \quad U^{x1}(f_1,x_2) \equiv u^{x2}(f_1,x_2) \quad \circ\overset{x_2}{-}\bullet \\[2mm] \circ\overset{\overset{\textstyle x_1}{=\!=\!=\!=\!=\!=\!=}}{\underset{\textstyle x_2}{}}\bullet \\[2mm] \circ\overset{x_2}{-}\bullet \quad U^{x2}(x_1,f_2) \equiv u^{x1}(x_1,f_2) \quad \circ\overset{x_1}{-}\bullet \end{array} \right\} U(f_1,f_2) . \qquad (3\text{-}48)$$

Besonders einfach gestaltet sich die mehrdimensionale Fourier-Transformation für *separierbare* Signale, also solche vom Typ

$$u(\mathbf{x}) = u_1(x_1)\, u_2(x_2) \ldots u_n(x_n) . \qquad (3\text{-}49a)$$

Dann kann das Transformationsintegral ebenfalls aufgespalten werden in lauter *ein*dimensionale, und $U(\mathbf{f})$ ist

$$U(\mathbf{f}) = U_1(f_1)\, U_2(f_2)\, \ldots\, U_n(f_n) \tag{3-49b}$$

mit

$$u_\nu(x_\nu) \quad \circ\!\!\xrightarrow{\ x_\nu\ }\!\!\bullet \quad U_\nu(f_\nu)\,. \tag{3-49c}$$

Obwohl das Signal das *Produkt* mehrerer Funktionen ist, muß im Spektralbereich *nicht* gefaltet werden, da die Faltung in diesem Fall in eine Multiplikation entartet.

Rechengesetze der mehrdimensionalen Fourier-Transformation

In Tabelle 3-2 sind die wichtigsten Rechenregeln der mehrdimensionalen Fourier-Transformation zusammengefaßt (s. auch [3.1-3.6, 3.18]). Dabei sind einige Sätze exemplarisch für die Richtung einer x_i-Achse aufgeführt; sie gelten natürlich auch für beliebig orientierte Achsen.

Einige dieser Gesetze stellen bemerkenswerte Verallgemeinerungen ihrer eindimensionalen Varianten dar. So braucht beispielsweise im Mehrdimensionalen die Faltung nicht nach *allen* Variablen ausgeführt zu werden; vielmehr ist auch eine *partielle* Faltung möglich. Dazu korrespondiert die partielle Faltung der Spektren nach den 'restlichen' Frequenzvariablen. Hier erweisen sich die *Teilspektren*, gebildet bezüglich der an der Faltung beteiligten Koordinaten, als nützlich: diese Spektren müssen nämlich nur *multipliziert* werden. Es gilt z.B. im *Zwei*dimensionalen:

$$u_1(x_1,x_2) \overset{x_1}{*} u_2(x_1,x_2) \quad \circ\!\!\xrightarrow{\ x_1\ }\!\!\bullet \quad U_1{}^{x_1}(f_1,x_2)\, U_2{}^{x_1}(f_1,x_2) \quad \circ\!\!\xrightarrow{\ x_2\ }\!\!\bullet \quad U_1(f_1,f_2) \overset{f_2}{*} U_2(f_1,f_2)\,. \tag{3-50}$$

Ein weiterer Unterschied zum Eindimensionalen ist die Vielzahl möglicher *linearer Koordinatentransformationen*. Während sie im Eindimensionalen lediglich die Ähnlichkeitsabbildung umfassen, sind dies im Mehrdimensionalen alle Transformationen, bei denen der Ortsvektor $\mathbf{x}$ durch die Matrix-Vektor-Multiplikation

$$\mathbf{x'} = \mathbf{Ax} \tag{3-51a}$$

in den neuen Vektor $\mathbf{x'}$ übergeführt wird. Die *Determinante* von $\mathbf{A}$ gibt dabei an, wie sich die *Ausdehnung* (Fläche, Volumen,...) des Signals ändert. Nach Substitution von (3-51a) in die Transformationsgleichung (3-47a) finden wir, daß auch das Spektrum eine Koordinatentransformation erfährt, welche durch die Matrix

$$\mathbf{B} = (\mathbf{A}^{-1})^{\mathsf{T}} \tag{3-51b}$$

beschrieben wird. Es gilt also (Tabelle 3-2)

$$u(\mathbf{Ax}) \quad \circ\!\!\longrightarrow\!\!\bullet \quad |\det\mathbf{A}|^{-1}\, U(\mathbf{Bf})\,. \tag{3-51c}$$

Vergleichbar zum Ähnlichkeitssatz im *Ein*dimensionalen ist dieses Spektrum mit $|\det\mathbf{A}|^{-1} = |\det\mathbf{B}|$ bewertet.

68

Tabelle 3-2: Gesetze der n-dimensionalen Fourier-Transformation

Gesetz	$u(\mathbf{x})$　　　○——●	$U(\mathbf{f})$
lineare Koordinaten-transformation	$u(\mathbf{A}\mathbf{x})$	$|\det\mathbf{A}|^{-1}\,U(\mathbf{B}\mathbf{f})$ mit $\mathbf{B}=(\mathbf{A}^{-1})^{T}$
Vertauschungssatz	$U(\mathbf{x})$ $U^{*}(\mathbf{x})$	$u(-\mathbf{f})$ $u^{*}(\mathbf{f})$
Satz der konjugiert-komplexen Funktionen	$u^{*}(\mathbf{x})$	$U^{*}(-\mathbf{f})$
Verschiebungssatz	$u(\mathbf{x}-\mathbf{x}_0)$ $u(\mathbf{x})\,e^{j2\pi\mathbf{f}_0\cdot\mathbf{x}}$	$U(\mathbf{f})\,e^{-j2\pi\mathbf{x}_0\cdot\mathbf{f}}$ $U(\mathbf{f}-\mathbf{f}_0)$
Differentiationssatz	$\partial u(\mathbf{x})/\partial x_i$ $-j2\pi x_i\,u(\mathbf{x})$	$j2\pi f_i\,U(\mathbf{f})$ $\partial U(\mathbf{f})/\partial f_i$
Integrationssatz	$\displaystyle\int_{-\infty}^{x_i}u(x_1,\ldots,\xi_i,\ldots,x_n)\,d\xi_i$ $[-1/(j2\pi x_i)+1/2\,\delta(x_i)]\,u(\mathbf{x})$	$[1/(j2\pi f_i)+1/2\,\delta(f_i)]\,U(\mathbf{f})$ $\displaystyle\int_{-\infty}^{f_i}U(f_1,\ldots,\varphi_i,\ldots,f_n)\,d\varphi_i$
Faltungssatz — Faltung nach *allen* Variablen	$u_1(\mathbf{x})*u_2(\mathbf{x})$ $u_1(\mathbf{x})\,u_2(\mathbf{x})$	$U_1(\mathbf{f})\,U_2(\mathbf{f})$ $U_1(\mathbf{f})*U_2(\mathbf{f})$
partielle Faltung	$u_1(\mathbf{x})\overset{x_a}{*}\overset{x_b}{*}\ldots\overset{x_g}{*}u_2(\mathbf{x})$	$U_1(\mathbf{f})\overset{f_h}{*}\overset{f_i}{*}\ldots\overset{f_m}{*}U_2(\mathbf{f})$ $\{a,b,\ldots,g\}\cup\{h,i,\ldots,m\}=\varnothing$
Korrelationssatz	$u_1(\mathbf{x})\otimes u_2(\mathbf{x})$ $u_1(\mathbf{x})\,u_2^{*}(\mathbf{x})$	$U_1(\mathbf{f})\,U_2^{*}(\mathbf{f})$ $U_1(\mathbf{f})\otimes U_2(\mathbf{f})$
Separierungssatz	$u(\mathbf{x})=u_1(x_1)\ldots u_n(x_n)$	$U(\mathbf{f})=U_1(f_1)\ldots U_n(f_n)$
Momentensatz	$\displaystyle\int_{-\infty}^{+\infty}x_i^{\nu}\,u(\mathbf{x})\,dx_i$ $(j2\pi)^{\nu}\,\partial^{\nu}u(\mathbf{x})/\partial x_i^{\nu}\,\delta(x_i)$	$(-j2\pi)^{-\nu}\,\partial^{\nu}U(\mathbf{f})/\partial f_i^{\nu}\,\delta(f_i)$ $\displaystyle\int_{-\infty}^{+\infty}f_i^{\nu}\,U(\mathbf{f})\,df_i$
Sonderfall ($\nu=0$): Projektionssatz	$\displaystyle\int_{-\infty}^{+\infty}u(\mathbf{x})\,dx_i$	$U(f_1,\ldots,f_i=0,\ldots,f_n)\,\delta(f_i)$ und umgekehrt

Tabelle 3-2: Gesetze der n-dimensionalen Fourier-Transformation (Fortsetzung)

Gesetz	
Rotationssymmetrische Signale und Spektren $(J_p(.))$: Bessel-Funktion p-ter Ordnung)	$u(\mathbf{x}) = u_r(r) \quad \text{mit} \quad r := |\mathbf{x}| \quad \Rightarrow \quad U(\mathbf{f}) = U_{fr}(f_r) \quad \text{mit} \quad f_r := |\mathbf{f}|$ $U_{fr}(f_r) = 2\pi\, f_r^{\,1-n/2} \int\limits_0^\infty r^{n/2}\, u_r(r)\, J_{n/2-1}(2\pi r f_r)\, dr$ $u_r(r) = 2\pi\, r^{\,1-n/2} \int\limits_0^\infty f_r^{\,n/2}\, U_{fr}(f_r)\, J_{n/2-1}(2\pi r f_r)\, df_r\,.$
Parsevalsche Gleichung (Gleichheit der Energie in Orts- und Spektralbereich)	$\displaystyle\int\limits_{-\infty}^{+\infty}\!\!\cdots\!\!\int u_1(\mathbf{x})\, u_2^*(\mathbf{x})\, d^n\mathbf{x} = \int\limits_{-\infty}^{+\infty}\!\!\cdots\!\!\int U_1(\mathbf{f})\, U_2^*(\mathbf{f})\, d^n\mathbf{f}$ $\displaystyle\int\limits_{-\infty}^{+\infty}\!\!\cdots\!\!\int |u(\mathbf{x})|^2\, d^n\mathbf{x} = \int\limits_{-\infty}^{+\infty}\!\!\cdots\!\!\int |U(\mathbf{f})|^2\, d^n\mathbf{f}$
Zuordnungssatz (Index: g: gerader Anteil u: ungerader Anteil)	$\mathrm{Re}\{u_g(\mathbf{x})\} \quad \circ\!\!-\!\!\bullet \quad \mathrm{Re}\{U_g(\mathbf{f})\}$ $\mathrm{Re}\{u_u(\mathbf{x})\} \quad \circ\!\!-\!\!\bullet \quad j\,\mathrm{Im}\{U_u(\mathbf{f})\}$ $j\,\mathrm{Im}\{u_g(\mathbf{x})\} \quad \circ\!\!-\!\!\bullet \quad j\,\mathrm{Im}\{U_g(\mathbf{f})\}$ $j\,\mathrm{Im}\{u_u(\mathbf{x})\} \quad \circ\!\!-\!\!\bullet \quad \mathrm{Re}\{U_u(\mathbf{f})\}$

Beispiele I

Spezielle Koordinatentransformationen sind in Bild 3-21 für das *zwei*dimensionale Signal

$$\mathrm{rect}(x_1/D)\,\mathrm{rect}(x_2/D) \quad \circ\!\!=\!\!\bullet \quad D^2\,\mathrm{si}(\pi D f_1)\,\mathrm{si}(\pi D f_2)$$

und dessen Spektrum skizziert:

a) *Drehung* um α: Die Matrix **A** ist dann

$$\mathbf{A} = \begin{pmatrix} \cos\alpha & \sin\alpha \\ -\sin\alpha & \cos\alpha \end{pmatrix} \qquad \text{mit} \quad \det\mathbf{A} = 1.$$

Die inverse Koordinatentransformation ist natürlich die Drehung um $-\alpha$, d.h.

$$\mathbf{A}^{-1} = \begin{pmatrix} \cos\alpha & -\sin\alpha \\ \sin\alpha & \cos\alpha \end{pmatrix},$$

und damit ist

$$\mathbf{B} = (\mathbf{A}^{-1})^\mathsf{T} = \mathbf{A}\,.$$

Eine Drehung um α im Ortsbereich bewirkt also die gleiche Drehung des Spektrums. Daraus folgt sofort, daß ein *rotationssymmetrisches* Signal ein ebensolches Spektrum hat. Solche Signale bzw. Spektren sind durch Angabe ihrer *Radialschnitte* – eindimensionaler Funktion also – bestimmt. In Tabelle 3-2 ist die Transformation angegeben, die den Radialschnitt $U_{fr}(f_r)$ des Spektrums direkt aus $u_r(r)$, dem des Signals, berechnet und umgekehrt.

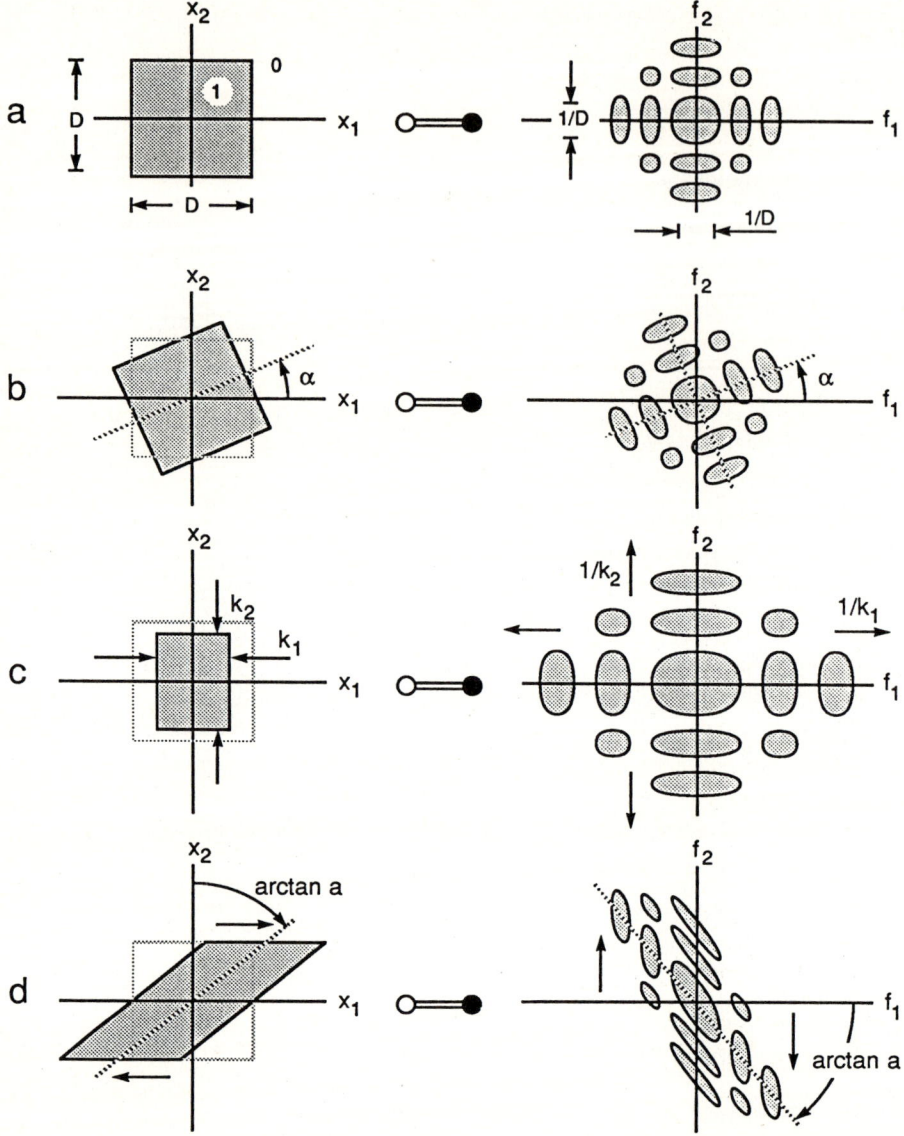

Bild 3-21: Lineare Koordinatentransformationen eines zweidimensionalen Signals und deren Auswirkungen auf sein Spektrum

b) *Stauchung* um k_1 und k_2 in x_1 bzw. x_2: Sie wird durch

$$A = \begin{pmatrix} k_1 & 0 \\ 0 & k_2 \end{pmatrix} \qquad \text{mit} \quad \det A = k_1 k_2$$

beschrieben. Vergleichbar dem *Änlichkeitssatz* im Eindimensionalen ergibt sich dann das Spektrum zu

$$u(k_1 x_1, k_2 x_2) \quad \circ\!\!=\!\!\bullet \quad |k_1 k_2|^{-1} U(f_1/k_1, f_2/k_2) , \qquad\qquad (i)$$

d.h. es wird in den entsprechenden Richtungen *gestreckt*. Dies gilt auch, wenn diese Richtungen nicht zufällig die Koordinatenachsen sind.

c) *Scherung*, z.B. entlang x_1 mit dem Koordinatenursprung als Zentrum. Im diesem Fall gilt

$$A = \begin{pmatrix} 1 & -a \\ 0 & 1 \end{pmatrix} \qquad \text{mit} \quad \det A = 1 .$$

Daraus erhalten wir

$$B = \begin{pmatrix} 1 & 0 \\ a & 1 \end{pmatrix},$$

d.h. das Spektrum wird entlang der f_2-Achse geschert, und zwar mit entgegengesetztem Vorzeichen.

Fourier-Spektren von δ-Punkten, δ-Geraden und δ-Ebenen

Aus dem Eindimensionalen kennen wir die Korrespondenzen

$$\delta(t) \quad \circ\!\!-\!\!\bullet \quad 1 \qquad \text{und} \qquad 1 \quad \circ\!\!-\!\!\bullet \quad \delta(f)$$

oder allgemein

$$\delta(t - t_0) \quad \circ\!\!-\!\!\bullet \quad e^{-j2\pi t_0 f} \qquad \text{und} \qquad e^{j2\pi f_0 t} \quad \circ\!\!-\!\!\bullet \quad \delta(f - f_0) .$$

Mit Hilfe des Separierungssatzes (3-49a...c) können dann auch (mehrdimensionale) δ-Punkte, speziell gelegene δ-Ebenen oder δ-Geraden gliedweise transformiert werden. Für den mehrdimensionalen δ-*Punkt* heißt dies

$$\delta(\mathbf{x}) = \delta(x_1)\,\delta(x_2)...\delta(x_n) \quad \circ\!\!-\!\!\bullet \quad 1(f_1)\,1(f_2)...1(f_n) = 1 , \qquad (3\text{-}52)$$

bzw. für eine allgemeine Lage

$$\boxed{\delta(\mathbf{x} - \mathbf{x}_0) \quad \circ\!\!-\!\!\bullet \quad e^{-j2\pi\mathbf{x}_0\cdot\mathbf{f}} .} \qquad (3\text{-}53)$$

Dem δ-Punkt fällt also hier die gleiche Bedeutung zu wie im Eindimensionalen dem δ-Impuls, da er ebenfalls ein (in allen Dimensionen) konstantes Betragsspektrum hat. Ähnlich können wir nun eine δ-*Ebene* im *Drei*dimensionalen,

$$\delta(x_1) = \delta(x_1)\,1(x_2)\,1(x_3) \quad \circ\!\!-\!\!\bullet \quad 1(f_1)\,\delta(f_2)\,\delta(f_3) = \delta(f_2, f_3) \qquad (3\text{-}54)$$

oder eine δ-*Gerade* im *Zwei*dimensionalen,

$$\delta(x_1) = \delta(x_1)\,1(x_2) \quad \circ\!\!-\!\!\bullet \quad 1(f_1)\,\delta(f_2) = \delta(f_2) \qquad (3\text{-}55)$$

transformieren, usw. In Bild 3-22 ist die Korrespondenz (3-55) als Grenzübergang eines immer schmäler und länger werdenden Rechtecks und dessen si-förmigen Spektrums veranschaulicht (die Funktion $\text{si}(\pi f/\varepsilon)/\varepsilon$ ist auch eine mögliche Approximation der δ-Funktion $\delta(f)$).

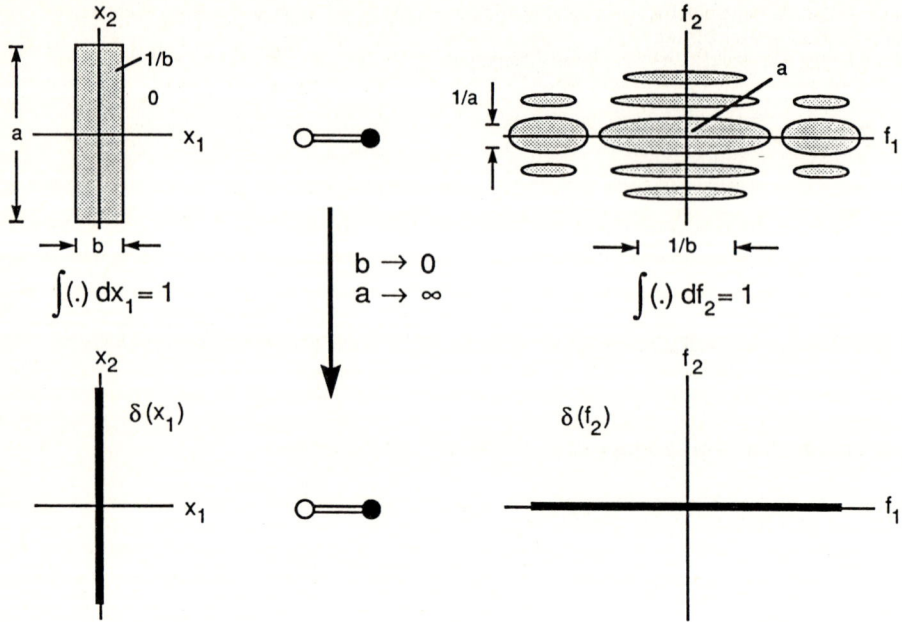

Bild 3-22: Veranschaulichung der Korrespondenz (3-55)

Nachdem eine Rotation im Ortsbereich einer ebensolchen im Spektralbereich entspricht, sind damit auch *beliebig orientierte* Geraden oder Ebenen behandelbar. Offensichtlich ist das Spektrum einer k-dimensionalen δ-Geraden (δ-Ebene...) im n-Dimensionalen eine (n−k)-dimensionale δ-Gerade (δ-Ebene...) *gleichen Querschnitts*, die auf der im Ortsbereich *senkrecht* steht (bei Verwendung gleich orientierter Koordinatensysteme für Signal und Spektrum). Verlaufen die δ-Funktionen *nicht* durch den Koordinatenursprung, so wird dies nach dem Verschiebungssatz durch einen linearen Phasenfaktor im Fourier-Bereich berücksichtigt.

Speziell für eine δ-*Gerade* der Form

$$\delta(\mathbf{x} \cdot \mathbf{g} - p)$$

nach (3-14), erhalten wir nach dem bisher Gesagten (im Zweidimensionalen)

$$\delta(\mathbf{x} \cdot \mathbf{g} - p) \quad \circ\!=\!\!=\!\bullet \quad \delta(\mathbf{f} \cdot \mathbf{g}_{\perp}) \, e^{-j2\pi p \mathbf{f} \cdot \mathbf{g}/g^2} \, , \qquad (3\text{-}56a)$$

mit

$$\mathbf{g}_{\perp} \cdot \mathbf{g} = 0 \qquad \text{und} \qquad |\mathbf{g}_{\perp}| = |\mathbf{g}| \, , \qquad (3\text{-}56b)$$

d.h. $\mathbf{g}_{\perp}$ ist ein zu $\mathbf{g}$ senkrecht stehender Vektor derselben Länge. In Bild 3-23, oben, ist diese Korrespondenz skizziert, wobei auf der spektralen δ-Geraden die Orte markiert sind, an denen die Phase Vielfache von π annimmt. Eine entsprechende

Korrespondenz gilt auch umgekehrt für δ-Geraden allgemeiner Lage im Spektrum. Im *Drei*dimensionalen stellt $\delta(\mathbf{x} \cdot \mathbf{g} - p)$ eine δ-*Ebene* dar. Nach (3-54) ist deren Spektrum eine dazu senkrechte δ-Gerade gleichen Querschnitts, d.h. ihr *Richtungsvektor* $\mathfrak{l}$ ist gleich dem Normalenvektor **g** der Ebene im Ortsbereich (s. auch Abschnitt 3.1, *Beispiel VI*):

$$\delta(\mathbf{x} \cdot \mathbf{g} - p) \quad \text{O} \!\!=\!\!=\!\!\bullet \quad \delta(\mathbf{f} \cdot \mathbf{g}_1, \mathbf{f} \cdot \mathbf{g}_2)\, e^{-j2\pi p \mathbf{f} \cdot \mathbf{g}/g^2}, \tag{3-57a}$$

mit $\mathbf{g}_1$ und $\mathbf{g}_2$ so, daß

$$\mathbf{g}_1 \times \mathbf{g}_2 = \pm \mathbf{g}\ . \tag{3-57b}$$

Bild 3-23, unten, zeigt diesen Zusammenhang.

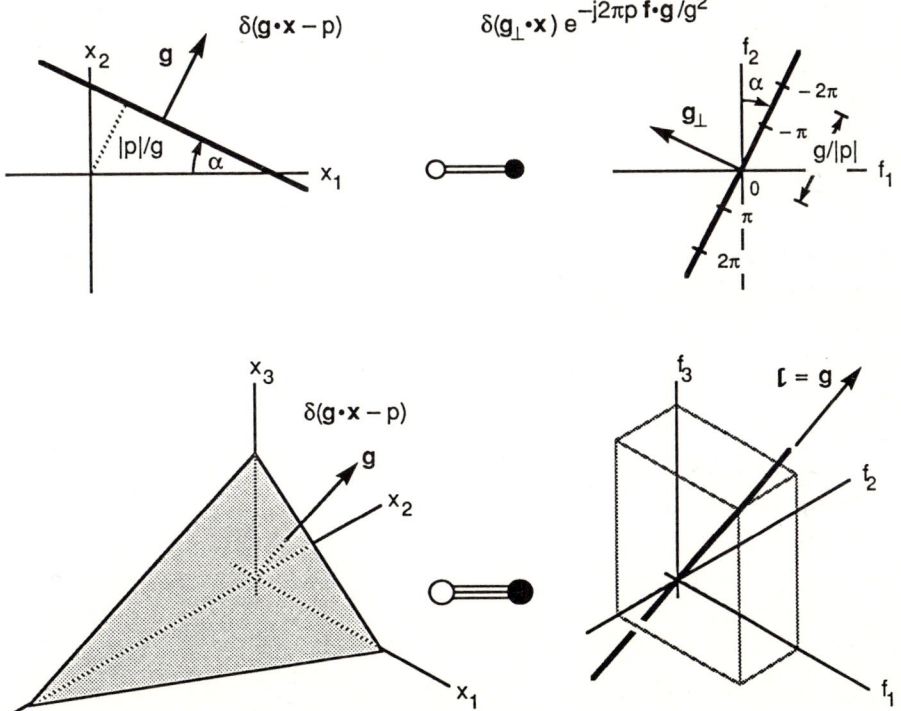

Bild 3-23: Die Spektren von δ-Gerade und δ-Ebene

Die Spektren *gekrümmter* δ-Linien und δ-Flächen können im Gegensatz dazu i. allg. nicht so einfach berechnet werden. Aussagen über ihr asymptotisches Verhalten (für $|\mathbf{f}| \to \infty$) sind jedoch möglich (s. übernächster Abschnitt).

Beispiel II

Wir betrachten nochmals die translatorische Bewegung eines starren Objekts entlang einer Trajektorie aus dem *Beispiel* in Abschnitt 3.2 (s. Bild 3-20). Da sich nach (ii) die Bewegung als *Faltung* mit der Linie $\delta(x - \varkappa(t), y - y(t))$ beschreiben ließ, wirkt offensichtlich die dreidimensionale Fourier-Transformierte $B(f_x, f_y, f_t)$ dieser δ-Linie als *Bewegungsfaktor* im Spektrum $O(f_x, f_y)$ des Objekts:

$$U(f_x, f_y, f_t) = O(f_x, f_y) 1(f_t) B(f_x, f_y, f_t) .$$

Für den Sonderfall der Bewegung mit *konstanter Geschwindigkeit* $\mathbf{v} = (v_x, v_y)^T$ nimmt $B(f_x, f_y, f_t)$ eine einfache Form an; dann wird nämlich wie erwähnt die δ-Linie zur δ-*Geraden* im x,y,t-Raum:

$$b(x, y, t) = \delta(x - v_x t, y - v_y t) .$$

Eine δ-Gerade hat eine δ-*Ebene* als dreidimensionale Fourier-Transformierte. Diese können wir leicht berechnen, indem wir b(x,y,t) als Produkt zweier δ-Ebenen schreiben:

$$b(x, y, t) = \delta(x - v_x t) \, \delta(y - v_y t)$$

und zuerst nach x und y transformieren (Verschiebungssatz):

$$b(x, y, t) \quad \text{O}\xrightarrow{x,y}\bullet \quad e^{-j2\pi(v_x f_x + v_y f_y)t} .$$

Die Transformation nach t liefert schließlich den *spektralen Bewegungsfaktor* für Bewegung mit konstanter Geschwindigkeit:

$$B(f_x, f_y, f_t) = \delta(v_x f_x + v_y f_y + f_t) .$$

Das Spektrum dieses speziell bewegten Objekts existiert offensichtlich nur auf einer Ebene. Im Grenzfall eines *stationären* Objekts ($v_x = v_y = 0$) ist diese – trivialerweise – die f_x, f_y-Ebene, während sie bei *endlichen* Geschwindigkeiten entsprechend geneigt ist.

Das Zentralschnitt-Theorem

Aus dem Eindimensionalen kennen wir den Zusammenhang

$$\int_{-\infty}^{+\infty} u(t) \, dt = U(0) ,$$

der sich aus dem Momentensatz oder auch direkt aus dem Fourier-Transformationsintegral herleitet, wenn darin f = 0 gesetzt wird. Entsprechend gilt natürlich auch im Mehrdimensionalen

$$\int\!\!\int\cdots\!\!\int_{-\infty}^{+\infty} u(\mathbf{x}) \, d^n\mathbf{x} = U(\mathbf{0}) \qquad \text{mit} \quad \mathbf{0} := (0, 0, \dots, 0)^T .$$

Was bedeutet es aber für das Spektrum, wenn u($\mathbf{x}$) nur nach *einigen* Variablen integriert und damit auf die restlichen Koordinaten *projiziert* wird?

Diese Frage diskutieren wir nun beispielhaft für den *zwei*dimensionalen Fall. Um uns auf keine spezielle Projektionsrichtung festlegen zu müssen, verwenden wir wieder das R,T-Koordinatensystem aus Bild 3-19 und führen die ebenso orientierten f_R, f_T-Achsen im Spektrum ein. Es gilt also

$$u(x_1, x_2) =: u_\varphi(R, T) \quad \text{O}\!=\!=\!\bullet \quad U_\varphi(f_R, f_T) := U(f_1, f_2) \qquad (3\text{-}58a)$$

oder ausgeschrieben

$$U_\varphi(f_R, f_T) = \iint\limits_{-\infty}^{+\infty} u_\varphi(R,T)\, e^{-j2\pi(Rf_R + Tf_T)}\, dR\, dT \; . \tag{3-58b}$$

Setzen wir in darin $f_T = 0$, so erhalten wir $U_p(f_R; \varphi)$, die *ein*dimensionale Fourier-Transformierte der Projektion $u_p(R; \varphi)$ von $u(.)$ in T-Richtung auf die R-Achse (vgl. (3-46a)):

$$U_p(f_R; \varphi) = \int\limits_{-\infty}^{+\infty} \left[\int\limits_{-\infty}^{+\infty} u_\varphi(R,T)\, dT \right] e^{-j2\pi R f_R}\, dR = \int\limits_{-\infty}^{+\infty} u_p(R; \varphi)\, e^{-j2\pi R f_R}\, dR \; . \tag{3-59}$$

Dieser als *Zentralschnitt-Theorem* (auch: *central slice theorem*) bekannte Zusammenhang, nämlich

$$\int\limits_{-\infty}^{+\infty} u_\varphi(R,T)\, dT = u_p(R; \varphi) \quad \circ\!\!\xrightarrow{\;R\;}\!\!\bullet \quad U_p(f_R; \varphi) = U_\varphi(f_R, f_T{=}0) \; , \tag{3-60}$$

besagt, daß die *Parallelprojektion* eines Signals mit einem zentralen *Schnitt* durch dessen Spektrum korrespondiert[1] (Bild 3-24); Projektionsrichtung und Schnitt stehen dabei aufeinander senkrecht. Dieses Gesetz gilt auch umgekehrt für die Projektion von Spektren.

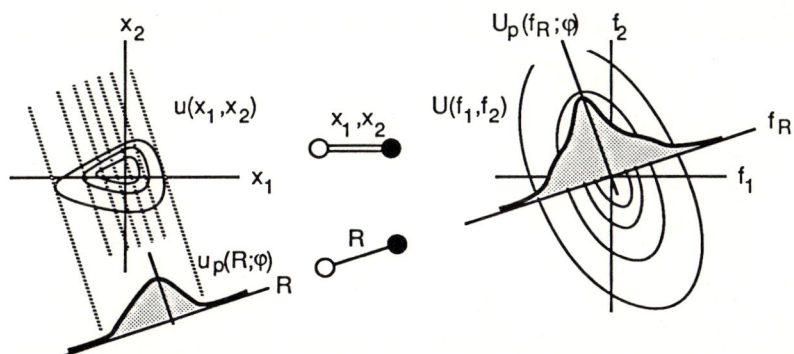

Bild 3-24: Illustration des Zentralschnitt-Theorems (für ein zweidimensionales Signal)

---

[1] Wird in $U_\varphi(f_R, 0)$ der Winkel φ als gleichberechtigte *Variable* betrachtet, so könnte man auf den ersten Blick annehmen, es handle sich um die Polarkoordinatendarstellung des Spektrums $U(.)$. Dies stimmt aber nicht im strengen Sinne, da f_R sowohl positive wie auch negative Werte annimmt. Der einfache Zusammenhang

$$f_R = \begin{cases} f_r & \text{für} \quad 0 \le \varphi < \pi \\ -f_r & \text{für} \quad \pi \le \varphi < 2\pi \end{cases} \qquad \text{mit} \quad f_r = (f_1^2 + f_2^2)^{1/2}$$

verbindet jedoch beide Darstellungsweisen.

Bei *drei*dimensionalen Signalen kann eine Parallelprojektion entweder entlang von Geraden oder aber von Ebenen geschehen (planare Projektion). Die Projektionen sind dann zwei- bzw. eindimensional und deren Spektren Ebenen- bzw. Geraden-schnitte durch das Originalspektrum. Bei mehr als drei Dimensionen gibt es eine entsprechend größere Vielfalt von Projektionsmöglichkeiten.

Anmerkung

Mit den Korrespondenzen aus dem vorangegangenen Abschnitt (Bild 2-23) können wir das Zentral-schnitt-Theorem ebenfalls herleiten. Nach (3-46a) kann nämlich die Projektion eines (z.B. zweidimen-sionalen) Signals als *Faltung* mit einer δ-Einheitsgeraden beschrieben werden (das Faltungsprodukt muß man sich noch in der T-Richtung unendlich ausgedehnt vorstellen). Im Spektrum bedeutet dies eine *Multiplikation* mit der Fourier-Transformierten dieser δ-Geraden, welche nach (3-56a) eine dazu orthogo-nale δ-Gerade ist (hier mit p = 0):

$$\delta(R) \quad \text{O}\!\!=\!\!=\!\!\bullet \quad \delta(f_T) .$$

Diese entnimmt dem Signalspektrum gerade den Zentralschnitt, wie schon oben gezeigt (Bild 3-25).
Eine Projektion eines *drei*dimensionalen Signals entlang von *Ebenen* kann dann als Faltung mit einer δ-Ebene verstanden werden (s. (3-46c)). Das – eindimensionale – Spektrum der Projektion ist daher ein *Geraden*schnitt aus dem Signalspektrum (vgl. Bild 3-23, unten). Entsprechend liefert die Projektion des dreidimensionalen Signals längs einer *Geraden* eine zweidimensionale Funktion, deren Spektrum der entsprechende *Ebenen*schnitt durch das Signalspektrum ist.

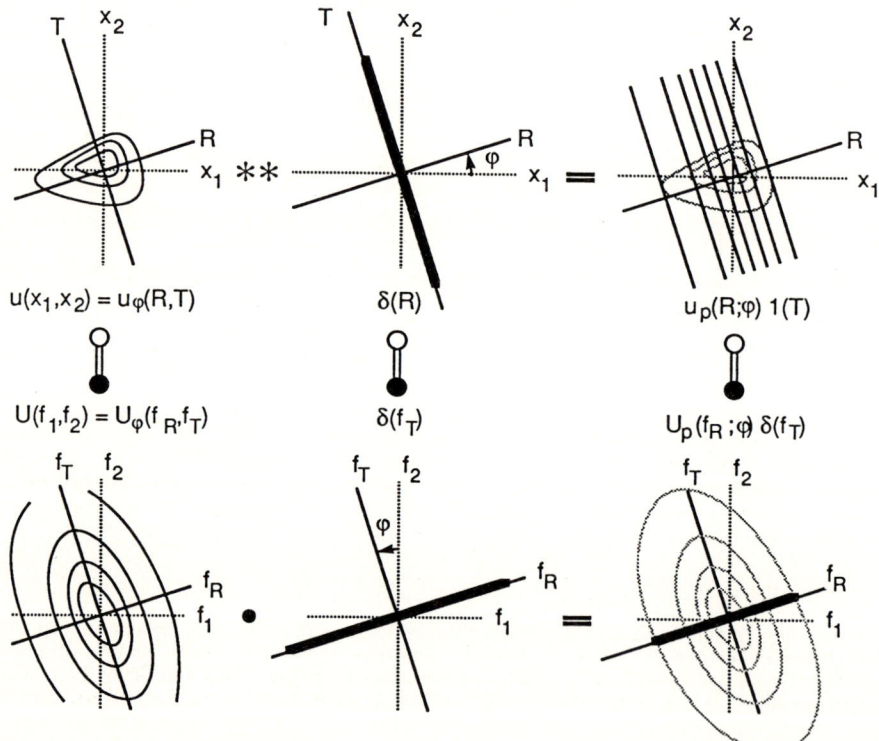

Bild 3-25: Veranschaulichung des Zentralschnitt-Theorems durch Faltung bzw. Multiplikation mit δ-Geraden

Beispiel III
Wir diskutieren die Projektion eines δ-*Kreises*

$$\delta(r - r_0)$$

auf eine beliebige R-Achse (Rotationssymmetrie), d.h. es soll

$$u_p(R) = \int_{-\infty}^{+\infty} \delta(r - r_0) \, dT$$

und dessen Spektrum $U_p(f_R)$ berechnet werden. In Bild 3-26 ist ein möglicher Integrationsweg skizziert. Dieser schneidet den δ-Kreis *zwei*mal im Winkel α zur Liniennormalen mit

$$\cos\alpha = (r_0{}^2 - R^2)^{1/2}/r_0 \qquad \text{für} \quad |R| \le r_0 \; .$$

Daher ist die gesuchte *Projektion*

$$u_p(R) = 2/|\cos\alpha| = 2r_0/(r_0{}^2 - R^2)^{1/2} \; \text{rect}(R/(2r_0)) \; .$$

Mit Tabelle 2-3 finden wir das zugehörige Spektrum – den Radialschnitt durch das *zwei*dimensionale Spektrum des δ-Kreises also – zu

$$U_p(f_R) = 2\pi r_0 \, J_0(2\pi r_0 f_R) \; .$$

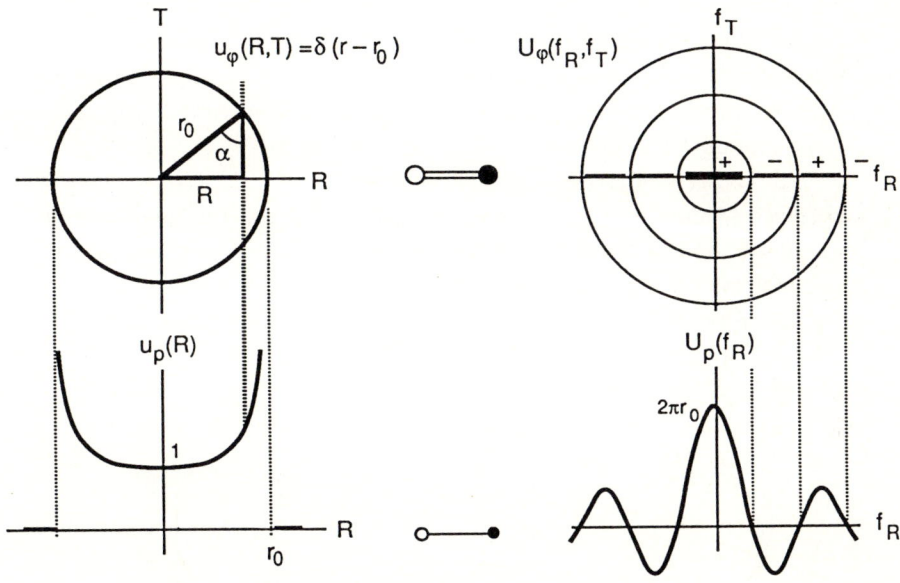

Bild 3-26: Projektion eines δ-Kreises und dessen Spektrum

Fourierspektren von δ-Linien und δ-Flächen (asymptotisches Verhalten)

Die Spektren *allgemeiner* δ-Linien (δ-Flächen) sind nicht wie z.B. das einer δ-Geraden, eines δ-Kreises oder einer δ-Kugel (s. Abschnitte 3.4 und 3.5) explizit angebbar, es können aber z.B. Aussagen über ihr asymptotisches Verhalten für $|\mathbf{f}| \rightarrow \infty$ gemacht werden. Die folgende Herleitung findet sich zusammen mit einer ausführlicheren Diskussion in [3.11].

Wir betrachten beispielhaft eine – eindimensionale – δ-*Linie* in einem geeignet gewählten R,T-Koordinatensystem, also (Bild 3-27)

$$u(x_1, x_2) = u_\varphi(R,T) = \delta\big(a(x_1, x_2)\big) = \delta\big(a_\varphi(R,T)\big) \ ,$$

und deren Spektrum $U(f_1, f_2) = U_\varphi(f_R, f_T)$. Dieses Spektrum soll auf einem *Zentralschnitt* im Winkel φ zur f_1-Achse untersucht werden. Durch Variation von φ können Aussagen über das *gesamte* Spektrum gemacht werden. Nach dem Zentralschnitt-Theorem gewinnt man den Schnitt $U_\varphi(f_R, 0)$ durch das Spektrum als *ein*dimensionale Fourier-Transformierte der Projektion $u_p(R;\varphi)$ des Signals. Interessiert nur der Verlauf des Spektrums bei *hohen* Frequenzen, genügt es $u_p(R;\varphi)$ nach Unstetigkeiten, Polen oder anderen 'hochfrequenten' Anteilen zu untersuchen. Es sind dies:

— Der *Pol*, hervorgerufen durch die *Tangentialstelle*, d.h. die Stelle, an der die Linie gerade einen Normalenwinkel von φ hat. Zur Vereinfachung nehmen wir an, daß, wie in Bild 3-27 gezeichnet, bei der Projektion der δ-Linie nur *eine* tangentiale Stelle auftritt. Ansonsten, z.B. bei einer sich 'schlängelnden' Linie, wird diese in Teilstücke aufgebrochen, die dann getrennt behandelt werden.

— *Knicke* oder *Sprünge*, hervorgerufen durch unstetigen Krümmungsverlauf der Linie oder durch Endpunkte.

— Starke Schwankungen des *Querschnittsverlaufs* der Linie. Diese können als zusätzliche Modulation einer δ-Linie konstanten Querschnitts betrachtet werden. Für die folgende Abschätzung wird diese Modulation als vernachlässigbar angenommen, sie könnte aber durch eine zusätzliche Faltung des Spektrums mit dem Spektrum dieser Modulationsfunktion berücksichtigt werden.

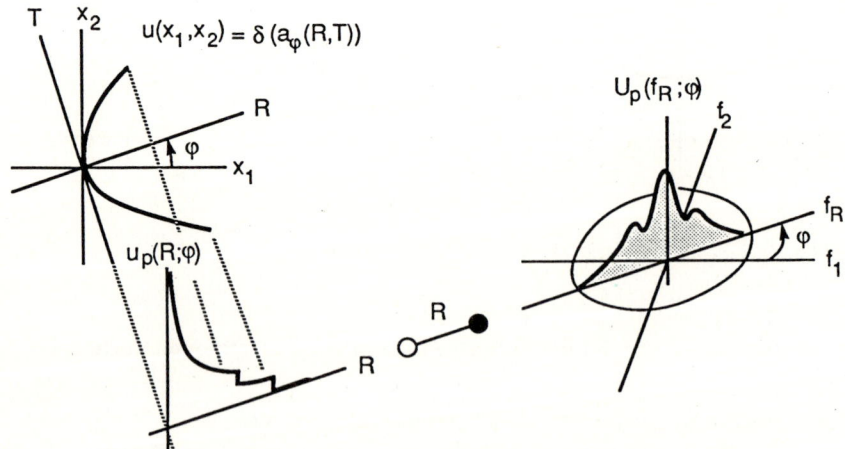

Bild 3-27: Zur Abschätzung des Spektrums von δ-Linien (hier: Tangentialstelle im Ursprung)

Der Einfluß der *Sprünge* oder *Knicke* kann am einfachsten abgeschätzt werden. In Abschnitt 2.3 haben wir gesehen, daß eindimensionale Signale mit Sprüngen ein mit f^{-1} asymptotisch abfallendes Spektrum haben, z.B. die Signale $\gamma(t)$ oder rect(t). Bei Knicken ist der Abfall proportional zu f^{-2} usw., wie wir in Abschnitt 3.6 zeigen werden. *Linienendpunkte*, d.h. Sprungstellen in der Projektion, sind also für einen f_R^{-1}-Abfall des δ-Linien-Spektrums verantwortlich.

Der Einfluß des *Pols* hängt vom Verlauf der Linie in der Nähe der Tangentialstelle ab. Diese wurde bei Bild 3-27 der Einfachheit halber in den Ursprung R = T = 0 gelegt. Wir nehmen an, daß die δ-Linie an der Tangentialstelle einen *endlichen Krümmungsradius* r_φ hat. Dann können wir $\delta(a_\varphi(R,T))$ in der Nähe der Tangentialstelle durch einen δ-*Kreis* vom Radius r_φ und dem Querschnitt $|\nabla a_\varphi(0,0)|^{-1}$ ersetzen (Bild 3-28).

Die Projektion solch eines δ-Kreises können wir dem vorangegangenen *Beispiel III* entnehmen. Wir müssen lediglich R gegen $(R - r_\varphi)$ substituieren, da der Kreis nun nicht mehr im Ursprung sondern bei $(R,T) = (r_\varphi,0)$ zentriert ist (Bild 3-28), und erhalten für $0 < R < 2r_\varphi$

$$u_p(R;\varphi) \approx \frac{1}{|\nabla a_\varphi(0,0)|} \frac{2r_\varphi}{(r_\varphi^2 - (R - r_\varphi)^2)^{1/2}} = \frac{1}{|\nabla a_\varphi|} \frac{2r_\varphi}{(2Rr_\varphi - R^2)^{1/2}}.$$

Nachdem uns nur das Verhalten nahe der Polstelle interessiert, können wir

$$R \ll r_\varphi$$

annehmen. Wir erhalten schließlich die *Näherung* für die *Projektion* $u_p(R;\varphi)$ nahe der Tangentialstelle zu

$$u_p(R;\varphi) \rightarrow \gamma(R) |\nabla a_\varphi|^{-1} [R/(2r_\varphi)]^{-1/2}. \tag{3-61}$$

Anmerkung
Damit haben wir die zu untersuchende δ-Linie zwar zuerst durch einen Kreis, dann aber diesen durch eine *Parabel* ersetzt, die an der Tangentialstelle in Orientierung, Krümmung und Querschnitt mit der ursprünglichen Linie übereinstimmt (Bild 3-28).

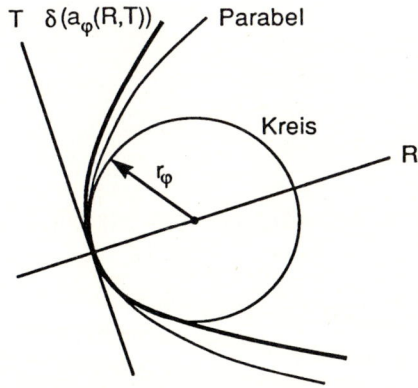

Bild 3-28: Verschiedene Näherungen der δ-Linie aus Bild 3-27

Mit der Korrespondenz (Tabelle 2-3)

$$\gamma(R)\, R^{-1/2} \quad \circ\!\!-\!\!\bullet \quad 1/2 \left[1 - j\, \text{sign}(f_R)\right] |f_R|^{-1/2} = (2|f_R|)^{-1/2}\, e^{-j(\pi/4)\text{sign}(f_R)}$$

können wir (3-61) Fourier-transformieren und damit das *asymptotische Verhalten* von $U_p(f_R;\varphi)$ für $f_R \to \infty$ angeben:

$$U_p(f_R;\varphi) \quad \to \quad |\nabla a_\varphi|^{-1} \left(|f_R|/r_\varphi\right)^{-1/2} e^{-j(\pi/4)\text{sign}(f_R)}. \qquad\qquad (3\text{-}62a)$$

Liegt die Tangentialstelle *nicht* wie hier angenommen bei $R = 0$, sondern an einer beliebigen Stelle $R = R_\varphi$, so kommt zum Ausdruck (3-62a) lediglich der Phasenfaktor

$$e^{-j2\pi R_\varphi f_R}$$

hinzu. Für das *Betrags*spektrum gilt in jedem Fall

$$|U_p(f_R;\varphi)| \quad \to \quad |\nabla a_\varphi|^{-1} \left(|f_R|/r_\varphi\right)^{-1/2}. \qquad\qquad (3\text{-}62b)$$

Zusammenfassend bedeutet dies für das asymptotische Verhalten des (Betrags-) Spektrums von δ-*Linien*:

Bei Projektionswinkeln φ, bei denen die δ-Linie eine Tangente hat, fällt (bei endlichem Krümmungsradius r_φ an der Tangentialstelle) das Spektrum mit $f_R^{-1/2}$ zu hohen Frequenzen hin ab. Dabei weist das Betragspektrum für $f_R \to \infty$ einen azimutalen Verlauf (d.h. über φ) auf, welcher proportional zum Querschnitt $|\nabla a_\varphi|^{-1}$ der δ-Linie an der jeweiligen Tangentialstelle und zu $r_\varphi^{1/2}$ ist. Bei Winkeln, bei denen *keine* Tangente existiert, fällt dagegen das Spektrum mit mindestens f_R^{-1} ab.

So wie wir die Spektren von δ-Linien asymptotisch abgeschätzt haben, ist dies auch für gekrümmte δ-*Flächen* möglich. Die Herleitung wollen wir hier nicht im Detail nachvollziehen; lediglich das Ergebnis führen wir der Vollständigkeit halber auf [3.11]: In *den* Richtungen, unter denen bei (planarer) Projektion der δ-Fläche mindestens *ein* Tangentialpunkt auftritt, an welchem die Fläche *endliche* (und positive) Krümmung hat, fällt die Hüllkurve des Spektrums mit f_R^{-1} ab. Bei anderen Richtungen (ohne Tangentialpunkt) ist der Abfall mindestens entsprechend $f_R^{-3/2}$.

3.4 Spezielle Gesetze für zweidimensionale Signale

Nachdem zweidimensionale Signale meist Funktionen der *Orts*koordinaten x und y sind (z.B. Bildsignale), ersetzen wir in diesem Abschnitt die bisher verwendeten Variablen x_1, x_2 und f_1, f_2 durch x, y und f_x, f_y und fassen sie im *Ortsvektor*

$$\mathbf{r} = (x,y)^T$$

mit

$$r = |\mathbf{r}| = (x^2+y^2)^{1/2}$$

bzw. im *Ortsfrequenzvektor*

$$\mathbf{f_r} = (f_x, f_y)^T$$

der Länge

$$f_r = |\mathbf{f_r}| = (f_x{}^2 + f_y{}^2)^{1/2}$$

zusammen. Für *zwei*dimensionale *Fourier-Korrespondenzen* verwenden wir das Symbol

---

$$u(x,y) \quad \circ\!\!=\!\!\bullet \quad U(f_x, f_y) \tag{3-63a}$$

mit

$$U(f_x, f_y) = \int\!\!\!\int_{-\infty}^{+\infty} u(x,y)\, e^{-j2\pi(xf_x + yf_y)}\, dxdy \tag{3-63b}$$

und

$$u(x,y) = \int\!\!\!\int_{-\infty}^{+\infty} U(f_x, f_y)\, e^{j2\pi(xf_x + yf_y)}\, df_x df_y . \tag{3-63c}$$

Die *Basisfunktionen* $e^{j2\pi(xf_x + yf_y)}$, nach denen hier das Signal entwickelt wird, sind zweidimensionale komplexe harmonische Schwingungen. Für einen speziellen Frequenzvektor $\mathbf{f_r} = \mathbf{f_0}$ ist solch eine Funktion in Bild 3-29 skizziert. Die Phase wächst *linear* in der durch den Frequenzvektor vorgegebenen Richtung, quer dazu ist sie konstant. Diese elementare Funktion hat nach dem Verschiebungssatz die δ-Funktion $\delta(\mathbf{f_r} - \mathbf{f_0})$ als Fourier-Transformierte. Zur Durchführung der zweidimensionalen Fourier-Transformation muß das Signal also mit der skizzierten Basisfunktion multipliziert und das Integral über das Produkt an der Stelle $\mathbf{f_r} = \mathbf{f_0}$ in die Fourier-'Ebene' eingetragen werden – und dies für Frequenzvektoren aller Richtungen und Beträge.

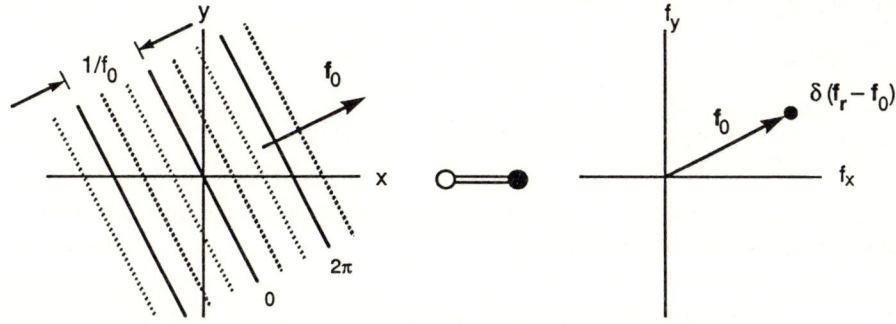

Bild 3-29: Basisfunktion der zweidimensionalen Fourier-Transformation und ihr Spektrum

Für manche Anwendungen ist es günstiger, Signal und Spektrum nicht in karthesischen, sondern in *Polarkoordinaten* darzustellen (Bild 3-30). Wir schreiben in diesem Fall zur einfacheren Unterscheidung:

$$\mathbf{u}(r,\varphi) := u(x,y) = u(r\cos\varphi, r\sin\varphi)$$

und

$$\mathbf{U}(f_r,\phi) := U(f_x,f_y) = U(f_r\cos\phi, f_r\sin\phi) .$$

Dann gehen die *Fourier-Integrale* über in

$$\mathbf{U}(f_r,\phi) = \int_0^\infty r \int_{-\pi}^{+\pi} \mathbf{u}(r,\varphi)\, e^{-j2\pi r f_r \cos(\phi - \varphi)}\, d\varphi\, dr \qquad (3\text{-}64a)$$

und

$$\mathbf{u}(r,\varphi) = \int_0^\infty f_r \int_{-\pi}^{+\pi} \mathbf{U}(f_r,\phi)\, e^{j2\pi r f_r \cos(\phi - \varphi)}\, d\phi\, df_r . \qquad (3\text{-}64b)$$

Aus dieser Darstellung erkennen wir, daß eine *Drehung* des Signals eine ebensolche des Spektrums bewirkt, wie schon im vorausgegangenen Abschnitt hergeleitet.

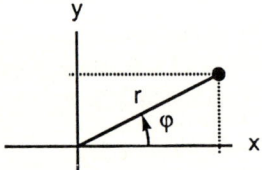 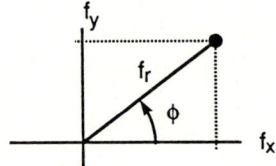

Bild 3-30: Polarkoordinaten in Orts- und Frequenzbereich

Rotationssymmetrische Signale und Spektren

Ist das Signal *rotationssymmetrisch*, also

$$\mathbf{u}(r,\varphi) = u_r(r) ,$$

so gilt dies auch für das Spektrum

$$\mathbf{U}(f_r,\phi) = U_{fr}(f_r) .$$

In diesem Fall können wir in (3-64a) $u_r(r)$ aus dem inneren Integral über φ herausziehen und erhalten mit der Beziehung

$$\int_{-\pi}^{+\pi} e^{jx\cos\alpha}\, d\alpha = 2\pi\, J_0(x)$$

den als *Hankel-Transformation* (nullter Ordnung) bezeichneten Zusammenhang zwischen den *Radialschnitten* $u_r(r)$ und $U_{fr}(f_r)$ von Signal und Spektrum[1]:

$$U_{fr}(f_r) = 2\pi \int_0^\infty r\, u_r(r)\, J_0(2\pi r f_r)\, dr \qquad\qquad (3\text{-}65a)$$

bzw.

$$u_r(r) = 2\pi \int_0^\infty f_r\, U_{fr}(f_r)\, J_0(2\pi r f_r)\, df_r\,, \qquad\qquad (3\text{-}65b)$$

symbolisch auch

$$U_{fr}(f_r) = \mathcal{H}_0\{u_r(r)\} \qquad \text{oder} \qquad u_r(r) \; -\!\!0\!\!- \; U_{fr}(f_r)\,. \qquad (3\text{-}65c)$$

Wenn wir im folgenden häufig auch

$$u_r(r) \quad \circ\!\!=\!\!=\!\!\bullet \quad U_{fr}(f_r)$$

schreiben, so denken wir uns dabei die Argumente ersetzt durch

$$r = (x^2+y^2)^{1/2} \qquad \text{bzw.} \qquad f_r = (f_x^2+f_y^2)^{1/2}\,.$$

Die Hankel-Transformation ist *symmetrisch*, d.h.

$$\mathcal{H}_0^{-1}\{.\} = \mathcal{H}_0\{.\}\,. \qquad\qquad (3\text{-}66)$$

Sie ist ein Sonderfall (für n = 2) der Transformationsformel bei Rotationssymmetrie aus Tabelle 3-2. In Tabelle 3-3 sind einige ihrer Korrespondenzen zusammengestellt. Um diese auf gegebene Signale anzuwenden, ist es häufig nötig umzunormieren, d.h. den *Ähnlichkeitssatz* anzuwenden. Nachdem es sich um *zwei*dimensionale Signale und Spektren handelt, gilt hier natürlich (s. Abschnitt 3.3, *Beispiel I, b*)

$$\mathcal{H}\{u_r(kr)\} = 1/k^2\, U_{fr}(f_r/k)\,. \qquad\qquad (3\text{-}67)$$

Weitere Gesetze und Korrespondenzen finden sich z.B. in [3.1, 3.4-3.6].
Die Hankel-Transformation berechnet nach (3-65a) den *Radialschnitt* des Spektrums aus dem des Signals (Bild 3-31, oben). Das *Zentralschnitt-Theorem* aus (3-60) andererseits stellt den Zusammenhang zwischen einer *Projektion* $u_p(R;\varphi)$ des Signals und einem *Schnitt* $U_\varphi(f_R,0)$ durch dessen Spektrum her. Bei *rotationssymmetrischen* Signalen und Spektren entfällt dabei die Abhängigkeit von φ. Wir setzen beispielsweise den Projektionswinkel $\varphi = 0$ und damit R = x (Bild 3-31, unten):

$$u_p(R;0) = u_p(x) \quad \circ\!\!\xrightarrow{R=x}\!\!\bullet \quad U_0(f_R,0) = U(f_x,0)\,. \qquad (3\text{-}68)$$

---

[1] Wegen der Besselfunktion $J_0(.)$ s. Bild 3-26, rechts unten.

Tabelle 3-3: Einige Hankel-Korrespondenzen

Ortsbereich	$u_r(r)$	— 0 —	$U_{fr}(f_r)$	Spektralbereich
δ-Kreis	$\delta(r - r_0)$		$2\pi r_0\, J_0(2\pi r_0 f_r)$	
Kreisscheibe	$\text{rect}[r/(2r_0)]$		$r_0\, J_1(2\pi r_0 f_r)/f_r$	*'Sombrero'-Funktion*
Kreisring	$\text{rect}[r/(2r_a)] - \text{rect}[r/(2r_i)]$		$[r_a J_1(2\pi r_a f_r) - r_i J_1(2\pi r_i f_r)]/f_r$	
einfacher Pol	r^{-1}		f_r^{-1}	*einfacher Pol*
Gauß-Funktion	$e^{-\pi r^2}$		$e^{-\pi f_r^2}$	*Gauß-Funktion*
quadratische Phase	$e^{j\pi r^2}$		$j\, e^{-j\pi f_r^2}$	*quadratische Phase*
	$(r_0^2 - r^2)^{-1/2}\, \text{rect}(r/(2r_0))$		$2\pi r_0\, \text{si}(2\pi r_0 f_r)$	*si-Funktion*

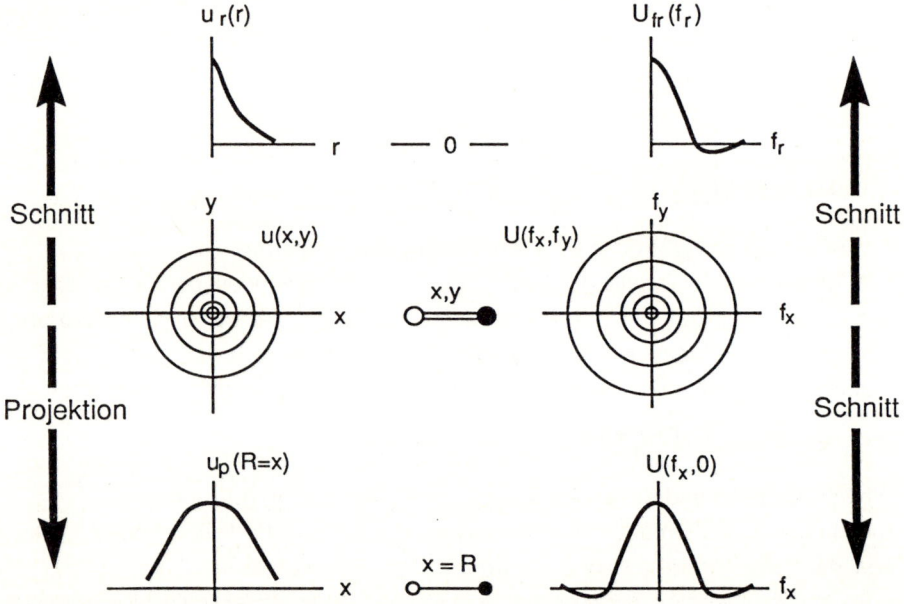

Bild 3-31: Zusammenhang zwischen Hankel-Transformation (**oben**) und Zentralschnitt-Theorem (**unten**) bei einem rotationssymmetrischen Signal (**mitte**)

Damit können wir nun auch den Radialschnitt $u_r(r)$ aus der Projektion $u_p(x)$ eines *rotationssymmetrischen* Signals berechnen. Dazu bestimmen wir zuerst durch eindimensionale Fourier-Transformation $U(f_x,0)$. Da dieses Spektrum für positive Frequenzen gleich $U_{fr}(f_r)$ ist, können wir daraus durch Hankel-Transformation den Radialschnitt $u_r(r)$ angeben:

$$u_r(r) = \mathcal{H}_0\{\mathcal{F}\{u_p(x)\}\} .$$ (3-69a)

Der umgekehrte Berechnungsweg ist natürlich auch möglich:

$$u_p(x) = \mathcal{F}^{-1}\{\mathcal{H}_0\{u_r(r)\}\} ,$$ (3-69b)

wobei $\mathcal{H}_0\{u_r(r)\} = U_{fr}(f_r)$ symmetrisch fortgesetzt werden muß, um $U(f_x,0)$ zu erhalten (s. Fußnote S. 75). Die Berechnung der Projektion aus dem Radialschnitt eines rotationssymmetrischen Signals nach (3-69b) kann man in einer einzigen Integraltransformation zusammenfassen. Diese ist unter dem Namen *Abel-Transformation* [3.1] bekannt. Entsprechend ist (3-69a) die Abel-*Rück*transformation.

Zirkularharmonische Signale

Eine weitere interessante Klasse von Signalen sind solche, welche in r und φ *separierbar* sind, also

$$\mathbf{u}(r,\varphi) = u_r(r)\, u_\varphi(\varphi) .$$ (3-70a)

Ein Spezialfall davon sind Signale mit

$$u_\varphi(\varphi) = e^{jm\varphi} , \quad \text{d.h.} \quad \mathbf{u}(r,\varphi) = u_{r,m}(r)\, e^{jm\varphi} .$$ (3-70b).

Diese Signale nennt man *zirkular-*(oder *azimutal*)*harmonisch*. Sie weisen m-fache *Rotationsperiodizität* auf. Solch ein Signal in (3-64a) eingesetzt, ergibt mit

$$\int\limits_{-\pi}^{+\pi} e^{j(m\alpha - x\sin\alpha)}\, d\alpha = 2\pi\, J_m(x)$$

das *Spektrum*

$$\mathbf{U}(f_r,\phi) = 2\pi\, e^{jm(\phi - \pi/2)} \int\limits_0^\infty r\, u_{r,m}(r)\, J_m(2\pi r f_r)\, dr .$$ (3-71)

Offensichtlich ist dieses *ebenfalls* zirkularharmonisch vom Typ

$$\mathbf{U}(f_r,\phi) = U_{fr,m}(f_r)\, U_\phi(\phi)$$ (3-72a)

mit

$$U_\phi(\phi) = e^{jm(\phi - \pi/2)} = (-j)^m\, e^{jm\phi} .$$ (3-72b)

Der azimutale Verlauf $U_\phi(\phi)$ ist lediglich gegenüber $u_\varphi(\varphi)$ um $-m\pi/2$ gedreht (bei Verwendung gleichorientierter Koordinatensysteme für Signal und Spektrum). Es genügt also auch hier, den *Radialschnitt* $U_{fr,m}(f_r)$ zu berechnen. Dies leistet die *Hankel-Transformation m-ter Ordnung*, welche sich aus (3-71) zu

$$U_{fr,m}(f_r) = 2\pi \int_0^\infty r\, u_{r,m}(r)\, J_m(2\pi r f_r)\, dr \qquad\qquad (3\text{-}73a)$$

bzw.

$$u_{r,m}(r) = 2\pi \int_0^\infty f_r\, U_{fr,m}(f_r)\, J_m(2\pi r f_r)\, df_r \qquad\qquad (3\text{-}73b)$$

ergibt. Für $m = 0$ sind darin auch rotations*symmetrische* Signale enthalten. Wir verwenden das Symbol '— m —' oder $\mathcal{H}_m\{.\}$. Wegen

$$J_{-m}(x) = (-1)^m J_m(x)$$

gilt für *negative* Ordnungen

$$\mathcal{H}_{-m}\{.\} = (-1)^m \mathcal{H}_m\{.\} . \qquad\qquad (3\text{-}74)$$

Bei *reellen* Signalen kann eine Rotationsperiodizität z.B. in der Form

$$u(r,\varphi) = u_{r,m}(r) \cos(m\varphi) = u_{r,m}(r)\, (e^{jm\varphi} + e^{-jm\varphi})/2 \qquad\qquad (3\text{-}75a)$$

vorliegen. Dann gilt für das Spektrum entsprechend

$$U(f_r,\phi) = U_{fr,m}(f_r)\, [(-j)^m e^{jm\phi} + (-1)^m (j)^m e^{-jm\phi}]/2$$

$$= (-j)^m U_{fr,m}(f_r) \cos(m\phi) . \qquad\qquad (3\text{-}75b)$$

Beispiel I
Die Integrale, die bei der Hankel-Transformation m-ter Ordnung auftreten, führen meist auf relativ komplizierte Ausdrücke, sofern sie überhaupt analytisch lösbar sind. Ein sehr einfaches Beispiel jedoch ist das folgende: Ein Signal von *radialem* Verlauf $u_r(r) = r^{-1}$ sei *azimutal* cos-förmig moduliert (Bild 3-32):

$$u(r,\varphi) = r^{-1} \cos(m\varphi) .$$

Den Radialschnitt $u_{r,m}(r) = r^{-1}$ in (3-73a) eingesetzt ergibt

$$U_{fr,m}(f_r) = 2\pi \int_0^\infty J_m(2\pi r f_r)\, dr .$$

Wegen

$$\int_0^\infty J_m(x)\, dx = 1 \qquad \text{für} \quad m \geq 0$$

erhalten wir schließlich die Korrespondenz

$$r^{-1} \quad\text{—m—}\quad f_r^{-1}$$

für alle $m \geq 0$ (für $m = 0$ s. auch Tabelle 3-3). Man beachte, daß diese Korrespondenz eine Ausnahme darstellt, normalerweise ist die Hankel-Transformierte sehr wohl von m abhängig. In unserem Fall jedoch erhalten wir das einfache Ergebnis

$$U(f_r,\phi) = (-j)^m f_r^{-1} \cos(m\phi) = (-j)^m u(f_r,\phi) . \qquad\qquad (i)$$

Signal und Spektrum sind also bis auf die Konstante $(-j)^m$ gleich. Die Spektren für *gerade* m sind *reell*, da die zugehörigen Signale *gerade* sind, während bei *ungeraden* m auch die Signale ungerade und damit die Spektren rein *imaginär* sind (Zuordnungssatz).

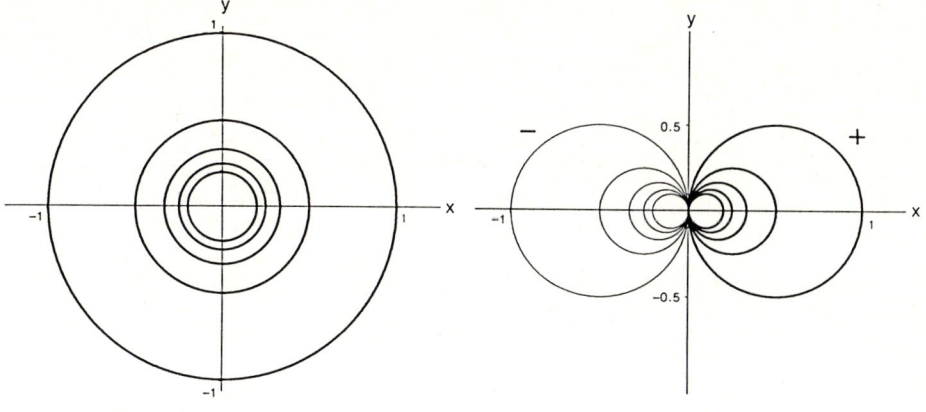

m = 0: $u(r,\varphi) = r^{-1}$ m = 1: $u(r,\varphi) = r^{-1}\cos(\varphi)$

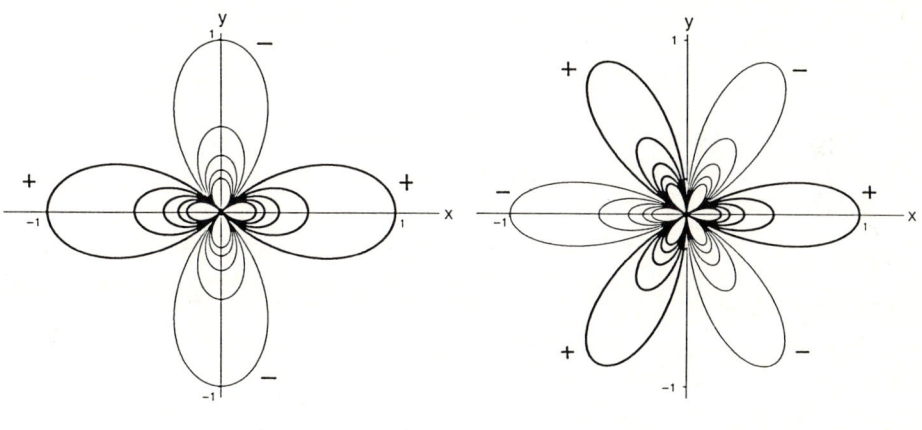

m = 2: $u(r,\varphi) = r^{-1}\cos(2\varphi)$ m = 3: $u(r,\varphi) = r^{-1}\cos(3\varphi)$·

Bild 3-32: Das Signal $u(r,\varphi) = r^{-1}\cos(m\varphi)$ für m = 0 ... 3 skizziert in Form seiner 'Höhenlinien' bei $u(.) = \pm1.0, \pm2.0,..., \pm5.0$; dicke Linien: positive, dünne Linien: negative Werte

Beispiel II
Das Signal

$$u(r,\varphi) = r^{-2}\cos\varphi$$

wollen wir auf zwei verschiedene Weisen Fourier-transformieren:
1. Setzen wir $u_r(r) = r^{-2}$ in (3-73a) mit m = 1 ein, erhalten wir wegen

$$\int_0^\infty J_1(x)/x\,dx = 1$$

und mit (3-75b) das Spektrum zu

$$U(f_r,\phi) = -j2\pi\cos\phi\ . \tag{i}$$

2. $u(r,\varphi)$ kann aber auch als Differentiation nach x der einfachen rotationssymmetrischen Polfunktion verstanden werden:

$$u(r,\varphi) = -\partial\, r^{-1}/\partial x = r^{-2}\, x/r = r^{-2}\cos\varphi\ .$$

Mit der Korrespondenz

$$r^{-1} \quad\text{—}\ 0\ \text{—}\quad f_r^{-1}$$

und dem *Differentiationssatz* erhalten wir ebenfalls das Spektrum aus (i)

$$U(f_r,\phi) = -j2\pi f_x/f_r = -j2\pi\cos\phi\ .$$

Entwicklung in Zirkularharmonische

Mit dem bisher Gesagten können wir die sog. *Zirkularharmonischen-Entwicklung* eines Signals zu verstehen [3.5]. Dazu betrachten wir ein *beliebiges* zweidimensionales Signal und sein Spektrum im jeweiligen Polarkoordinatensystem (Bild 3-33):

$$u(x,y) = u(r,\varphi)$$

und

$$U(f_x,f_y) = U(f_r,\phi)\ .$$

Trivialerweise sind $u(r,\varphi)$ und $U(f_r,\phi)$ in φ bzw. ϕ *periodisch* mit der Periode 2π. Für einige Anwendungsfälle ist es notwendig, z.B. das Signal einer *azimutalen Spektralanalyse* zu unterziehen, d.h. die Fourier-Transformation bezüglich φ durchzuführen. Wegen der angesprochenen Periodizität besteht diese – für jeden festen Wert von r – lediglich aus δ-Impulsen bei $f_\varphi = 0, \pm 1/(2\pi), \pm 1/(4\pi),...$, also

$$u(r,\varphi)\quad \overset{\varphi}{\circ\!\!-\!\!\!-\!\!\bullet}\quad \sum_{m=-\infty}^{+\infty} u_{r,m}(r)\,\delta\big(f_\varphi - m/(2\pi)\big)\ . \tag{3-76a}$$

Das Signal $u(r,\varphi)$ läßt sich also als *Summe von Zirkularharmonischen* schreiben:

$$u(r,\varphi) = \sum_m u_{r,m}(r)\, e^{jm\varphi}\ . \tag{3-76b}$$

Dies ist eine Fourier-*Reihe*. Solche haben wir bisher bewußt ausgespart, da sie zum Verständnis dieses Buches nicht unbedingt notwendig sind; die Koeffizienten $u_{r,m}(r)$ lassen sich nämlich auch als die Impulsintegrale der δ-Funktionen der Fourier-*Transformierten* bestimmen, wie wir das hier getan haben.

Wir berechnen nun das Spektrum $U(f_r,\phi)$ des Signals unter Berücksichtigung der Darstellung von (3-76b). Dazu benutzen wir (3-72a,b) und können sofort angeben

$$U(f_r,\phi) = \sum_m U_{fr,m}(f_r)\, e^{jm(\phi+\pi/2)} = \sum_m (-j)^m\, U_{fr,m}(f_r)\, e^{jm\phi} \tag{3-77a}$$

mit

$$u_{r,m}(r)\quad \text{—}\ m\ \text{—}\quad U_{fr,m}(f_r)\ . \tag{3-77b}$$

Diese Darstellung ist offensichtlich ihrerseits eine Zirkularharmonischen-Entwicklung des *Spektrums.* Wir erhalten somit als Ergebnis (Bild 3-33):

Der m-te Koeffizient $(-j)^m U_{fr,m}(f_r)$ der Zirkularharmonischen-Entwicklung des Spektrums ist – bis auf den Faktor $(-j)^m$ – die Hankel-Transformierte m-ter Ordnung des m-ten Koeffizienten $u_{r,m}(r)$ der entsprechenden Entwicklung des Signals.

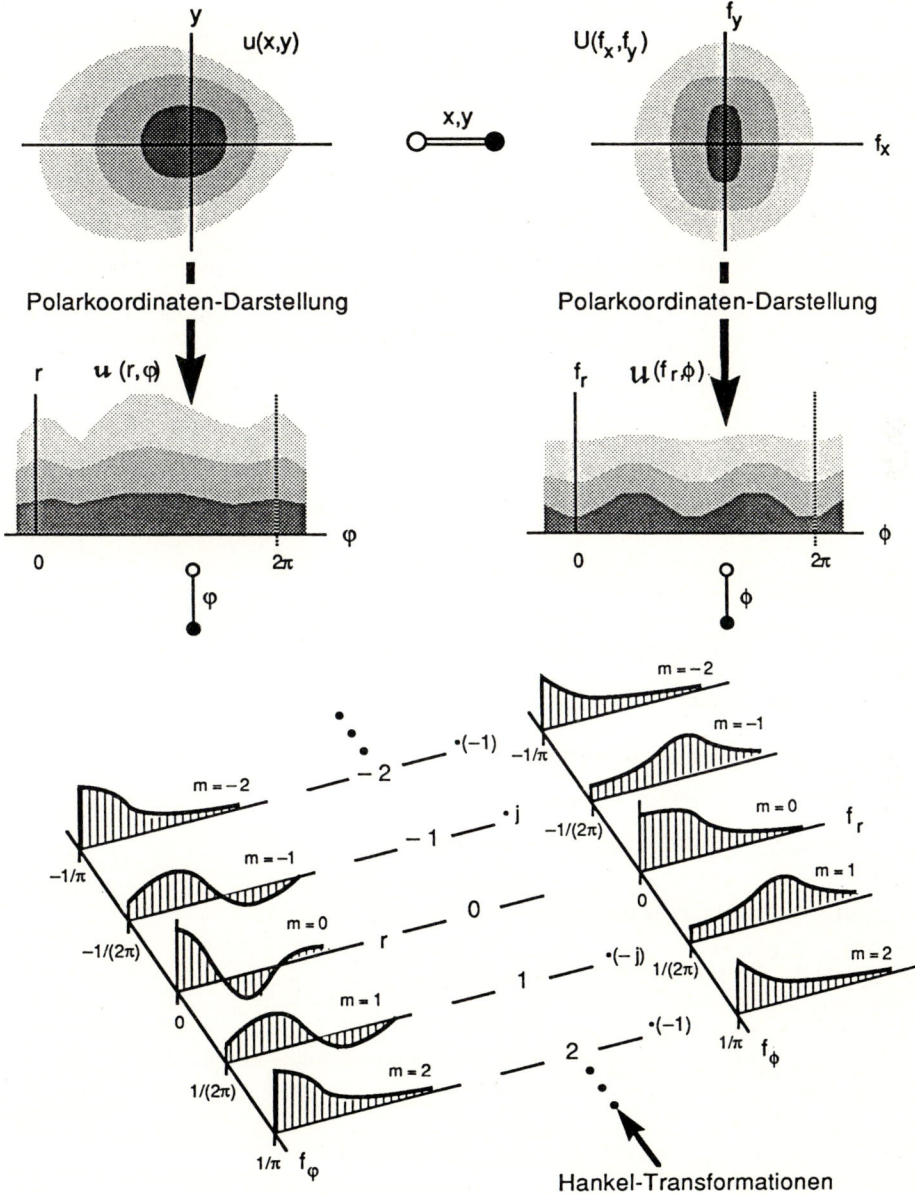

Bild 3-33: Zirkularharmonischen-Entwicklung eines Signals (**links**) und seines Spektrums (**rechts**); die i. allg. komplexwertigen Spektralwerte sind *betrags*mäßig skizziert

Beispiel III

Gegeben ist das in r und φ *separierbare reelle* Signal

$$u(r,\varphi) = r^{-1}\, u_{\varphi}(\varphi) \ . \tag{i}$$

Wegen des speziellen Radialverlaufs $u_r(r) = r^{-1}$ ergeben sich die Zirkularharmonischen $U_{fr,m}(f_r)$ des Spektrums aus $u_{r,m}(r)$, denen des Signals, mit der einfachen Korrespondenz (i) in *Beispiel I* zu

$$u_{r,m}(r) \quad —m— \quad U_{fr,m}(f_r) = u_{r,m}(f_r) \qquad \text{für} \quad m \geq 0 \ ,$$

d.h. die Koeffizienten des Signals und des Spektrums sind – bis auf den Faktor $(-j)^m$ – *identisch*. Ist das Signal *punktsymmetrisch*, d.h.

$$u_{\varphi}(\varphi) = u_{\varphi}(\varphi + \pi) \ ,$$

so verschwinden alle *un*geradzahligen Zirkularharmonischen und

$$(-j)^m = 1, -1, 1, \dots \qquad \text{für} \qquad m = 0, 2, 4, \dots \ .$$

Zirkularharmonische, welche über dem Winkel π/2 bereits eine ganze Anzahl von Perioden durchlaufen, erscheinen in Signal und Spektrum *gleich*, während solche, die bei π/2 gerade gegenphasig zum Wert bei φ = 0 sind, *negativ* eingehen. Beide Fälle kann man als *Drehung* um π/2 interpretieren. Ein *punktsymmetrisches* Signal vom Typ (i) hat also sich selbst – um π/2 'gedreht' – als Fourier-Transformierte:

$$u(r,\varphi) = r^{-1} u_{\varphi}(\varphi) = u(r,\varphi+\pi) \quad O\!\overset{x,y}{=\!=\!=}\!\bullet \quad U(f_r,\phi) = f_r^{-1} u_{\varphi}(\phi \pm \pi/2) = u(f_r,\phi \pm \pi/2) \ . \tag{ii}$$

3.5 Spezielle Gesetze für dreidimensionale Signale

Für *dreidimensionale Fourier-Korrespondenzen* benutzen wir – falls die Zahl der Dimensionen sofort erkennbar sein soll – das Symbol

$$u(x,y,z) \quad O\!=\!=\!=\!\bullet \quad U(f_x,f_y,f_z) \ ,$$

sonst jedoch meist das aus (3-47c).

Sind Signal und Spektrum in *Kugelkoordinaten* gegeben (Bild 3-34),

$$u(r,\varphi,\vartheta) := u(r\sin\vartheta\,\cos\varphi,\ r\sin\vartheta\,\sin\varphi,\ r\cos\vartheta)$$

und

$$U(f_r,\phi,\theta) := U(f_r\sin\theta\,\cos\phi,\ f_r\sin\theta\,\sin\phi,\ f_r\cos\theta) \ ,$$

so gelten die *Transformationsgleichungen*

$$U(f_r,\phi,\theta) = \int_0^{\infty} r^2 \int_0^{\pi} \sin\vartheta \int_{-\pi}^{+\pi} u(r,\varphi,\vartheta)\, e^{-j2\pi r f_r(\cos\theta\,\cos\vartheta + \sin\theta\,\sin\vartheta\,\cos(\varphi-\phi))}\, d\varphi\, d\vartheta\, dr \tag{3-78a}$$

und

$$u(r,\varphi,\vartheta) = \int_0^{\infty} f_r^2 \int_0^{\pi} \sin\theta \int_{-\pi}^{+\pi} U(f_r,\phi,\theta)\, e^{j2\pi r f_r(\cos\theta\,\cos\vartheta + \sin\theta\,\sin\vartheta\,\cos(\varphi-\phi))}\, d\phi\, d\theta\, df_r \ . \tag{3-78b}$$

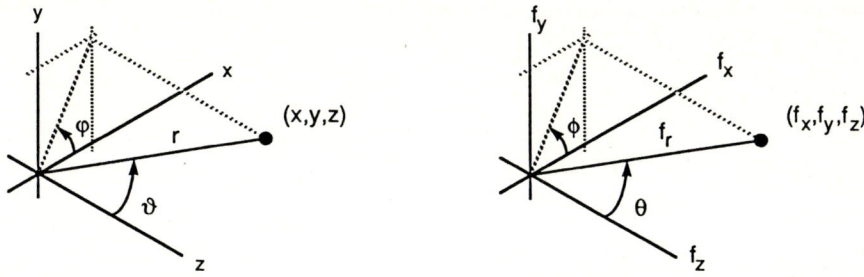

Bild 3-34: Kugelkoordinaten in Orts- und Frequenzbereich

Wieder erkennen wir, daß eine beliebige *Drehung* des Signals eine ebensolche des Spektrums bewirkt.

Liegt *Kugelsymmetrie* vor, d.h.

$$\mathbf{u}(r,\varphi,\vartheta) = u_r(r)$$

und

$$\mathbf{U}(f_r,\phi,\theta) = U_{fr}(f_r) \ ,$$

so verbindet nach Tabelle 3-2 folgende Transformation die *Radialschnitte* von Signal und Spektrum:

$$U_{fr}(f_r) = \frac{2}{f_r} \int\limits_0^\infty r \, u_r(r) \, \sin(2\pi r f_r) \, dr \tag{3-79a}$$

und

$$u_r(r) = \frac{2}{r} \int\limits_0^\infty f_r \, U_{fr}(f_r) \, \sin(2\pi r f_r) \, df_r \ . \tag{3-79b}$$

(Dabei haben wir die Beziehung $J_{1/2}(x) = [2/(\pi x)]^{1/2} \sin(x)$ benutzt.) Einige kugelsymmetrische Signale und ihre Spektren sind in Tabelle 3-4 zusammengetragen.

3.6 Bemerkenswertes und Asymptotisches

In den Korrespondenztabellen 2-3, 3-3 und 3-4 sind einige interessante Signale und Spektren enthalten. Manche von ihnen werden öfters für grobe asymptotische Abschätzungen benutzt, andere zeigen systematische Unterschiede oder Gemeinsamkeiten bei verschiedenen Dimensionalitäten auf. Die folgende Betrachtung ausgewählter Signale und Spektren soll das Verständnis dieser Gesetzmäßigkeiten fördern.

Tabelle 3-4: Einige dreidimensionale kugelsymmetrische Signale und ihre Spektren

Ortsbereich	$u_r(r)$	$U_{fr}(f_r)$	Spektralbereich
δ-Kugel	$\delta(r - r_0)$	$4\pi r_0^2 \, \mathrm{si}(2\pi r_0 f_r)$	*si-Funktion*
δ-Dipolkugel	$\delta'(r - r_0)$	$-\,2\,[\sin(2\pi r_0 f_r)+2\pi f_r r_0\cos(2\pi r_0 f_r)]/f_r$	
	$r^{-1}\,\delta'(r - r_0)$	$-\,4\pi \cos(2\pi r_0 f_r)$	*cos-Funktion*
(Voll-)Kugel	$\mathrm{rect}[r/(2r_0)]$	$[\sin(2\pi r_0 f_r) - 2\pi f_r r_0\cos(2\pi r_0 f_r)]/(2\pi^2 f_r^3)$	
	$(r^2 - r_0^2)^{-1}$	$\pi \cos(2\pi r_0 f_r)/f_r$	
	$(r^2 + r_0^2)^{-1}$	$\pi\, e^{-2\pi r_0 f_r}/f_r$	
$(m \in \mathbf{N})\quad \mathrm{si}(2\pi ar)\,\mathrm{rect}(ar/m)$		$(-1)^m\, m\, \mathrm{si}(\pi m f_r/a)/[2\pi a(f_r^2 - a^2)]$	
eineinhalb-facher Pol	$r^{-3/2}$	$f_r^{-3/2}$	*eineinhalb-facher Pol*
einfacher Pol	$\pi\, r^{-1}$	f_r^{-2}	*doppelter Pol*
Gauß-Funktion	$e^{-\pi r^2}$	$e^{-\pi f_r^2}$	*Gauß-Funktion*
quadratische Phase	$e^{j\pi r^2}$	$j^{3/2}\, e^{-j\pi f_r^2}$	*quadratische Phase*

Wir verwenden hier wieder die allgemeinen Variablen

$$\mathbf{x} = (x_1, x_2, \ldots, x_n)^T$$

und

$$\mathbf{f} = (f_1, f_2, \ldots, f_n)^T .$$

Rotationssymmetrische Signale und Spektren sind dann Funktionen von

$$r := |\mathbf{x}| = (x_1^2 + x_2^2 + \ldots + x_n^2)^{1/2}$$

bzw.

$$f_r := |\mathbf{f}| = (f_1^2 + f_2^2 + \ldots + f_n^2)^{1/2} .$$

Gauß-Funktionen

Die mehrdimensionale rotationssymmetrische Gauß-Funktion

$$e^{-\pi r^2}$$

ist separierbar:

$$e^{-\pi r^2} = e^{-\pi x_1^2} \cdot e^{-\pi x_2^2} \cdot \ldots \cdot e^{-\pi x_n^2} .$$

Nach dem Separierungssatz gilt dann dasselbe für das Spektrum, und wir erhalten *unabhängig* von der Dimensionenzahl:

$$e^{-\pi r^2} \quad \circ\!\!\xrightarrow{\text{x}}\!\!\bullet \quad e^{-\pi f_r^2} . \tag{3-80}$$

Die Gauß-Funktion geht also durch Fourier-Transformation in sich *selbst* über. Auffallend ist, daß sie zwar rotationssymmetrisch, jedoch zusätzlich separierbar ist.

Signale mit quadratischer Phase

Ebenfalls rotationssymmetrisch *und* separierbar sind Signale vom Typ

$$e^{j\pi r^2} = e^{j\pi x_1^2} \cdot e^{j\pi x_2^2} \cdot \ldots \cdot e^{j\pi x_n^2} ,$$

also solche mit über dem Radius quadratisch verlaufender Phase. Nach Tabelle 2-3 gilt im Eindimensionalen

$$e^{j\pi t^2} \quad \circ\!\!-\!\!\bullet \quad \sqrt{j}\, e^{-j\pi f^2} = (1+j)/\sqrt{2}\, e^{-j\pi f^2} .$$

Bei n Dimensionen bedeutet dies

$$e^{j\pi r^2} \quad \circ\!\!\xrightarrow{\text{x}}\!\!\bullet \quad j^{n/2}\, e^{-j\pi f_r^2} \tag{3-81a}$$

und damit z.B. auch

$$\cos(\pi r^2) \quad \circ\!\!-\!\!\bullet \quad \begin{cases} \cos(\pi f_r^2 - \pi/4) & \text{für } n = 1 \\ \sin(\pi f_r^2) & \text{für } n = 2 \\ \sin(\pi f_r^2 - \pi/4) & \text{für } n = 3 \\ -\cos(\pi f_r^2) & \text{für } n = 4 \\ \ldots & \ldots \end{cases} \tag{3-81b}$$

Polfunktionen

Aus Tabelle 2-3 kennen wir bereits die Korrespondenz

$$|t|^{-1/2} \quad \circ\!\!-\!\!\bullet \quad |f|^{-1/2} .$$

Bei *zwei*dimensionalen Signalen gilt nach Tabelle 3-3 die entsprechende Korrespondenz für den *einfachen* Pol

$$r^{-1} \quad \circ\!\!=\!\!\bullet \quad f_r^{-1} , \tag{3-82}$$

während im *Drei*dimensionalen

$$r^{-3/2} \quad \circ\!\!=\!\!=\!\!=\!\!\bullet \quad f_r^{-3/2}$$

gilt. Allgemein gehen also n-dimensionale rotationssymmetrische Signale der Form $r^{-n/2}$ durch Fourier-Transformation in sich *selbst* über:

$$r^{-n/2} \quad \circ\!\!\xrightarrow{\mathbf{x}}\!\!\bullet \quad f_r^{-n/2}. \tag{3-83}$$

Um uns mit diesen speziellen Signalen vertrauter zu machen, betrachten wir nun statt des Signals $u(\mathbf{x}) = r^{-n/2}$ aus (3-83) dessen *Leistung*, also

$$|u(\mathbf{x})|^2 = r^{-n}.$$

Welche *Energie* steckt nun in einer Hyper-Kugelschale – also einer Kreislinie bei *zwei* und einer Kugelfläche bei *drei* Dimensionen – der differentiellen Dicke dr? Die Oberfläche dieser Hyper-Kugel ist offensichtlich proportional zu r^{n-1}, und damit ist ihr *differentieller Energiebeitrag*

$$\frac{d\,'Energie'}{dr} \sim \frac{1}{r}. \tag{3-84a}$$

Wegen (3-83) gilt dies auch für den Spektralbereich:

$$\frac{d\,'Energie'}{df_r} \sim \frac{1}{f_r}. \tag{3-84b}$$

Interessanterweise ist dieser Verlauf von der Dimensionenzahl n *unabhängig*.

δ-Linien, δ-Flächen

Die Transformierten von δ-Punkt, δ-Gerade und δ-Ebene haben wir bereits in Abschnitt 3.3 besprochen. Dort hatten wir auch das asymptotische Verhalten der Spektren gekrümmter δ-Linien bzw. δ-Flächen hergeleitet. Ein Sonderfall davon ist der δ-Kreis bzw. die δ-Kugel, allgemein also ein Signal der Form

$$u(\mathbf{x}) = \delta(r - r_0).$$

Im Eindimensionalen entartet $\delta(r - r_0)$ mit $r = |t|$ zu zwei δ-Impulsen mit einem cos-förmigen Spektrum:

$$\delta(|t| - t_0) = \delta(t+t_0) + \delta(t - t_0) \quad \circ\!\!-\!\!\bullet \quad 2\cos(2\pi t_0 f).$$

Der (*zwei*dimensionale) δ-Kreis hat nach Tabelle 3-3 als Spektrum

$$\delta(r - r_0) \quad \circ\!\!=\!\!=\!\!\bullet \quad 2\pi r_0\, J_0(2\pi r_0 f_r)$$

und die δ-Kugel

$$\delta(r - r_0) \quad \circ\!\!=\!\!=\!\!=\!\bullet \quad 2r_0 \sin(2\pi r_0 f_r)/f_r \; .$$

Bei n Dimensionen berechnet sich allgemein nach Tabelle 3-2 der Radialschnitt des Spektrums eines rotationssymmetrischen Signals zu:

$$U_{fr}(f_r) = \frac{2\pi}{f_r^{n/2-1}} \int_0^\infty r^{n/2} u_r(r) J_{n/2-1}(2\pi r f_r) \, dr \; .$$

Speziell mit $u_r(r) = \delta(r - r_0)$ erhalten wir

$$\delta(r - r_0) \quad \circ\!\!\xrightarrow{x}\!\!\bullet \quad 2\pi r_0^{n/2} f_r^{1-n/2} J_{n/2-1}(2\pi r_0 f_r) \; . \tag{3-85}$$

Interessant ist auch das *asymptotische Verhalten* dieser Spektren. Bei Besselfunktionen gilt allgemein

$$J_p(x) \approx \cos(x - \pi(p/2+1/4))/(\pi x/2)^{1/2} \qquad \text{für} \quad x \to \infty \; .$$

Dies in (3-85) eingesetzt ergibt für $f_r \to \infty$

$$\mathcal{F}^n\{\delta(r - r_0)\} \;\to\; 2 \, (f_r/r_0)^{(1-n)/2} \cos(2\pi r_0 f_r - \pi(n-1)/4) \; . \tag{3-86a}$$

Die spektrale *Hüllkurve* für $f_r \to \infty$ hat demnach den Verlauf

$$2 \, (f_r/r_0)^{(1-n)/2} \; , \tag{3-86b}$$

was für n = 1 eine Konstante, für n = 2 einen $f_r^{-1/2}$-Abfall und für n = 3 einen f_r^{-1}-Abfall bedeutet. Gerade dies haben wir schon in Abschnitt 3.3 für δ-Linien und δ-Flächen endlicher Krümmung hergeleitet.

Betrachten wir die spektrale *Energie*verteilung über der Radialfrequenz f_r, so erhalten wir unter Vernachlässigung der cos-Funktion, also für die *Hüllkurve*

$$\frac{d \, '\text{Energie}'}{dr} \;\sim\; f_r^{1-n} f_r^{n-1} = \text{const} \; .$$

Hier ist offensichtlich die Energie im Spektralbereich *gleichmäßig* verteilt, während sie im Ortsbereich beim Radius r_0 *konzentriert* ist.

δ-Geradenbüschel, δ-Ebenenbüschel

Weitere für das folgende interessante δ-Funktionen sind *Geraden*- bzw. *Ebenenbüschel*. Darunter wollen wir ein Ensemble von δ-Geraden bzw. δ-Ebenen verstehen, welche sich im Ursprung schneiden. In Bild 3-35, oben ist ein Geradenbüschel im *Zwei*dimensionalen skizziert. Die *Querschnitte* der δ-Geraden seien konstant und alle gleich groß. Nachdem eine *einzelne* δ-Gerade eine ebensolche – allerdings dazu *senkrecht* stehende – als Spektrum hat, ist die Fourier-Transformierte solch eines Geradenbüschels dasselbe um $\pi/2$ 'gedrehte' Geradenbüschel (Bild 3-35, oben).

Ein Sonderfall sind Büschel mit *konstantem Winkelinkrement* $\Delta\varphi = \pi/p$, wobei p die Anzahl der Geraden sei (Bild 3-35, unten). Speziell bei *gerader* Anzahl p geht das Büschel durch Drehung um $\pi/2$ in sich selbst über, d.h. Signal und Spektrum sind *identisch*. Die *mittlere Belegung* der x_1, x_2-Ebene mit Geraden ist hier proportional zu r^{-1} im Ort und zu f_r^{-1} im Spektrum. Im Grenzfall $p \to \infty$ geht also dieses Büschel in die r^{-1}-Funktion über; sein Spektrum wird zu f_r^{-1}. Damit erklärt sich auch die Korrespondenz aus (3-82).

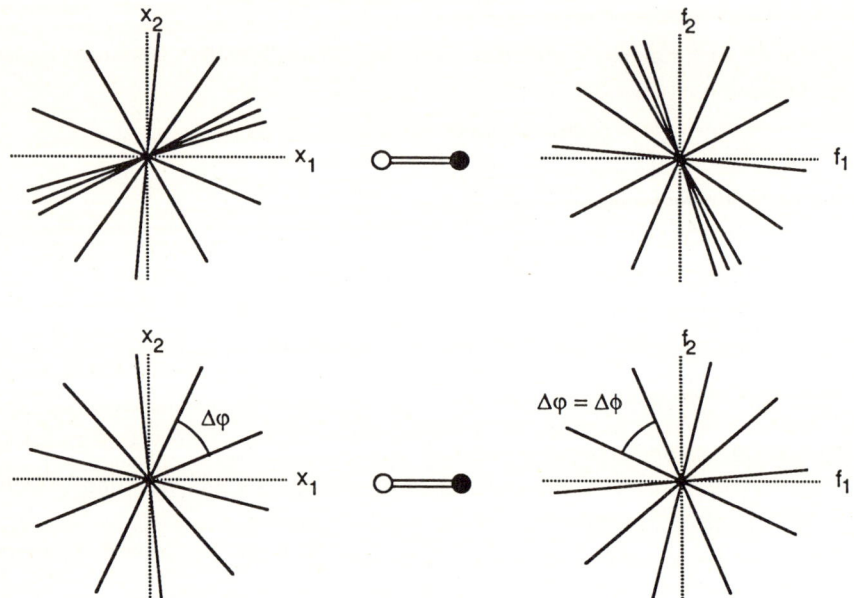

Bild 3-35: δ-Geradenbüschel und ihre zweidimensionalen Spektren

Anmerkung
Durch Geradenbüschel mit *sehr vielen* – geeignet über dem Winkel φ verteilten – Geraden können zweidimensionale punktsymmetrische Funktionen vom Typ

$$u(r,\varphi) = r^{-1} u_\varphi(\varphi) \qquad \text{mit} \qquad u_\varphi(\varphi + \pi) = u_\varphi(\varphi)$$

angenähert werden, wie wir sie schon in *Beispiel III* aus Abschnitt 3.4 diskutiert haben. Nachdem das Spektrum eines Geradenbüschels dasselbe um $\pi/2$ 'gedrehte' Büschel ist, ist damit – im Grenzfall *unendlich* vieler Geraden – auch das Spektrum von $u(r,\varphi)$ gleich $u(f_r, \phi \pm \pi/2)$. Dieses Ergebnis haben wir auch im genannten Beispiel erhalten (Gleichung (ii)).

Eine δ-*Gerade* im *Drei*dimensionalen hat nach Abschnitt 3.3 eine δ-*Ebene* als Spektrum, und damit korrespondiert hier ein Geradenbüschel mit einem Ebenenbüschel und umgekehrt. Dabei können die Geraden natürlich beliebig im Raum orientiert sein. Eine wichtige Einschränkung jedoch ergibt sich dabei im Vergleich zum *zwei*dimensionalen Geradenbüschel: während im Zweidimensionalen *beliebig viele* Geraden wie in Bild 3-35, unten, mit *konstantem* Winkelinkrement $\Delta\varphi$ angeordnet werden konnten, gibt es nur wenige solcher *regulärer* Anordnungen im Dreidimensionalen bezüglich φ und ϑ. Der Grund dafür liegt in der *Nichtabwickelbarkeit* einer Kugeloberfläche auf eine Ebene im Gegensatz zur Abwickelbarkeit eines Kreises auf eine Gerade. Denken wir uns eine konzentrische Kugelschale um ein dreidimensionales Geraden-büschel und markieren darauf die 'Durchstoßpunkte' der Geraden (Bild 3-36). Läßt sich eine *reguläre* Verteilung von p Geraden über den Winkeln φ und ϑ finden, so formen die an jeden dieser Punkte gelegten Tangentialflächen einen regulären die Kugel umschreibenden Körper, also ein *reguläres Polyeder* (oder einen *platonischen Körper*). Von diesen gibt es aber nur *fünf* verschiedene, und zwar

das Tetraeder	mit	4,	
den Würfel	mit	6,	
das Oktaeder	mit	8,	
das Ikosaeder	mit	12,	
das Dodekaeder	mit	20	Begrenzungsflächen .

Da das Tetraeder nicht punktsymmetrisch ist, jede Gerade aber zwei diametral zum Ursprung liegende 'Durchstoßpunkte' erzeugt, folgt daraus, daß es im *Drei*dimensi-onalen nur *vier* verschiedene *reguläre Geradenbüschel*, nämlich die mit

p = 3, 4, 6 und 10

Geraden gibt. Dasselbe gilt wegen der angesprochenen Fourier-Korrespondenz auch für dreidimensionale *Ebenen*büschel. Für sehr hohe Werte von p kann man jedoch wieder *annähernd* reguläre Anordnungen finden.

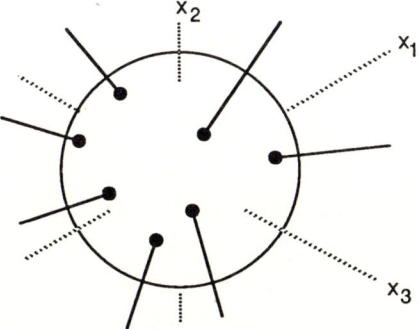

Bild 3-36: Geradenbüschel im Dreidimensionalen, charakterisiert durch das Punktmuster, das die Geraden beim Schnitt mit einer konzentrischen Kugel erzeugen

Ein dreidimensionales Geradenbüschel belegt den Raum für $p \to \infty$ proportional zu r^{-2}. Das *spektrale* Ebenenbüschel jedoch belegt den Fourier-Raum proportional zu f_r^{-1}. Die Korrespondenz

$$r^{-2} \quad \circ\!\!=\!\!=\!\!=\!\bullet \quad \pi\, f_r^{-1} \qquad\qquad \text{bzw.} \qquad\qquad \pi\, r^{-1} \quad \circ\!\!=\!\!=\!\!=\!\bullet \quad f_r^{-2}$$

aus Tabelle 3-4 finden wir damit bestätigt.

Im *Vier*dimensionalen gibt es sechs sog. *reguläre Polytope*, wovon eines wieder wegen fehlender Punktsymmetrie ausscheidet. Damit sind hier *fünf* reguläre Geradenbüschel möglich, und zwar mit p = 4, 8, 12, 60 und 300.

Asymptotisches Verhalten von Spektren bestimmter Signalklassen

Das Verhalten von Spektren für $|f| \to \infty$ wird wesentlich durch die *Stetigkeits*eigenschaften des Signals (und dessen Ableitungen) bestimmt, und umgekehrt.

Im *Ein*dimensionalen gelten dabei folgende einfachen Zusammenhänge (Bild 3-37):

– Enthält das Signal δ-*Impulse*, so ist die Hüllkurve seines Spektrums für $f \to \infty$ konstant, z.B.

$$\delta(t - t_0) \quad \circ\!\!-\!\!\bullet \quad e^{-j2\pi t_0 f}$$

oder

$$\delta(t+t_0)+\delta(t - t_0) \quad \circ\!\!-\!\!\bullet \quad 2\cos(2\pi t_0 f)\,.$$

– Weist ein Signal u(t) selbst keine δ-Impulse, jedoch *Sprünge* auf, so treten diese in der ersten Ableitung $d\,u(t)/dt$ wieder in Form von Impulsen in Erscheinung. Mit dem Differentiationssatz (Tabelle 2-2)

$$d\,u(t)/dt \quad \circ\!\!-\!\!\bullet \quad j2\pi f\, U(f)$$

bedeutet dies, daß nun $[j2\pi f\, U(f)]$ für $f \to \infty$ eine konstante Hüllkurve aufweist und damit U(f) mit f^{-1} abfällt, z.B.

$$\text{sign}(t) \quad \circ\!\!-\!\!\bullet \quad (j\pi f)^{-1}$$

oder

$$\text{rect}(t/T) \quad \circ\!\!-\!\!\bullet \quad \sin(\pi T f)/(\pi f)\,.$$

– *Knicke* im Signalverlauf verursachen dann einen f^{-2}-Abfall des Spektrums, z.B.

$$\text{tri}(t/T) \quad \circ\!\!-\!\!\bullet \quad 1/T\,[\sin(\pi T f)/(\pi f)]^2\,.$$

Treten also allgemein in der ν-ten Ableitung eines *ein*dimensionalen Signals erstmalig δ-Impulse auf, so fällt dessen Spektrum asymptotisch mit $f^{-\nu}$ ab. Spektren von Signalen, deren sämtliche Ableitungen stetig sind (und die nicht beliebig hochfrequent oszillieren), fallen damit stärker als jede Potenz von f ab, z.B. (Bild 3-37, unten)

$$e^{-\pi t^2} \quad \circ\!\!-\!\!\bullet \quad e^{-\pi f^2}\,.$$

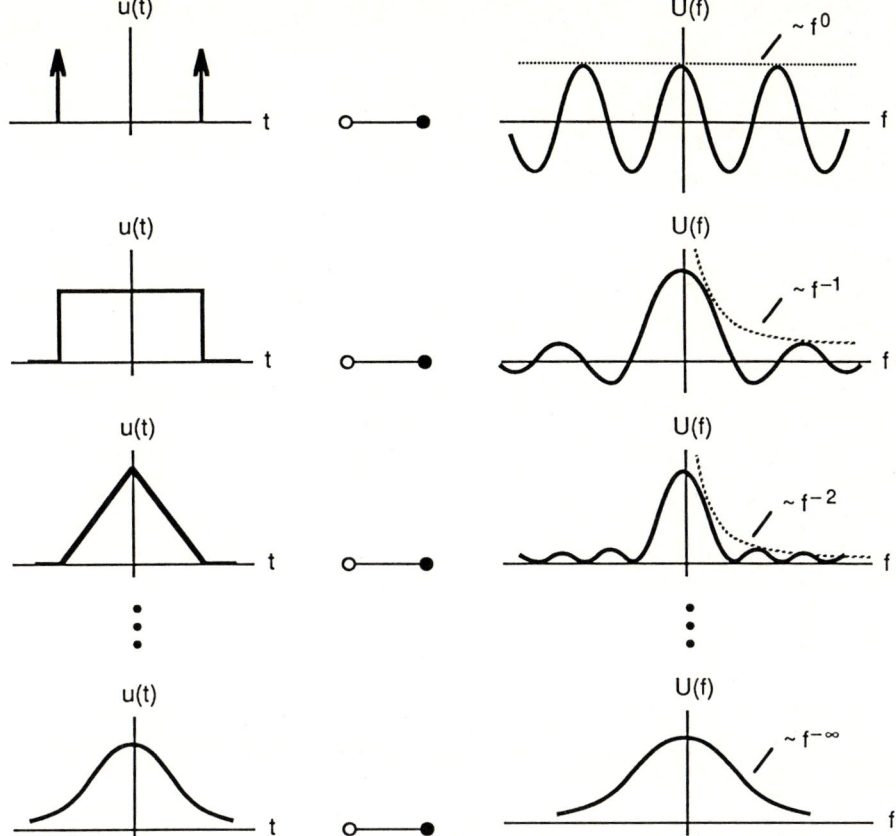

Bild 3-37: Das asymptotische Verhalten der Spektren verschiedener eindimensionaler Signale

Wollen wir diese Betrachtungen auf *mehr*dimensionale Signale erweitern, sehen wir uns mit der Schwierigkeit konfrontiert, daß nun die Spektren für verschiedene Winkel ϕ (oder θ und ϕ) unterschiedliches asymptotisches Verhalten aufweisen können. So hat z.B. eine δ-Gerade ein extrem anisotropes Spektrum, welches in einer Richtung unendlich ausgedehnt, in der anderen jedoch unendlich schmal ist. Solche speziellen Signale (welche ja eigentlich *niedrigere* Dimensionalität aufweisen) wollen wir von der folgenden Betrachtung ausschließen. Dann können wir mehrdimensionale Signale und das asymptotische Verhalten ihrer Spektren einteilen in:

– Signale, welche δ-*Punkte* enthalten. Diese haben ein für $f_r \rightarrow \infty$ *konstantes* Betragsspektrum:

$$\delta(\mathbf{x} - \mathbf{x_0}) \circ\!\!-\!\!-\!\!\bullet \quad e^{-j2\pi\mathbf{f}\cdot\mathbf{x_0}} \qquad\qquad \left[\sim f_r^0\right] \ .$$

– Signale, welche *ein*dimensionale δ-Funktionen (z.B. δ-*Linien* bei $n = 2$ oder δ-*Flächen* bei $n = 3$) endlicher Krümmung enthalten. Nach Abschnitt 3.3 fallen deren

Spektren mit $f_r^{-1/2}$ bzw. f_r^{-1}, allgemein also mit $f_r^{-(n-1)/2}$, ab, z.B. (Bild 3-38, oben)

$$\delta(r - r_0) \quad \circ\!\!=\!\!=\!\!\bullet \quad 2\pi r_0 \, J_0(2\pi r_0 f_r) \qquad\qquad \left[\sim f_r^{-1/2}\right]$$

oder

$$\delta(r - r_0) \quad \circ\!\!\equiv\!\!\bullet \quad 2r_0 \, \sin(2\pi r_0 f_r)/f_r \qquad\qquad \left[\sim f_r^{-1}\right] \quad .$$

– Signale mit *Sprüngen*. Wieder lassen sich solche durch Differentiation (in geeignet gewählter Richtung) auf – *ein*dimensionale – δ-Linien (bzw. δ-Flächen) zurückführen. Sind diese von *endlicher* Krümmung, so fallen die Spektren solcher Signale mit $f_r^{-3/2}$ (n = 2) bzw. f_r^{-2} (n = 3) oder allgemein mit $f_r^{-(n+1)/2}$ ab. Beispiele sind (Bild 3-38, unten):

$$\text{rect}(r/D) \quad \circ\!\!=\!\!=\!\!\bullet \quad D/2 \, J_1(\pi D f_r)/f_r \qquad\qquad \left[\sim f_r^{-3/2}\right]$$

und

$$\text{rect}(r/D) \quad \circ\!\!\equiv\!\!\bullet \quad \left[\sin(\pi D f_r) - \pi D f_r \cos(\pi D f_r)\right]\big/(2\pi^2 f_r^3) \qquad \left[\sim f_r^{-2}\right] \quad .$$

Die *Hüllkurve des Betragsspektrums* eines n-dimensionalen Signals, bei dessen ν-ter Ableitung erstmals Unstetigkeiten in Form von – *ein*dimensionalen – δ-Linien (δ-Flächen,...) endlicher Krümmung auftreten, verhält sich also für $f_r \to \infty$ wie

$$f_r^{-[(n-1)/2+\nu]} \quad .$$

Für Signale mit Polen oder beliebig hochfrequenten Oszillationen, wie sie z.B. quadratische Phasenverläufe für $r \to \infty$ aufweisen, gilt diese Betrachtung nicht.

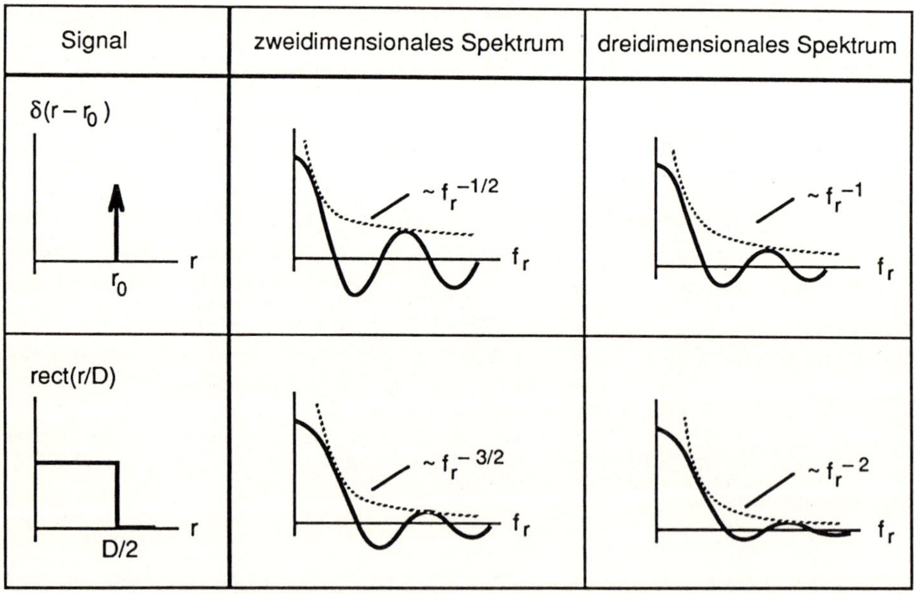

Signal	zweidimensionales Spektrum	dreidimensionales Spektrum
$\delta(r - r_0)$	$\sim f_r^{-1/2}$	$\sim f_r^{-1}$
$\text{rect}(r/D)$	$\sim f_r^{-3/2}$	$\sim f_r^{-2}$

Bild 3-38: Asymptotisches Verhalten der Spektren spezieller zwei- und dreidimensionaler Signale

4 Abtastung und Projektion mehrdimensionaler Signale

Bei vielen Signalverarbeitungsaufgaben, speziell bei Verwendung von Digitalrechnern, ist die Abtastung von Signalen unumgänglich. In Abschnitt 2.8 haben wir diese durch Multiplikation mit dem δ-Puls p(t/Δt) beschrieben. Im Eindimensionalen ist dies die *einzig* mögliche Art einer *regulären* Abtastung; lediglich der Abtastabstand Δt sowie die relative zeitliche Lage des Abtastpulses zum Signal können verändert werden. Unter 'regulär' verstehen wir dabei, daß jeder Abtastimpuls *dieselbe* Umgebung hat. Bei *mehr*dimensionalen Signalen jedoch ergeben sich eine Vielzahl möglicher regulärer Abtastfunktionen. So ist es z.B. möglich, nur in *einer* Dimension abzutasten oder mit verschiedenen Abtastabständen für die einzelnen Variablen. Einige der möglichen Abtastschemata werden im folgenden diskutiert.

Die Abtastung eines Signals bedeutet *Reduzierung* seiner *Dimensionalität*. So entsteht das *ein*dimensionale Videosignal eines *zwei*dimensionalen Bildsignals durch dessen zeilenweise Abtastung. Eine weitere Möglichkeit solch einer *Dimensions-Transformation* [4.1] stellen *Projektionen* dar. Speziell eine *Parallel*projektion kann aber nach dem Zentralschnitt-Theorem (Abschnitt 3.3) als *Schnitt* durch das Spektrum verstanden werden. Ein ganzer Satz solcher Projektionen unter verschiedenen Winkeln, wie er z.B. bei der Computer-Röntgen-Tomographie [4.2-4.7] gemessen wird, entspricht dann der *Abtastung des Spektrums* auf einem Geraden- bzw. Ebenenbüschel. Einer anderen Projektionsmodalität bedient man sich bei der Kernspin-Tomographie [4.2, 4.3, 4.8]; hier ist es möglich, die Objektfunktion während der Projektion mit einem linearen Phasenfaktor zu belegen. Durch geschickte Variation des Phasengradienten kann dann das Spektrum sogar auf einem *regulären* Raster abgetastet werden. In den angesprochenen Fällen können also Projektionsprobleme auf Abtastprobleme zurückgeführt werden. Die Dualität 'Abtastung – Projektion' wird uns in den Beispielen in Abschnitt 4.2 noch öfters begegnen.

Wir wollen im folgenden unter *Abtastung* jeden Vorgang verstehen, der sich als Multiplikation eines Signals u($\mathbf{x}$) mit einer *Abtastfunktion* a($\mathbf{x}$) beschreiben läßt:

$$u_d(\mathbf{x}) = u(\mathbf{x})\, a(\mathbf{x}) \,. \tag{4-1a}$$

Die Abtastfunktion muß dabei aus δ-Funktionen bestehen, z.B. aus δ-Flächen, δ-Linien oder δ-Punkten. Das Spektrum des abgetasteten Signals ist in jedem Fall die Faltung des Signalspektrums mit dem Spektrum A($\mathbf{f}$) der Abtastfunktion:

$$U_d(\mathbf{f}) = U(\mathbf{f}) * A(\mathbf{f}) \,. \tag{4-1b}$$

Wie wir in Abschnitt 2.8 gesehen haben, ist eine – eindeutige – *Rekonstruktion* mit Hilfe eines Interpolationsfilters immer dann möglich, wenn in U($\mathbf{f}$) $*$ A($\mathbf{f}$) keine Alias-Fehler, also keine Überlappungen, auftreten. Bezeichnen wir Übertragungsfunktion und Punktantwort des *Interpolationsfilters* mit $S_i(f)$ bzw. $s_i(x)$, so muß also gelten

$$U(f) = [U(f) * A(f)] \, S_i(f) \tag{4-2a}$$

bzw.

$$u(x) = [u(x) \, a(x)] * s_i(x) \, . \tag{4-2b}$$

Nehmen wir ein isotrop auf B begrenztes Signalspektrum $U(f)$ an, so muß, wie man sich leicht anhand von Bild 4-1 überlegen kann, $A(f)$ von der Form

$$A(f) = \delta(f) + A_a(f) \tag{4-3a}$$

mit

$$A_a(f) = 0 \qquad \text{für} \quad |f| \le B \tag{4-3b}$$

sein, damit (4-2a) erfüllt ist. Damit ist das Problem der Interpolation zumindest theoretisch gelöst, und wir beschränken uns im folgenden auf die Diskussion verschiedener Abtastfunktionen.

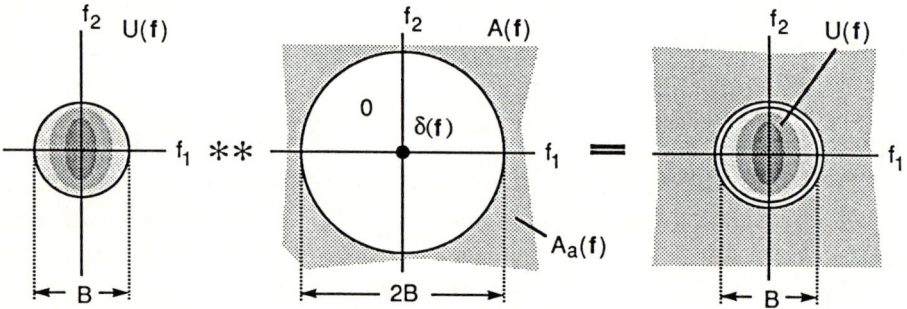

Bild 4-1: Allgemeinste Form des Spektrums $A(f)$ einer Abtastfunktion für ein isotrop bandbegrenztes Signal

4.1 Reguläre Abtastfunktionen und deren Spektren

Eindimensionale Abtastfunktionen

In Abschnitt 2.8 haben wir den eindimensionalen δ-Puls $p(t/\Delta t)$ als Abtastfunktion verwendet. Wir haben uns dabei der Korrespondenz

$$p(t/\Delta t) := \Delta t \sum_k \delta(t - k\Delta t) \quad \circ\!\!-\!\!\bullet \quad \sum_i \delta(f - i/\Delta t) = \Delta t \, p(f\Delta t)$$

bedient. In *zwei* Dimensionen beschreibt z.B.

$$p(x_1/\Delta x_1) = \Delta x_1 \sum_k \delta(x_1 - k\Delta x_1) \qquad (4\text{-}4)$$

einen δ-*Geraden-Puls*, welcher in x_2 konstant ist, also vollständig als

$$p(x_1/\Delta x_1)\,1(x_2)$$

zu bezeichnen wäre. Sein Spektrum kann mit Hilfe des Separierungssatzes sofort angegeben werden:

$$p(x_1/\Delta x_1)\,1(x_2) \quad \circ\!\!=\!\!\!=\!\!\bullet \quad \Delta x_1\, p(\Delta x_1 f_1)\, \delta(f_2) \qquad (4\text{-}5)$$

und stellt einen δ-*Punkte-Puls* entlang der f_1-Achse dar (Bild 4-2, oben). Dabei sind die Abstände der Geraden im Ort zu denen der Punkte im Spektrum *reziprok*. Bei *allgemeiner* Orientierung des Geraden-Pulses gelten grundsätzlich dieselben Zusammenhänge; wir verwenden dann zweckmäßigerweise statt x_1, x_2 ein geeignet orientiertes ξ_1, ξ_2-Koordinatensystem im Ort und φ_1, φ_2 im Spektrum (Bild 4-2, unten).

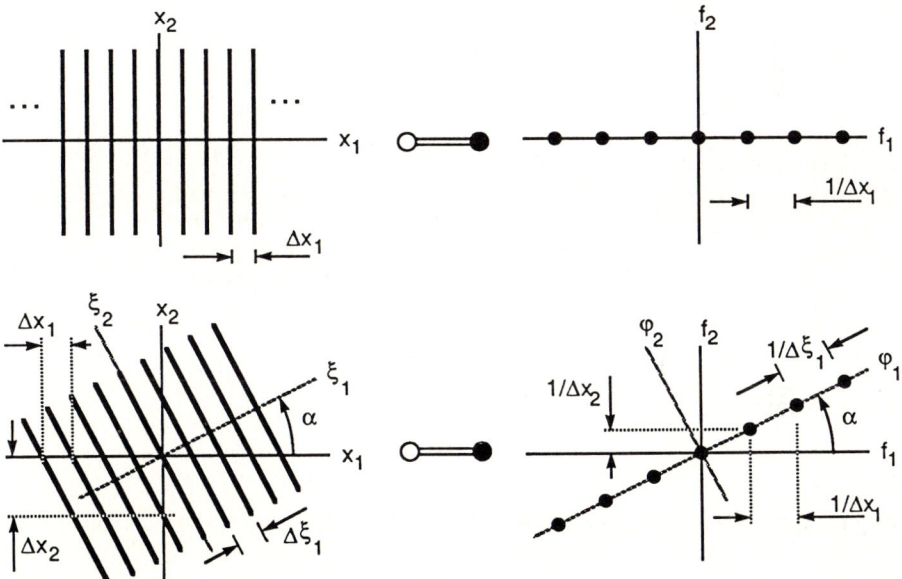

Bild 4-2: Geraden-Pulse und ihre Spektren (im Zweidimensionalen)

Die Multiplikation eines Signals mit einem Geraden-Puls beschreibt die Abtastung entlang paralleler Geraden, wie sie z.B. aus der Fernsehtechnik bekannt ist. Für das Signalspektrum bedeutet dies eine periodische Wiederholung, und zwar gerade an *den* Stellen, an denen in A(f) die δ-Punkte liegen. Wir nennen daher Spektren regulärer Abtastfunktionen *Wiederholraster*. In Bild 4-3 ist diese spektrale Wiederholung für die diskutierte Abtastfunktion skizziert. Dabei wurde angenommen, daß das Signalspektrum $U(f_1,f_2)$ in f_1 und f_2 *begrenzte* Ausdehnung hat. Die Bandbreiten sind mit B_1 und B_2 in Bild 4-3 eingetragen. Man erkennt, daß *nicht unbedingt*

$$\Delta x_1 < 1/B_1 \qquad \text{und} \qquad \Delta x_2 < 1/B_2$$

gelten muß, wenn das Spektrum den Bereich

$$|f_1| \le B_1/2 \qquad \text{und} \qquad |f_2| \le B_2/2$$

nicht *vollständig* ausfüllt. Vielmehr sind beliebige 'Schachtelungen' der Wiederhol-spektren erlaubt, solange das Originalspektrum unbeeinflußt bleibt. Die genaue Form des Definitionsbereichs von $U(f_1,f_2)$ muß natürlich bekannt sein.

Im *Drei*dimensionalen ist $p(x_1/\Delta x_1)$ ein δ-*Ebenen-Puls*. Das Spektrum ist jedoch wieder ein δ-Punkte-Puls entlang der f_1-Achse:

$$p(x_1/\Delta x_1)\,1(x_2)1(x_3) \quad \text{o}\!\!=\!\!\!=\!\!\bullet \quad \Delta x_1\,p(\Delta x_1 f_1)\,\delta(f_2,f_3)\,. \tag{4-6}$$

Eine Abtastung mit einem Ebenen-Puls kann dazu verwendet werden, um die Darstellung *drei*dimensionaler Signale in Form von *zwei*dimensionalen Schnittbild-sequenzen zu beschreiben. Wir werden darauf in Abschnitt 4.2 noch eingehen.

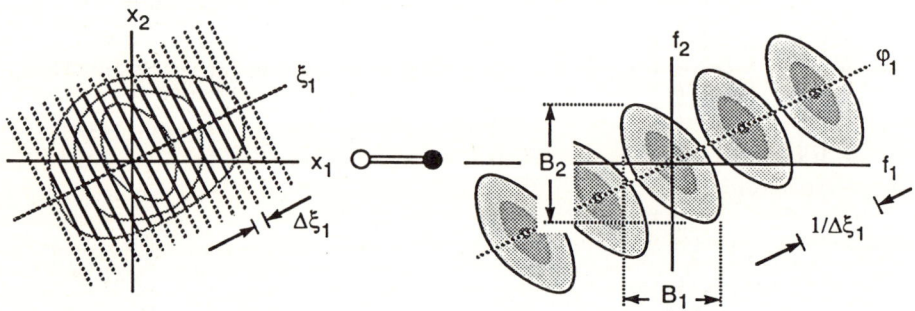

Bild 4-3: Abtastung mit einem Geraden-Puls und die korrespondierende Wiederholung des Spektrums

Mehrdimensionale Abtastfunktionen

Ein zweidimensionales Signal, welches nach Bild 4-3 abgetastet wurde, ist reduziert auf einen Satz *ein*dimensionaler Funktionen. Diese sind jedoch weiterhin *kontinuier-lich*. Für eine digitale Speicherung oder Verarbeitung von Fernsehbildern z.B. müssen diese kontinuierlichen (Zeilen-)Signale *nochmals* abgetastet werden. Wird das Signal beispielsweise zuerst mit $p(x_1/\Delta x_1)$ multipliziert und danach mit $p(x_2/\Delta x_2)$, so kann dies auch durch die *zweidimensionale Abtastfunktion*

$$p(x_1/\Delta x_1, x_2/\Delta x_2)$$

mit

$$p(x_1,x_2) := p(x_1)\,p(x_2) \tag{4-7}$$

beschrieben werden. Die Multiplikation der beiden Geraden-Pulse ergibt ein zweidimensionales δ-*Punkt-Raster*, wie in Bild 4-4, oben, skizziert. Wir nennen solch eine Abtastfunkton auch ein *Rechteck*-Raster. Den Sonderfall, bei dem $\Delta x_1 = \Delta x_2$ ist, bezeichnen wir als *Quadrat*-Raster.

Das *Spektrum* eines Rechteck-Rasters kann auf zweierlei Wegen hergeleitet werden. So kann wieder der Separierungssatz angewandt werden. Daraus ergibt sich sofort

$$p(x_1,x_2) = p(x_1)\,p(x_2) \quad \circ\!\!=\!\!=\!\!\bullet \quad p(f_1)\,p(f_2) = p(f_1,f_2) \qquad (4\text{-}8a)$$

und damit

$$p(x_1/\Delta x_1, x_2/\Delta x_2) \quad \circ\!\!=\!\!=\!\!\bullet \quad \Delta x_1 \Delta x_2\, p(\Delta x_1 f_1, \Delta x_2 f_2)\ . \qquad (4\text{-}8b)$$

Ein zweiter Weg ist in Bild 4-4 angegeben: Nach dem Faltungssatz erhält man das gesuchte Spektrum als Faltung der (nun *zwei*dimensional interpretierten) Spektren der Geraden-Pulse $p(x_1/\Delta x_1)1(x_2)$ und $1(x_1)\,p(x_2/\Delta x_2)$.

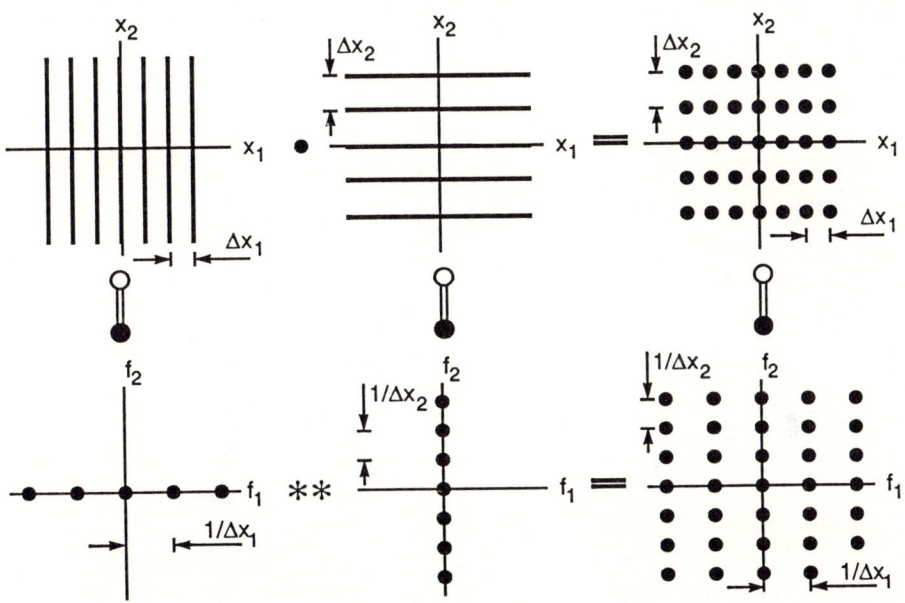

Bild 4-4: Herleitung des Spektrums eines Punkt-Rasters

Wir stellen fest, daß ein Rechteck-Raster ein ebensolches als Spektrum hat, wobei die Abstände der Punkte in Ort und Spektrum zueinander *reziprok* sind. Durch Scherung und Rotation können wir aus einem Rechteckraster beliebig *schiefwinklige* Abtastraster erzeugen. Mit den Rechenregeln aus Tabelle 3-2 lassen sich die Spektren solcher Raster sofort angeben.

106

Anmerkung
Ein für die technische Anwendung interessantes Abtastraster ist das *Rauten*-Raster, bei welchem jede zweite Punktreihe identisch ist, die dazwischenliegenden jedoch gerade mit diesen auf Lücke stehen, wie in Bild 4-5 angegeben. Verbindet man benachbarte Punkte miteinander, so entsteht ein Rauten-muster, sowohl im Orts- wie auch im Spektralbereich. Sind dabei die Rauten im Ortsbereich in x_1 länger als in x_2, so liegen sie im Spektralbereich gerade *senkrecht* dazu, sind also in f_2 weiter ausgedehnt als in f_1 und umgekehrt. Solch ein Raster eignet sich besonders zur Abtastung von Signalen, welche ausge-prägte Strukturen in x_1- und x_2-Richtung aufweisen. So sind z.B. in vielen Bildsignalen häufiger senk-rechte und waagerechte Linien und Kanten vorhanden als beliebig schräg orientierte. Die Spektren dieser Signale sind dann nicht isotrop, sondern in f_1- und f_2-Richtung ausgedehnter. Wird nun solch ein Signal mit einem Rauten-Raster abgetastet, so können bei geeigneter Wahl der Abtastabstände die Wiederholspektren dichter 'gepackt' werden (Bild 4-6, links), als dies mit einem Rechteckraster möglich wäre, d.h. die Abtastpunkte im Ort dürfen relativ weit auseinander liegen. Benutzt man dieselbe 'Dichte' von Abtastpunkten, ordnet sie aber zu einem Rechteckraster, so ergeben sich sowohl Überlappung wie auch unnötig große 'Lücken' im Spektrum (Bild 4-6, rechts). Es müßte also hier wesentlich dichter abgetastet werden.

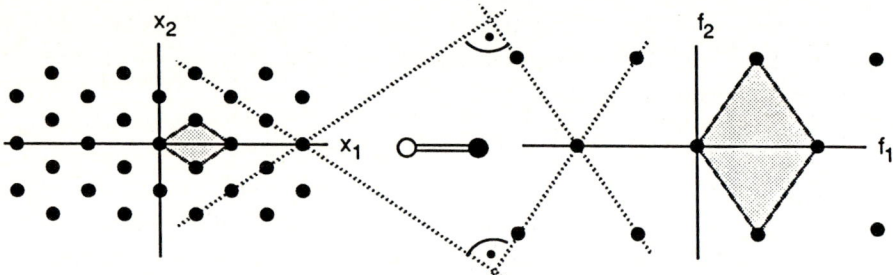

Bild 4-5: Rauten-Raster und dessen Spektrum

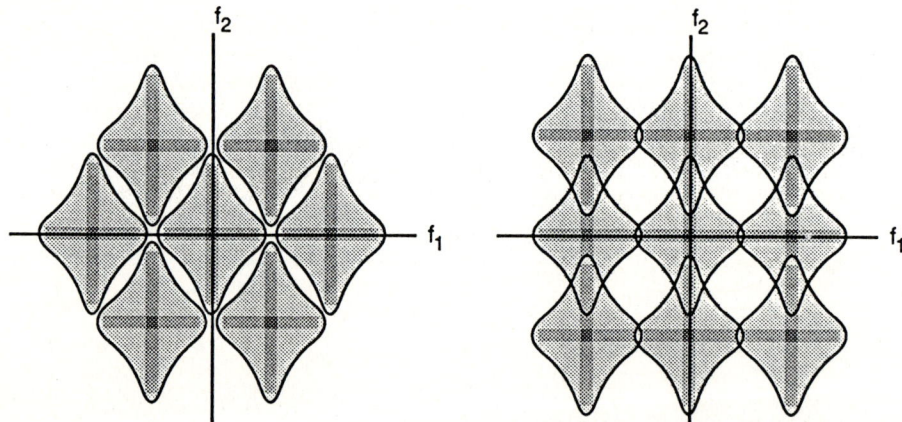

Bild 4-6: Wiederholung eines speziellen anisotropen Spektrums auf einem Rauten-Raster (**links**) und einem Rechteck-Raster (**rechts**)

Die Konstruktion von Punkt-Rastern im *Drei*dimensionalen kann nach denselben Regeln geschehen, wie wir sie im Zweidimensionalen angewandt haben. So ergibt die Multiplikation zweier Ebenen-Pulse einen Geraden-Puls. Durch nochmalige

Multiplikation mit einem Ebenen-Puls entsteht ein Punkt-Raster. Das Spektrum ist dann die Faltung dreier Punkte-Pulse. Damit hat auch ein dreidimensionales Punkt-Raster ein ebensolches (mit reziproken Abständen) als Spektrum.

Systematische Konstruktion von Wiederholrastern

Wir haben Wiederholraster, also Spektren von Abtastrastern, dadurch ermittelt, indem wir uns das jeweilige Abtastraster als Multiplikation von Geraden- oder Ebenen-Pulsen konstruiert haben, was etwas umständlich und auch fehlerträchtig ist. Wir haben dabei gesehen, daß ein *reguläres* Abtastraster ein ebensolches Wiederholraster bedingt. Mit dem bisher erworbenen Wissen können wir eine vereinfachte Konstruktion der Wiederholraster angeben, wobei es uns nur auf die *Lage* der Punkte, nicht jedoch auf ihr Impulsintegral, ankommt (s. auch [4.9]):
In Bild 4-7 ist ein allgemein schiefwinkliges reguläres zweidimensionales Abtastraster skizziert. Es entsteht z.B. (wie in Bild 4-7 angedeutet) aus zwei Geraden-Pulsen. Zur Beschreibung dieses Rasters wählen wir nun die zwei *Basisvektoren*

$$\mathbf{b}_1 \quad \text{und} \quad \mathbf{b}_2 \, ,$$

sodaß jeder Punkt des Rasters durch zwei ganze Zahlen i und k eindeutig adressierbar ist; der Ort dieses Punktes ist dann

$$i \, \mathbf{b}_1 + k \, \mathbf{b}_2 \, .$$

Das Raster ist also durch die Angabe von $\mathbf{b}_1$ und $\mathbf{b}_2$ spezifiziert. Entsprechend können wir auch das spektrale *Wiederholraster* aus zwei Basisvektoren

$$\mathbf{w}_1 \quad \text{und} \quad \mathbf{w}_2$$

aufbauen.
Wie hängen nun $\mathbf{w}_1$ und $\mathbf{w}_2$ mit $\mathbf{b}_1$ und $\mathbf{b}_2$ zusammen? Mit etwas elementarer Geometrie und den Bezeichnungen aus Bild 4-7 erkennen wir:

— $\mathbf{w}_2$ steht auf $\mathbf{b}_1$ und $\mathbf{w}_1$ auf $\mathbf{b}_2$ senkrecht, d.h.

$$\mathbf{b}_1 \cdot \mathbf{w}_2 = 0 \quad \text{und} \quad \mathbf{b}_2 \cdot \mathbf{w}_1 = 0 \, .$$

— Bezeichnet man die Länge der Projektion von $\mathbf{b}_1$ auf die Richtung von $\mathbf{w}_1$ mit Δ_1, so hat $\mathbf{w}_1$ selbst die Länge $1/\Delta_1$. Es muß also gelten:

$$\mathbf{b}_1 \cdot \mathbf{w}_1 = 1 \quad \text{und entsprechend} \quad \mathbf{b}_2 \cdot \mathbf{w}_2 = 1 \, .$$

Diese Bedingungen liefern vier Gleichungen für die vier unbekannten Komponenten der beiden Vektoren $\mathbf{w}_1$ und $\mathbf{w}_2$ und können elegant durch

$$[\mathbf{b}_1, \mathbf{b}_2] \, [\mathbf{w}_1, \mathbf{w}_2]^T = \mathbf{E} \qquad\qquad (4\text{-}9a)$$

zusammengefaßt werden. Dabei bedeutet z.B. $[\mathbf{b_1},\mathbf{b_2}]$ die Matrix, deren Spaltenvektoren die Basisvektoren $\mathbf{b_1}$ und $\mathbf{b_2}$ sind und $\mathbf{E}$ die Einheitsmatrix. Daraus lassen sich nun $\mathbf{w_1}$ und $\mathbf{w_2}$ berechnen:

$$[\mathbf{w_1},\mathbf{w_2}] = (\ [\mathbf{b_1},\mathbf{b_2}]^T)^{-1}\ . \tag{4-9b}$$

Aus dieser Gleichung ergibt sich eine interessante *Reziprozität*:

$$\det(\mathbf{b_1},\mathbf{b_2}) \cdot \det(\mathbf{w_1},\mathbf{w_2}) = 1\ , \tag{4-10}$$

d.h. die *Fläche* des durch die örtlichen Basisvektoren aufgespannten *Parallelogramms* ist gerade *reziprok* zu der des durch die spektralen Basisvektoren gegebenen Parallelogramms (in Bild 4-7 markiert).

Im *Drei*dimensionalen wird durch die Basisvektoren jeweils ein *Parallelepiped* aufgespannt und obige Reziprozität gilt entsprechend zwischen den *Volumina* in Ort und Spektrum. Im *Ein*dimensionalen degenerieren die Matrizen $[\mathbf{b_1},...]$ und $[\mathbf{w_1},...]$ zu den Skalaren Δt und $1/\Delta t$, womit (4-10) natürlich auch erfüllt ist.

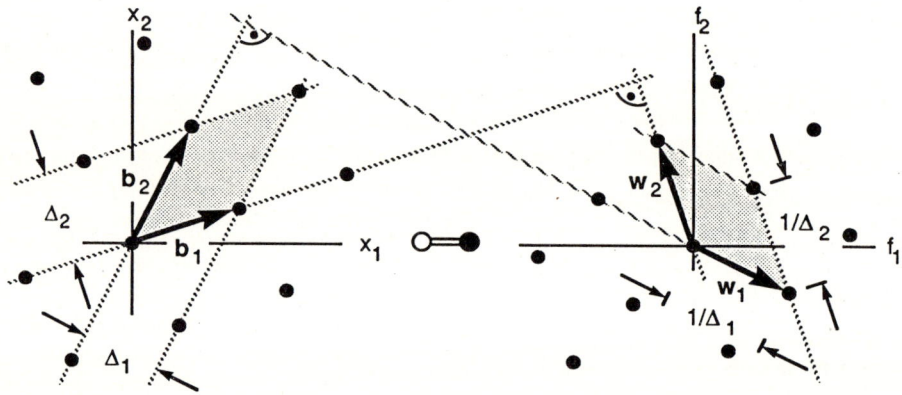

Bild 4-7: Basisvektoren zur Beschreibung eines schiefwinkligen Abtastrasters und seines Spektrums

Dichteste Packung isotrop begrenzter Spektren

Bei vielen Problemen der Signalverarbeitung geht man von Signalen aus, deren Spektren – im Mittel – eine *isotrope* Belegung aufweisen, sei es weil keine Information über bestimmte Vorzugsrichtungen vorliegt, oder weil jedes Signal in beliebiger Orientierung vorkommen kann. Wurde ein Bildsignal durch ein übliches optisches System abgebildet, so entsteht sogar zwangsläufig ein isotrop bandbegrenztes Signal (z.B. [4.10-4.12]).

Welches Abtastraster ist nun für solche Signale optimal? Zur Beantwortung dieser Frage gehen wir von einem zweidimensionalen Signal $u(x_1, x_2)$ aus, dessen Spektrum auf das Gebiet innerhalb eines Kreises vom Durchmesser B begrenzt ist, also

$$U(f_1, f_2) = 0 \qquad \text{für} \quad |f| > B/2 . \tag{4-11}$$

Tastet man solch ein Signal mit einem *Quadrat*-Raster ab, so muß

$$\Delta x_1 = \Delta x_2 = \Delta x < 1/B \tag{4-12}$$

gewählt werden, um Aliasing zu vermeiden. Für den Grenzfall $\Delta x \approx 1/B$ ist dies in Bild 4-8, links, skizziert. Man erkennt, daß zwar Aliasing vermieden wurde, jedoch unnötige *spektrale Lücken* entstehen. Die eigentlich genutzte Fläche pro Wiederholspektrum ist schließlich nur $\pi/4\, B^2$, während durch das Wiederholraster für jedes Spektrum die Fläche B^2, allgemein

$$|\det(w_1, w_2)| ,$$

'reserviert' ist. Wir bezeichnen als *Wirkungsgrad* eines Abtastrasters das Verhältnis von belegter zu zur Verfügung stehender spektraler Fläche [4.9], also

$$\eta_{2,Q} = \pi/4 \approx 79\% \tag{4-13}$$

für das *Quadrat*-Raster.

Die Frage nach dem *idealen* Abtastraster läuft somit darauf hinaus, die *dichteste Packung* von Kreisen in einer Ebene zu ermitteln. Diese wird durch die Anordnung auf einem *Hexagonal-Raster* nach (Bild 4-8, rechts) erreicht.

Man kann sich ein Hexagonal-Raster als Spezialfall eines Rauten-Rasters vorstellen. Dabei bilden jeweils die Nachbarpunkte eines beliebigen Rasterpunktes ein reguläres Sechseck. In Bild 4-9 ist ein solches sowohl im Ort wie auch im Spektrum markiert. Diese beiden erscheinen um $\pi/2$ zueinander verdreht. Zwei mögliche Basisvektoren sind ebenfalls eingetragen:

$$\mathbf{b}_1 = \Delta x \, (1, -1/\sqrt{3})^T \qquad \text{und} \qquad \mathbf{b}_2 = \Delta x \, (0, 2/\sqrt{3})^T$$

sowie

$$\mathbf{w}_1 = 1/\Delta x \, (1, 0)^T \qquad \text{und} \qquad \mathbf{w}_2 = 1/\Delta x \, (1/2, \sqrt{3}/2)^T .$$

Die Abstände zweier benachbarter Punkte im Orts- bzw. Frequenzbereich sind also

$$|\mathbf{b}_1| = |\mathbf{b}_2| = 2/\sqrt{3} \, \Delta x$$

und

$$|\mathbf{w}_1| = |\mathbf{w}_2| = 1/\Delta x .$$

Zur Berechnung des *Wirkungsgrads* des Hexagonal-Rasters betrachten wir das in Bild 4-8, rechts, markierte Parallelogramm. Es enthält zwei Sechstel und zwei Drittel, insgesamt also *ein* Wiederholspektrum und damit eine genutzte Fläche von

$$\pi/4 \, B^2 .$$

Das Parallelogramm selbst hat die Fläche von

$$|\det(\mathbf{w}_1,\mathbf{w}_2)| = \sqrt{3}/2 \; B^2 \; .$$

Somit ist der Wirkungsgrad des Hexagonalrasters (und gleichzeitig der für *zwei*-dimensionale Signale *maximal* erreichbare)

$$\eta_{2,max} = \pi/(2\sqrt{3}) \approx 91\% \; , \tag{4-14a}$$

d.h. man 'spart' an Abtastwerten gegenüber dem Quadratraster

$$1 - \eta_{2,Q}/\eta_{2,max} \approx 13\% \; . \tag{4-14b}$$

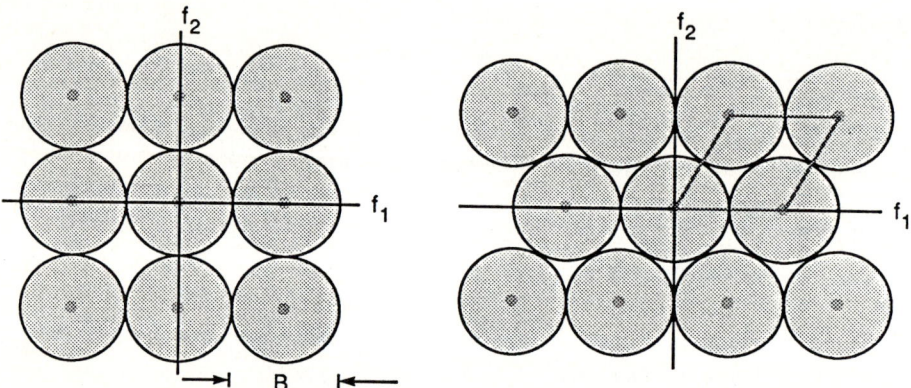

Bild 4-8: Wiederholung eines isotrop begrenzten Spektrums bei Abtastung des Signals durch ein Quadrat-Raster (**links**) bzw. ein Hexagonal-Raster (**rechts**)

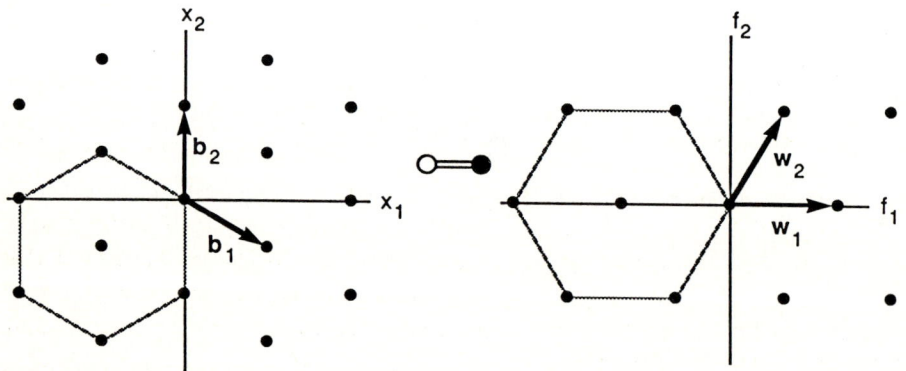

Bild 4-9: Hexagonal-Raster und sein Spektrum

Die Ermittlung des optimalen Abtastrasters für isotrop bandbegrenzte *drei*dimensionale Signale führt auf das Problem der *dichtesten Kugel*packung im Spektralbereich. Zu deren Konstruktion denken wir uns viele gleich große Kugeln, die wir zuerst auf einer ebenen Unterlage möglichst dicht zu einer *Schicht* der späteren dreidimensionalen Konfiguration anordnen. Dies führt nach dem bisher Gesagten zur Hexagonalpackung wie sie in Bild 4-10 skizziert und mit *Schicht 1* bezeichnet ist. (Die f_3-Achse stehe senkrecht zur Zeichenebene.)

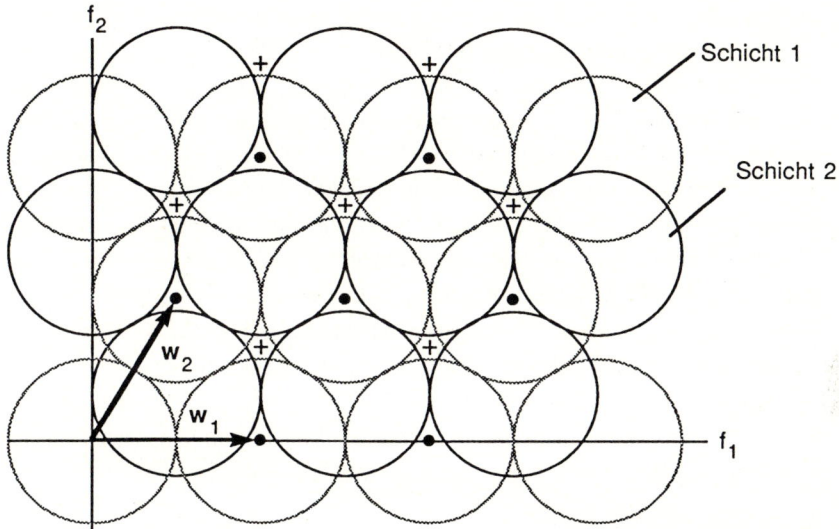

Bild 4-10: Konstruktion eines optimalen Wiederholrasters für isotrop begrenzte dreidimensionale Spektren

Damit haben wir bereits *zwei* der drei Basisvektoren festgelegt, z.B.

$$\mathbf{w}_1 = B\,(1, 0, 0)^T \quad \text{und} \quad \mathbf{w}_2 = B\,(1/2, \sqrt{3}/2, 0)^T.$$

Wollen wir nun auf dieser Schicht weiter in die 'Höhe' bauen, so werden die Kugeln der nun folgenden *Schicht 2* in den trichterartigen Bereichen zu liegen kommen, die von jeweils drei Kugeln der *Schicht 1* freigegeben werden. Beim Betrachten von Bild 4-10 erkennt man, daß nicht alle diese 'Trichter' belegt werden können. Liegt nämlich eine Kugel bereits in einem solchen Trichter, so sind die drei gerade angrenzenden 'blockiert'. Eine der beiden sich daraus ergebenden Konfigurationen von *Schicht 2* ist in Bild 4-10 eingezeichnet. Hätten wir gerade die hier *freigebliebenen* Trichter belegt, so erhielten wir eine gleichwertige Konfiguration, die durch Drehung um $\pi/3$ in die aus Bild 4-10 überzuführen ist.

Mit dem Aufbau von *Schicht 2* liegt auch der *dritte* Basisvektor fest, hier also

$$\mathbf{w}_3 = B\,(1/2, \sqrt{3}/6, \sqrt{2}/\sqrt{3})^T.$$

Zum Aufbau der weiteren Schichten ergeben sich nun zwei Möglichkeiten:

- Soll das Wiederholraster *regulär* sein, so muß das bisherige Konstruktions-prinzip weiterbefolgt werden. Zum Aufbau von *Schicht 3* müssen dann die in Bild 4-10 mit *Kreuzen* markierten Trichter belegt werden, die Kugeln in *Schicht 4* kommen dann genau über denen der *Schicht 1* zu liegen. In f_3-Richtung ergibt sich also eine *Periode* von *drei* Schichten.

- Ebenfalls eine mögliche dichteste Kugelpackung wird erreicht, wenn die mit *Punkten* markierten Trichter von den Kugeln der *Schicht 3* eingenommen werden. Dann entspricht bereits die *Schicht 3* der *Schicht 1*. Bei jeder weiteren Schicht hat man dann die zwei angesprochenen Möglichkeiten. Das entstehen-de Wiederholraster ist jedoch *nicht* mehr *regulär*. Damit ist nicht sichergestellt, daß das entsprechende Abtastraster überhaupt aus δ-Punkten besteht. Für einige spezielle Fälle ist dies jedoch weiterhin der Fall, so z.B. wenn *Schicht 3* wie besprochen aufgebaut wird (also identisch *Schicht 1* ist), *Schicht 4* dann wieder *Schicht 2* entspricht, usw. Es entsteht dann ebenfalls ein periodisches Wiederholraster (Periode: *zwei* Schichten); dieses ist jedoch *nicht regulär*, da nicht jeder Punkt dieselbe Umgebung hat, sondern zwei verschiedene solcher Umgebungen abwechselnd auftreten. Dasselbe gilt dann für das zugehörige Abtastraster, welches wir hier jedoch nicht herleiten werden.

Für das erstgenannte *reguläre* Wiederholraster berechnen sich nach (4-9b) die Basisvektoren des *Abtastrasters* zu (mit $\Delta x = 1/B$)

$$\mathbf{b}_1 = \Delta x \, (1, -1/\sqrt{3}, -1/\sqrt{6})^T \,,$$

$$\mathbf{b}_2 = \Delta x \, (1, 2/\sqrt{3}, -1/\sqrt{6})^T,$$

$$\mathbf{b}_3 = \Delta x \, (0, 0, \sqrt{3}/\sqrt{2})^T \,.$$

Der *Wirkungsgrad* dieses Rasters berechnet sich aus dem belegten spektralen Volumen

$$4/3 \, \pi \, (B/2)^3 = \pi/6 \, B^3$$

und dem zur Verfügung stehenden

$$|\det(\mathbf{w}_1, \mathbf{w}_2, \mathbf{w}_3)| = 1/\sqrt{2}$$

zu

$$\eta_{3,max} = \pi \, \sqrt{2}/6 \approx 74\% \,. \qquad (4\text{-}15a)$$

Man 'spart' im Vergleich zu einem *kubischen* Raster (Wirkungsgrad $\eta_{3,q} = \pi/6 \approx 52\%$)

$$1 - \eta_{3,k}/\eta_{3,max} \approx 29\% \qquad (4\text{-}15b)$$

der Abtastwerte.

Die Wirkungsgrade optimaler Wiederholraster für $n = 1...8$ finden sich in [4.9].

Orts-Bandbreite-Produkt mehrdimensionaler Signale und Spektren

Im Eindimensionalen hatten wir das Zeit-Bandbreite-Produkt

$$N_1 := D\,B\,, \tag{4-16a}$$

die Anzahl der voneinander linear unabhängigen Signalwerte, als wichtige Kenngröße eines Signals der Dauer D und der Bandbreite B verwendet. Im *Mehr*dimensionalen ergeben sich bei einer entsprechenden Definition eines *Orts*-Bandbreite-Produkts zwei Schwierigkeiten:

– Bandbegrenzung und Ortsausdehnung sind i. allg. *nicht isotrop* . Daher genügt meist die Angabe der zwei Zahlen D und B nicht; vielmehr kommt es auf die spezielle *Form* des Definitionsbereichs von Signal und Spektrum an.

– Auch, und gerade, bei *isotroper* Bandbegrenzung ist eine lückenlose 'Schachtelung' der Spektren nicht möglich, wie wir für n = 2 und n = 3 gesehen haben.

Wieviele Abtastwerte nötig sind, um ein gegebenes n-dimensionales Signal zu beschreiben, muß also von Fall zu Fall durch Konstruktion eines geeigneten (meist aber *sub*optimalen) Wiederholrasters geklärt werden[1].

Trotzdem ist ein Maß der 'Komplexität' von mehrdimensionalen Signalen, vor allem für grobe Abschätzungen, wünschenswert. Wir definieren daher – ohne Rücksicht auf die angesprochenen Probleme – als *Orts-Bandbreite-Produkt* eines n-dimensionalen Signals (und damit auch desses Spektrums) in Analogie zu (4-16a)

$$N_n := [\text{belegte Fläche (Volumen,...) im } \textit{Ort}] \cdot [\text{belegte Fläche (Volumen,...) im } \textit{Spektrum}]\,. \tag{4-16b}$$

Speziell für *isotrop* auf D und B orts- und frequenzbegrenzte Sinale erhalten wir also

$$N_2 = \pi^2/16\ (DB)^2 \tag{4-17a}$$

in *zwei*,

$$N_3 = \pi^2/36\ (DB)^3 \tag{4-17b}$$

in *drei* Dimensionen und allgemein

$$N_{n:\text{gerade}} = \frac{\pi^n}{n^2\,2^{2n-2}\,(n/2-1)!^2}\ (DB)^n$$

bzw.

$$N_{n:\text{ungerade}} = \frac{\pi^{n-1}\,((n-1)/2)!^2}{n!^2}\ (DB)^n\,. \tag{4-17c}$$

---

[1] Wegen einer systematischen Untersuchung der möglichen Formen von Definitionsbereichen zweidimensionaler Spektren für *lückenlose* Wiederholung siehe z.B. [4.13].

114

Anmerkung

Dagegen benötigen alle Abtastschemata, auch solche, welche die isotrop begrenzten Spektren best-
möglich dicht packen, *mehr* Abtastwerte als N_n zur alias-freien Darstellung eines Signals. Dies bedeutet,
daß dann weiterhin lineare Abhängigkeiten in den Abtastwerten enthalten sind. Es können also

$$(1/\eta - 1)\, N_n$$

Werte weglassen und nachträglich aus den restlichen – wenn auch nicht einfach durch Faltung,
sondern durch Lösung eines linearen Gleichungssystems – rekonstruiert werden [4.14].

4.2 Einige spezielle Abtastprobleme

Zeilensequenzen

Zur Übertragung eines (der Einfachheit halber *zeitlich konstanten*) Bildes $u(x,y)$ mit
Hilfe von Fernsehtechnik wird dieses zeilenweise im Abstand Δy abgetastet. Die dabei entstehenden *ein*dimensionalen (kontinuierlichen) Zeilensignale werden nacheinander angeordnet und als *ein* eindimensionales (Zeit-)Signal übertragen.
Wir wollen nun den Zusammenhang zwischen dem ursprünglichen Bild und diesem
Videosignal untersuchen und speziell das *Spektrum des Videosignals* herleiten. Wir
vereinfachen die Aufgabe dahingehend, daß Synchronisationssignale, wie sie für
eine technische Realisierung nötig sind, außer acht gelassen werden, und daß wir
vorerst ein Abtastschema *ohne* Zeilensprungverfahren annehmen. Dann können wir
uns die Bildung des Videosignals $u_s(x)$ wie in Bild 4-11 skizziert vorstellen. Wir denken uns also die einzelnen Zeilen örtlich nebeneinander im Abstand Δx aufgereiht:

$$u_s(x) := \Delta y \sum_{k=-\infty}^{+\infty} u(x - k\Delta x, k\Delta y)\,. \tag{4-18}$$

Wir nennen solch eine Darstellung eine *Zeilensequenz*. Diese entspricht dem realen
Videosignal, wenn wir

$$x = v\,t$$

setzen, wobei v die Geschwindigkeit des Abtaststrahls sei.
Um zu klären, welchen Anforderungen Systeme zur Übertragung von $u_s(x)$ gerecht
werden müssen, ist es notwendig, den Zusammenhang zwischen $U(f_x,f_y)$ und dem
Sequenzspektrum

$$U_s(f_x) \quad\bullet\!\!-\!\!\circ\quad u_s(x)$$

herzustellen, also den Abtast- und 'Umordnungs'-Vorgang aus Bild 4-11 im Spektralbereich zu beschreiben.

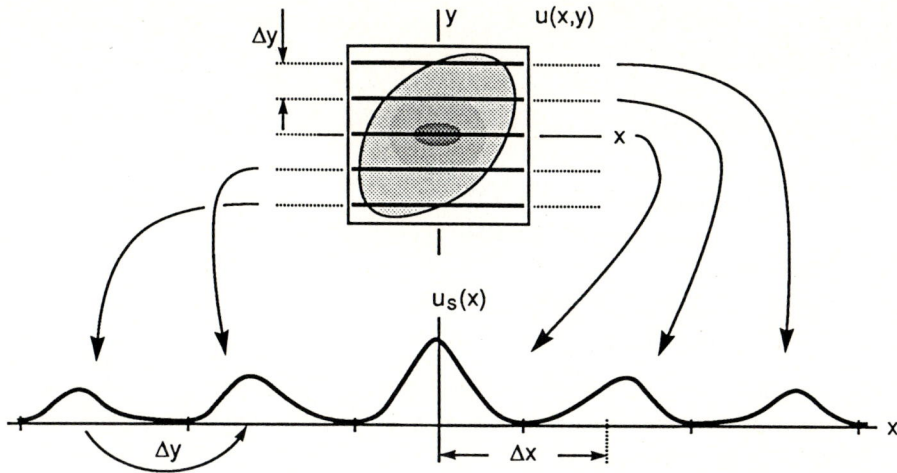

Bild 4-11: Darstellung eines zweidimensionalen Signals als eindimensionale Zeilensequenz

Zu diesem Zweck leiten wir nun $u_s(x)$ aus $u(x,y)$ mit Hilfe zweier systemtheoretisch einfach zu beschreibenden Schritte her (Bild 4-12, oben):

1. Wir denken uns das ursprüngliche Bild $u(x,y)$ *periodisch wiederholt* im Abstand Δx in x-Richtung und einem jeweiligen Versatz von Δy in y-Richtung. Diese periodische Wiederholung beschreiben wir als Faltung mit dem δ-Punkte-Puls

$$p_s(x,y) := \Delta y \sum_k \delta(x - k\Delta x, y+k\Delta y) , \qquad (4\text{-}19a)$$

wie in Bild 4-12, oben, skizziert:

$$u(x,y) * * \, p_s(x,y) = \Delta y \sum_k u(x - k\Delta x, y+k\Delta y) . \qquad (4\text{-}20a)$$

2. *Blenden* wir schließlich aus diesem Faltungsergebnis die Werte auf der x-Achse *aus*, indem wir $y = 0$ setzen, so erhalten wir gerade $u_s(x)$ aus (4-18).

Jeden dieser beiden Schritte können wir nun in den Frequenzbereich transformieren (Bild 4-12, unten):

1. Die Faltung von $u(x,y)$ mit $p_s(x,y)$ entspricht dann der Multiplikation von $U(f_x,f_y)$ mit der Transformierten $P_s(f_x,f_y)$ von $p_s(x,y)$. Aus Bild 4-2 wissen wir bereits, daß ein δ-Punkte-Puls und ein δ-*Geraden-Puls* ein Fourier-Paar bilden. Ausgeschrieben lautet $P_s(f_x,f_y)$:

$$P_s(f_x,f_y) = \Delta y \sum_i \delta(\Delta x f_x - \Delta y f_y - i) . \qquad (4\text{-}19b)$$

Das ursprüngliche Spektrum $U(f_x,f_y)$ wird also entlang paralleler Geraden *abgetastet*:

$$U(f_x,f_y)\, P_s(f_x,f_y) = \Delta y \sum_i U(f_x, \Delta x/\Delta y\, (f_x - i/\Delta x))\, \delta(\Delta x f_x - \Delta y f_y - i)\, . \quad (4\text{-}20b)$$

2. Im zweiten Schritt hatten wir y = 0 gesetzt. Dies bedeutet im Spektralbereich eine *Projektion* auf die f_x-Achse, also

$$U_s(f_x) = \int_{-\infty}^{+\infty} U(f_x,f_y)\, P_s(f_x,f_y)\, df_y\, .$$

Das *Sequenzspektrum* ist somit schließlich (s. auch [4.15, 4.16])

$$U_s(f_x) = \sum_i U(f_x,\, \Delta x/\Delta y\, (f_x - i/\Delta x))\, . \qquad\qquad (4\text{-}21)$$

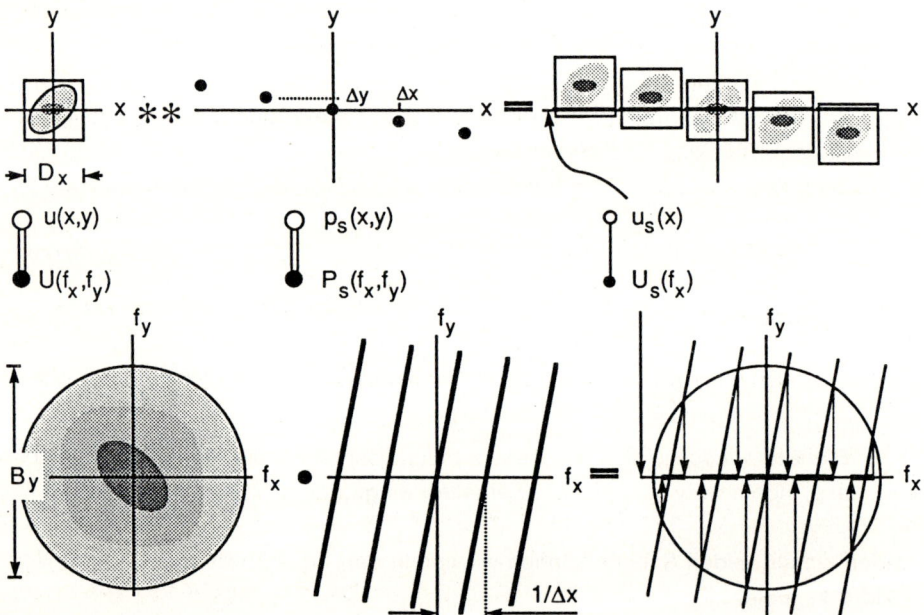

Bild 4-12: Herleitung des Sequenzspektrums $U_s(f_x)$ aus dem Signalspektrum $U(f_x,f_y)$

Das eindimensionale Spektrum $U_s(f_x)$ der Zeilensequenz $u_s(x)$, das Sequenzspektrum also, ist offensichtlich *ebenfalls* eine Zeilensequenz des Originalspektrums $U(.)$. Allerdings geschieht hier die Abtastung entlang von Geraden, die gegenüber den Koordinatenachsen *geneigt* sind; der Winkel zur f_y-Achse ist $\arctan(\Delta y/\Delta x)$. Die spektralen Schnitte werden entsprechend dem 2. Schritt ebenfalls 'nebeneinander' angeordnet, wobei sie zusätzlich nach der Projektionsgeometrie aus Bild 4-12 um den Faktor

$$\Delta x/\Delta y$$

gestaucht erscheinen. Der *Abstand* der einzelnen gestauchten Spektralschnitte zueinander, also z.B. der Abstand zweier f_x-Frequenzen, bei denen jeweils im Originalspektrum $f_y = 0$ war, ist dann

$$1/\Delta x\,.$$

Das Spektrum $U_s(f_x)$ ist nur dann eine gültige Repräsentation von $U(f_x,f_y)$, wenn in jenem *keine spektralen Überlappungen* auftreten. Hat $U(f_x,f_y)$ die Bandbreite B_y in f_y-Richtung, so beansprucht diese in $U_s(f_x)$ ein Frequenzband der Breite

$$\Delta y/\Delta x\ B_y\,.$$

Um *Aliasing* zu vermeiden, muß diese Breite *kleiner* als der erwähnte Abstand $1/\Delta x$ sein. Es muß also die Abtastbedingung in y-Richtung

$$\Delta y < 1/B_y \tag{4-22a}$$

gelten. Um andererseits Überlappungen der Zeilensignale im *Orts*bereich zu vermeiden, muß trivialerweise Δx größer als die maximale Ausdehnung D_x des Bildes $u(x,y)$ in x-Richtung sein, also

$$\Delta x > D_x\,. \tag{4-22b}$$

Die Gleichungen (4-22a,b) sind die *Abtastbedingungen* zur Erzeugung einer Zeilensequenz (z.B. eines Videosignals).
Eine mögliche Anwendung der Zeilensequenz-Darstellung von Signalen ist die Simulation der zweidimensionalen Faltung

$$u_2(x,y) = u_1(x,y) ** s(x,y) \tag{4-23a}$$

durch eine sog. *Sequenzfaltung*, indem sowohl $u_1(x,y)$ wie auch die Punktantwort $s(x,y)$ als Sequenzen $u_{1s}(x)$ bzw. $s_s(x)$ dargestellt und miteinander – *ein*dimensional – gefaltet werden. Das Ergebnis ist dann $u_{2s}(x)$, die Zeilensequenz von $u_2(x,y)$:

$$u_{2s}(x) = u_{1s}(x) * s_s(x)\,, \tag{4-23b}$$

vorausgesetzt, daß $u_{1s}(.)$ und $s_s(.)$ *dieselben* Parameter Δx und Δy aufweisen.
In Bild 4-13, oben, ist eine spezielle zweidimensionale Faltung skizziert. Eingangssignal und Punktantwort wurden als Kreisscheiben unterschiedlicher Durchmesser angenommen. Bild 4-13, unten, zeigt die Sequenzfaltung nach (4-23b), welche die Faltung aus Bild 4-13, oben, simuliert.

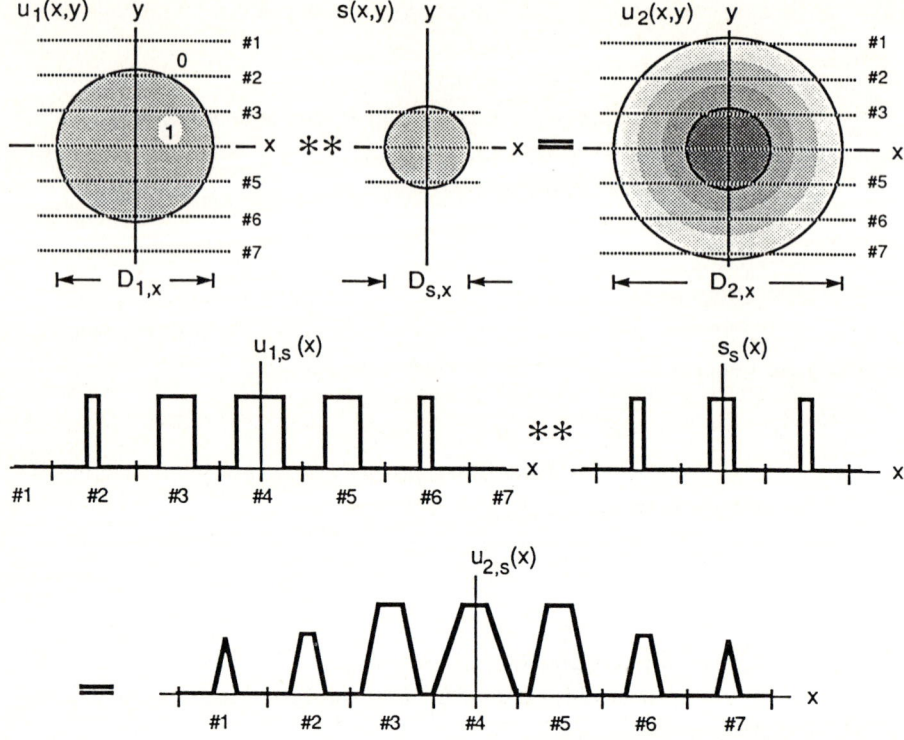

Bild 4-13: Zeilensequenzfaltung (**unten**) zur Simulation einer zweidimensionalen Faltung (**oben**); die zu faltenden Signale sind hier *nicht bandbegrenzt*, und damit ist die Abtastbedingung (4-22a) verletzt

Wir erkennen, daß es *nicht* genügt, die Bedingung (4-22b) allein für die *Eingangs*sequenz $u_{1s}(x)$ zu erfüllen, sondern daß diese auch für die *Ausgangs*sequenz $u_{2s}(x)$ gelten muß, d.h. nach Bild 4-13:

$$\Delta x > D_{2,x} = D_{1,x} + D_{s,x} . \qquad (4\text{-}22c)$$

Natürlich kann eine Sequenzfaltung auch durch *Multiplikation der Sequenzspektren* $U_{1s}(f_x)$ und $S_s(f_x)$ beschrieben werden:

$$U_{2s}(f_x) = U_{1s}(f_x) \, S_s(f_x) . \qquad (4\text{-}24)$$

Der Vollständigkeit halber wollen wir auch das Spektrum einer Zeilensequenz unter Berücksichtigung des *Zeilensprung*verfahrens herleiten (s. auch [4.16]). Hierbei werden die Zeilensignale so angeordnet, daß zuerst alle z.B 'ungeradzahligen' Zeilen aneinandergereiht werden und danach die 'geradzahligen' (Bild 4-14). Dieser Abtastvorgang kann (ähnlich Bild 4-12) beschrieben werden als periodische Wiederholung des Bildes und einer Ausblendung der Werte auf der x-Achse. Allerdings besteht nun die Wiederholfunktion aus zwei parallelen δ-Punkte-Pulsen, wie in Bild 4-15 skizziert.

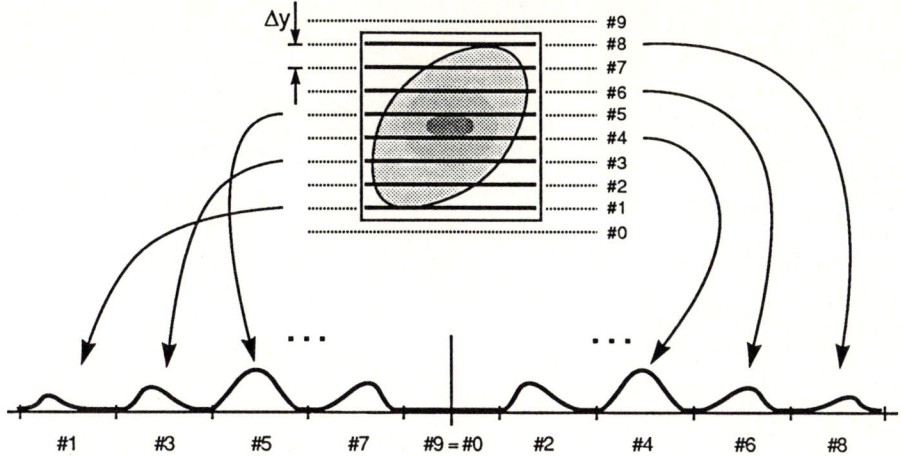

Bild 4-14: Zeilensprung-Sequenz

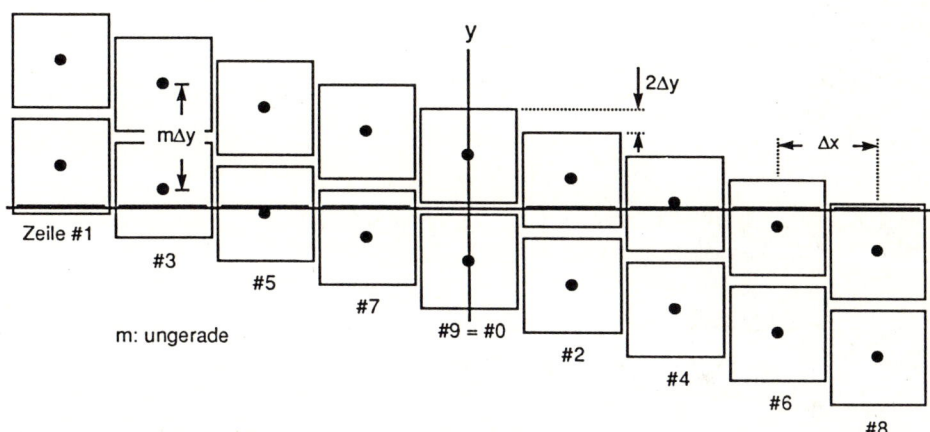

Bild 4-15: Systemtheoretische Beschreibung des Zeilensprungverfahrens

Diese spezielle Wiederholfunktion können wir als Faltung *eines* δ-Punkte-Pulses mit einem δ-*Punkte-Paar* auffassen (Bild 4-16):

$$p_{sZ}(x,y) = \big(\delta(x)\,[\delta(y+m\Delta y/2)+\delta(y-m\Delta y/2)]\big) \ast\ast \ \Delta y \sum_{k} \delta(x-k\Delta x,\, y+2k\Delta y)\,,$$

$$(4\text{-}25a)$$

wobei m die (*un*gerade) Gesamtanzahl der Zeilen ist (in Bild 4-15 ist m = 9). Mit (4-19b) läßt sich sofort die Fourier-Transformierte $P_{sZ}(f_x,f_y)$ angeben (Bild 4-17):

$$P_{sZ}(f_x,f_y) = 2\Delta y \cos(\pi m\Delta y f_y) \sum_{i} \delta(\Delta x f_x - 2\Delta y f_y - i)\,. \qquad (4\text{-}25b)$$

120

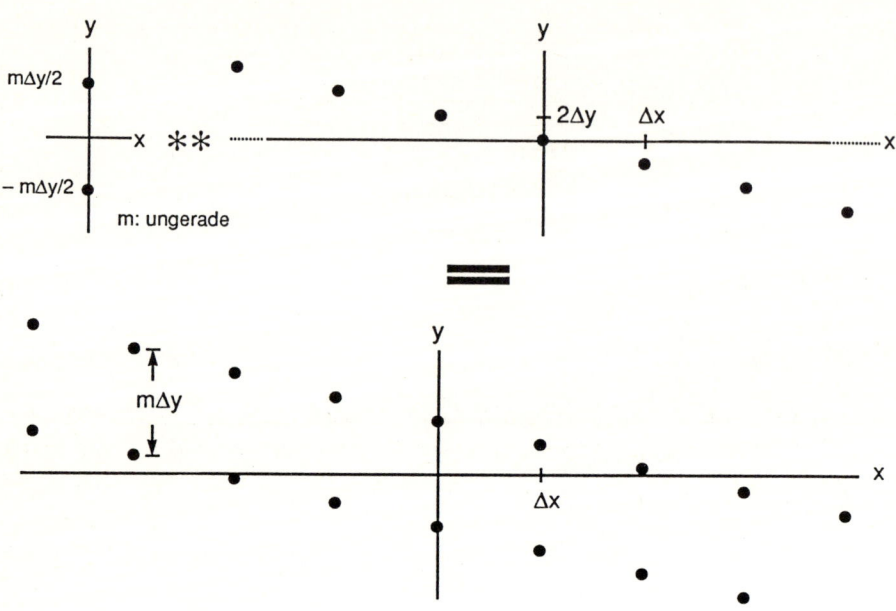

Bild 4-16: Synthese des Doppel-Punkte-Pulses $p_{sZ}(x,y)$ aus Bild 4-15 (m = 9)

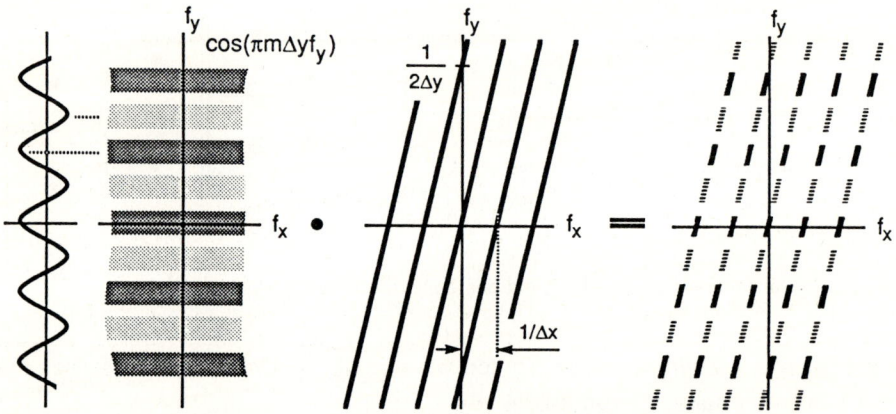

Bild 4-17: Der Zusammenhang aus Bild 4-16 im Spektralbereich (m = 9)

Anstelle des Geraden-Pulses $P_s(.)$ aus Bild 4-12 tritt also hier $P_{sZ}(.)$, ein *cos-modu-lierter* Geraden-Puls, welcher um den Winkel arctan($2\Delta y/\Delta x$) statt um arctan($\Delta y/\Delta x$) gegen die f_y-Achse geneigt ist. Das *Zeilensprung-Sequenzspektrum* $U_{sZ}(f_x)$ ist damit:

$$U_{sZ}(f_x) = \int\limits_{-\infty}^{+\infty} U(f_x, f_y) \, P_{sZ}(f_x, f_y) \, df_y$$

$$= \sum_i U(f_x, \Delta x/(2\Delta y) \, (f_x - i/\Delta x)) \, \cos(\pi m \Delta x (f_x - i/\Delta x)/2) \, . \qquad (4\text{-}26)$$

Schnittbildsequenzen

Genauso, wie wir ein *zwei*dimensionales Signal unter den genannten Bedingungen durch eine *ein*dimensionale Zeilensequenz repräsentieren können, läßt sich auch ein *drei*dimensionales Signal als *zwei*dimensionale *Schnittbildsequenz* darstellen [4.17, 4.18]. Beim Kinofilm wird davon Gebrauch gemacht, indem ein sich zeitlich änderndes Bild $u(x,y,t)$ in t abgetastet wird, und die entstehenden Schnittbilder örtlich regulär auf einem Filmstreifen angeordnet werden (Bild 4-18).

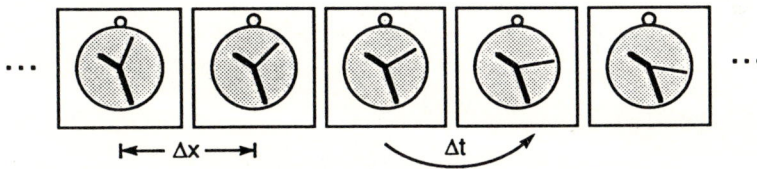

Bild 4-18: Beispiel einer Schnittbildsequenz

Diese Art von Sequenz unterscheidet sich von einer Zeilensequenz dadurch, daß eine weitere Dimension dazugekommen ist, in der aber keine Abtastung stattfindet. Wir können also die für Zeilensequenzen hergeleiteten Formeln benutzen, wenn wir y durch t ersetzen und y zusätzlich mitführen. Die *Schnittbildsequenz* $u_s(x,y)$ ist also

$$u_s(x,y) := \Delta t \sum_k u(x - k\Delta x, y, k\Delta t) \qquad (4\text{-}27a)$$

und das *Sequenzspektrum* nach (4-21)

$$U_s(f_x, f_y) = \sum_i U(f_x, f_y, \Delta x/\Delta t \, (f_x - i/\Delta x)) \, . \qquad (4\text{-}27b)$$

Es läßt sich analog zu Bild 4-12 herleiten als Multiplikation von $U(f_x, f_y, f_z)$ mit dem δ-*Ebenen*-Puls $P_s(f_x, f_t)1(f_y)$ und anschließender Projektion auf die f_x, f_y-Ebene. Daher ist auch hier das *Sequenzspektrum* eine *Schnittbildsequenz* des ursprünglichen

Spektrums. Die im vorangegangenen Abschnitt gemachten Aussagen bezüglich der Abtastbedingungen und der Möglichkeit von Sequenzfaltungen gelten entsprechend.

Anmerkung

Beim Kinofilm werden die Schnittbilder nicht *neben*- sondern *über*einander (also in y-Richtung) arrangiert. Zur Übertragung solch einer Schnittbildsequenz mit Hilfe von Fernsehtechnik wird diese *nochmals*, und zwar in y, abgetastet, d.h. als *ein*dimensionale Zeilensequenz repräsentiert. In analoger Weise ist dann auch die Darstellung *vier*dimensionaler Signale als *zwei*dimensionale Schnittbildsequenzen denkbar. Die Schnittbilder werden dann (z.B. äquidistant in x- und in y-Richtung) in einer Ebene angeordnet.

Ein Abtasttheorem für zeitvariante Systeme

In Abschnitt 2.6 hatten wir gesehen, daß sich zum Verständnis zeitvarianter Systeme eine *zwei*dimensionale Beschreibung anbietet, da die Impulsantwort $h(t,t')$ von *zwei* Variablen abhängt. Mit dem in Kapitel 3 erworbenen Wissen über mehrdimensionale Systeme können wir nun solche Operationen genauer analysieren.

Wir gehen von den bereits aus (2-24a,c) bekannten Definitionen zeitvarianter Systeme aus (Bild 4-19):

$$u_2(t) = \mathcal{S}\{u_1(t)\} = \int_{-\infty}^{+\infty} u_1(t')\, h(t-t',t')\, dt' = \int_{-\infty}^{+\infty} u_1(t')\, g(t,t')\, dt' \qquad (4\text{-}28a)$$

mit

$$g(t,t') = h(t-t',t') \ . \qquad (4\text{-}28b)$$

Bei zeit*in*varianten Systemen hatten wir die Fourier-Transformation, also die Entwicklung in die *Eigenfunktionen* solcher Systeme, als bequeme Beschreibungsmöglichkeit benutzt. Entsprechend müßten wir nun Eigenfunktionsentwicklungen von (4-28a) suchen, um mit ähnlichen Formalismen arbeiten zu können. Wir werden jedoch im weiteren zeitvariante Systeme trotzdem durch Fourier-Methoden beschreiben, und zwar aus folgenden Gründen:

– Es ist i. allg. sehr schwer, die Eigenfunktionen für die jeweils zu untersuchende – kontinuierliche – Systemklasse zu finden. (Liegen jedoch die Signale und die Impulsantworten *abgetastet*, und damit als Vektoren bzw. als Matrizen vor, so geht (4-28a) in eine Matrix-Vektor-Multiplikation über und die Suche nach Eigenfunktionen und Eigenwerten wird zur bekannten Aufgabe der *Diagonalisierung* der Impulsantwort-Matrix. Dieses Problem ist *numerisch* zu lösen.)

– Eine Faltungsoperation ist technisch relativ einfach und mit großer Verarbeitungsgeschwindigkeit zu realisieren, z.B. durch R-L-C-Filter, Laufzeitfilter oder auch durch optische Faltungsrechner (s. Abschnitt 5.3). Daher bietet sich eine – evtl. näherungsweise – Implementierung eines zeitvarianten durch mehrere zeit*in*variante Syteme an, wie wir dies im folgenden diskutieren werden.

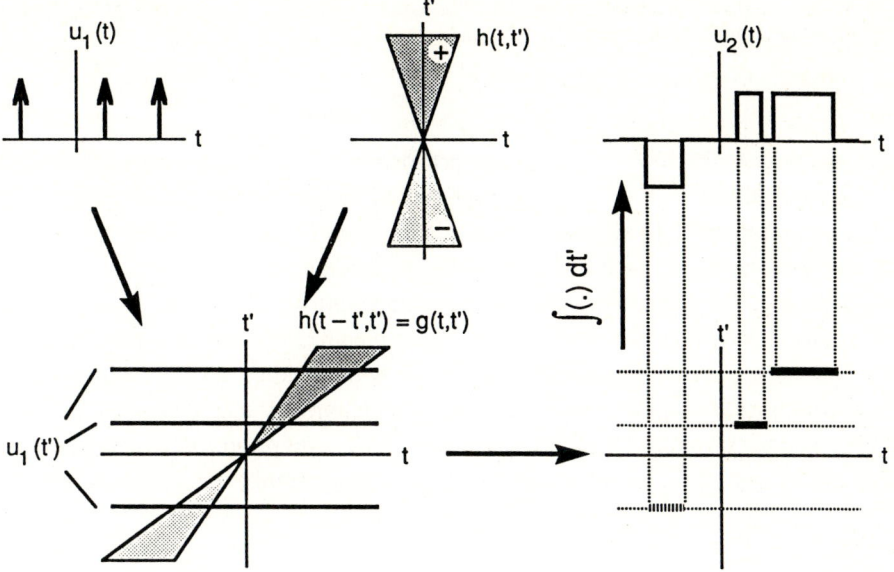

Bild 4-19: Grafische Interpretation der Gleichungen (4-28a,b)

Zuerst transformieren wir die Definitionsgleichungen (4-28a,b) in den Fourier-Bereich. Mit

$$g(t,t') \quad \circ\!\!=\!\!=\!\!\bullet \quad G(f,f') \qquad \text{und} \qquad h(t,t') \quad \circ\!\!=\!\!=\!\!\bullet \quad H(f,f')$$

erhalten wir die Korrespondenz

$$g(t,t') = h(t-t',t') \quad \circ\!\!\xrightarrow{\ t\ }\!\!\bullet \quad H^t(f,t')\, e^{-j2\pi t' f} \quad \circ\!\!\xrightarrow{\ t'\ }\!\!\bullet \quad H(f, f+f') = G(f,f') \,. \qquad (4\text{-}29)$$

Das hier auftretende Teilspektrum $H^t(f,t')$ ist die *zeitvariante Übertragungsfunktion* des Systems. Sie ist die eindimensionale Fourier-Transformierte der jeweiligen Impuls-antwort für jeden Auftrittszeitpunkt t'. Nun können wir (4-28a) mit Hilfe des *Parseval-schen Satzes* (Tabelle 2-2) Fourier-transformieren:

$$U_2(f) = \int\limits_{-\infty}^{+\infty} U_1(f')\, H(f, f-f')\, df' = \int\limits_{-\infty}^{+\infty} U_1(f')\, G(f, -f')\, df' \,. \qquad (4\text{-}30)$$

Eine lineare zeitvariante Operation korrespondiert also erwartungsgemäß mit einer *linearen frequenzvarianten* Operation.

Anmerkung
Beim Sonderfall der *Faltung* wird $h(t,t')$ zu $s(t)1(t')$ und damit $H(f,f')$ zu $S(f)\delta(f')$. Dies in (4-30) eingesetzt liefert gerade

$$U_2(f) = U_1(f)\, S(f) \,.$$

Beim zweiten Sonderfall, dem *Modulator*, ist h(t,t') = m(t')δ(t) und damit H(f,f') = M(f')1(f). Dies führt in (4-30) wie erwartet auf das spektrale Faltungsintegral

$$U_2(f) = \int_{-\infty}^{+\infty} U_1(f') \, M(f-f') \, df' = U_1(f) * M(f) \, .$$

In Bild 4-20 ist (4-30) in ähnlicher Weise grafisch interpretiert wie die Definitionsgleichungen (4-28a,b) in Bild 2-19. Dabei wurde angenommen, daß sowohl das Eingangsspektrum $U_1(f)$ wie auch das Impulsantwort-Spektrum H(f,f') bezüglich f *bandbegrenzt* sind, und zwar auf B_1 bzw. B_h. Außerdem sei H(f,f') auch in f' bandbegrenzt mit B'_h. Das bedeutet, daß die Impulsantwort nur 'langsam' bezüglich des Auftrittszeitpunktes t' variiert. Das System möge also nicht abrupt sein Übertragungsverhalten ändern. Solch ein System nennen wir *variationsbegrenzt* [4.19] und B'_h die *Variationsbandbreite* (bei der speziellen Impulsantwort aus Bild 4-19 ist diese Bandbegrenzung natürlich nicht gegeben). Wir erkennen, daß unter diesen Voraussetzungen, das *Ausgangssignal* ebenfalls *bandbegrenzt* ist, und zwar auf

$$B_2 = \begin{cases} B_h & \text{für } B_h \leq B_1+B'_h \\ B_1+B'_h & \text{für } B_h > B_1+B'_h \, . \end{cases} \tag{4-31}$$

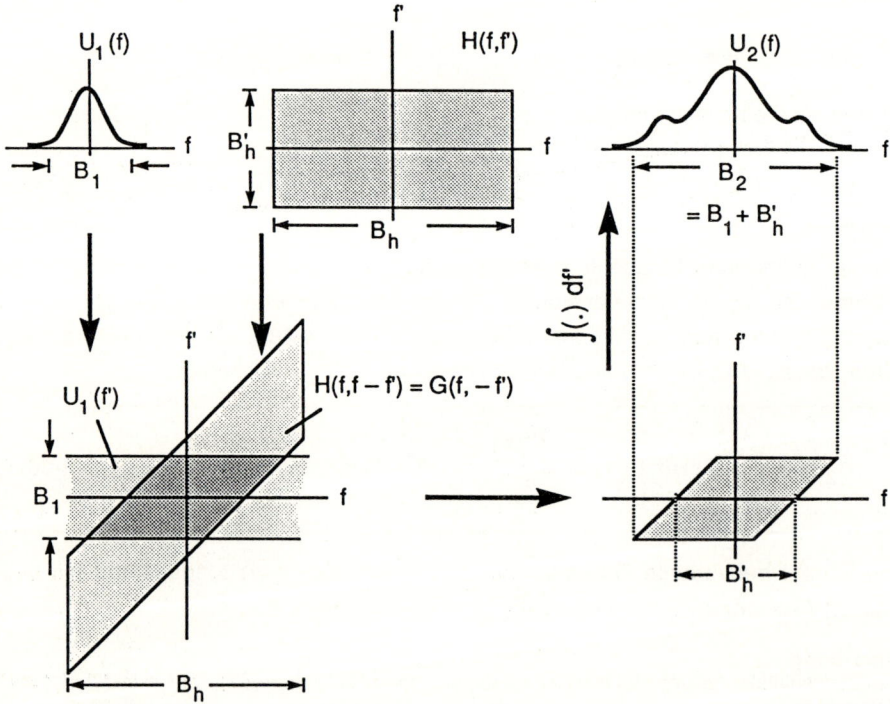

Bild 4-20: Zeitvariante Operation, beschrieben im Spektralbereich; hier ist $B_h > B_1+B'_h$

Zur technischen Realisierung zeitvarianter (oder auch *orts*varianter) Operationen sind in der Literatur verschiedene Vorschläge zu finden [4.19-4.25], welche sich im Aufwand und in den Forderungen an die zu realisierende Impulsantwort unterscheiden. Wir werden hier ein einfaches *Abtasttheorem* formulieren [4.25], welches die Implementierung *variationsbegrenzter* Systeme erlaubt. Zu dessen Herleitung zeigen wir zuerst, daß sich die *ein*dimensionale zeitvariante Operation (4-28a) auch mit Hilfe einer *zwei*dimensionalen *Faltung* realisieren läßt. Wir definieren dazu nach Bild 4-21 die zweidimensionale (Hilfs-)Eingangsfunktion

$$u'_1(t,t') := u_1(t)\,\delta(t+t')$$ (4-32a)

mit dem Spektrum

$$U'_1(f,f') = U_1(f - f') .$$ (4-32b)

Diese Hilfsfunktion werde nun *zwei*dimensional mit h(t,t') gefaltet:

$$u_2'(t,t') := u'_1(t,t') \overset{t\ \ t'}{*\,*} h(t,t') = \iint_{-\infty}^{+\infty} u_1(\tau)\,\delta(\tau+\tau')\,h(t-\tau, t'-\tau')\,d\tau'd\tau$$

$$= \int_{-\infty}^{+\infty} u_1(\tau)\,h(t-\tau, t'+\tau)\,d\tau .$$ (4-33)

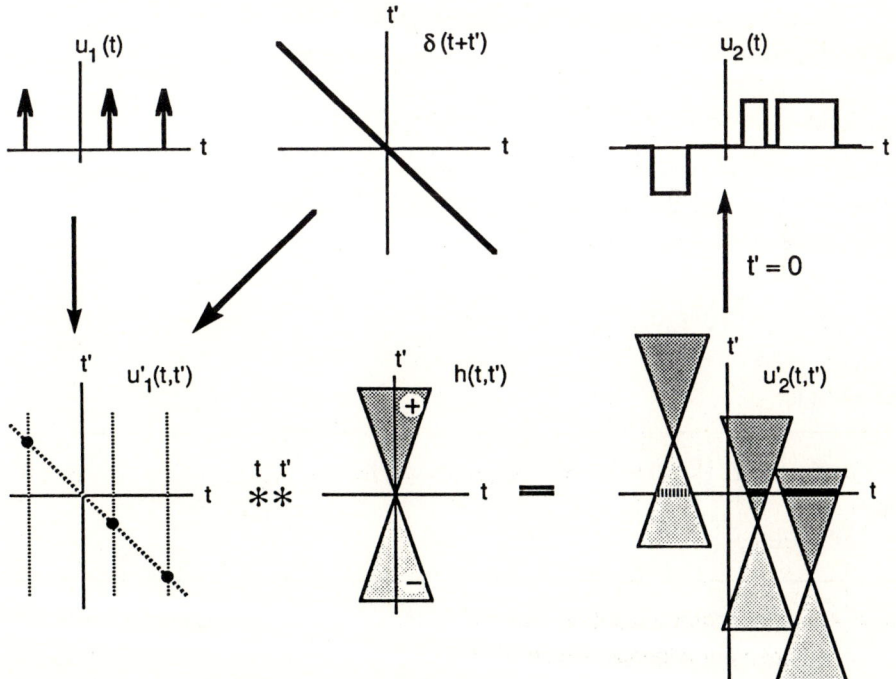

Bild 4-21: Ausführung einer zeitvarianten Operation mit Hilfe einer zweidimensionalen Faltung

Entnehmen wir dem Faltungsergebnis die Werte bei t' = 0, so erhalten wir

$$u'_2(t,0) = \int_{-\infty}^{+\infty} u_1(\tau) \, h(t-\tau,\tau) \, d\tau \, . \qquad (4\text{-}34)$$

Im Vergleich mit (4-28a) erkennen wir darin die zu realisierende zeitvariante Operation (mit $\tau = t'$). Zusammengefaßt gilt also (Bild 4-21):

$$u_2(t) = \left([u_1(t) \, \delta(t+t')] \overset{t}{*} \overset{t'}{*} h(t,t') \right) \Big|_{t'=0} \qquad (4\text{-}35a)$$

oder nach gliedweiser Fourier-Transformation:

$$U_2(f) = \int_{-\infty}^{+\infty} U'_2(f,f') \, df' = \int_{-\infty}^{+\infty} U_1(f-f') \, H(f,f') \, df' \, . \qquad (4\text{-}35b)$$

Der Ersatz einer eindimensionalen zeitvarianten durch eine zweidimensionale, nun allerdings zeit*in*varianten, Operation ist bezüglich des Realisierungsaufwands nicht unbedingt ein gutes Geschäft. Vorteile bringt diese Betrachtungsweise erst, wenn *Variationsbegrenztheit* gegeben ist, also

$$H(f,f') = 0 \qquad \text{für} \qquad |f'| > B'_h/2 \, .$$

Unter dieser Voraussetzung dürfen wir auch $U_1(f-f')$ in (4-35b) auf dieselbe Bandbreite begrenzen. Wir können also $u_1'(t,t')$ in (4-33) durch

$$u'_{1w}(t,t') := u'_1(t,t') \overset{t'}{*} \text{si}(\pi B'_h t') = u_1(t) \, \text{si}(\pi B'_h(t+t')) \qquad (4\text{-}36)$$

ersetzen. In Bild 4-21 erscheint nun statt der unendlich schmalen δ-Garaden $\delta(t+t')$ ein breiteres 'Band' von si-förmigem Profil. In diesem Fall können wir die t'-Faltung in (4-35a) als *diskrete* Faltung ausführen:

$$u_2(t) = \Delta t' \sum_k [u'_{1w}(t,k\Delta t') \overset{t}{*} h(t, t' - k\Delta t')] \Big|_{t'=0} \, ,$$

und damit ist

$$u_2(t) = \Delta t' \sum_k \left([u_1(t) \, \text{si}(\pi(t/\Delta t' - k))] \overset{t}{*} h(t,k\Delta t') \right) \qquad (4\text{-}37)$$

mit

$$\Delta t' < 1/B'_h \, .$$

Diese *Abtastvorschrift* erlaubt die *Realisierung* von variationsbegrenzten zeitvarianten Operationen auf folgende Weise (Bild 4-22):
Zuerst wird das Eingangssignal mit si-förmigen Bewertungsfunktionen in einzelne Auszüge aufgeteilt. Der k-te Auszug entsteht dabei durch Multiplikation von $u_1(t)$ mit

$\text{si}\big(\pi(t/\Delta t' - k)\big)$. Jeder Auszug wird mit der entsprechenden Impulsantwort $h(t,k\Delta t')$ gefaltet. Schließlich werden die Ausgänge aller dieser Kanäle summiert.

Es ist also nicht mehr nötig, die Impulsantwort für *alle* Werte von t' zu kennen; es genügt eine Art *Filterbank*, welche die Faltungskerne $h(t,k\Delta t')$ (bzw. die Übertragungsfunktionen $H^t(f,k\Delta t')$) für diskrete Auftrittszeitpunkte $k\Delta t'$ enthält.

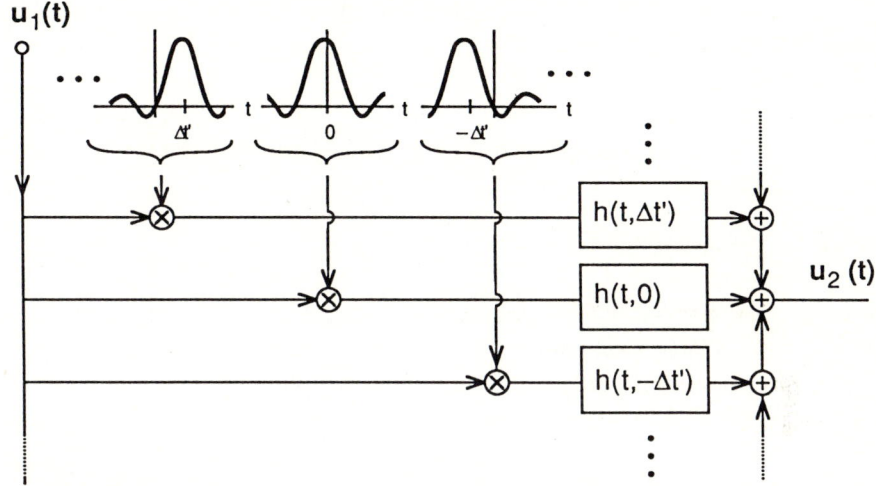

Bild 4-22: Realisierung einer zeitvarianten variationsbegrenzten Operation

Anmerkungen

– Das obige Verfahren ähnelt dem sog. *piecewise isoplanatic approach* [4.23, 4.26], der darauf beruht, daß $u_1(t)$ in *disjunkte* Zeitabschnitte eingeteilt wird. Diese Teile des Eingangssignals werden dann wie oben mit der zum jeweiligen Zeitpunkt geltenden Impulsantwort gefaltet und anschließend summiert. Bei diesem Vorgehen wird in (4-36) die si-Funktion durch eine rect-Funktion ersetzt. Die dabei auftretenden harten Intervallbegrenzungen sind die Hauptfehlerursache dieser Realisation.

– Die behandelte Methode zur Realisierung zeitvarianter Systeme läßt sich natürlich auch auf *orts*variante Operationen übertragen [4.25]. Die ortsvariante Punktantwort $h(x,y,x',y')$ ist dann *vier*dimensional. Bei Variationsbegrenztheit ist die Realisierung wie o.a. möglich, nur daß nun die *Bewertungsfunktionen* von der Form

$$\text{si}\big(\pi(x/\Delta x' - i)\big)\ \text{si}\big(\pi(y/\Delta y' - k)\big)$$

sind. Mit Hilfe dieser sich überlappenden si-'Fenster' wird also das Eingangsbild in einzelne Kanäle aufgeteilt und jeder dieser Auszüge mit einer eigenen Punktantwort $h(x,y,i\Delta x',k\Delta y')$ gefaltet.

Das Abtasttheorem der Computer-Tomographie

Für die Materialprüfung und die medizinische Diagnostik sind zerstörungsfrei, nichtinvasiv gewonnene Bilder aus dem Inneren von 'Objekten' unverzichtbar geworden. Manche der verwendeten Verfahren jedoch liefern lediglich *Linienintegralwerte* durch das Objekt. So kann zwar bei einer klassischen Röntgenaufnahme die Schwächung des Röntgen-Strahls durch den Patienten gemessen werden; diese Messung sagt aber nichts darüber aus, ob der Strahl eine lange Strecke in einem Gewebe von niedrigem Schwächungskoeffizienten oder einen kurzen Weg im Knochen (starke Schwächung) zurückgelegt hat. In diesem Abschnitt zeigen wir, wie man *trotzdem* ein Bild der örtlichen Verteilung des Schwächungskoeffizienten gewinnen kann und welche Abtastbedingungen bei der Realisierung eingehalten werden müssen.

Durchdringt ein Röntgen-Strahl der *Rate* λ_0 (Photonen pro Fläche und Zeit) eine Materialprobe einer *Dicke* d und eines *Schwächungskoeffizienten* μ, so ist die Rate λ beim Verlassen der Probe bekanntlich

$$\lambda = \lambda_0 \, e^{-\mu d} .$$

(4-38a)

Bei den hier interessierenden Objekten ist μ eine Funktion des Ortes, also $\mu = \mu(x,y,z)$. Dann wird (4-38a) zu

$$\lambda = \lambda_0 \, e^{-\int \mu(x,y,z) \, ds} .$$

(4-38b)

(ds sei ein Wegelement entlang des Strahls.) Diese Gleichung gilt nun für *jeden* Strahl von der Röntgen-Quelle zum Detektor (Film, Floureszenzschirm,...). Aus einer *zwei*dimensionalen Röntgenaufnahme kann also $\mu(x,y,z)$ i. allg. *nicht* mehr rekonstruiert werden, da speziell die Strukturen *in* Richtung des Strahls 'wegintegriert' wurden. Einen möglichen Ausweg bietet die transaxiale Röntgen-*Computer-Tomographie* (siehe z.B. [4.2-4.7]), die sich auf *mehrere* solcher Messungen stützt – jeweils unter verschiedenen Winkeln durchgeführt. Zur Beschreibung dieser Methode betrachten wir vorerst nur eine Schicht[1] des Objekts, hier bei z = const, und bezeichnen sie mit

$$o(x,y) := \mu(x,y,z=const) .$$

Weiterhin nehmen wir an, daß die Röntgen-Strahlen zueinander *parallel* sind. Es ist dann zweckmäßig, wie in Bild 3-19 ein rechtwinkliges R,T-Koordinatensystem einzuführen, welches um den Winkel φ gegenüber dem ursprünglichen gedreht ist. Die T-Achse werde dabei durch die Strahlrichtung vorgegeben, und der Detektor sei auf einer zur R-Achse parallelen Geraden angeordnet. Diese spezielle Geometrie der Meßwertaufnahme ist in Bild 4-23 skizziert. Dann wird (4-38b) zu

$$\lambda(R;\varphi) = \lambda_0(R;\varphi) \, e^{-\int o_\varphi(R,T) \, dT}$$

(4-39)

mit

$$o_\varphi(R,T) := o(x,y)$$

und

$$R = x \cos\varphi + y \sin\varphi , \quad T = -x \sin\varphi + y \cos\varphi .$$

---

[1] In der technischen Realisierung wird ohnehin nur die zu untersuchende Schicht durchstrahlt und damit der ionisierenden Röntgen-Strahlung ausgesetzt. Die Möglichkeit, einen Schnitt aus dem Objekt zu isolieren, gibt den tomographischen Verfahren ihren Namen: 'τομοσ' (griech.) : 'Schnitt'.

129

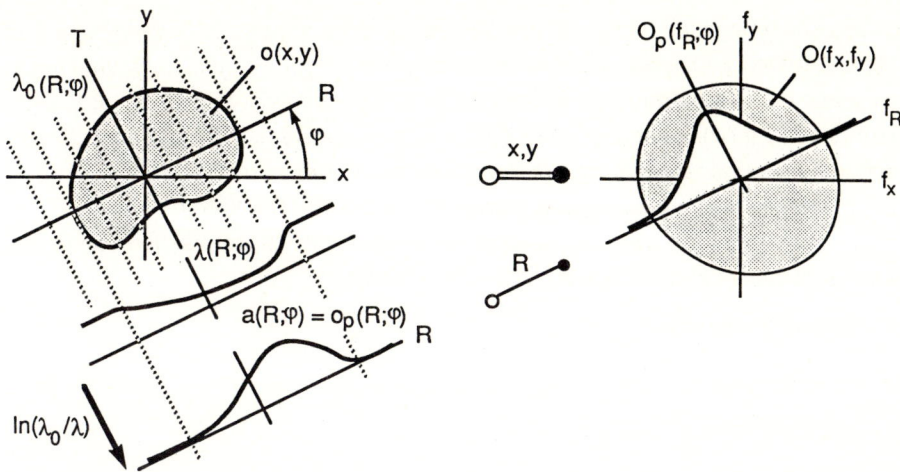

Bild 4-23: Meßwerterfassung (**links**) bei der Computer-Tomographie mit Parallelstrahlgeometrie und die korrespondierende Operation im Spektrum (**rechts**)

Offensichtlich ist die Meßgröße $\lambda(R;\varphi)$ *nichtlinear* mit der Objektfunktion verknüpft. Betrachtet man dagegen statt $\lambda(.)$ das *Dämpfungsmaß*

$$a(R;\varphi) := \ln(\lambda_0(R;\varphi)/\lambda(R;\varphi)) \,, \qquad (4\text{-}40)$$

als das Ergebnis der Messung, so gilt der *lineare* Zusammenhang

$$a(R;\varphi) = \int_{-\infty}^{+\infty} o_\varphi(R,T)\, dT \,. \qquad (4\text{-}41a)$$

Das Dämpfungsmaß $a(.)$ ist also die *Parallelprojektion*[1] des Objekts, d.h. in der Schreibweise aus (3-46a)

$$a(R;\varphi) = o(x,y) * * \ \delta(R) =: o_p(R;\varphi) \,. \qquad (4\text{-}41b)$$

Damit ist dieses Bildgewinnungsproblem auf die *Rekonstruktion* einer Funktion $o(x,y)$ *aus Parallelprojektionen* zurückgeführt. Nach dem *Zentralschnitt-Theorem* aus Abschnitt 3.3 korrespondiert jede dieser Projektionen mit einem Schnitt aus dem Objektspektrum $O(f_x,f_y) = O_\varphi(f_R,f_T)$, wie in Bild 4-23, rechts, skizziert:

$$o_p(R;\varphi) \quad o\!\!\xrightarrow{\ R\ }\!\!\bullet \quad O_p(f_R;\varphi) = O_\varphi(f_R,0) \,. \qquad (4\text{-}42)$$

---

[1] Die meisten der heutigen Tomographen arbeiten dagegen mit *Zentral*projektion ('fan beam geometry') wegen der Möglichkeit, trotz Verwendung von nur *einer* (punktförmigen) Röntgen-Quelle eine gesamte Projektion in einem Meßzyklus aufzeichnen zu können (wegen technischer Realisierungen siehe z.B. [4.2, 4.7]). Die so gewonnenen Projektionsdaten können jedoch leicht zu Parallelprojektionen arrangiert werden. Daher ist die folgende Diskussion auch für diese Art der Meßwerterfassung gültig.

Diesen Zusammenhang hatten wir uns auch damit erklärt, daß der *Faltung* (4-49b) mit einer δ-Geraden im Spektrum die *Multiplikation* mit deren Fourier-Transformierten – also einer dazu orthogonalen δ-Geraden – entspricht (vgl. Bild 3-25). Bei dieser Beschreibung ist zu beachten, daß hier die eindimensionale Projektion $o_p(R;\varphi)$ in T-Richtung als unendlich 'ausgeschmiert' betrachtet wird, also eigentlich $o_p(R;\varphi)1(T)$ heißen müßte. Man nennt dieses 'Verschmieren' auch *Rückprojektion*. Das Meßsystem zur Aufnahme *einer* Projektion (einschließlich Rückprojektion) unter dem Winkel φ ist also charakterisiert durch die *Punktantwort*

$$\delta(R)\,1(T) = \delta(x\,\cos\varphi + y\,\sin\varphi) \tag{4-43a}$$

bzw. die *Übertragungsfunktion* (vgl. Bild 3-25)

$$\delta(f_T)\,1(f_R) = \delta(-\,f_x\,\sin\varphi + f_y\,\cos\varphi)\,. \tag{4-43b}$$

Eine Projektion enthält danach nur Information über Spektralwerte auf der Geraden $f_x\,\sin\varphi = f_y\,\cos\varphi$. Daraus ist die Rekonstruktion eines allgemeinen Objekts nicht möglich. Liegt kein weiteres Wissen über das Objektspektrum außerhalb der Geraden vor, so ist die bestmögliche *Schätzung* des Objekts die *Rückprojektion*, deren Spektrum auf der Geraden mit dem des Objekts übereinstimmt, sonst jedoch verschwindet.

Bei der Computer-Tomographie mißt man *viele* Projektionen (Anzahl: p), meist mit *konstantem Winkelinkrement*

$$\Delta\varphi = \pi/p\,. \tag{4-44}$$

Es liegt nun nahe, zur Rekonstruktion alle p Rückprojektionen linear zu überlagern. In Bild 4-24 ist dies für einen einzelnen Objektpunkt skizziert.

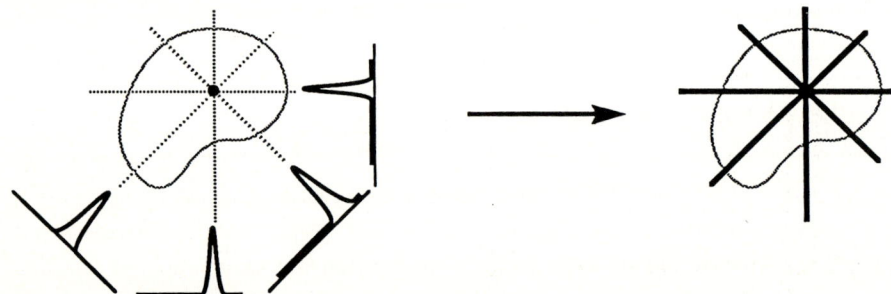

Bild 4-24: Vier Projektionen (**links**) eines Objektpunktes und dessen 'Rekonstruktion' durch Rückprojektion und Summation (**rechts**)

Die *Punktantwort* eines auf der Rückprojektion von p Parallelprojektionen basierenden Abbildungssystems ist also ein δ-Geraden*büschel* (s. Abschnitt 3.6):

$$s_{R,p}(x,y) = \sum_{k=1}^{p} \delta\big(x\,\cos(k\Delta\varphi) + y\,\sin(k\Delta\varphi)\big)\,. \tag{4-45a}$$

Entsprechend ist die *Übertragungsfunktion* von der Form

$$S_{R,p}(f_x,f_y) = \sum_{k=1}^{p} \delta\big(-f_x \sin(k\Delta\varphi) + f_y \cos(k\Delta\varphi)\big) \ . \tag{4-45b}$$

Die Übertragungseigenschaften solch eines Systems sind in zweifacher Hinsicht nicht ideal:

– Punktantwort und Übertragungsfunktion sind auf Grund der Winkeldiskretisierung stark *anisotrop*. Es handelt sich offensichtlich um eine *Abtastung* des Spektrums entlang zentraler Geraden (Bild 4-25, oben). Wir erwarten daher eine Verbesserung der Rekonstruktion bei Erhöhung der Abtastrate, also bei hoher Anzahl p der Projektionen. Wieviele Projektionen nötig sind, werden wir noch klären.

– Auch für p → ∞ ist die Übertragungsfunktion *nicht* über alle Frequenzen *konstant* – was wir aber für eine fehlerfreie Rekonstruktion fordern müssen. Vielmehr geht das Geradenbüschel in die Funktion $f_r^{-1} = (f_x^2 + f_y^2)^{-1/2}$ über (s. Abschnitt 3.6, 'δ-Geradenbüschel,...'). Wegen der Korrespondenz

$$s_{R,\infty}(x,y) = r^{-1} \quad \circ\!\!=\!\!\bullet \quad f_r^{-1} = S_{R,\infty}(f_x,f_y)$$

ist die Punktantwort dann von derselben Form (Bild 4-25, unten). Dies bewirkt eine starke 'Verunschärfung' des rekonstruierten Objekts.

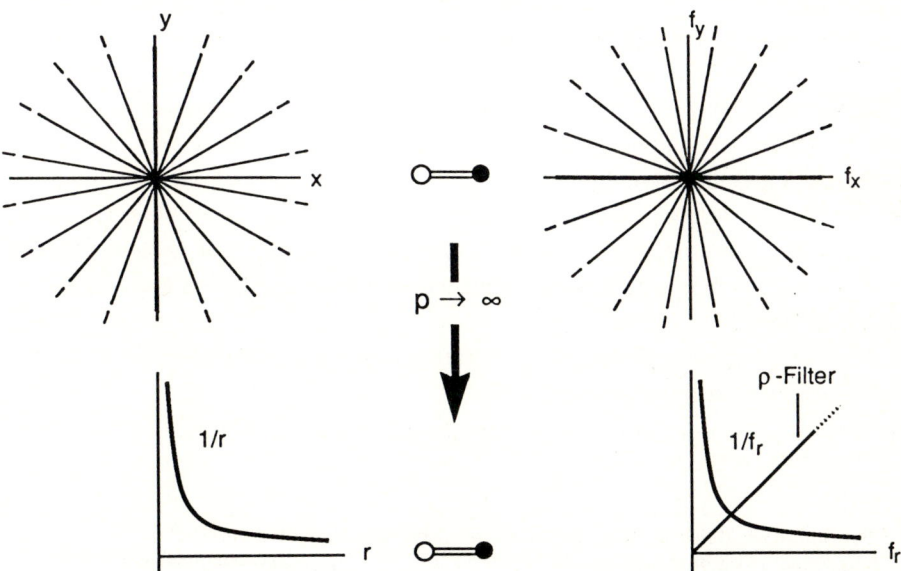

Bild 4-25: Punktantwort und Übertragungsfunktion der Rückprojektionsmethode bei *endlicher* Anzahl p von Projektionen (**oben**); der Grenzübergang p → ∞ (**unten**) zeigt die f_r^{-1}-Belegung des Spektralbereichs und damit die Notwendigkeit der ρ-Filterung

Das letztgenannte Artefakt kann durch eine zweidimensionale Ortsfrequenzfilterung der Übertragungsfunktion

$$S_\rho(f_x,f_y) := S_{R,\infty}(f_x,f_y)^{-1} = f_r \qquad (4\text{-}46)$$

beseitigt werden (Bild 4-25). Statt das *gesamte* Bild zu filtern, kann man natürlich auch jede einzelne Projektion – *vor* der Rückprojektion und der Summation – mit

$$S_\rho(f_R) := |f_R|$$

*ein*dimensional filtern. Man nennt dies die ρ-*Filterung* (für die Radialfrequenz $f_r = |f_R|$ wird nämlich häufig das Symbol 'ρ' verwendet). Auch bei *endlicher* Anzahl von Projektionen ist die ρ-Filterung nötig, da die *mittlere Belegung* des Spektralbereichs durch die δ-Geraden ebenfalls proportional zu f_r^{-1} ist. Das hier beschriebene Rekonstruktionsverfahren, die Summation der ρ-gefilterten und rückprojizierten Projektionsdaten, ist unter dem Namen *filtered backprojection* bekannt. Das auf diese Weise gewonnene *Bild* u(x,y) des Objekts o(x,y) ist also[1]

$$u(x,y) = o(x,y) \;**\; s_{R,\rho}(x,y) \;**\; s_\rho(x,y) \qquad (4\text{-}47a)$$

bzw. dessen Spektrum

$$U(f_x,f_y) = O(f_x,f_y)\, S_{R,\rho}(f_x,f_y)\, S_\rho(f_x,f_y)\,. \qquad (4\text{-}47b)$$

Für p → ∞ wird wegen $S_{R,\infty}(f_x,f_y)\, S_\rho(f_x,f_y) = 1$ die Rekonstruktion fehlerfrei.

Wenden wir uns nun dem *erst*genannten Defekt, der *Anisotropie* von Impulsantwort und Übertragungsfunktion auf Grund der *endlichen* Anzahl von Projektionen zu. Es gilt zu klären, welchen Einfluß die *Winkelabtastung* einer zweidimensionalen Funktion (hier des Objektspektrums) auf deren Fourier-Transformierte (Objekt) hat. Wir folgen dabei den zu Beginn von Kapitel 4 gemachten Überlegungen (s. Bild 4-1), wobei wir nur Orts- und Frequenzbereich vertauschen müssen. Danach dürfte für eine artefaktfreie Rekonstruktion eines Objekts mit der maximalen Ortsausdehnung D die (von der Winkeldiskretisierung stammende) Punktantwort $s_{R,\rho}(x,y)$ innerhalb eines Kreises vom Durchmesser 2D *keine* Winkelabhängigkeit aufweisen. Diese Bedingung ist aber von einem Geradenbüschel auch bei beliebig hohen Werten von p < ∞ nicht erfüllt.

Einen Ausweg bietet die Annahme, daß das Objekt nicht nur orts- sondern auch – näherungsweise – *bandbegrenzt* ist[2], also

---

[1] Die *Punktantwort* $s_\rho(.)$ des ρ-Filters kann mit den in diesem Buch verwendeten Rechengesetzen nicht berechnet werden, da das entsprechende Fourier-Integral auf sog. 'α-Distributionen' [4.27] führt. Das ρ-Filter ist aus diesen Gründen ohnehin nicht im gesamten Frequenzbereich realisierbar. Die Form der Punktantwort hängt damit stark von der Art einer eventuellen Bandbegrenzung ab [4.5, 4.7].
[2] Bei der technischen Realisierung wird solch eine Bandbegrenzung entweder schon durch die Art (Ausdehnung) der Röntgen-Quelle und des Detektors erreicht, spätestens aber bei der ρ-Filterung eingebracht.

$$o(x,y) = 0 \qquad \text{für} \qquad r = (x^2+y^2)^{1/2} > D/2 \tag{4-48a}$$

und

$$O(f_x,f_y) \approx 0 \qquad \text{für} \qquad f_r = (f_x{}^2+f_y{}^2)^{1/2} > B/2 \ . \tag{4-48b}$$

Das *Orts-Bandbreite-Produkt* einer Projektion, d.h. die Mindestanzahl der Detektoren bei der technischen Realisierung, ist dann

$$N_1 = D\,B \tag{4-48c}$$

und das des gesamten Objekts nach (4-17a)

$$N_2 = \pi^2/16 \ (DB)^2 = \pi^2/16 \ N_1{}^2 \ . \tag{4-48d}$$

Ist das Objektspektrum begrenzt, so können wir auch die *Übertragungsfunktion* als auf diesen Bereich begrenzt annehmen (Bild 4-26):

$$\tilde{S}_{R,p}(f_x,f_y) := S_{R,p}(f_x,f_y)\ \text{rect}(f_r/B) \ .$$

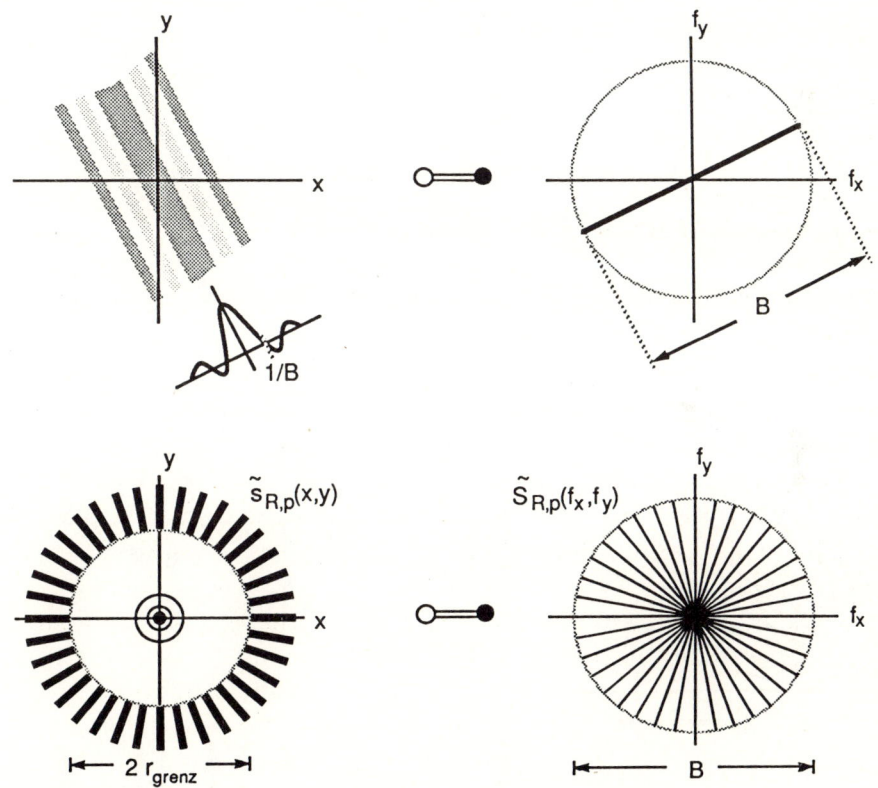

Bild 4-26: Die Punktantwort $\tilde{s}_{R,p}(x,y)$ als Summe von si-'Profilen' (nicht maßstäblich!)

Diese besteht aus regulär über dem Winkel ϕ angeordneten Geraden*stücken* der Länge B. Ein einzelnes solches Geradenstück

$\delta(f_T) \, \text{rect}(f_R/B)$

hat nun keine δ-Gerade mehr als Fourier-Transformierte, sondern nach dem Separierungssatz ein si-förmiges 'Band' in T-Richtung (Bild 4-26, oben):

$$\delta(f_T) \, \text{rect}(f_R/B) \quad \bullet\!=\!\!=\!\circ \quad B \, \text{si}(\pi BR) \, 1(T) \, . \tag{4-49}$$

Die resultierende – bandbegrenzte – Punktantwort $\tilde{s}_{R,p}(x,y)$ ist dann die Summe von p solcher regulär über dem Winkel verteilter si-'Profile' (Bild 4-26, unten). Durch diese Überlagerung wird nahe des Ursprungs die Winkelabhängigkeit der Punktantwort verschwinden, da dort die si-Funktionen sehr eng aneinander liegen; weiter außen wird die Anisotropie erhalten bleiben. Um die Grenze zwischen diesen beiden Bereichen zu finden, untersuchen wir den Verlauf der bandbegrenzten Punktantwort $\tilde{s}_{R,p}(x,y)$ auf einem Kreis vom Radius r_0, d.h. wir berechnen nach Bild 4-27

$$w(l;r_0) := \tilde{s}_{R,p}(x,y)\Big|_{r=r_0} \, .$$

Diese Funktion besteht offensichtlich aus der periodischen Wiederholung – im Abstand $\Delta l = \Delta\varphi r_0$ – des kreisförmigen Schnitts durch *ein* si-'Profil'. Ist

$$r_0 \gg 1/B \, , \tag{4-50}$$

so ist solch ein Schnitt ungefähr gleich der si-Funktion selbst, und wir erhalten

$$w(l;r_0) \approx B \sum_k \text{si}\big(\pi B(l - k\Delta\varphi r_0)\big) \quad \sim \quad \text{si}(\pi Bl) * p\big(l/(\Delta\varphi r_0)\big) \, , \tag{4-51a}$$

eine periodische Wiederholung im Abstand $\Delta\varphi r_0$ von si-Funktionen der Breite $1/B$.

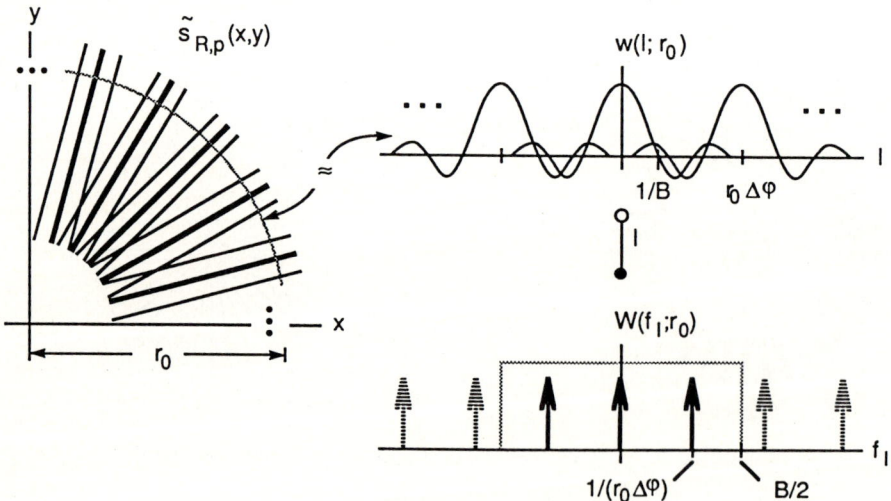

Bild 4-27: Zur Berechnung der Winkelabhängigkeit von $\tilde{s}_{R,p}(x,y)$

Wie klein muß nun r_0 werden, daß die si-Funktionen so nahe aneinanderliegen, daß sie sich zu einer *Konstanten* überlagern? Diese Frage läßt sich leicht im Fourier-Bereich (bezüglich l) beantworten. Dazu ist in Bild 4-27 das Spektrum von (4-51a) aufgetragen, nämlich (Konstanten unterschlagen wir hier)

$$W(f_l; r_0) \sim \text{rect}(f_l/B)\, p(\Delta\varphi r_0 f_l) \,, \tag{4-51b}$$

wobei wir die Korrespondenz des δ-Pulses $p(.)$ aus Tabelle 2-3 benutzt haben. Fordern wir $w(.) = \text{const}(l)$, muß $W(.) = \delta(f_l)$ sein, und alle anderen δ-Funktionen müssen außerhalb des Durchlaßbereichs der rect-Funktion zu liegen kommen. Daraus erhalten wir die Bedingung (Bild 4-27)

$$1/(\Delta\varphi r_0) > B/2 \,. \tag{4-52a}$$

Die Punktantwort $\tilde{s}_{R,p}(x,y)$ ist also bis zu einem Radius

$$r_{grenz} = 2/(\Delta\varphi B) = 2p/(\pi B) \tag{4-52b}$$

frei von Artefakten der Winkeldiskretisierung, wie dies bereits in Bild 4-26 skizziert ist. Soll ein Objekt der maximalen Ausdehnung D von solch einem System fehlerfrei (bis auf eine isotrope Bandbegrenzung) übertragen werden, muß

$$r_{grenz} \geq D \tag{4-52c}$$

sein. Aus (4-52b,c) erhalten wir schließlich das *Abtasttheorem der Computer-Tomographie* [4.4, 4.5, 4.28, 4.29]

$$p \geq \pi/2\, N_1 \tag{4-52d}$$
$$\text{mit}$$
$$N_1 = B\,D \,.$$

Nachdem jede Projektion N_1 linear unabhängige Werte enthält, werden zur Aufnahme eines Tomogramms mit einem Orts-Bandbreite-Produkt von $N_2 = \pi^2/16\, N_1^2$ (vgl. (4-48d)) insgesamt

$$Z = N_1\, p = \pi/2\, N_1^2$$

also

$$Z = 8/\pi\, N_2 \approx 2.55\, N_2 \tag{4-52e}$$

Meßwerte benötigt.

---

[1] Dieses Gesetz kann auch als Grenzfall (für $p \to \infty$) eines allgemeineren Theorems für Winkelabtastung hergeleitet werden [4.30, 4.31].

Anmerkungen

– Die obige Herleitung gilt nur, solange die angewandte Näherung (4-51a) gerechtfertigt ist, also (4-50) auch für $r_0 = r_{grenz}$ erfüllt ist:

$$r_{grenz} \geq D \gg 1/B$$

und damit

$$N_1 \gg 1 \qquad \text{bzw.} \qquad p \gg \pi/2 \, .$$

Für $p \to \infty$ gilt sie exakt.

– Die Abtastfunktion *Geradenbüschel* hat offensichtlich einen – schlechten – *Wirkungsgrad* von

$$\eta = N_2/Z = \pi/8 \approx 39\% \, .$$

Es handelt sich dabei um eine *nicht*reguläre Abtastfunktion (in karthesischen Koordinaten betrachtet); die Abstände der Geraden hängen nämlich von f_r ab. Nichtreguläre Abtastschemata haben wir in diesem Buch bewußt ausgespart, da sie mathematisch unverhältnismäßig schwierig zu behandeln sind. Bei dem hier vorliegenden Geradenbüschel unterscheiden sich jedoch Abstand und Richtung benachbarter Geraden – bei hohen Werten von p – so wenig, daß wir von *gebietsweise regulär* sprechen können. Das klassische Abtasttheorem kann dann näherungsweise angewandt werden und muß auch noch für den *größten* Abtastabstand gelten, welcher bei $f_{r,max} = B/2$ auftritt und gleich $\Delta\varphi \, B/2$ ist. Dieser Abstand darf nun höchstens so groß sein wie das Reziproke der Ausdehnung D des Objekts:

$$\Delta\varphi \, B/2 \leq 1/D \, .$$

Mit $\Delta\varphi = \pi/p$ führt diese Betrachtung ebenfalls auf (4-52d). Sie zeigt aber auch, daß das Spektrum bei Frequenzen kleiner als B/2 – im Mittel um den Faktor *zwei* – *zu fein* abgetastet wird. Dies resultiert einerseits in der Überbewertung tiefer Frequenzen, die durch die ρ-Filterung korrigiert wird, andererseits im o.a. schlechten Wirkungsgrad. In der Tat ist dieser Wirkungsgrad genau *halb* so groß wie der eines Quadratrasters nach (4.13).

Durch diese eher intuitive Herleitung des Theorems (4-52d) wird auch eine mögliche Modifikation des abtastenden Geradenbüschels bei *nicht*isotroper Orts- bzw. Bandbegrenzung verständlich: $\Delta\varphi$ braucht *nicht* unbedingt *konstant* über φ bzw. ϕ zu sein, die azimutale 'Dichte' der Geraden kann der Orts- oder Spektralausdehnung angepaßt werden, d.h. die Projektionen werden dann nicht mit konstantem Winkelschritt aufgezeichnet [4.28, 4.29].

Beispiel

Zur tomographischen Rekonstruktion eines Objekts mit einer Auflösung von $N_1 = 256$ Bildpunkten sind mindestens

$$p = \pi/2 \, N_1 \approx 402$$

Projektionen nötig, um Winkeldiskretisierungs-Artefakte, die sich als Art 'Strahlen' im Bild bemerkbar machen, zu vermeiden.

5 Systemtheoretische Beschreibung physikalischer Phänomene

5.1 Allgemeine Problemstellungen

Die Domäne der *ein*dimensionalen linearen Systemtheorie ist die vereinheitlichte Behandlung von *Zeit*systemen. Dagegen haben wir in den vorangegangenen Kapiteln über *mehr*dimensionale Fourier-Transformation und δ-Funktionen Signale und Variablen meist nicht mit physikalischen Bedeutungen belegt. Dies holen wir nun nach.

Direkt erfahrbare Signale in der physikalischen Welt sind z.B. Temperatur-, Konzentrations-, Potential- oder Schalldruckverteilungen, welche vom Ort und evtl. von der Zeit abhängen. Für solche Signale verwendet man auch den Begriff *Feld* und spricht z.B. vom 'zeitabhängigen Temperaturfeld' $u(x,y,z,t)$. Die Temperatur bezeichnet man in diesem Fall als die *Feldgröße*. Wir werden in diesem Abschnitt einige Möglichkeiten zur systemtheoretischen – *operationellen* – Beschreibung der Ausbreitungs- und Fernwirkmechanismen von Feldgrößen aufzeigen. In den Abschnitten 5.2 und 5.3 werden dann diese Methoden auf das Phänomen der Wellenausbreitung angewandt. Zur Vereinfachung der Schreibweise benutzen wir im folgenden den *Ortsvektor*

$$\mathbf{r} := (x,y,z)^T .$$

Ein zeitabhängiges skalares Feld kann dann auch als

$$u(x,y,z,t) \equiv u(\mathbf{r},t)$$

geschrieben werden. Solch ein Feld hängt i. allg. von drei Ortskoordinaten und der Zeit ab, ist also *vier*dimensional. Im Gegensatz zu den vorangegangenen Kapiteln soll im folgenden die Zahl 'n' nur die *örtliche* Dimensionalität bezeichnen, im obigen Fall ist also $n = 3$ und nicht *vier*. Ist ein Feld räumlich nur *zwei*dimensional ($n = 2$), z.B. unabhängig von y, so benutzen wir den lediglich *zwei*komponentigen Vektor

$$\mathbf{r} = (x,z)^T .$$

Die *Länge* des Ortsvektors ist in jedem Fall

$$r = |\mathbf{r}| = \begin{cases} (x^2+y^2+z^2)^{1/2} & \text{für } n = 3 \\ (x^2+z^2)^{1/2} & \text{für } n = 2 \\ |z| & \text{für } n = 1 . \end{cases}$$

Entsprechend werden wir den *Ortsfrequenzvektor*

$$\mathbf{f_r} := (f_x, f_y, f_z)^T$$

verwenden. Die Zeitfrequenz bezeichnen wir mit f_t.

Ist die Darstellung von Feldern und deren Spektren in *Polar(Kugel-)koordinaten* angezeigt, so verwenden wir zur Unterscheidung eine andere Schrifttype (vgl. Abschnitt 3.5 und Bild 3-34), also z.B. für n = 3:

$$\mathbf{u}(r,\varphi,\vartheta,t) := u(r\sin\vartheta\cos\varphi,\ r\sin\vartheta\sin\varphi,\ r\cos\vartheta,\ t) = u(x,y,z,t)$$

und

$$\mathbf{U}(f_r,\phi,\theta,f_t) := U(f_r\sin\theta\cos\phi,\ f_r\sin\theta\sin\phi,\ f_r\cos\theta,\ f_t) = U(f_x,f_y,f_z,f_t)$$

und für n = 2:

$$\mathbf{u}(r,\vartheta,t) := u(r\sin\vartheta,\ r\cos\vartheta,\ t) = u(x,z,t)$$

und

$$\mathbf{U}(f_r,\theta,f_t) := U(f_r\sin\theta,\ f_r\cos\theta,\ f_t) = U(f_x,f_z,f_t)\ .$$

Die oben beispielhaft aufgeführten Feldgrößen sind *Skalare*. Andererseits sind viele wichtige Größen *vektorieller* Art:

$$\mathbf{v}(r,t) = \big(v_x(r,t),\ v_y(r,t),\ v_z(r,t)\big)^T\ ,$$

wie die Schnelle bei Schallwellen, der Wärmestrom oder die elektrische und magnetische Feldstärke. Ist jedoch das zu untersuchende Vektorfeld *wirbelfrei*, so können wir statt dessen mit seinem skalaren *Potential* rechnen, da das Vektorfeld aus diesem durch Gradientenbildung eindeutig hervorgeht (siehe z.B. [5.1]). Das elektrostatische Potential z.B. ist skalar, die elektrische Feldstärke (dessen Gradient also) ein Vektor; der Schalldruck ist das Potential der zeitlichen Ableitung der Schnelle und die Temperatur das Potential des Wärmeflusses. Wir werden uns daher – so weit wie möglich – auf *skalare* Felder beschränken. Lediglich in *Anmerkungen* und *Beispielen* über elektromagnetische Wellen müssen wir dem vektoriellen Charakter der Feldgrößen Rechnung tragen. Diese Felder sind nämlich nicht wirbelfrei, und damit ist die Angabe eines skalaren Potentials nicht möglich.

Differentialgleichungen

Physikalische Phänomene wie Wärmeleitung oder Wellenausbreitung werden üblicherweise durch partielle, also *mehrdimensionale*, Differentialgleichungen vom Typ

$$\mathfrak{D}\{u(r,t)\} = -\,q(r,t) \tag{5-1}$$

beschrieben. Die *Quellenverteilung* oder *Quellenfunktion* q(.) faßt alle *Ursachengrößen* (z.B. Wärmezufluß) zusammen, die das Feld u(.) erzeugen. Sie kann ihrerseits ein Differentialausdruck einer oder mehrerer physikalischer Ursachen sein. Die Quellenverteilung ist von *qualitativ anderer Art* als das Feld und hat deshalb i. allg. auch eine andere physikalische Einheit. Beispielsweise kann es keine zwei verschiedenen im gesamten r,t-Raum definierten Temperaturfelder geben; die Größen 'Wärmezufuhr' und 'Temperatur' jedoch können zwei Aspekte am selben Ort und zur selben Zeit sein.

$\mathcal{D}\{.\}$ enthält zeitliche und räumliche Differentialoperatoren, also

$$\partial/\partial t, \partial^2/\partial t^2, \dots$$

und

$$\partial/\partial x, \partial/\partial y, \dots, \partial^2/\partial x^2, \partial^2/\partial y^2, \dots, \partial^2/\partial x\partial y, \dots$$

oder auch den *Nabla*-Operator

$$\nabla := (\partial/\partial x, \partial/\partial y, \partial/\partial z)^T$$

und den *Laplace*-Operator[1]

$$\Delta := \nabla\cdot\nabla = \partial^2/\partial x^2 + \partial^2/\partial y^2 + \partial^2/\partial z^2 .$$

Wir unterscheiden zwischen der *zeitlichen* und *räumlichen Ordnung* einer nach (5-1) gegebenen Differentialgleichung entsprechend der höchsten vorkommenden zeitlichen bzw. örtlichen Ableitungen in $\mathcal{D}\{.\}$.

Der Operator $\mathcal{D}\{.\}$ enthält außerdem *Materialgrößen*, die die Eigenschaften des Mediums beschreiben (Wärmeleitfähigkeit, Dichte, Dielektrizität ...). Für das Folgende treffen wir bezüglich dieser Materialeigenschaften vereinfachende Annahmen:

–   Das Ausbreitungsmedium sei *linear*, d.h. $\mathcal{D}\{.\}$ ist eine Linearkombination der erwähnten partiellen Differentialoperatoren. Die Materialeigenschaften hängen dann *nicht* von der Feldgröße ab.

–   Das Medium sei *orts- und zeitinvariant*, d.h. es ist räumlich homogen und ändert sich nicht mit der Zeit. Die Materialgrößen können wir dann als Material-*konstanten* bezeichnen. Die Bedingung der Homogenität werden wir jedoch bei der Behandlung von Streuproblemen aufgeben müssen.

–   Das Medium sei *isotrop*, d.h. die Materialkonstanten sind ungerichtet (Skalare, keine Tensoren). Damit ist z.B. die Ausbreitungsgeschwindigkeit einer Welle richtungsunabhängig.

Die ersten beiden Bedingungen erlauben die Anwendung von Faltung und Fourier-Transformation, während die Isotropie kugel- bzw. rotationssymmetrische Übertragungsfunktionen zur Folge hat und hier vor allem einer einfacheren mathematischen Beschreibung wegen gefordert wird.

Es zeigt sich, daß für verschiedene Phänomene ähnliche oder dieselben Differentialgleichungen gelten (siehe z.B. [5.2]). Differentialgleichungen stellen somit bereits eine Beschreibung auf höherem Abstraktionsniveau dar, eine Eigenschaft, die sie mit einer systemtheoretischen Betrachtungsweise gemeinsam haben. In den folgenden

---

[1] Der Laplace-Operator 'Δ' möge nicht mit dem Symbol für Abtast- oder Wiederholabstände Δt, Δx, ... verwechselt werden.

Beispielen sind einige einfache Differentialgleichungen aufgeführt; für deren Herleitung wird jeweils auf die einschlägige Literatur verwiesen. Die Kenntnis der Rechenregeln für Nabla- und Laplace-Operator wird dabei vorausgesetzt.

Beispiel I: Wärmeleitung, Diffusion

Zur Lösung des Problems der Wärmeleitung in festen Körpern hat J.B. Fourier 1822 eine Entwicklung in harmonische Funktionen verwendet und damit den Grundstein zu der nach ihm benannten Theorie gelegt [5.3, 5.4]. In einem homogenen Medium gilt die *Fouriersche Differentialgleichung der Wärmeleitung* [5.5]

$$\Delta u(r,t) - 1/a\ \dot{u}(r,t) = -w(r,t)/b$$

mit

u(.)	Temperaturfeld (Wirkung)	[K]
w(.)	Wärmeenergiezufuhr (Ursache)	$[Wm^{-3}]$
a	Temperaturleitfähigkeit	$[m^2 s^{-1}]$
b	Wärmeleitfähigkeit	$[WK^{-1}m^{-1}]$.

(Ein Punkt '·' über einer Funktion bedeute die einfache *zeitliche* Ableitung)
Im Vergleich mit (5-1) ist die Quellenfunktion hier

$$q(r,t) = w(r,t)/b \ .$$

Die Differentialgleichung der Wärmeleitung ist von zeitlich *erster* und von räumlich *zweiter Ordnung*. Sie beschreibt u.a. auch den Konzentrationsausgleich durch *Diffusion*. Dann ist

u(.)	Teilchendichte	$[m^{-3}]$
w(.)	Teilchenzufluß von außen	$[m^{-3}s^{-1}]$
a = b	Diffusionskoeffizient	$[m^2 s^{-1}]$.

Beispiel II: Schallwellenausbreitung

Schallwellenfelder werden entweder durch den (skalaren) *Schalldruck* p(r,t) oder die (vektorielle) *Schallschnelle* v(r,t) beschrieben. Bei *kleinen* Amplituden (wegen der Druckabhängigkeit der Eigenschaften des Mediums) genügt der Schalldruck der *Wellengleichung* [5.6]

$$\Delta p(r,t) - 1/c^2\ \ddot{p}(r,t) = -\dot{m}(r,t) \tag{i}$$

mit

p(.)	Schalldruck	$[Nm^{-2}]$
m(.)	Massezufluß von außen (Ursache)	$[Kgm^{-3}s^{-1}]$
$c = (\rho\kappa)^{-1/2}$	Schallausbreitungsgeschwindigkeit	$[ms^{-1}]$
ρ	Dichte	$[Kgm^{-3}]$
κ	Kompressibilität	$[m^2 N^{-1}]$.

Die zeitliche Ableitung des von außen 'aufgezwungenen' Massezuflusses fungiert in dieser Gleichung als Quellenterm

$$q(r,t) = \dot{m}(r,t) \ .$$

Für die *Schnelle* läßt sich ebenfalls eine Wellengleichung aufstellen:

$$\Delta v(r,t) - 1/c^2\ \ddot{v}(r,t) = \nabla m(r,t)/\rho \ . \tag{ii}$$

Die Feldgröße ist hier *vektoriell* und damit auch die Quellenfunktion:

$$q(r,t) = -\nabla m(r,t)/\rho \ .$$

Eine der beiden Gleichungen genügt zur Behandlung von Schallwellen. Häufig arbeitet man jedoch mit einer Art 'Kompromiß' aus den Feldgrößen p(.) und v(.), dem *Geschwindigkeitspotential* u(r,t). Aus diesem berechnen sich Druck und Schnelle zu

$$p(r,t) = \rho \, \dot{u}(r,t)$$

und

$$v(r,t) = - \nabla u(r,t) \; .$$

Für diese – skalare – Größe gilt dann die Wellengleichung

$$\Delta u(r,t) - 1/c^2 \, \ddot{u}(r,t) = - m(r,t)/\rho \; . \tag{iii}$$

Die Quellenfunktion

$$q(r,t) = m(r,t)/\rho$$

hat nun die Bedeutung einer *Volumen*zuflußrate.
Die Wellengleichung ist – unabhängig von der Wahl der Feldgröße – von zeitlich und räumlich *zweiter* Ordnung.

Beispiel III: Maxwellsche Gleichungen
Die Maxwellschen Gleichungen lauten in Differentialform für ein homogenes, isotropes, verlustloses (nicht leitendes) Medium [5.1, 5.7]

$$\nabla \times e(r,t) = - \mu \, \dot{h}(r,t) \tag{i}$$

$$\nabla \times h(r,t) = j(r,t) + \varepsilon \, \dot{e}(r,t) \tag{ii}$$

$$\nabla \cdot e(r,t) = \rho(r,t)/\varepsilon \tag{iii}$$

$$\nabla \cdot h(r,t) = 0 \tag{iv}$$

mit

$e(.)$	elektrische Feldstärke	$[Vm^{-1}]$
$h(.)$	magnetische Feldstärke	$[Am^{-1}]$
$j(.)$	Stromdichte (evtl. Ursache)	$[Am^{-2}]$
$\rho(.)$	Raumladungsdichte (evtl. Ursache)	$[Asm^{-3}]$
ε	Dielektrizitätskonstante	$[AsV^{-1}m^{-1}]$
μ	Permeabilitätskonstante	$[VsA^{-1}m^{-1}]$.

Für einige Sonderfälle lassen sich diese vier Gleichungen zu *einer* verdichten. Betrachten wir zuerst den Fall der *Elektrostatik*. Hier ist definitionsgemäß

$$\dot{e}(.) \equiv 0 \quad \text{und} \quad j(.) \equiv 0 \; .$$

Es interessiert also nur noch die Gleichung (iii). Benutzt man das *Potential* $u(r)$ von $e(.)$ mit

$$\nabla u(r) := - e(r) \; ,$$

so erhalten wir aus (iii) die bekannte – skalare – *Potentialgleichung der Elektrostatik*

$$\Delta u(r) = - \rho(r)/\varepsilon \; . \tag{v}$$

Die Raumladungsdichte ist also hier die Quellenfunktion, die Ursache für das elektrostatische Potential. Ein anderer Sonderfall sind *elektromagnetische Wellen*. Zur Herleitung der entsprechenden Wellengleichung für die elektrische Feldstärke $e(.)$ als Feldgröße bilden wir die *Rotation* '$\nabla \times (.)$' von (i), differenzieren (ii) nach t und eliminieren die magnetische Feldstärke $h(.)$:

$$\nabla \times \nabla \times e(.) + \varepsilon\mu \, \ddot{e}(.) = - \mu \, \dot{j}(.) \; .$$

Mit der Rechenregel

$$\nabla \times \nabla \times e = \nabla(\nabla \cdot e) - \Delta e \; ,$$

der Gleichung (iii) und $c = (\varepsilon\mu)^{-1/2}$ (Lichtgeschwindigkeit) erhalten wir schließlich die Wellengleichung für $e(.)$:

142

$$\Delta e(r,t) - 1/c^2\, \ddot{e}(r,t) = \mu\, \dot{j}(r,t) + \nabla\rho/\varepsilon \,,$$ (vi)

wobei $j(.)$ und $\rho(.)$ wegen (ii), (iii) und (iv) über die Beziehung

$$\dot{\rho}(r,t) = -\nabla j(r,t)$$ (vii)

zusammenhängen und damit *nicht unabhängig* voneinander als Erregungen vorgegeben werden können. Die – vektorielle – Quellenfunktion ist hier ein schon relativ komplizierter Differentialausdruck der eigentlichen physikalischen Ursachen.
Auf ähnliche Weise läßt sich eine Wellengleichung für die *magnetische* Feldstärke $h(.)$ herleiten:

$$\Delta h(r,t) - 1/c^2\, \ddot{h}(r,t) = -\nabla\times j(r,t) \,.$$ (viii)

Diese Gleichung ist 'handlicher' als (vi), weil hier auf der rechten Seite nur noch *eine* physikalische Ursache auftritt und daher die Quellenfunktion direkt aus der vorgegebenen Stromdichte (z.B. in einer Antenne) berechnet werden kann.
Beide Wellengleichungen sind – für jede einzelne Komponente betrachtet – vom selben Typ wie die für (skalare) Schallwellen, lediglich die Quellenterme unterscheiden sich grundsätzlich voneinander.

Offensichtlich trägt die Zusammenfassung aller physikalischen Ursachengrößen in eine Quellenfunktion erheblich zur vereinheitlichten Betrachtung verschiedener Phänomene bei.
Eine Differentialgleichung ist ein mathematisches Kondensat der zu ihrer Herleitung verwendeten Axiome. Sie beschreibt zwar das Phänomen vollständig, muß zur Behandlung eines speziellen Problems jedoch erst *gelöst* werden. Es gibt zwei Klassen solcher Lösungen: die *homogenen* Lösungen[1] $u_H(.)$, welche die Differentialgleichung trotz verschwindender Quellenverteilung erfüllen, also

$$\mathcal{D}\{u_H(r,t)\} \equiv 0 \,,$$ (5-2a)

und die *partikulären* Lösungen $u_q(.)$, die die eigentliche Wirkung auf die jeweilig vorgegebene Quellenverteilung darstellen, also

$$u_q(r,t) = \mathcal{S}\{q(r,t)\} \,,$$ (5-2b)

und daher auch

$$u_q(r,t) \equiv 0 \qquad \text{für} \quad q(r,t) \equiv 0 \,.$$ (5-2c)

Eine Differentialgleichung kann somit nicht einfach durch ein System $\mathcal{S}\{.\}$ mit dem Eingang $q(.)$ und dem Ausgang $u(.)$ ersetzt werden, da sonst die *homogenen* Lösungen unberücksichtigt blieben; vielmehr müssen in dieses System auch *Randbedingungen* Eingang finden, die gerade *solche* homogenen Lösungen zur Wirkung haben, daß das gesamte (Ausgangs-)Feld

$$u(r,t) = u_q(r,t) + u_H(r,t)$$ (5-2d)

---

[1] Unglücklicherweise wird der Begriff 'homogen' in zwei verschiedenen Bedeutungen verwendet:
1. Homogenität des *Mediums* bedeutet, daß die Materialeigenschaften und damit die Koeffizienten der Differentialgleichung *konstant* sind.
2. Homogenität der *Differentialgleichung*, bzw. deren Lösungen, heißt, daß $q(r,t) \equiv 0$ ist. Um Verwechslungen mit der erstgenannten Bedeutung zu vermeiden, verwenden wir dafür den Begriff 'quellenfrei'.

diese Randbedingungen erfüllt. Wir unterscheiden im folgenden zwischen dem *Quellenproblem*, d.h. der Berechnung von $u_q(.)$ aus $q(.)$, und den – zeitlichen oder räumlichen – *Randwertproblemen*, der Ermittlung von $u_H(.)$ bei verschwindender Quellenfunktion. Bei Randwertaufgaben ist meist das Feld nur in einem *begrenzten* Gebiet des **r**,t-Raums zu ermitteln (z.B. für t > 0 oder innerhalb einer geschlossenen Fläche); das restliche Gebiet braucht also *nicht* als quellenfrei angenommen zu werden. Dies erlaubt uns, wie wir in den nächsten Abschnitten sehen werden, eine Rückführung von Randwertproblemen auf das Quellenproblem, indem wir eine – *fiktive* – Quellenverteilung konstruieren, welche nur in dem Gebiet existiert, über das keine Aussage gemacht werden soll, und deren Feld gerade die Randbedingungen erfüllt. Wir denken uns also auch die *homogene* Lösung innerhalb des fraglichen Gebiets erzeugt durch Quellen *außerhalb* dieses Gebiets.

Anmerkung
Die Erzeugung einer – in einem bestimmten Gebiet – homogenen Lösung durch fiktive Quellen ist nur möglich, wenn q(.) wie vereinbart als Quellenfunktion betrachtet wird, und *nicht* die wirklichen physikalischen Ursachen, welche in q(.) eingehen. Ein *ein*dimensionales Beispiel möge dies veranschaulichen:
In der Differentialgleichung

$$u'_2(x) = u'_1(x) =: q(x) \tag{i}$$

sei $u_1(x)$ die physikalische Ursache und $u_2(x)$ die Wirkung. Die Lösung dieser Gleichung ist

$$u_2(x) = \int q(x)\,dx = u_1(x) + C . \tag{ii}$$

Es werde nun die Randbedingung

$$u_2(0) = a \quad \text{und} \quad u_1(x>0) \equiv 0$$

vorgegeben, und $u_2(x>0)$ soll ermittelt werden. Aus (ii) erhält man sofort

$$u_2(x>0) = a = \text{const} .$$

Wir könnten aber auch (wie angedeutet) eine Quellenverteilung bei x < 0 annehmen, die gerade ein Feld $u_2(x)$ zur Folge hat, welches die Randbedingung erfüllt, z.B.

$$q(x) = a\,\delta(x - x_0) \quad \text{mit} \quad x_0 < 0 . \tag{iii}$$

Diese Quellenverteilung bewirkt nach (ii) das Feld

$$u_2(x) = a\,\gamma(x - x_0) ,$$

welches im Gebiet x > 0 mit obiger Lösung übereinstimmt.
Hätten wir jedoch $u_1(x)$ statt q(x) als Quellenfunktion betrachtet, so könnten wir *keine* Erregung finden, die für x > 0 verschwindet und trotzdem die Randbedingung erfüllt; so stammt beispielsweise die oben angenommene Funktion q(x) aus (iii) von der physikalischen Erregung

$$u_1(x) = a\,\gamma(x - x_0) ,$$

die *nicht* für x > 0 verschwindet.

In den folgenden Abschnitten werden wir das Quellenproblem, spezielle Randwertprobleme sowie das Streuproblem diskutieren. Wir beschränken uns dabei auf Fälle, bei denen die Lösung die Form eines *Faltungs*integrals annimmt.

Das Quellenproblem

Das Quellenproblem, die Ermittlung des resultierenden Feldes aus der gegebenen Quellenfunktion, ist eine fundamentale Fragestellung, auf die meist andere Probleme zurückgeführt werden können. Wir nehmen hier an, daß ein Feld $u(r,t)$ ausschließlich die Wirkung auf eine gegebene Ursache $q(r,t)$ ist (Bild 5-1); wir betrachten also nur die *partikuläre* Lösung der Differentialgleichung, verzichten aber der Einfachheit halber auf den Index 'q'.

Unter diesen Voraussetzungen definiert die Differentialgleichung das System (5-2b) mit einem Eingang $q(.)$ und dem Ausgang $u(.)$. Ist das Medium *linear* und *homogen*, so ist auch dieses System linear und zeit- und ortsinvariant, und das Feld berechnet sich aus der Quellenverteilung durch Faltung mit einer noch zu bestimmenden Punkt-Impulsantwort $s(r,t)$:

$$u(r,t) = q(r,t) \overset{r}{*}\overset{t}{*} s(r,t) \qquad\qquad (5\text{-}3a)$$

oder durch Multiplikation im Spektralbereich:

$$U(f_r,f_t) = Q(f_r,f_t)\, S(f_r,f_t) \ . \qquad\qquad (5\text{-}3b)$$

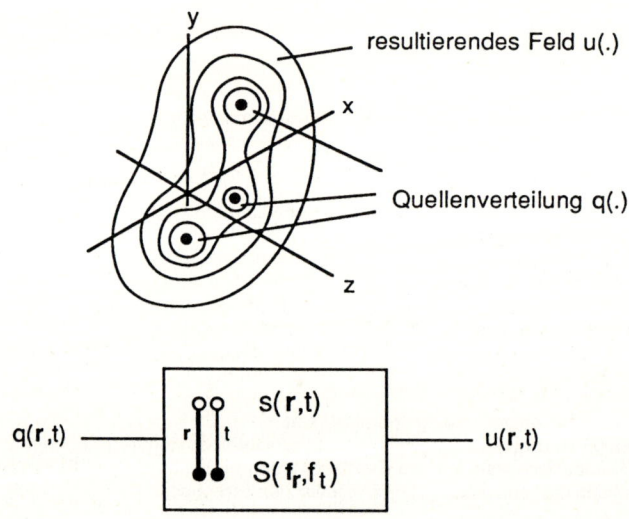

Bild 5-1: Zum Quellenproblem

Das Quellenproblem ist also gelöst, wenn wir die das jeweilige Phänomen (Wärmeleitung, Wellenausbreitung usw.) beschreibende Punkt-Impulsantwort $s(r,t)$ bzw. die Übertragungsfunktion $S(f_r,f_t)$ kennen. Diese kann, wie wir sehen werden, aus der entsprechenden Differentialgleichung hergeleitet werden. Experimentell könnte s(r,t) als Antwort auf

$$q(r,t) = \delta(r)\,\delta(t)$$

ermittelt werden, z.B. durch kurzzeitige örtlich punktförmige Wärmezufuhr und Beobachtung der daraus resultierenden Temperaturverteilung und deren zeitlichen Verlaufs.

Bisher sind wir von örtlich *drei*dimensionalen Quellenverteilungen ausgegangen. Variiert dagegen q(.) z.B. in y-Richtung *nicht*, so gilt in diesem *zwei*dimensionalen Fall

$$u(x,z,t) = q(x,z,t) \overset{x}{*} \overset{z}{*} \overset{t}{*} s(x,z,t) \tag{5-3c}$$

mit

$$s(x,z,t) := \int\limits_{-\infty}^{+\infty} s(r,t)\,dy\;. \tag{5-3d}$$

Die *spektrale* Beschreibung (5-3b) ändert sich dabei nicht, im Frequenzvektor f_r entfällt lediglich f_y. Entsprechend berechnet sich die Punkt-Impulsantwort für den *ein*dimensionalen Fall zu

$$s(z,t) := \iint\limits_{-\infty}^{+\infty} s(r,t)\,dxdy\;. \tag{5-3e}$$

Die folgenden Betrachtungen gelten wieder für das allgemeine *drei*dimensionale Problem.

Gerade für abbildende Systeme ist das *inverse Quellenproblem* von großer Bedeutung. Hierbei ist das Feld u(r,t) bekannt und die Quellenverteilung q(r,t) gesucht. Durch Invertierung von (5-3b), also

$$Q(f_r,f_t) = U(f_r,f_t)\,/\,S(f_r,f_t)\;, \tag{5-4}$$

wäre dieses Problem formal gelöst, wenn wir das Feld im gesamten Raum kennen *würden*. Dies ist jedoch in der Praxis i. allg. nicht der Fall. Gerade das wichtige Gebiet, in dem sich die Quellen befinden, ist meist aus prinzipiellen Gründen einer Messung nicht zugänglich. Dies trifft auf alle abbildenden Systeme zu. Neben dem Problem, daß die Inversfilterung nach (5-4) evtl. in weiten Frequenzbereichen gar nicht möglich ist, da dort $S(f_r,f_t) \approx 0$ ist, tritt also als weitere Erschwernis hinzu, daß das gemessene Feld zuerst über das Meßgebiet hinaus *extrapoliert* werden muß. Die Mehrdeutigkeit der Lösung des inversen Quellenproblems speziell bei Wellenphänomenen kommt in der – zumindest mathematischen – Existenz *nichtemittierender Quellen* zum Ausdruck [5.8-5.10]. Diese Quellen erzeugen zwar ein Feld, dieses verschwindet jedoch außerhalb des Quellengebiets und kann daher nicht erfaßt werden.

Spezielle Quellenfunktionen

Für *spezielle* Formen der Quellenverteilung q(.) vereinfacht sich evtl. die Durchführung der Faltung (5-3a). Dies gilt z.B., wenn q(r,t) in Ort und Zeit *separierbar* ist:

$$q(r,t) = q_r(r)\, q_t(t) \ .$$ (5-5a)

Wir nennen solche Quellen *synchrone Quellen*, da an jedem Ort der Quellenverteilung gleichzeitig das Zeitsignal $q_t(t)$ – lediglich bewertet mit dem Ortsfaktor $q_r(r)$ – 'ausgesandt' wird. Das Feld einer synchronen Quelle ist mit (5-3a)

$$u(r,t) = q(r,t) \overset{r}{*}\overset{t}{*}\, s(r,t) = q_r(r) \overset{r}{*} [q_t(t) \overset{t}{*} s(r,t)]$$

$$= q_t(t) \overset{t}{*} [q_r(r) \overset{r}{*} s(r,t)] \ .$$ (5-5b)

Falls entweder $q_t(.)$ oder $q_r(.)$ als *Systemparameter* interpretiert werden soll, sind die geklammerten Faltungsprodukte als *drei-* bzw. *ein*dimensionale Punkt-(Impuls-)antwort zu betrachten.

Ein Sonderfall einer synchronen Quelle ist die bereits angesprochene *Punkt-Impulsquelle*, z.B. am Ort r_0 und zur Zeit t_0:

$$q(r,t) = \delta(r - r_0)\, \delta(t - t_0) \ .$$

Deren Feld ist trivialerweise die um r_0 und t_0 verschobene Punkt-Impulsantwort

$$u(r,t) = s(r - r_0, t - t_0) \ .$$

Es ist wegen der eingangs getroffenen Vereinbarungen *kugelsymmetrisch* um r_0. Ebenfalls von großer Bedeutung – speziell zur Behandlung von Randwertproblemen – ist die *punkt*förmige *Dipolquelle* mit *impuls*förmigem Zeitverlauf, z.B.

$$q(r,t) = \delta(x - x_0, y - y_0)\, \delta'(z - z_0)\, \delta(t - t_0) \ .$$ (5-6a)

Diese kann man durch zwei gegenphasig emittierende Punkt-Impulsquellen an den Orten $r = (x_0, y_0, z_0 \pm \epsilon/2)^T$ approximieren (vgl. Bild 3-13, rechts). Das Feld der Dipolquelle ist

$$u(r,t) = \partial\, s(r - r_0, t - t_0)/\partial z \ .$$ (5-6b)

Da wir für s(.) *Kugelsymmetrie* angenommen haben, liefert diese Differentiation (hier der Einfachheit halber für $r_0 = 0$ und $t_0 = 0$)

$$\frac{\partial}{\partial z} s(r,t) = \frac{\partial r}{\partial z}\frac{\partial}{\partial r} s(r,t) = \frac{z}{r}\frac{\partial}{\partial r} s(r,t) = \cos\vartheta\, \frac{\partial}{\partial r} s(r,t) \ .$$ (5-6c)

Das Feld dieser Dipolquelle verschwindet also auf der x,y-Ebene, da dort die Richtung der Differentiation *tangential* zu den 'Höhenlinien' von s(.) verläuft. Weist jedoch s(.) bei $r = 0$ einen *Pol* auf, so verschwindet das Dipolfeld zwar für z = 0, jedoch mit

Ausnahme des Ursprungs x = y = 0. Dort ist das Feld *unendlich* groß. Dieser Fall kann nur für t = 0 auftreten, da wir annehmen, daß das System durch eine Differentialgleichung *endlicher* Ordnung beschrieben wird, und daher das Feld *nach* der Erregung *stetig* sein muß. Wir werden sehen, daß in den hier interessierenden Fällen dieses Feld einer Dipolquelle in der Ebene z = 0 (genauer: z = 0_+) gerade einen δ-*Punkt-Impuls* darstellt, also (Bild 5-2)

$$\lim_{z \to 0_+} \{\partial \, s(r,t)/\partial z\} = a \, \delta(x,y) \, \delta(t) \,, \qquad (5\text{-}7a)$$

wobei sich die Konstante a zu

$$a = \lim_{z \to 0_+} \left\{ \iiint_{-\infty}^{+\infty} \frac{\partial}{\partial z} \, s(r,t) \, dxdydt \right\} \qquad (5\text{-}7b)$$

errechnet.

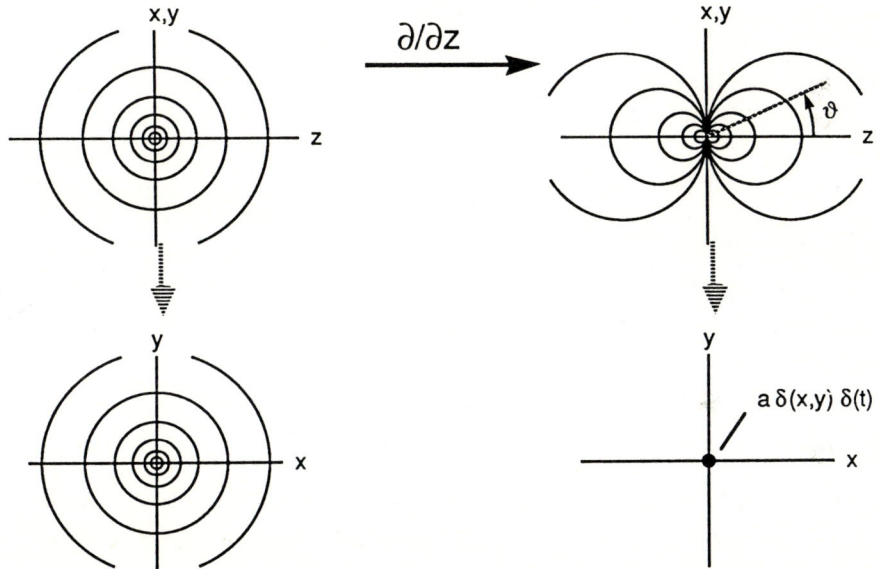

Bild 5-2: Das Feld einer Punkt-Impulsquelle (**links**) und das das einer Dipolquelle (**rechts**); skizziert ist jeweils auch das Feld in der Ebene z = 0_+ (**unten**)

Die bisher diskutierten Quellen waren örtlich *und* zeitlich δ-förmig. Etwas allgemeiner ist bereits die *Impulsquelle* (mit beliebiger Ortsabhängigkeit)

$$q(r,t) = q_{t0}(r) \, \delta(t - t_0) \,. \qquad (5\text{-}8a)$$

Das Feld auf solch eine kurzzeitige Erregung hin ist dann (Bild 5-3, oben)

$$u(r,t) = [q_{t0}(r)\,\delta(t-t_0)] \overset{r}{*} \overset{t}{*} s(r,t)$$

$$= q_{t0}(r) \overset{r}{*} s(r,t-t_0) \ . \tag{5-8b}$$

(Wegen der Kausalität existiert dieses Feld natürlich nur für $t \geq t_0$.)Wir haben damit ein *drei*dimensionales System definiert, welches das Feld zum Zeitpunkt t aus dem Ortsverlauf $q_{t0}(r)$ der Impulsquelle berechnet. Die Zeit*differenz* $t-t_0$ spielt dabei die Rolle eines Systemparameters. Nennen wir diese Differenz $\Delta t := t - t_0$, so erhalten wir das Feld im zeitlichen Abstand von Δt nach der Erregung zu (Bild 5-3, unten)

$$u(r,t_0+\Delta t) = q_{t0}(r) \overset{r}{*} s(r,\Delta t) \tag{5-8c}$$

bzw. dessen *Orts*spektrum

$$U^r(f_r,t_0+\Delta t) = Q_{t0}(f_r)\,S^r(f_r,\Delta t) \ . \tag{5-8d}$$

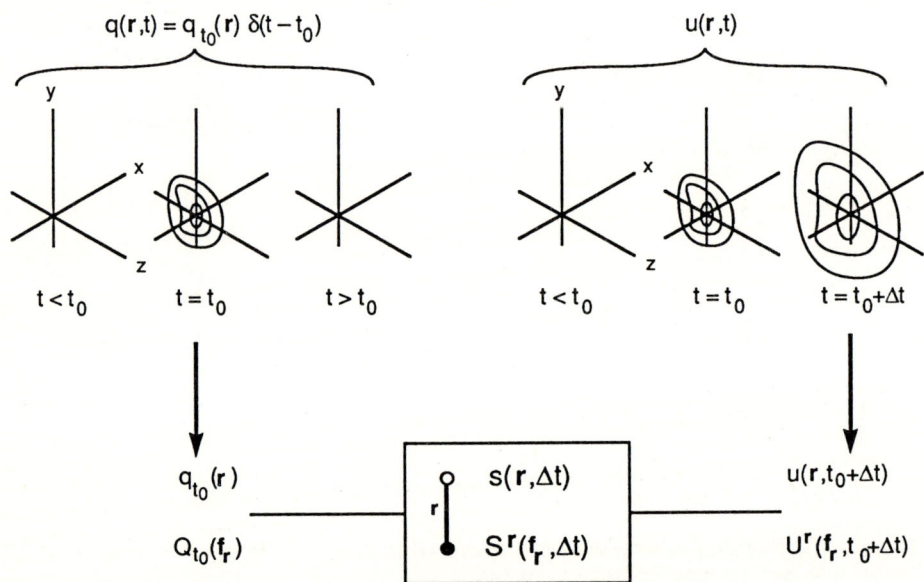

Bild 5-3: Zur Berechnung des Feldes einer Impulsquelle

Ist der zeitliche Verlauf der Quellensignale ein *differenzierter* δ-Impuls, also

$$q(r,t) = q_{v,t0}(r)\,\delta^{(v)}(t-t_0) \ , \tag{5-9a}$$

so entsteht das Feld

$$u(r,t_0+\Delta t) = q_{v,t0}(r) \overset{r}{*} [\partial^v s(r,t)/\partial t^v]_{t=\Delta t} \ . \tag{5-9b}$$

Ein weiterer wichtiger Sonderfall ist die *Punktquelle* beliebigen Zeitverlaufs

$$q(r,t) = q_{r0}(t)\,\delta(r - r_0)\,. \tag{5-10a}$$

Der zeitliche Verlauf der Feldgröße am Ort $r = r_0 + \Delta r$ berechnet sich in Analogie zum oben Gesagten durch die – nun *ein*dimensionale – Faltung (Bild 5-4)

$$u(r_0+\Delta r,t) = q_{r0}(t) \overset{t}{*} s(\Delta r,t)\,. \tag{5-10b}$$

bzw. im *Zeit*spektralbereich

$$U^t(r_0+\Delta r,f_t) = Q_{r0}(f_t)\,S^t(\Delta r,f_t)\,. \tag{5-10c}$$

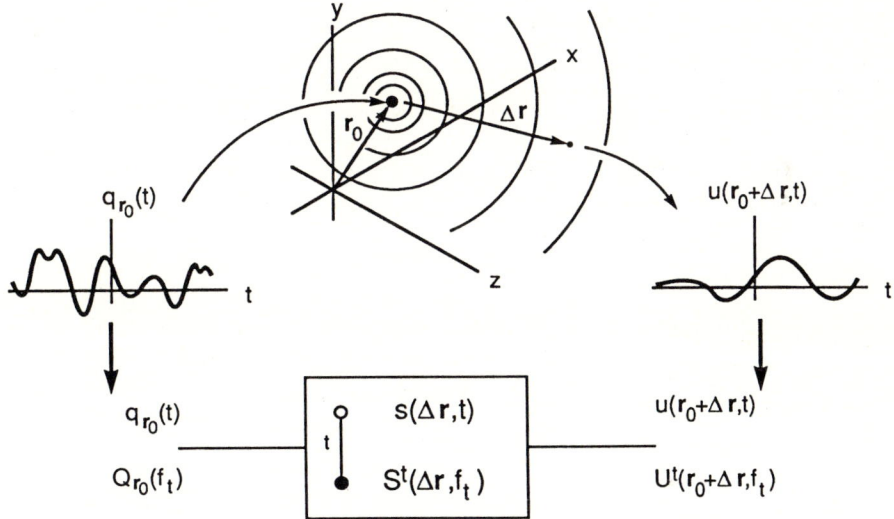

Bild 5-4: Zur Berechnung des Feldes einer Punktquelle

Häufig werden wir auch *ebene Quellen* betrachten, z.B. auf der Ebene $z = z_0$:

$$q(r,t) = q_{z0}(x,y,t)\,\delta(z - z_0)\,. \tag{5-11a}$$

Deren Feld, speziell auf einer Ebene $z = z_0 + \Delta z$, ist dann

$$u(x,y,z_0+\Delta z,t) = q_{z0}(x,y,t) \overset{x\ y\ t}{*\,*\,*} s(x,y,\Delta z,t) \tag{5-11b}$$

bzw. dessen Spektrum bezüglich x, y und t

$$U^{x,y,t}(f_x,f_y,z_0+\Delta z,f_t) = Q_{z0}(f_x,f_y,f_t)\,S^{x,y,t}(f_x,f_y,\Delta z,f_t)\,. \tag{5-11c}$$

Das damit definierte *drei*dimensionale System ist in Bild 5-5 skizziert.

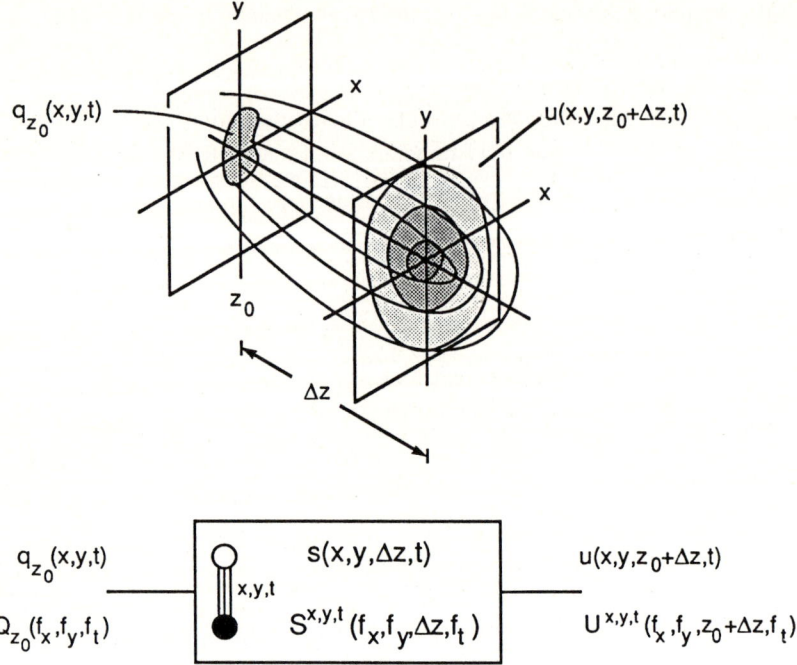

$q_{z_0}(x,y,t)$ ─────── ─────── $u(x,y,z_0+\Delta z,t)$

$$
\begin{array}{ccc}
q_{z_0}(x,y,t) & s(x,y,\Delta z,t) & u(x,y,z_0+\Delta z,t) \\
\rule{0pt}{0pt} & {}_{x,y,t} & \\
Q_{z_0}(f_x,f_y,f_t) & S^{x,y,t}(f_x,f_y,\Delta z,f_t) & U^{x,y,t}(f_x,f_y,z_0+\Delta z,f_t)
\end{array}
$$

Bild 5-5: Zur Berechnung des Feldes einer ebenen Quelle

Falls die ebene Quellenverteilung in z-Richtung die Form einer v-fach *differenzierten* δ-Funktion hat, also

$$q(r,t) = q_{v,z0}(x,y,t)\, \delta^{(v)}(z-z_0) \,, \tag{5-12a}$$

so ist das Feld auf einer parallelen Ebene im Abstand Δz gegeben durch

$$u(x,y,z_0+\Delta z,t) = q_{v,z0}(x,y,t) \overset{x}{*}\overset{y}{*}\overset{t}{*} [\partial^v s(r,t)/\partial z^v]_{z=\Delta z} \,. \tag{5-12b}$$

Bei den hier aufgeführten speziellen Quellenverteilungen mußte zur Feldberechnung nicht *vier-* sondern nur noch *ein-* bzw. *drei*dimensional gefaltet werden. Die entsprechenden Faltungskerne waren dabei *Schnitte* durch die Punkt-Impulsantwort $s(r,t)$ bei $t = \Delta t$, $r = \Delta r$ oder $z = \Delta z$. Zur Beschreibung dieser Operationen im Spektralbereich haben wir daher häufig auf *Teilspektren* von $s(r,t)$ bzw. $S(f_r,f_t)$ zurückgegriffen. Abschließend seien die Zusammenhänge zwischen diesen Teilspektren nochmals aufgeführt:

$$
s(r,t)
\begin{cases}
\circ\!\!-\!\!\overset{r}{-\!\!-}\!\!\bullet & S^r(f_r,t) & \circ\!\!-\!\!\overset{t}{-\!\!-}\!\!\bullet \\[2ex]
\circ\!\!-\!\!\overset{t}{-}\!\!\bullet\quad S^t(r,f_t) & \circ\!\!\overset{x,y}{=\!\!=\!\!=}\!\!\bullet\;\; S^{x,y,t}(f_x,f_y,z,f_t) & \circ\!\!-\!\!\overset{z}{-}\!\!\bullet
\end{cases}
S(f_r,f_t) \,. \tag{5-13}
$$

Das Anfangswertproblem

Bei der Anfangswertaufgabe (auch *zeitliche* Randwertaufgabe genannt) ist eine 'Momentaufnahme' $u(r,t_0)$ des Feldes zum Zeitpunkt $t = t_0$ bekannt. Gesucht wird das Feld $u(r,t_0+\Delta t)$ zu einem *späteren* Zeitpunkt $t > t_0$ (Bild 5-6). Dabei sei für $t > t_0$ keine Erregung mehr vorhanden:

$$q(r,t > t_0) \equiv 0.$$

Es soll also z.B. untersucht werden, wie ein homogener Körper, ausgehend von einer bekannten Temperaturverteilung, in sein thermisches Gleichgewicht zurückkehrt, ohne daß die physikalische Ursache des Anfangszustandes $u(r,t_0)$ bekannt ist. Wir können jedoch eine Quellenverteilung bei $t \leq t_0$ *annehmen*, welche ein Feld erzeugt, das bei $t = t_0$ gerade den vorgegebenen Anfangswert aufweist. I. allg. gibt es natürlich viele solcher *fiktiven Quellenverteilungen*, die alle auf denselben Anfangszustand $u(r,t_0)$ führen. Zuerst gilt es zu klären, ob in allen diesen Fällen auch der weitere Feldverlauf derselbe ist; dann genügte nämlich die Angabe von $u(r,t_0)$, um $u(r,t > t_0)$ *eindeutig* zu spezifizieren. Bei den Ausgleichsvorgängen wie der Wärmeleitung ist dies sicherlich der Fall, da das Streben nach einem Gleichgewichtszustand zeitlich gerichtet ist. Einer Momentaufnahme einer Welle jedoch sieht man es nicht an, in welche Richtung sie sich fortbewegt. Hier muß der Eindeutigkeit halber noch der Wert der ersten zeitlichen Ableitung $\partial u(.)/\partial t$ für $t = t_0$ mit angegeben werden. Dieser Unterschied zeigt sich in der Ordnung der entsprechenden Differentialgleichung. Die der Wärmeleitung ist nämlich von zeitlich erster und die Wellengleichung von zweiter Ordnung.

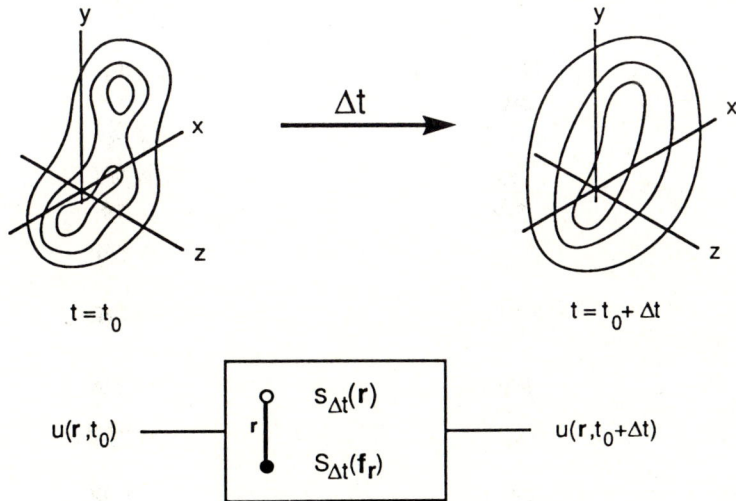

Bild 5-6: Zum Anfangswertproblem

Anmerkung

Bei Phänomenen, die *nicht* durch eine Differentialgleichung (endlicher Ordnung) beschrieben werden können, ist das Anfangswertproblem i. allg. nicht eindeutig lösbar. Man denke beispielsweise an ein reines Verzögerungsglied im Eindimensionalen; der Signalwert und seine Ableitungen bei $t = t_0$ sagen nichts darüber aus, welches Signal noch im System 'gespeichert' ist.

Bleiben wir jedoch vorerst bei Differentialgleichungen zeitlich *erster* Ordnung, bei denen lediglich $u(r,t_0)$ bekannt zu sein braucht. Dann können wir das Anfangswertproblem auf das Quellenproblem zurückführen, wenn wir *eine* der Quellenverteilungen $q(r,t)$ finden, deren Feld bei $t = t_0$ den vorgegebenen Anfangswert aufweist. Insbesondere können wir eine *Impulsquelle* annehmen:

$$q(r,t) = q_{t0}(r)\, \delta(t - t_0) \, . \tag{5-14a}$$

Deren Feld ist in (5-8c) gegeben und ist speziell für $t = t_0$, also $\Delta t = 0$, von der Form

$$u(r,t_0) = q_{t0}(r,t) \overset{r}{*} s(r,0) \, . \tag{5-14b}$$

Dieses Feld muß gleich dem vorgegebenen Anfangswert sein. Wir *erzwingen* also durch eine geeignet gewählte Impuls-Quellenfunktion die Anfangsbedingung $u(r,t_0)$[1]. Im Orts-Spektralbereich lautet (5-14b)

$$U^r(f_r,t_0) = Q_{t0}(f_r)\, S^r(f_r,0) \, . \tag{5-14c}$$

Das Spektrum der gesuchten Quellenverteilung $q_{t0}(r)$ läßt sich nun durch *Invertierung* dieser Gleichung ermitteln:

$$Q_{t0}(f_r) = U^r(f_r,t_0) \,/\, S^r(f_r,0) \tag{5-15}$$

und daraus schließlich das Orts-Spektrum des Feldes zu einem späteren Zeitpunkt berechnen:

$$U^r(f_r,t_0+\Delta t) = U^r(f_r,t_0)\, S^r(f_r,\Delta t) \,/\, S^r(f_r,0) \, . \tag{5-16}$$

Damit erhalten wir als *Lösung des Anfangswertproblems* (bei Systemen zeitlich *erster* Ordnung)

$$u(r,t_0+\Delta t) = u(r,t_0) \overset{r}{*} s_{\Delta t}(r) \qquad \text{für} \quad \Delta t \geq 0 \tag{5-17a}$$

mit

$$s_{\Delta t}(r) \quad \circ\!\!\overset{r}{-\!\!-}\!\!\bullet \quad S_{\Delta t}(f_r) = \frac{S^r(f_r,\Delta t)}{S^r(f_r,0)} \, . \tag{5-17b}$$

---

[1] Streng genommen stellt sich dieser Feldverlauf erst unmittelbar *nach* t_0 ein. Wir werden jedoch im folgenden zwischen dem rechtsseitigen ($t = t_{0+}$), dem linksseitigen ($t = t_{0-}$) Grenzwert und dem Wert selbst bei $t = t_0$ nur wenn nötig unterscheiden.

Anmerkungen
– Bei Systemen von zeitlich *erster* Ordnung ist $S^r(f_r,0)$ immer eine *Konstante* bezüglich f_r. $S_{\Delta t}(f_r)$ ist damit bis auf einen konstanten Faktor gleich $S^r(f_r,\Delta t)$; obige Gleichungen sehen also 'komplizierter' aus als sie eigentlich sind. Das (z.B. Temperatur-)Feld unmittelbar nach einer impulsartigen Erregung (Wärmezufuhr) ist dann ein Abbild der Quellenverteilung, wie schon in Bild 5-3 skizziert.
– Die Gleichungen (5-17a,b) gelten im Grenzfall auch für $\Delta t = 0$. Lassen wir nämlich $\Delta t \to 0$, also $t \to t_{0+}$ gehen, so wird erwartungsgemäß $S_{\Delta t}(f_r) = S_0(f_r) \equiv 1$ und $s_{\Delta t}(r) = s_0(r) = \delta(r)$.
– Die eigentliche Form der fiktiven Quellenverteilung erscheint in der Übertragungsfunktion $S_{\Delta t}(f_r)$ gar nicht mehr. Hätten wir z.B. statt Impulsquellen solche mit $\delta'(t)$-Verlauf angenommen, so wäre

$$S_{\Delta t}(f_r) = \dot{S}^r(f_r,\Delta t)/\dot{S}^r(f_r,0) .$$

Wegen der eindeutigen Lösbarkeit der Anfangswertaufgabe ist bei Systemen von zeitlich erster Ordnung die so berechnete Übertragungsfunktion immer identisch mit der aus (5-17b). Dasselbe gilt für höhere Ableitungen von $\delta(t)$.

Wir haben mit (5-17a,b) ein *drei*dimensionales System definiert, dessen Eingangssignal der Anfangswert $u(r,t_0)$ ist. Die Zeitdifferenz ist hier ein Systemparameter. Der Zusammenhang dieses Systems mit dem System zur Lösung des Quellenproblems ist nochmals in Bild 5-7 dargestellt.

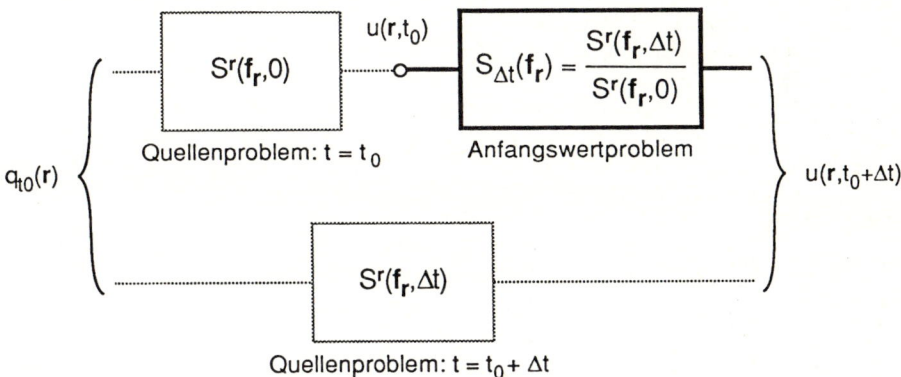

Bild 5-7: Zusammenhang zwischen Quellenproblem (Impulsquellen) und Anfangswertproblem bei zeitlich erster Ordnung (vgl. (5-17a,b))

Anmerkungen
– Das Anfangswertproblem bei Zeitsystemen wird üblicherweise mit Hilfe der Laplace-Transformation angegangen [5.11]. Wir haben jedoch hier das Konzept fiktiver Quellen verwendet, da wir damit im folgenden Abschnitt auch das räumliche Randwertproblem lösen werden. Wir müßten uns ansonsten der Laplace-Transformation auch in x, y oder z bedienen.
– Da wir zur Lösung des Anfangswertproblems die *Fourier*-Transformation benutzt haben, müssen wir übrigens zeitlich exponentiell anklingende Felder ausschließen. Bei den hier zu behandelnden Phänomenen können solche Zeitverläufe aber ohnehin nicht auftreten, da ja $q(r,t > t_0) \equiv 0$ gefordert war.
– Ein weiterer Unterschied zur üblichen Behandlung des Anfangswertproblems besteht darin, daß wir hier ein eigenes System mit der Punktantwort $s_{\Delta t}(r)$ definieren und damit den Anfangswert als Eingangs-*signal* dieses Systems und nicht als *Zustand des ursprünglichen* Systems $s(r,t)$ interpretieren.

Das bisher Gesagte gilt für Phänomene wie die Wärmeleitung, deren Differentialgleichung von zeitlich *erster* Ordnung sind. Nun betrachten wir den Fall *zweiter* Ordnung; eine Erweiterung zu höheren Ordnungen ist dann in entsprechender Weise möglich. Um das Anfangswertproblem eindeutig lösen zu können, müssen jetzt

$$u(r,t_0) \qquad und \qquad \dot{u}(r,t_0) := \partial\, u(r,t)/\partial t\big|_{t=t_0}$$

gegeben sein. Diese *beiden* Anfangsbedingungen lassen sich natürlich nicht mehr durch *eine* Impuls-Quellenverteilung $q_{t_0}(r)\,\delta(t-t_0)$ erzwingen. Eine Möglichkeit ist der Ansatz einer $\delta(t)$- *und* einer $\delta'(t)$-förmigen Quellenfunktion:

$$q(r,t) = q_{0,t_0}(r)\,\delta(t-t_0) + q_{1,t_0}(r)\,\delta'(t-t_0)\,. \tag{5-18a}$$

Das resultierende Feld ist dann nach (5-8c) und (5-9b) (mit $\nu = 1$)

$$u(r,t_0+\Delta t) = q_{0,t_0}(r) \stackrel{r}{*} s(r,\Delta t) + q_{1,t_0}(r) \stackrel{r}{*} \dot{s}(r,\Delta t) \tag{5-18b}$$

und dessen Ortsspektrum

$$U^r(f_r,t_0+\Delta t) = Q_{0,t_0}(f_r)\,S^r(f_r,\Delta t) + Q_{1,t_0}(f_r)\,\dot{S}^r(f_r,\Delta t)\,. \tag{5-18c}$$

Die fiktiven Quellen $q_{0,t_0}(.)$ und $q_{1,t_0}(.)$ bzw. deren Spektren $Q_{0,t_0}(.)$ und $Q_{1,t_0}(.)$ werden nun so gewählt, daß die Anfangsbedingungen $u(r,t_0)$ und $\dot{u}(r,t_0)$ erfüllt sind, d.h.

$$U^r(f_r,t_0) = Q_{0,t_0}(f_r)\,S^r(f_r,0) + Q_{1,t_0}(f_r)\,\dot{S}^r(f_r,0)$$

und $\tag{5-19}$

$$\dot{U}^r(f_r,t_0) = Q_{0,t_0}(f_r)\,\dot{S}^r(f_r,0) + Q_{1,t_0}(f_r)\,\ddot{S}^r(f_r,0)\,.$$

Dieses lineare Gleichungssystem ist nun nach $Q_{0,t_0}(f_r)$ und $Q_{1,t_0}(f_r)$ aufzulösen. Nach kurzer Rechnung erhalten wir

$$Q_{0,t_0}(f_r) = \big(\ddot{S}^r(f_r,0)U^r(f_r,t_0) - \dot{S}^r(f_r,0)\dot{U}^r(f_r,t_0)\big)/D(f_r)$$

und $\tag{5-20a}$

$$Q_{1,t_0}(f_r) = \big(S^r(f_r,0)\dot{U}^r(f_r,t_0) - \dot{S}^r(f_r,0)U^r(f_r,t_0)\big)/D(f_r)\,,$$

wobei $D(f_r)$ die Determinante

$$D(f_r) := \ddot{S}^r(f_r,0)\,S^r(f_r,0) - \dot{S}^r(f_r,0)^2 \tag{5-20b}$$

ist. Mit (5-20a,b) ist dann die *Lösung des Anfangswertproblems* (für Systeme zeitlich *zweiter* Ordnung):

$$u(r,t_0+\Delta t) = u(r,t_0) \stackrel{r}{*} s_{0,\Delta t}(r) + \dot{u}(r,t_0) \stackrel{r}{*} s_{1,\Delta t}(r) \qquad \text{für} \quad \Delta t \ge 0 \tag{5-21a}$$

mit

$$s_{0,\Delta t}(r) \; \circ\!\!-\!\!\stackrel{r}{-}\!\!\bullet \quad S_{0,\Delta t}(f_r) = \frac{\ddot{S}^r(f_r,0)\,S^r(f_r,\Delta t) - \dot{S}^r(f_r,0)\,\dot{S}^r(f_r,\Delta t)}{\ddot{S}^r(f_r,0)\,S^r(f_r,0) - \dot{S}^r(f_r,0)^2} \tag{5-21b}$$

und

$$s_{1,\Delta t}(r) \; \circ\!\!-\!\!\stackrel{r}{-}\!\!\bullet \quad S_{1,\Delta t}(f_r) = \frac{S^r(f_r,0)\,\dot{S}^r(f_r,\Delta t) - \dot{S}^r(f_r,0)\,S^r(f_r,\Delta t)}{\ddot{S}^r(f_r,0)\,S^r(f_r,0) - \dot{S}^r(f_r,0)^2}\,. \tag{5-21c}$$

Das damit definierte System hat also *zwei* Eingänge für die beiden Anfangsbedingungen $u(r,t_0)$ und $\dot{u}(r,t_0)$, wie in Bild 5-8 skizziert.

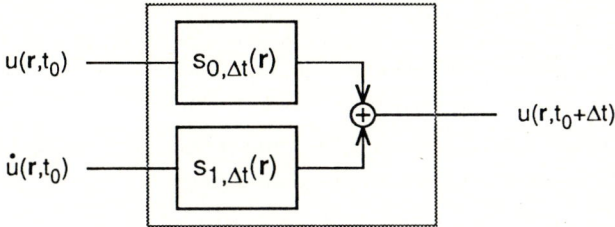

Bild 5-8: System zur Lösung des Anfangswertproblems bei zeitlich zweiter Ordnung nach (5-21a,b,c)

Ist nun auch eine zeitliche *Rückverfolgung* des Feldes möglich, d.h. können wir $u(r,t_0-\Delta t)$ aus $u(r,t_0)$ berechnen? Dieses *inverse Anfangswertproblem* läßt sich formal durch *Inversfilterung* lösen, z.B. bei zeitlich erster Ordnung:

$$u(r,t_0 - \Delta t) = u(r,t_0) \overset{r}{*} s_{-\Delta t}(r) \tag{5-22a}$$

mit

$$s_{-\Delta t}(r) \quad \circ\!\!\overset{r}{-\!\!-\!\!}\bullet \quad S_{-\Delta t}(f_r) = 1/S_{\Delta t}(f_r) \; . \tag{5-22b}$$

In vielen Fällen jedoch existiert $s_{-\Delta t}(r)$ nicht, da $1/S_{\Delta t}(f_r)$ nicht Fourier-transformierbar ist. Beispielsweise ist im Fall der Wärmeleitung $S_{\Delta t}(f_r)$ vom Typ einer Gauß-Funktion, und daher weist $S_{-\Delta t}(f_r)$ doppelt exponentiellen Anstieg zu hohen Ortsfrequenzen hin auf. Die zeitliche Rückverfolgung kann dann nicht durch Faltung im Ortsbereich ausgeführt werden. Ist jedoch die Anfangsbedingung $u(r,t_0)$ so beschaffen, daß das *Produkt* seines Ortsspektrums $U^r(f_r,t_0)$ mit $S_{-\Delta t}(f_r)$ Fourier-transformierbar ist, so kann das Feld trotzdem zeitlich zurückverfolgt werden:

$$u(r,t_0 - \Delta t) \quad \circ\!\!\overset{r}{-\!\!-\!\!}\bullet \quad U^r(f_r,t_0 - \Delta t) = U^r(f_r,t_0) \, S_{-\Delta t}(f_r) \; . \tag{5-22c}$$

In diesem Falle *kompensiert* offensichtlich $U^r(f_r,t_0)$ das unerwünschte Verhalten von $S_{-\Delta t}(f_r)$. Solch eine Anfangsbedingung liegt aber i. allg. nur dann vor, wenn die *physikalische Ursache* auf die Zeiten $t \leq t_0 - \Delta t$ beschränkt war, d.h. $q(r,t > t_0 - \Delta t) \equiv 0$ ist. Ein Feld kann also auch mit Hilfe von (5-22c) zeitlich nur bis zu *dem* Zeitpunkt zurückverfolgt werden, an dem die Quellenfunktion letztmalig vorhanden war und damit z.B nicht über einen Zeitpunkt hinaus, an dem örtliche *Unstetigkeiten* auftreten.

Das Randwertproblem

Bei der Randwertaufgabe (oder auch: *räumlichen* Randwertaufgabe) ist das Feld auf einer Fläche gegeben, und das Feld im gesamten Raum soll berechnet werden. Wir vereinfachen die Aufgabe dahingehend, daß wir uns $u(x,y,z_0,t)$, also das Feld auf einer *Ebene* $z = z_0$, vorgeben (Bild 5-9). Diese bezeichnen wir als *Eingangsebene*. Die *Ausgangsebene* sei eine dazu parallele Ebene bei $z = z_0 + \Delta z$. Den Halbraum $z > z_0$ nehmen wir als *quellenfrei* an:

$$q(x,y,z > z_0,t) \equiv 0 \, .$$

Unter diesen Voraussetzungen ist das Randwertproblem in gleicher Weise lösbar wie das Anfangswertproblem; es ist lediglich z mit t zu vertauschen. Handelt es sich z.B. um ein System örtlich erster Ordnung, so können wir eine *fiktive Quellenverteilung* in der Ebene $z = z_0$ ansetzen, welche die Randbedingung $u(x,y,z_0,t)$ erzwingt:

$$q(\mathbf{r},t) = q_{z0}(x,y,t) \, \delta(z - z_0) \, , \tag{5-23a}$$

Die *Lösung des Randwertproblems* ist dann analog zu (5-17a,b)

$$u(x,y,z_0+\Delta z,t) = u(x,y,z_0,t) \overset{x}{*} \overset{y}{*} \overset{t}{*} \, s_{\Delta z}(x,y,t) \tag{5-23b}$$

mit

$$s_{\Delta z}(x,y,t) \quad \circ\!\!\overset{x,y,t}{=\!=\!=}\!\!\bullet \quad S_{\Delta z}(f_x,f_y,f_t) = \frac{S^{x,y,t}(f_x,f_y,\Delta z,f_t)}{S^{x,y,t}(f_x,f_y,0,f_t)} \, . \tag{5-23c}$$

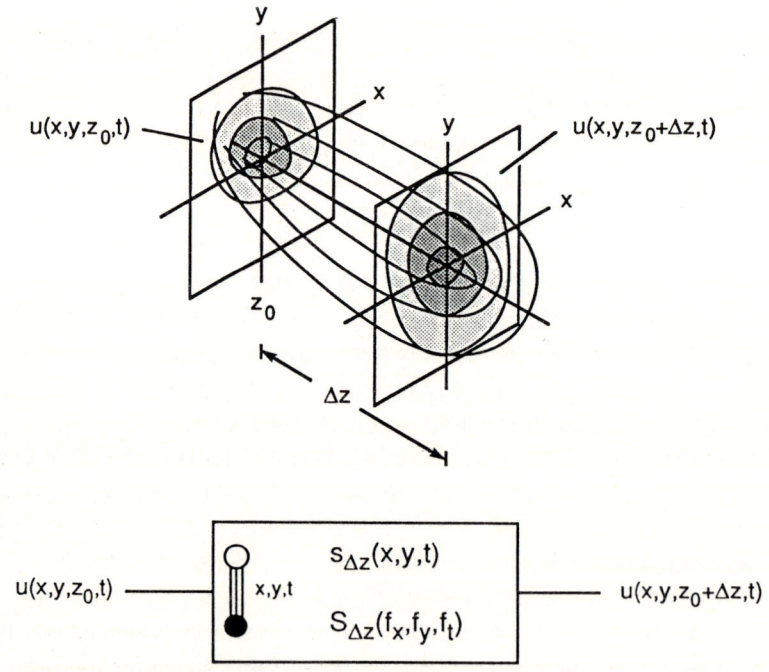

Bild 5-9: Zum Randwertproblem (einseitig eben berandeter Raum)

Alle der eingangs beispielhaft aufgeführten Differentialgleichungen sind von örtlich *zweiter* Ordnung. Hier muß neben dem Randwert $u(x,y,z_0,t)$ i. allg. noch die *Normalenableitung*

$$u'(x,y,z_0,t) := \partial\, u(r,t)/\partial z\big|_{z=z_0}$$

des Eingangsfeldes gegeben sein. Wie beim Anfangswertproblem können wir nun *zwei* Quellenverteilungen annehmen: eine $\delta(z)$- und eine $\delta'(z)$-förmige:

$$q(r,t) = q_{0,z0}(x,y,t)\,\delta(z-z_0) + q_{1,z0}(x,y,t)\,\delta'(z-z_0)\,.$$

Das dabei auftretende Gleichungssystem ist äquivalent zu (5-19). Daraus erhalten wir die *Lösung des Randwertproblems* bei Systemen örtlich *zweiter* Ordnung zu

$$u(x,y,z_0+\Delta z,t) = u(x,y,z_0,t) \overset{x\ y\ t}{*\ *\ *} s_{0,\Delta z}(x,y,t) + u'(x,y,z_0,t) \overset{x\ y\ t}{*\ *\ *} s_{1,\Delta z}(x,y,t) \quad (5\text{-}24a)$$

mit

$$s_{0,\Delta z}(x,y,t) \;\overset{x,y,t}{\circ\!=\!\!=\!\bullet}\; S_{0,\Delta z}(f_x,f_y,f_t) \qquad\qquad\qquad\qquad (5\text{-}24b)$$

$$= \frac{S^{x,y,t''}(.,.,0,.)\, S^{x,y,t}(.,.,\Delta z,.) - S^{x,y,t'}(.,.,0,.)\, S^{x,y,t'}(.,.,\Delta z,.)}{S^{x,y,t''}(.,.,0,.)\, S^{x,y,t}(.,.,0,.) - S^{x,y,t'}(.,.,0,.)^2}$$

und

$$s_{1,\Delta z}(x,y,t) \;\overset{x,y,t}{\circ\!=\!\!=\!\bullet}\; S_{1,\Delta z}(f_x,f_y,f_t) \qquad\qquad\qquad\qquad (5\text{-}24c)$$

$$= \frac{S^{x,y,t}(.,.,0,.)\, S^{x,y,t}(.,.,\Delta z,.) - S^{x,y,t}(.,.,0,.)\, S^{x,y,t}(.,.,\Delta z,.)}{S^{x,y,t''}(.,.,0,.)\, S^{x,y,t}(.,.,0,.) - S^{x,y,t'}(.,.,0,.)^2}\,,$$

wobei

$$S^{x,y,t}(.,.,\Delta z,.) = S^{x,y,t}(f_x,f_y,\Delta z,f_t)$$

bedeute.

Die eingangs angesprochenen Phänomene sind jedoch von der Art, daß die *Determinante* (also der Nenner in (5-24b,c)) verschwindet:

$$S^{x,y,t''}(.,.,0,.)S^{x,y,t}(.,.,0,.) - S^{x,y,t'}(.,.,0,.)^2 \equiv 0\,. \qquad\qquad (5\text{-}25)$$

Das Gleichungssystem ist somit überbestimmt, und das System kann wie eines von *erster* Ordnung behandelt werden. Dann genügt wieder die Angabe von $u(x,y,z_0,t)$, um das Feld im quellenfreien Halbraum $z > z_0$ eindeutig zu berechnen. Wir brauchen also im folgenden auf die komplizierte Lösung aus (5-24a,b,c) nicht mehr zurückgreifen, sondern können das Randwertproblem durch Faltung von $u(x,y,z_0,t)$ mit der Punkt-Impulsantwort $s_{\Delta z}(x,y,t)$ aus (5-23b,c) lösen. Der einzige Unterschied zum Fall örtlich *erster* Ordnung ist, daß nun der Nenner $S^{x,y,t}(f_x,f_y,0,f_t)$ in (5-23c) i. allg. *keine* Konstante mehr ist. Dieser Nenner kompensiert nämlich die *laterale* Ausbreitung des

Feldes, also den Effekt, daß das Feld in der x,y-Ebene *kein* getreues Abbild der dort konzentrierten Quellenbelegung $q_{z0}(x,y,t)$ ist. Man erkennt diesen Unterschied zwischen Randwert und ebener Quellenfunktion sofort, wenn man beispielsweise als Randbedingung

$$u(x,y,z_0,t) = \delta(x,y)\, q_t(t)$$

annimmt, also einen – *zwei*dimensionalen – δ-Punkt in der Ebene $z = z_0$ von beliebigem Zeitverlauf. Im Vergleich dazu hat die Punkt*quelle* (dreidimensionaler Punkt)

$$q(r,t) = \delta(x,y,z - z_0)\, q_t(t)$$

gerade das Feld $s(x,y,z - z_0,t) * q_t(t)$ zur Folge, welches aber wegen der Kugelsymmetrie von s(.) auch Anteile in der Eingangsebene selbst aufweist, also bei $z = z_0$ *nicht* die Form eines δ-Punktes hat.

Zur Herleitung von $s_{\Delta z}(.)$ ist es daher oft einfacher, statt der fiktiven Quellen nach (5-23a) eine ebene *Dipol*-Quellenfunktion anzunehmen, d.h.

$$q(r,t) = q_{1,z0}(x,y,t)\, \delta'(z - z_0) \, . \tag{5-26a}$$

Diese können wir uns als Grenzübergang zweier gegenphasig emittierender ebener Quellenverteilungen bei $z = z_0 - \varepsilon/2$ und $z = z_0 + \varepsilon/2$ vorstellen:

$$q(r,t) = q_{1,z}(x,y,t) \lim_{\varepsilon \to 0} \{[\delta(z - (z_0 - \varepsilon/2)) - \delta(z - (z_0 + \varepsilon/2))]/\varepsilon\} \, . \tag{5-26b}$$

Wie wir bereits gesehen haben, ist das Feld einer punkt-impulsförmigen Dipolquelle in der Ebene $z = z_{0+}$ gerade ein δ-Punkt-Impuls (vgl. (5-7a) und Bild 5-2); das *laterale* Feld verschwindet also hier und eine Kompensation ist nicht notwendig. Das Feld in der Eingangsebene ist somit bei dieser Art fiktiver Quellen – bis auf einen konstanten Faktor – gleich der Dipol-Quellendichte $q_{1,z0}(x,y,t)$:

$$q_{1,z0}(x,y,t) = 1/a\ u(x,y,z_0,t) \tag{5-26c}$$

mit

$$a = \lim_{z \to 0_+} \left\{ \iiint_{-\infty}^{+\infty} \partial s(r,t)/\partial z\ dx\,dy\,dt \right\} \, . \tag{5-26d}$$

Daher können die Punkt-Impulsantwort $s_{\Delta z}(x,y,t)$ und die Übertragungsfunktion $S_{\Delta z}(f_x,f_y,f_t)$ zur *Lösung des Randwertproblems* durch die – im Vergleich zu (5-23c) einfachere – Vorschrift (für $\Delta z > 0$)

$$s_{\Delta z}(x,y,t) = \frac{1}{a} \frac{\partial}{\partial z}\, s(r,t)\big|_{z=\Delta z} \tag{5-27a}$$

bzw.

$$S_{\Delta z}(f_x,f_y,f_t) = \frac{1}{a} \frac{\partial}{\partial z}\, S^{x,y,t}(f_x,f_y,z,f_t)\big|_{z=\Delta z} \tag{5-27b}$$

aus $s(r,t)$ respektive $S^{x,y,t}(f_x,f_y,z,f_t)$ berechnet werden.

Anmerkung
Ist die Fläche, auf der das Feld vorgegeben ist, nicht eben, sondern beliebig *gekrümmt*, so läßt sich das gesamte Feld aus diesen Randwerten nicht mehr durch Faltung sondern durch eine allgemeine lineare (ortsvariante) Operation berechnen. Zur Lösung dieser sehr bedeutenden Aufgabe bedient man sich – bei Systemen örtlich zweiter Ordnung – üblicherweise des Greenschen Integrationssatzes, der den Zusammenhang zwischen einem Volumenintegral und dem zugehörigen Oberflächenintegral herstellt, wobei i. allg. auch die Normalenableitung des Feldes auf der vorgegebenen Fläche bekannt sein muß (siehe z.B. [5.2, 5.12, 5.13]).

Wir werden in den folgenden Abschnitten auch auf das – speziell für bildgebende Systeme bedeutende – *inverse Randwertproblem* eingehen, d.h. die örtliche Extrapolation des Feldes in den *linken* Halbraum $z < z_0$. Auch dieses Inversproblem ist formal durch Rückfaltung (hier für örtlich erste Ordnung) lösbar:

$$u(x,y,z_0 - \Delta z,t) = u(x,y,z_0,t) \overset{x\ y\ t}{*\ *\ *} s_{-\Delta z}(x,y,t) \qquad (5\text{-}28a)$$

mit

$$s_{-\Delta z}(x,y,t) \overset{x,y,t}{\circ\!=\!\!=\!\!=\!\bullet} \quad S_{-\Delta z}(f_x,f_y,f_t) = 1/S_{\Delta z}(f_x,f_y,f_t) . \qquad (5\text{-}28b)$$

Wir werden aber sehen, daß dieser Faltungskern meist nicht existiert und daß auch die Berechnung im Fourier-Bereich nicht für alle Werte von Δz zulässig ist. So kann das Feld keinesfalls über die am weitesten 'rechts' liegenden Quellen hinaus extrapoliert werden.

Anmerkung
Obwohl das inverse Quellenproblem und die inverse Randwertaufgabe äußerst schlecht konditioniert sind, scheint deren Lösung doch jedem optischen Abbildungssystem keinerlei Schwierigkeiten zu bereiten. Diesen Systemen steht nämlich auch nur das Feld auf einer Ebene (in der Öffnung des Objektivs) zur Verfügung, um das Feld oder die Quellenverteilung im Objektraum zu rekonstruieren. Die optische Abbildung ist jedoch nur eine grobe *Näherungslösung* des Inversproblems, da die *drei*dimensionale Struktur des Objekts nur mangelhaft wiedergegeben wird [5.14, 5.15].

Das Streuproblem

Nun soll der Einfluß von Material*in*homogenitäten auf die Ausbreitung der Feldgröße geklärt werden. Da man von Streuung lediglich im Zusammenhang mit *Wellenausbreitung* spricht, beziehen wir uns in diesem Abschnitt ausschließlich auf dieses Phänomen. Meist stellen die Inhomogenitäten des Mediums das (evtl. abzubildende) Objekt dar, z.B. örtliche Variationen des Brechungsindex oder des Absorptionskoeffizienten (Ultraschalldiagnostik, Mikroskopie) oder auch stark rückstreuende Objekte (Radar). Wir bezeichnen mit $u_i(r,t)$ eine bekannte *einfallende* Welle, d.h. das Feld *ohne* Vorhandensein des Streuobjekts und fassen die ortsabhängigen Materialeigenschaften in geeigneter Weise in der (hier zeitkonstanten) *Objektfunktion* $o(r)$ zusammen (Bild 5-10). Das *gesamte* zu ermittelnde Feld sei $u(r,t)$.
Betrachten wir $u_i(r,t)$ als Eingangs- und $u(r,t)$ als Ausgangssignal, so ist $o(r)$ eine Systemgröße, und das System ist *linear* aber orts*variant*. Das Faltungsintegral muß

also durch das allgemeinere lineare Superpositionsintegral ersetzt werden.

Solch eine Beschreibung wird jedoch in den meisten Fällen dem Streuproblem nicht gerecht, da ja $u_i(r,t)$ eigentlich der einmal festgelegte Systemparameter einer Meß-apparatur ist und $o(r)$ das Eingangssignal darstellt. Dann ist das beschreibende System zusätzlich *nichtlinear*. Man denke z.B. an eine Linse als 'Streukörper', welche mit einer achsparallelen ebenen Welle $u_i(.)$ beleuchtet wird. Das 'Streufeld' weist einen Brennpunkt im entsprechenden Abstand von der Linse auf. Verdoppeln wir nun die Stärke der einfallenden Welle, so verdoppelt sich auch das Streufeld. Vergrößern wir aber den Brechungsindex der Linse und damit die sie beschreibende Objekt-funktion $o(r)$, so wird sich das resultierende Feld nicht einfach in seiner Amplitude vergrößern, sondern nimmt eine andere Form an, weil die Brennweite der Linse nun kürzer ist. Wir werden in Abschnitt 5.3 dieses nichtlineare System für 'schwach streuende' Objekte linearisieren und werden sehen, daß sich unter dieser Voraus-setzung das Streuproblem auf das Quellenproblem zurückführen läßt. Beim eigentlich interessanten *inversen Streuproblem*, d.h. der Ermittlung des Objekts aus seinem Streufeld, treten dann natürlich dieselben Probleme auf, wie wir sie beim inversen Quellenproblem kurz angesprochen haben.

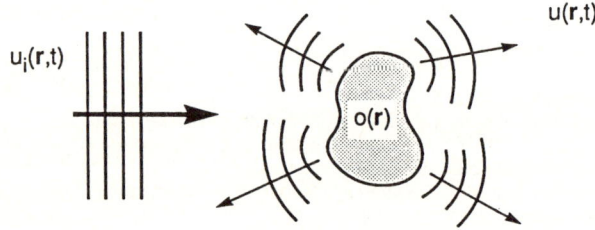

Bild 5-10: Streuung einer Welle an einer Materialinhomogenität (Objekt)

Differentielle oder integrale Beschreibung?

Die Punkt-Impulsantwort $s(r,t)$ nimmt offensichtlich eine Schlüsselstellung bei der Beschreibung des jeweiligen Phänomens ein, die Faltungskerne $s_{\Delta t}(r)$ aus (5-17b) bzw. $s_{\Delta z}(x,y,t)$ aus (5-23c) oder (5-27a) lassen sich von dieser herleiten. Obwohl die Faltung (5-3a), die *integrale* Beschreibung des jeweiligen Phänomens also, nicht gleichwertig mit der ursprünglichen Differentialgleichung ist (da sie nur *partikuläre* Lösungen berücksichtigt), können damit offensichtlich auch spezielle Anfangs- und Randwertprobleme gelöst werden. Lediglich die im *gesamten* r,t-Raum *homogenen* Lösungen müssen wir getrennt berücksichtigen. Diese Lösungen sind entweder (stationäre) harmonische Funktionen oder solche mit exponentiellem Anstieg/Abfall. Letztere sind – im *gesamten* Raum betrachtet – nicht Fourier-transformierbar und evtl. physikalisch unsinnig.

Falls jedoch die eingangs genannten Bedingungen der Linearität und Homogenität *nicht* erfüllt sind, so erweist sich die Darstellung in (5-3a) als zu unflexibel. In der Differentialgleichung dagegen kann man leicht einen bisher konstanten Koeffizienten nun als orts- oder zeitabhängig zulassen. Die Gleichung (5-3a) wird dann zur orts- und zeitvarianten Operation, und s(.) ist nicht mehr *vier-* sondern i. allg. *acht*dimensional, also[1]:

$$s(r,t) \quad \rightarrow \quad g(r,r',t,t') .$$

Bei *nicht*linearen Differentialgleichungen jedoch versagt auch diese Darstellung. Das ist nicht verwunderlich, da solche Differentialgleichungen meist auch schwieriger zu lösen sind und ein Integral wie (5-3a) nicht nur eine zur Diffenentialgleichung alternative Beschreibung ist, sondern gewissermaßen schon eine *Lösung* dieser darstellt. Es sieht also so aus, als sei die Differentialgleichung eine zwar unanschaulichere jedoch allgemeiner gültige Beschreibung eines Phänomens als eine integrale Formulierung. Dies gilt aber nur unter der Voraussetzung, daß das Medium ein *Kontinuum* ist, daß sich also eine Erregung nur über *Nah*wirkung ausbreitet. Diese Voraussetzung ist nötig, um überhaupt eine Differentialgleichung (endlicher Ordnung) aufstellen zu können. Ein System jedoch, bei welchem eine Erregung zuerst, oder ausschließlich, Wirkung an weiter entfernten Orten zeigt, kann zwar mit einer Punkt-Impuls-antwort beschrieben werden (diese ist dann in der Nähe des Ursprungs gleich null), nicht aber durch eine Differentialgleichung. Solch ein System besteht auch nicht aus einem kontinuierlichen Medium, sondern ist diskret 'verdrahtet', wie z.B. das Nervensystem. Unter diesem Aspekt ist nun die integrale Beschreibung die allgemeinere.

Im folgenden Abschnitt 5.2 bedienen wir uns der Vorteile *beider* Darstellungen. Wir werden zwar von der jeweiligen Differentialgleichung ausgehen und daraus s(r,t) berechnen. Dann werden wir aber nur noch die Darstellung aus (5-3a,b) benutzen und z.B. die Faltungskerne $s_{\Delta t}(r)$ bzw. $s_{\Delta z}(x,y,t)$ der Anfangs- und der Randwertaufgabe herleiten, wie wir das bereits für ein allgemeines s(.) getan haben. Der erste Schritt hat den Vorteil, daß s(.) auch mit seinen Konstanten die aus der einschlägigen Literatur bekannte Form aufweist. Trotzdem bleibt es uns für das weitere Vorgehen unbenommen, s(.) auch auf andere Weise zu ermitteln:

Handelt es sich z.B. um ein physikalisch vorliegendes System von unbekannter Funktion, so muß s(.) *experimentell* gefunden werden, wie schon angedeutet. Statt einer δ-förmigen Erregung können wir natürlich auch eine sprungförmige verwenden und die Antwort anschließend differenzieren usw. Wir können aber auch mit harmonischen Testsignalen anregen und damit die Übertragungsfunktion $S(f_r,f_t)$ oder die Teilspektren $S^r(f_r,t)$ bzw. $S^t(r,f_t)$ messen.

Handelt es sich um ein System von regelmäßiger (homogener) 'Verschaltung' der

---

[1] Dieser Integrationskern wird in der physikalischen Literatur als *Greensche Funktion* der entsprechenden Differentialgleichung bezeichnet.

Raumpunkte miteinander, und kann das Zeitverhalten sowie die Geometrie dieser räumlichen Kopplungen ermittelt werden, so kann man daraus wieder auf $S(f_r, f_t)$ und $s(r,t)$ zurückschließen[1].

Im Gegensatz dazu behandeln wir Phänomene wie Wärmeleitung und Wellenausbreitung als *idealisierte* physikalische Erscheinungen, die durch Angabe der zugrundegelegten *Axiome* definiert sind. Normalerweise gehen diese Axiome in die Differentialgleichung ein. Es ist aber auch möglich, ähnliche Axiome bezüglich $s(r,t)$ *direkt* aufzustellen, wie Kugelsymmetrie oder zeitlich konstanter Integralwert der Feldgröße oder der Energie. Wir werden jeweils auch von dieser zweiten Möglichkeit Gebrauch machen.

Räumliche Differentiationssätze

In den eingangs aufgeführten Beispielen und im folgenden Kapitel tauchen die Volumenableitungen *Gradient*, *Divergenz* und *Rotation* auf.

Der *Gradient* eines *skalaren* Feldes $u(r)$ (die Zeitabhängigkeit brauchen wir hier nicht zu betrachten) ist das Vektorfeld

$$\text{grad } u(r) = \nabla u(r) := (\partial u(.)/\partial x,\ \partial u(.)/\partial y,\ \partial u(.)/\partial z)^T . \qquad (5\text{-}29a)$$

Die Fourier-Transformierte dieses Vektorfeldes, welche durch die *komponentenweise* Fourier-Transformation gegeben sei, erhalten wir in Analogie zum eindimensionalen Differentiationssatz:

$$\nabla u(r) \quad \circ\!\!-\!\!\bullet \quad \left(j2\pi f_x U(f_r),\ j2\pi f_y U(f_r),\ j2\pi f_z U(f_r)\right)^T$$

oder kürzer:

$$\nabla u(r) \quad \circ\!\!-\!\!\bullet \quad j2\pi f_r\, U(f_r) . \qquad (5\text{-}29b)$$

Die *Divergenz* ist die Volumenableitung eines *Vektorfeldes* $v(r) = \left(v_x(r), v_y(r), v_z(r)\right)^T$:

$$\text{div } v(r) = \nabla \cdot v(r) := \partial v_x(.)/\partial x + \partial v_y(.)/\partial y + \partial v_z(.)/\partial z . \qquad (5\text{-}30a)$$

Die Fourier-Transformierte von $v(r)$ sei $V(f_r) = \left(V_x(f_r), V_y(f_r), V_z(f_r)\right)^T$. Dann gilt folgender Differentiationssatz:

$$\nabla \cdot v(r) \quad \circ\!\!-\!\!\bullet \quad j2\pi f_x V_x(r) + j2\pi f_y V_y(r) + j2\pi f_z V_z(r) ,$$

also:

$$\nabla \cdot v(r) \quad \circ\!\!-\!\!\bullet \quad j2\pi f_r \cdot V(f_r) . \qquad (5\text{-}30b)$$

Die *Rotation* schließlich ist das Vektorprodukt

---

[1] Die für diese Aufgabe formulierte sog. 'Systemtheorie der homogenen Schichten' findet sich in [5.16].

$$\text{rot } \mathbf{v}(\mathbf{r}) = \nabla \times \mathbf{v}(\mathbf{r}) \tag{5-31a}$$

$$:= (\partial v_z(.)/\partial y - \partial v_y(.)/\partial z, \partial v_x(.)/\partial z - \partial v_z(.)/\partial x, \partial v_y(.)/\partial x - \partial v_x(.)/\partial y)^T.$$

Wir erhalten als Spektrum

$$\nabla \times \mathbf{v}(\mathbf{r}) \quad \circ\!\!-\!\!\!-\!\!\bullet \quad j2\pi \mathbf{f}_\mathbf{r} \times \mathbf{V}(\mathbf{f}_\mathbf{r}) = j2\pi \begin{pmatrix} 0 & -f_z & f_y \\ f_z & 0 & -f_x \\ -f_y & f_x & 0 \end{pmatrix} \mathbf{V}(\mathbf{f}_\mathbf{r}). \tag{5-31b}$$

Diese Rechenregeln können wir in der (symbolischen) Korrespondenz

$$\boxed{\nabla \quad '\circ\!\!-\!\!\!-\!\!\bullet' \quad j2\pi \mathbf{f}_\mathbf{r}} \tag{5-32}$$

zusammenfassen. Der Nabla-Operator '∇' hat also im Spektralbereich eine anschauliche Entsprechung in Form des Vektorfeldes $j2\pi \mathbf{f}_\mathbf{r}$. In Bild 5-11 ist ein zweidimensionaler Schnitt durch dieses Feld skizziert. Es ist ein sog. *zentrales Vektorfeld*, d.h. alle Vektoren liegen auf Geraden, die durch den Ursprung verlaufen.

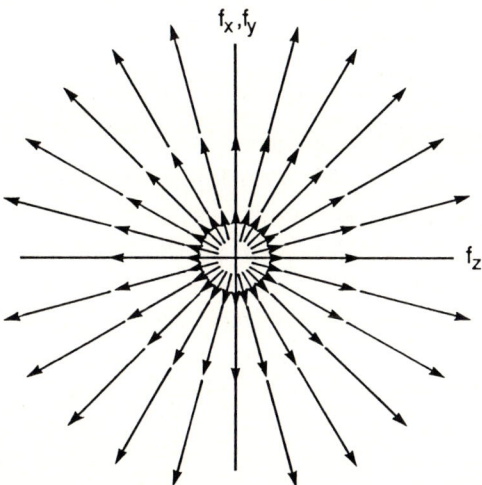

Bild 5-11: Das zentrale Vektorfeld $U(\mathbf{f}_\mathbf{r}) = \mathbf{f}_\mathbf{r}$

Beispiel IV
Mit Hilfe dieser Vorstellung werden auch bekannte Sätze der Vektoranalysis plausibel, z.B. der, daß die Rotation eines Gradientenfeldes immer verschwindet:

$$\text{rot grad } u(\mathbf{r}) = \nabla \times [\nabla u(\mathbf{r})] \equiv 0 .$$

Nach (5-29b) ist nämlich die Fourier-Transformierte eines Gradientenfeldes das *zentrale* Vektorfeld $j2\pi \mathbf{f}_\mathbf{r} U(\mathbf{f}_\mathbf{r})$. Bilden wir nun nach (5-31b) das Vektorprodukt zwischen diesem Feld und $j2\pi \mathbf{f}_\mathbf{r}$, so verschwindet dieses Produkt, da die Vektoren der beiden Felder überall *kollinear* sind:

$$j2\pi \mathbf{f}_\mathbf{r} \times (j2\pi \mathbf{f}_\mathbf{r} U(\mathbf{f}_\mathbf{r})) \equiv 0 \qquad \text{wegen} \quad \mathbf{f}_\mathbf{r} \times \mathbf{f}_\mathbf{r} \equiv 0.$$

Die *zweifache Volumenableitung* eines skalaren Feldes ist definiert als

$$\text{div grad } u(r) = \Delta u(r) := \partial^2 u(.)/\partial x^2 + \partial^2 u(.)/\partial y^2 + \partial^2 u(.)/\partial z^2 \, . \tag{5-33a}$$

Mit (5-30b) und

$$\mathbf{f_r} \cdot \mathbf{f_r} = f_r^2$$

gilt dann die Korrespondenz

$$\Delta u(r) \quad \circ\!\!-\!\!\!-\!\!\bullet \quad -4\pi^2 f_r^2 \, U(\mathbf{f_r}) \, . \tag{5-33b}$$

Mit den hier hergeleiteten Rechenregeln (s. auch [5.17, 5.18]) können lineare partielle Differentialgleichungen in den Fourier-Bereich transformiert werden.

5.2 Wellenausbreitung

Die bisher allgemein gehaltenen Ausführungen über eine systemtheoretische Behandlung physikalischer Phänomene sollen nun am Beispiel der Wellenausbreitung konkretisiert werden. Zuerst werden wir die grundlegende Punkt-Impulsantwort $s(r,t)$ und ihr Spektrum $S(\mathbf{f_r}, f_t)$ herleiten, um dann daraus die Faltungskerne zur Lösung von Anfangs- und Randwertproblem zu gewinnen.

In den *Beispielen II* und *III* aus Abschnitt 5.1 erschien mehrmals die Wellengleichung, wobei die linke Seite immer dieselbe Form aufwies, der Quellenterm auf der rechten Seite jedoch davon abhing, ob die Feldgröße Schalldruck, Geschwindigkeitspotential oder elektrische oder magnetische Feldstärke waren. Wir hatten vereinbart, alle Ursachengrößen in dem Quellenterm $q(.)$ zusammenzufassen, und können daher von einer vereinheitlichten *Wellengleichung* (für das homogene, verlustlose Medium),

$$\Delta u(r,t) - 1/c^2 \, \ddot{u}(r,t) = -q(r,t) \tag{5-34a}$$

bzw. im Spektralbereich

$$4\pi^2 (f_r^2 - f_t^2/c^2) \, U(\mathbf{f_r}, f_t) = Q(\mathbf{f_r}, f_t) \, , \tag{5-34b}$$

ausgehen; auf die jeweilige physikalische Bedeutung der Feldgröße $u(.)$ und der Quellenfunktion $q(.)$ kommen wir in *Anmerkungen* und *Beispielen* zurück.

Im folgenden werden wir das Quellen-, das Anfangswert- und das Randwertproblem für Wellen *beliebigen* Zeitverlaufs mit den Methoden aus Abschnitt 5.1 lösen. Die – zugegebenermaßen immer noch etwas unanschaulichen, jedoch allgemein gültigen – Ergebnisse werden dann in Abschnitt 5.3 am Beispiel der harmonischen, kohärenten Wellenfelder ausgiebig diskutiert.

Das Quellenproblem

Wir bestimmen die Punkt-Impulsantwort $s(r,t)$, also das Feld auf Grund der Erregung

$$q(\mathbf{r},t) = \delta(\mathbf{r})\,\delta(t) \ ,$$

zuerst mit Hilfe von plausiblen Annahmen und gehen dann erst auf die mathematische Herleitung aus der Differentialgleichung (5-34a) ein.

Die erste Annahme – oder das erste Axiom – besagt, daß sich jede Erregung mit einer *konstanten Geschwindigkeit* c im Raum ausbreiten möge. Ein beliebiges Zeitsignal, welches von einer punktförmigen Quelle im Ursprung 'ausgesandt' wird, erscheint an einem Aufpunkt **r** um r/c verzögert und evtl. mit einem isotropen Entfernungsfaktor $d(r)$ bewertet. Wird speziell ein δ-Impuls gesendet, so erhalten wir aus dieser Überlegung

$$s(\mathbf{r},t) = d(r)\,\delta(t - r/c) \ . \tag{5-35a}$$

Dies stellt eine zur Quelle konzentrische δ-Kugelschale dar, die sich mit der Geschwindigkeit c von der Quelle entfernt (Bild 5-12, unten). Zur Bestimmung von $d(r)$ ziehen wir die Forderung nach *Verlustlosigkeit* des Mediums heran, d.h. die *Leistung* von $s(\mathbf{r},t)$ muß zu jedem Zeitpunkt *dieselbe* sein[1]. Die Gesamtleistung von $s(\mathbf{r},t)$ ist auf eine Kugelschale vom Radius $r = ct$, also der Oberfläche $4\pi r^2$, verteilt. Der Entfernungsfaktor $d(r)$ muß dies kompensieren:

$$|d(r)|^2 \sim 1/r^2 \ .$$

Damit hat $s(\mathbf{r},t)$ die Form

$$s(\mathbf{r},t) \sim 1/r\;\delta(t - r/c) \ . \tag{5-35b}$$

Die nun noch fehlende Proportionalitätskonstante können wir vorerst nicht festlegen, da wir nichts über die physikalische Natur der Quellen ausgesagt haben. Um mit der einschlägigen Literatur konform zu gehen, werden wir die Konstante so wählen, wie sie sich ergibt, wenn wir $s(\mathbf{r},t)$ *direkt* aus der Wellengleichung herleiten.

Herleitung von $S(\mathbf{f_r},f_t)$ und $s(r,t)$ aus der Wellengleichung

Wir berechnen zuerst $S(\mathbf{f_r},f_t)$ aus der Wellengleichung und dann $s(\mathbf{r},t)$ durch Fourier-Rücktransformation. Aus (5-34b) folgt sofort die Übertragungsfunktion in der Form

---

[1] Um hier Schwierigkeiten wegen der nichtenergiebegrenzten δ-Funktion in $s(\mathbf{r},t)$ zu umgehen, können wir uns diese durch eine Realisierung $\delta_\varepsilon(.)$ ersetzt denken.

$$S(f_r, f_t) = \frac{U(f_r, f_t)}{Q(f_r, f_t)} = \begin{cases} \dfrac{1}{4\pi^2(f_r^2 - f_t^2/c^2)} & \text{für} \quad f_t \neq \pm c\, f_r \\[2mm] ? & \text{für} \quad f_t = \pm c\, f_r. \end{cases} \tag{5-36a}$$

Offensichtlich ist damit $S(f_r, f_t)$ *nicht eindeutig* bestimmt, da die Spektralanteile bei $f_t = \pm cf_r$ oder $f_r = |f_t|/c$ vorerst frei wählbar sind[1]. Diese Mehrdeutigkeit kann durch die *Kausalitätsbedingung*

$$s(r,t) \equiv 0 \qquad \text{für} \quad t < 0$$

beseitigt werden[2]. Diese berücksichtigen wir, indem wir die Pole bei $f_t = \pm cf_r$ als p-Pole im Sinne der Laplace-Tansformation behandeln, also (mit $p = j2\pi f_t$):

$$S(f_r, f_t) \hat{=} \frac{1}{(2\pi f_r)^2 + (p/c)^2}. \tag{5-36b}$$

Für jeden Wert von f_r handelt es sich um zwei einfache symmetrisch liegende p-Pole. Diese spezielle Konfiguration kennen wir bereits aus (2-21b):

$$\frac{1}{p^2 + (2\pi f_0)^2} \hat{=} \frac{1}{4\pi^2(f_0^2 - f^2)} + j\,\frac{1}{8\pi f_0}[\delta(f+f_0) - \delta(f - f_0)].$$

Die (Fourier-)*Übertragungsfunktion* zur Lösung des Quellenproblems lautet also vollständig[3]

$$S(f_r, f_t) = \frac{1}{4\pi^2}\,\frac{1}{f_r^2 - (f_t/c)^2} + j\,\frac{c}{8\pi f_r}[\delta(f_t + cf_r) - \delta(f_t - cf_r)] \tag{5-36c}$$

oder:

$$S(f_r, f_t) = \frac{1}{4\pi^2}\,\frac{1}{f_r^2 - (f_t/c)^2} - j\,\frac{c}{8\pi f_t}\,\delta(f_r - |f_t|/c). \tag{5-36d}$$

In Bild 5-12, oben, ist ein Schnitt $S(f_r, f_t = \text{const})$ aufgetragen.

---

[1] Die Wellengleichung besitzt also auch homogene Lösungen, die Fourier-transformierbar sind, nämlich gerade die harmonischen Funktionen mit $f_r = |f_t|/c$. Der geometrische Ort dieser Spektralwerte ist für jeden Wert von f_t eine Kugel im f_r-Raum vom Radius $|f_t|/c$, im *gesamten* f_r, f_t-Raum betrachtet also ein Hyper-Doppelkegelmantel. Außer diesen existieren exponentiell ansteigende homogene Lösungen, die wir jedoch hier noch nicht betrachten wollen.
[2] Die Kausalitätsbedingung ist gleichbedeutend mit der sog. *Abstrahlungsbedingung* [5.12], die besagt, daß die Welle von einer Quelle *ab*gestrahlt werden soll, um ins Unendliche zu laufen und nicht umgekehrt, also nur Quellen und keine Senken erlaubt sind. Letztere wären nach der Differentialgleichung (5-34a) auch zulässig.
[3] $S(f_r, f_t)$ gilt (wie schon erwähnt) auch für den räumlich *zwei-* und *ein*dimensionalen Fall.

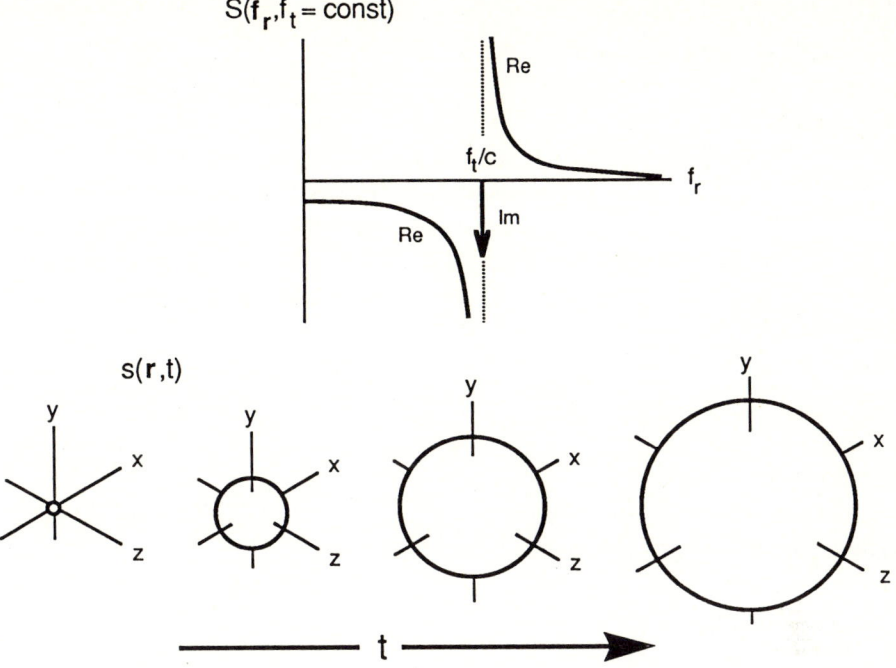

Bild 5-12: Übertragungsfunktion (**oben**) und Punkt-Impulsantwort (**unten**) zur Lösung des Quellen-problems bei Wellenfeldern

Zur Berechnung der Punkt-Impulsantwort $s(r,t)$ benutzen wir die Laplace-Korrespon-denz (s. Tabelle 2-4)

$$1/(p^2+a^2) \quad \bullet\!\!-\!\!\!-\!\!o \quad \gamma(t)\sin(at)/a$$

und erhalten durch *zeitliche* Rücktransformation von (5-36b) das Teilspektrum

$$S^r(f_r,t) = \gamma(t)\,c\,\sin(2\pi ct f_r)/(2\pi f_r) \quad o\!\!-\!\!\!\overset{t}{-}\!\!\bullet \quad [(2\pi f_r)^2+(p/c)^2]^{-1}\,. \qquad (5\text{-}37a)$$

Die *örtliche* Fourier-Rücktransformation schließlich liefert mit der Korrespondenz (s. Tabelle 3-4)

$$2r_0\sin(2\pi r_0 f_r)/f_r \quad \bullet\!\!\overset{x,y,z}{=\!=\!=}\!\!o \quad \delta(r-r_0)$$

die gesuchte *Punkt-Impulsantwort* des Quellenproblems für $t > 0$ (Bild 5-12):

$$s(r,t) = \frac{1}{4\pi t}\,\delta(r-ct) = \frac{c}{4\pi r}\,\delta(r-ct) = \frac{1}{4\pi r}\,\delta(t-r/c)\,. \qquad (5\text{-}37b)$$

Der in (5-35b) noch fehlende Proportionalitätsfaktor hat also den Wert $1/(4\pi)$.

Mit den Ergebnissen aus (5-36c,d) und (5-37b) können wir nun das Quellenproblem sowohl im Orts-Zeit- wie auch im Spektralbereich lösen:

$$u(r,t) = q(r,t) \overset{r}{*} \overset{t}{*} s(r,t)$$

bzw.

$$U(f_r,f_t) = Q(f_r,f_t) \, S(f_r,f_t) \,.$$

Wir hätten zur Herleitung von s(r,t) auch $S(f_r,f_t)$ *zuerst* örtlich und *dann* zeitlich transformieren können; als Zwischenergebnis wäre dann das Teilspektrum $S^t(r,f_t)$ aufgetreten. In Bild 5-13 sind zusammenfassend S(.) und s(.) für n = 1…3 sowie alle für das folgende interessante Teilspektren nach dem Schema aus (5-13) aufgelistet.

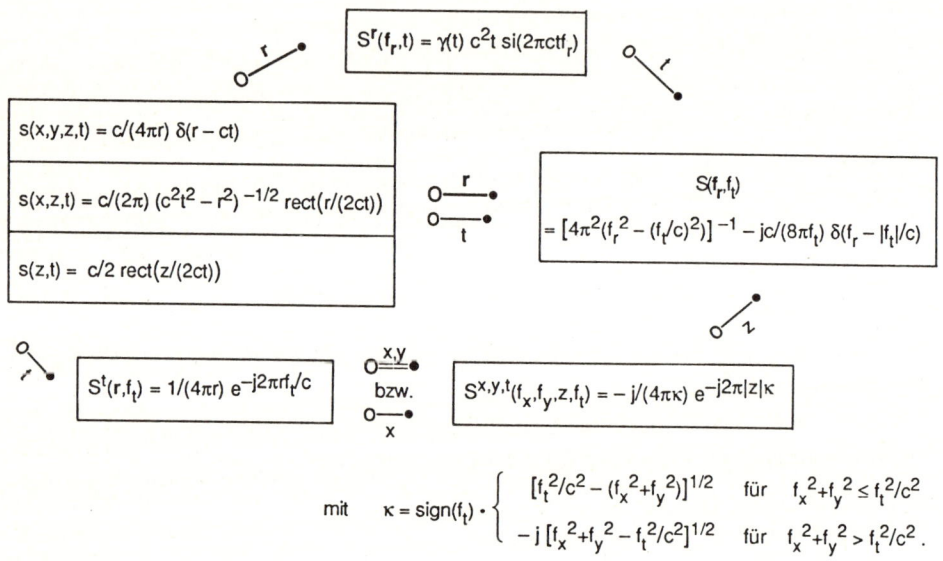

Bild 5-13: Zusammenfassende Aufstellung der Teilspektren von s(r,t) und $S(f_r,f_t)$; für t > 0

Anmerkung
Wir haben s(r,t), das Feld der elementaren Punkt-Impulsquelle q(r,t) = δ(r) δ(t), hergeleitet, ohne uns dabei um die *physikalische* Bedeutung und die Realisierbarkeit solch einer Quelle zu kümmern. Daher untersuchen wir in dieser *Anmerkung*, wie eine Punkt-Impulsquelle speziell für die Wellengleichungen aus den *Beispielen II* und *III* aus Abschnitt 5.1 aussieht.
– Beim *Schalldruck* als Feldgröße ist

$$q(.) = \dot{m}(.) \,.$$

Eine Punkt-Impulsquelle wäre in diesem Fall ein schlagartig einsetzender, dann jedoch stationärer, örtlich auf einen Punkt begrenzter Massezufluß

$$m(r,t) = δ(r) \, γ(t) \,,$$

dessen zeitliche Ableitung dann ein Impuls ist.
– Im Gegensatz dazu stellt bei der Wellengleichung des *Geschwindigkeitspotentials* der Massezufluß selbst (dividiert durch die Dichte) den Quellenterm dar, also muß hier

$$m(r,t) = ρ \, δ(r) \, δ(t)$$

sein. Eine technische Realisierung ist z.B. eine punktförmige 'Explosion', wobei zwar keine Masse zugeführt, jedoch die Dichte ρ lokal stark verringert wird, was letztlich einem *Volumen*zufluß gleichkommt. – In den beiden genannten Fällen kann eine Punkt-Impulsquelle zumindest näherungsweise realisiert werden. Dies ist nicht mehr möglich, wenn als Feldgröße die *Schnelle* betrachtet wird. Hier ist nämlich der Quellenterm

$$\mathbf{q}(.) = -\nabla m(.)/\rho \qquad \text{bzw. im Ortsspektrum} \qquad \mathbf{Q}^r(\mathbf{f_r},t) = -j2\pi\mathbf{f_r}\, M^r(\mathbf{f_r},t)/\rho \ .$$

Man erkennt sofort, daß es *keine* Funktion m(.) gibt, so daß $\mathbf{q}(.)$ – komponentenweise betrachtet – δ(r)-förmig ist. Es müßte nämlich dann $\mathbf{Q}^r(.)$ *konstant* bezüglich $\mathbf{f_r}$ sein. Dies widerspricht aber obiger Gleichung, nach der $\mathbf{Q}^r(.)$ die Richtung von $\mathbf{f_r}$ hat. Eine Punkt-Impulsquelle bezüglich der Schnelle gibt es also gar nicht. Eine elementare Quelle ist bestenfalls durch

$$-m(\mathbf{r},t)/\rho = \delta(\mathbf{r})\,\delta(t)$$

und damit

$$\mathbf{q}(.) = \delta(t)\,\left(\delta(y,z)\delta'(x),\ \delta(x,z)\delta'(y),\ \delta(x,y)\delta'(z)\right)^T$$

gegeben. Jede der drei Komponenten ist also ein *Dipol*punkt.
– Eine ähnliche Betrachtung gilt für *elektromagnetische* Felder, z.B. mit h(.) als Feldgröße. Nun ist

$$\mathbf{q}(.) = \nabla\times\mathbf{j}(.) \qquad \text{bzw.} \qquad \mathbf{Q}^r(\mathbf{f_r},t) = j2\pi\mathbf{f_r}\times\mathbf{J}^r(\mathbf{f_r},t) \ .$$

Wieder kann $\mathbf{Q}^r(.)$ kein konstanter Vektor sein, da dieser sonst nicht überall senkrecht auf $\mathbf{f_r}$ stehen würde. Eine elementare Quelle ist hier z.B.

$$\mathbf{j}(\mathbf{r},t) = \delta(t)\,\left(0,\ 0,\ \delta(\mathbf{r})\right)^T$$

also

$$\mathbf{q}(\mathbf{r},t) = \delta(t)\,\left(\delta(x,z)\delta'(z),\ -\delta(y,z)\delta'(x),\ 0\right)^T \ .$$

Für eine technische Realisierung solch einer Quelle müßten zwei entgegengesetzt geladene kleine Metallkugeln, die symmetrisch zum Ursprung auf der z-Achse liegen, so nahe zusammengebracht werden, bis sie sich berühren oder ein Überschlag stattfindet. In diesem Augenblick fließt kurzzeitig am Ort $\mathbf{r} = \mathbf{0}$ ein Strom in z-Richtung. Wir werden bei den harmonischen Wellen in Abschnitt 5.3 auf das Feld von Dipolquellen näher eingehen.

Spezielle Quellenfunktionen

Wir haben s(r,t), das Feld der Punkt-Impulsquelle, hergeleitet. Sendet eine *Punktquelle* bei $\mathbf{r} = \mathbf{0}$ eine *beliebige* Zeitfunktion $q_0(t)$ aus, also

$$q(\mathbf{r},t) = \delta(\mathbf{r})\,q_0(t) \ , \tag{5-38a}$$

so berechnet sich das gesamte Feld nach (5-10b) zu

$$u(\mathbf{r},t) = q_0(t) \overset{t}{*} s(\mathbf{r},t) = 1/(4\pi r)\, q_0(t) \overset{t}{*} \delta(t-r/c)$$

$$= 1/(4\pi r)\, q_0(t-r/c) \ , \tag{5-38b}$$

d.h. an einem Aufpunkt im Abstand r von der Quelle erscheint das 'Sendesignal' $q_0(t)$, wie schon eingangs angenommen, um r/c verzögert und mit $1/(4\pi r)$ bewertet. Eine weitere interessante Quellenfunktion ist die *Dipol-Punktquelle*, z.B. bei $\mathbf{r} = \mathbf{0}$ und mit *impuls*förmigem Zeitverlauf:

$$q_{Dipol}(\mathbf{r},t) = \delta(x,y)\, \delta'(z)\, \delta(t) \,. \tag{5-39a}$$

Deren Feld ist nach (5-6b,c)

$$u_{Dipol}(\mathbf{r},t) = \partial\, s(\mathbf{r},t)/\partial z = 1/(4\pi t)\, \cos\vartheta\, \delta'(r - ct) \tag{5-39b}$$

mit

$$= -1/(4\pi c^2 t)\, \cos\vartheta\, \delta'(t - r/c) \tag{5-39c}$$

$$\cos\vartheta = z/r$$

oder umgeformt mit Hilfe der Rechenregel (2-5a)

$$u_{Dipol}(\mathbf{r},t) = c/(4\pi r)\, \cos\vartheta\, [\delta'(r - ct) - 1/r\, \delta(r - ct)] \tag{5-39d}$$

$$= -1/(4\pi r)\, \cos\vartheta\, [1/c\, \delta'(t - r/c) + 1/r\, \delta(t - r/c)] \,. \tag{5-39e}$$

Es handelt sich also bei dem Feld der Dipolquelle um die Summe einer δ- *und* einer δ'-Kugel vom selben Radius, welcher mit der Zeit gemäß r = ct anwächst. Beide Kugeln weisen eine cosϑ-Gewichtung auf. Dieses Feld hat die bereits in (5-7a,b) angedeutete Eigenschaft, daß es einerseits wegen des cosϑ-Faktors in der x,y-Ebene verschwinden müßte, daß andererseits das Integral

$$a(z) = \iiint\limits_{-\infty}^{+\infty} u_{Dipol}(\mathbf{r},t)\, dx\, dy\, dt \tag{5-40a}$$

auch für z → 0₊ einen *endlichen* Wert hat. Nach etwas Integralrechnung erhält man nämlich

$$a(z>0) = -1/2 = \text{const} \,. \tag{5-40b}$$

Daher geht $u_{Dipol}(\mathbf{r},t)$ bei rechtsseitiger Annäherung an die x,y-Ebene in einen δ-Punkt-Impuls über:

$$\lim_{z\to 0_+}\{u_{Dipol}(\mathbf{r},t)\} = -1/2\, \delta(x,y)\, \delta(t) \,. \tag{5-40c}$$

Ebenfalls für das Weitere von Bedeutung sind Dipol-Punktquellen mit *beliebigem* Zeitsignal $q_0(t)$, also

$$q(\mathbf{r},t) = \delta(x,y)\, \delta'(z)\, q_0(t) \,. \tag{5-41a}$$

Deren Feld ist mit (5-39e)

$$u(\mathbf{r},t) = -1/(4\pi r)\, \cos\vartheta\, [1/c\, \delta'(t - r/c) + 1/r\, \delta(t - r/c)] \overset{t}{*}\, q_0(t)$$

$$= -1/(4\pi r)\, \cos\vartheta\, [1/c\, q_0'(t - r/c) + 1/r\, q_0(t - r/c)] \,. \tag{5-41b}$$

An einem Aufpunkt im Abstand r vom Dipol erscheint also die Summe des 'Sendesignals' *und* dessen Ableitung, wobei der Einfluß von ersterem gemäß r^{-2}, der der Ableitung nur nach r^{-1} mit der Entfernung abfällt. Für *große Entfernungen* r vom Dipol kann somit nur noch die zeitliche Ableitung von $q_0(t)$ empfangen werden.

Das Fernfeld synchroner Quellen

Wir betrachten eine synchrone Quellenfunktion mit vorgegebenem Zeitverlauf $q_t(t)$. Die Ortsfunktion $q_r(r)$ nennen wir das *Objekt* o(r):

$$q(r,t) =: o(r)\, q_t(t)\,. \tag{5-42a}$$

Dessen Feld berechnet sich allgemein zu

$$u(r,t) = o(r) \overset{r}{*} [q_t(t) \overset{t}{*} s(r,t)]$$
$$= o(r) \overset{r}{*} [1/(4\pi r)\, q_t(t - r/c)]\,. \tag{5-42b}$$

Wir nehmen nun an, daß das Objekt auf D *ortsbegrenzt* sei,

$$o(r) \equiv 0 \qquad \text{für} \quad r > D/2\,, \tag{5-43a}$$

und untersuchen das Feld an einem Punkt r_e im Abstand R, der groß im Vergleich zur Objektausdehnung ist, also (Bild 5-14, links)

$$R := |r_e| \gg D\,. \tag{5-43b}$$

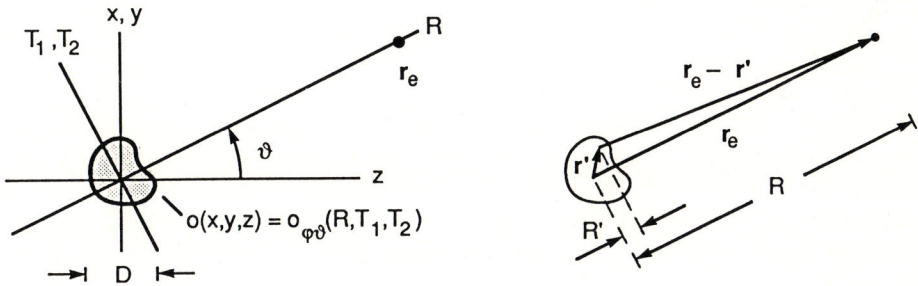

Bild 5-14: Zur Berechnung des Fernfeldes synchroner Quellenfunktionen

Ausgeschrieben lautet dann die Faltung (5-42b) für $r = r_e$

$$u(r_e,t) = \iiint_{-\infty}^{+\infty} o(r')\, 1/(4\pi|r_e - r'|)\, q_t(t - |r_e - r'|/c)\, d^3r'\,. \tag{5-44a}$$

Zur Vereinfachung benutzen wir das in Bild 5-14, links, eingetragene R,T_1,T_2-Koordinatensystem, wobei die R-Achse durch die Richtung von r_e gegeben sei (vgl. (3-45c)):

$$o_{\varphi\vartheta}(R,T_1,T_2) := o(r)\,.$$

R, φ und ϑ sind die Kugelkoordinaten des Punktes r_e. Es ist dann

$$|r_e - r'| = ((R - R')^2 + T_1'^2 + T_2'^2)^{1/2}\,, \tag{5-45a}$$

und $|r_e - r'|$ kann wegen (5-43b) genähert werden durch (Bild 5-14, rechts)

$$|r_e - r'| \approx R - R' \,. \tag{5-45b}$$

Im Nenner des Entfernungsfaktors $1/(4\pi|...|)$ können wir zusätzlich R' weglassen.

Das Ergebnis des solchermaßen genäherten Faltungsintegrals nennen wir das *Fernfeld* und bezeichnen es mit $u_F(r,t)$ bzw. (in Kugelkoordinaten) $u_F(r,\varphi,\vartheta,t)$:

$$u(r_e,t) \approx 1/(4\pi R) \iiint\limits_{-\infty}^{+\infty} o_{\varphi\vartheta}(R',T_1',T_2') \, q_t(t - R/c + R'/c) \, dT_1' dT_2' dR'$$

$$= 1/(4\pi R) \int\limits_{-\infty}^{+\infty} \Big[\iint\limits_{-\infty}^{+\infty} o_{\varphi\vartheta}(R',T_1',T_2') \, dT_1' dT_2' \Big] \, q_t(t - R/c + R'/c) \, dR'$$

$$=: u_F(R,\varphi,\vartheta,t) \,. \tag{5-44b}$$

Das Doppelintegral in der Klammer erkennen wir als die *planare Projektion* (also die *drei*dimensionale *Radon-Transformierte*, falls φ und ϑ als Variablen betrachtet werden)

$$o_{pp}(R;\varphi,\vartheta) := \iint\limits_{-\infty}^{+\infty} o(r) \, dT_1 dT_2$$

des Objekts auf die R-Achse (vgl. (3-46c)). Nach der Substitution

$$t' := - R'/c$$

im äußeren Integral erhält man schließlich

$$u_F(R,\varphi,\vartheta,t) = c/(4\pi R) \int\limits_{-\infty}^{+\infty} o_{pp}(-ct';\varphi,\vartheta) \, q_t(t - t' - R/c) \, dt' \,.$$

$$= c/(4\pi R) \, o_{pp}(-ct;\varphi,\vartheta) \overset{t}{*} q_t(t - R/c) \,. \tag{5-44c}$$

Der zeitliche Verlauf des *Fernfeldes* eines *synchron* abstrahlenden Objekts an einem ausgewählten Punkt ist also die die *planare Projektion* des Objekts auf die Verbindungslinie zwischen Objekt und 'Empfänger', gefaltet mit dem um R/c verzögerten 'Sendesignal' $q_t(.)$. Aus Abschnitt 3.3 wissen wir nun, daß die *ein*dimensionale Fourier-Transformierte der planaren Projektion eines Objekts ein Schnitt entlang einer Geraden durch das Objektspektrum

$$O_{\varphi\vartheta}(f_R,f_{T1},f_{T2}) := O(f_r)$$

ist. Angewandt auf (5-44c) bedeutet dies (mit Ähnlichkeits- und Verschiebungssatz)

$$U_F^t(R,\varphi,\vartheta,f_t) = 1/(4\pi R) \, O_{\varphi\vartheta}(f_R = -f_t/c, f_{T1}=0, f_{T2}=0) \, Q_t(f_t) \, e^{-j2\pi R f_t/c} \,. \tag{5-44d}$$

Durch Erfassung des Fernfeldes über *alle* Winkel φ und ϑ und *Inversfilterung* der gemessenen Zeitsignale mit $1/Q_t(f_t)$ kann also das Objektspektrum, und damit das

Objekt selbst, mit Hilfe der tomographischen Methoden aus Abschnitt 4.2 vollständig rekonstruiert werden – vorausgesetzt, $Q_t(f_t)$ weist keine Nullstellen in dem für O(.) relevanten Spektralbereich auf. Interessant ist in diesem Zusammenhang, daß eine Variation der Entfernung R keine weitere Objektinformation bringt. Die dreidimensionale *räumliche* Struktur des Objekts o(x,y,z) ist im Fernfeld offensichtlich in zwei *räumliche* Koordinaten φ und ϑ und die *Zeit* 'codiert'.

Anmerkung

Den Zusammenhang aus (5-44c) können wir leicht verstehen, wenn wir uns an eine der beiden Interpretationen des Faltungsintegrals (s. Bild 3-15) erinnern. Danach wird der Faltungskern – in unserem Fall $1/(4\pi r)\, q_t(t - r/c)$ – zuerst am Koordinatenursprung gespiegelt, was hier wegen der Kugelsymmetrie entfällt, und anschließend an den Ort des Aufpunktes verschoben. Das Produkt dieses Kerns mit dem Objekt wird schließlich integriert. In Bild 5-15 ist dies skizziert. Der Faltungskern ist hier ein kugelsymmetrisches Gebilde mit dem (zeitverzögerten) Abbild des Sendesignals als Radialverlauf. Die Volumenintegration über das Produkt aus Objekt und dem Faltungskern kann in eine *zwei*dimensionale Integration über die Kugelschalen und anschließender *radialer* Integration aufgespalten werden. Da die Ausdehnung des Objekts *klein* gegenüber dem Krümmungsradius dieser Kugelschalen ist, können diese durch *Ebenen* genähert werden (vgl. (5-45b)), und die erstgenannte Integration wird zur *planaren Projektion*. Die noch verbleibende Integration in R-Richtung entspricht gerade der Vorstellung, die wir uns von der Durchführung einer eindimensionalen Faltung gemacht haben (s. Bild 2-7): Verschiebung des Faltungskerns über die zu faltende Funktion (in unserem Fall geschieht dies durch die Ausbreitung von $q_t(.)$ mit der Geschwindigkeit c) und anschließende Integration.

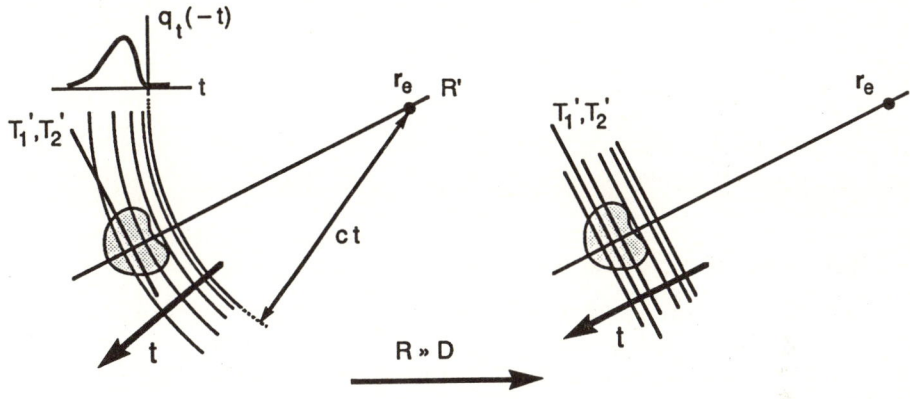

Bild 5-15: Veranschaulichung der Zusammenhänge aus (5-44c,d)

Das Anfangswertproblem

Die Anfangswertaufgabe hat für Wellenfelder im Gegensatz zum Randwertproblem eine geringe technische Bedeutung. Wir werden sie deshalb hier relativ formal abhandeln.

Die Wellengleichung ist von zeitlich *zweiter* Ordnung; daher müssen sowohl der Anfangswert der Feldgröße wie auch der der zeitlichen Ableitung gegeben sein, also

$$u(r,t_0) \qquad \text{und} \qquad \dot{u}(r,t_0) \,.$$

Zur Berechnung des Feldes zum Zeitpunkt $t = t_0 + \Delta t$ greifen wir auf (5-21a...c) zurück. Die dafür benötigten Faltungskerne berechnen sich aus dem Teilspektrum $S^r(f_r,t)$ und dessen zeitlichen Ableitungen. Wir entnehmen $S^r(f_r,t)$ aus (5-37a), erhalten

$$S^r(f_r,\Delta t) = c\,\sin(2\pi c\Delta t f_r)/(2\pi f_r) \quad \Rightarrow \quad S^r(f_r,0) = 0$$

$$\dot{S}^r(f_r,\Delta t) = c^2\,\cos(2\pi c\Delta t f_r) \quad \Rightarrow \quad \dot{S}^r(f_r,0) = c^2$$

$$\ddot{S}^r(f_r,\Delta t) = -\,2\pi f_r c^3\,\sin(2\pi c\Delta t f_r) \quad \Rightarrow \quad \ddot{S}^r(f_r,0) = 0$$

und können damit die beiden Übertragungsfunktionen

$$S_{0,\Delta t}(f_r) = \cos(2\pi c\Delta t f_r) \tag{5-46a}$$

und

$$S_{1,\Delta t}(f_r) = 1/c\,\sin(2\pi c\Delta t f_r)/(2\pi c f_r) = 1/c^2\,S^r(f_r,\Delta t) \tag{5-46b}$$

angeben. Die dreidimensionale Fourier-Rücktransformation mit Hilfe von Tabelle 3-4 liefert schließlich die Punktantworten (vgl. Bild 5-8)

$$s_{0,\Delta t}(r) = -\,1/(4\pi r)\,\delta'(r - c\Delta t) \tag{5-46c}$$

und

$$s_{1,\Delta t}(r) = 1/(4\pi c r)\,\delta(r - c\Delta t)\,. \tag{5-46d}$$

Beispiel I

Wir betrachten eine impulsförmige, sich in z-Richtung ausbreitende, ebene Welle der Form

$$u(r,t) = \delta(z - ct) = 1/c\,\delta(t - z/c)\,.$$

Dieses Feld ist örtlich *ein*dimensional; wir bezeichnen es mit $u(z,t)$. Es seien die *Anfangswerte* für $t_0 = 0$

$$u(z,0) = \delta(z) \qquad \text{und} \qquad \dot{u}(z,0) = 1/c\,\delta'(-z/c) = -c\,\delta'(z)$$

gegeben. Wir lösen diese Anfangswertaufgabe im Ortsspektralbereich mit Hilfe der Übertragungsfunktionen aus (5-46a,b), wobei wir $f_r = f_z$ setzen. Die Ortsspektren der Anfangsbedingungen sind

$$U^z(f_z,0) = 1 \qquad \text{und} \qquad \dot{U}^z(f_z,0) = -j2\pi f_z c\,.$$

Mit (5-46a,b) berechnet sich daraus das Ortsspektrum des zeitlichen Feldverlaufs für $t > 0$ zu

$$U^z(f_z,t>0) = \cos(2\pi c t f_z) - j2\pi f_z c t\,\mathrm{si}(2\pi c t f_z)$$

(hier ist $\Delta t = t$) und daraus schließlich

$$u(z,t>0) = 1/2\,[\delta(z+ct) + \delta(z - ct)] - ct\,\partial\,[1/(2ct)\,\mathrm{rect}(z/(2ct))]/\partial z$$

$$= 1/2\,[\delta(z+ct) + \delta(z - ct)] - 1/2\,[\delta(z+ct) - \delta(z - ct)]$$

$$= \delta(z - ct)\,.$$

Diese Terme stellen *zwei* Wellen von entgegengesetzen Richtungen dar. Erst die Einbeziehung *beider* Anfangswerte ermöglicht die korrekte und eindeutige Lösung (Bild 5-16).

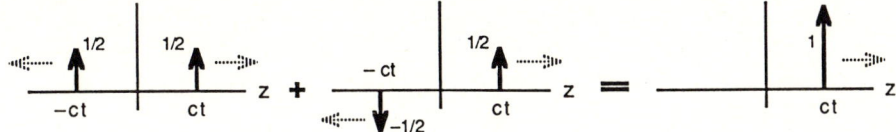

Bild 5-16: Lösung der Anfangswertaufgabe aus *Beispiel I* (**rechts**) als Summe zweier Terme, jeweils berechnet aus dem Anfangswert der Feldgröße (**links**) und dem deren Ableitung (**mitte**).

Das Randwertproblem

Nach Abschnitt 5.1 ist das räumliche Randwertproblem, also die Berechnung des Feldes im quellenfreien Halbraum $z > z_0$ aus dem Feld auf der Ebene $z = z_0$, in gleicher Weise zu lösen wie die Anfangswertaufgabe; es ist lediglich t durch z zu ersetzen. Da die Wellengleichung auch von örtlich *zweiter* Ordnung ist, müßten sowohl

$$u(x,y,z_0,t) \qquad und \qquad u'(x,y,z_0,t)$$

gegeben sein. Der Versuch, die Punkt-Impulsantworten $s_{0,\Delta z}(.)$ und $s_{1,\Delta z}(.)$ bzw. die Übertragungsfunktionen $S_{0,\Delta z}(.)$ und $S_{1,\Delta z}(.)$ nach (5-24b,c) unter Zuhilfenahme des Teilspektrums

$$S^{x,y,t}(f_x,f_y,z,f_t) = -j/(4\pi\kappa)\, e^{-j2\pi\kappa|z|}$$

aus Bild 5-13 zu berechnen, scheitert jedoch daran, daß der Nenner (die Determinante) in (5-24b,c) verschwindet:

$$S^{x,y,t}(.,.,0,.)\, S^{x,y,t''}(.,.,0,.) - S^{x,y,t'}(.,.,0,.)^2 = [-j/(4\pi\kappa)]^2\, [(-j2\pi\kappa)^2 - (-j2\pi\kappa)^2] \equiv 0 .$$

Wie bereits in Abschnitt 5.1 angesprochen, ist in diesem Fall einer der Randwerte redundant, und es genügt z.B. die Angabe von $u(x,y,z_0,t)$, um das Feld im Halbraum $z > z_0$ eindeutig berechnen zu können.

Zur Ermittlung der Punkt-Impulsantwort $s_{\Delta z}(x,y,t)$, also des Feldes mit dem Randwert

$$s_{0+}(x,y,t) = \delta(x,y)\,\delta(t) ,$$

können wir auf (5-23c) oder beser auf (5-27a) zurückgreifen, also die Randbedingung als Wirkung einer geeignet gewählten ebenen *Dipol*quellenfunktion bei $z = z_0$ ansehen. Den Faktor a aus (5-27a,b) haben wir bereits in (5-40b) zu $a = -1/2$ berechnet. Damit ist

$$s_{\Delta z}(x,y,t) = -2\,\partial\, s(r,t)/\partial z\,\big|_{z = \Delta z} \tag{5-47a}$$

und

$$S_{\Delta z}(f_x,f_y,f_t) = -2\,\partial\, S^{x,y,t}(f_x,f_y,z,f_t)/\partial z\,\big|_{z = \Delta z}. \tag{5-47b}$$

Wir erhalten schließlich die zur *Lösung des Randwertproblems* in der Form

$$u(x,y,z_0+\Delta z,t) = u(x,y,z_0,t) \overset{x}{*} \overset{y}{*} \overset{t}{*} \, s_{\Delta z}(x,y,t)$$

bzw.

$$U^{x,y,t}(f_x,f_y,z_0+\Delta z,f_t) = U^{x,y,t}(f_x,f_y,z_0,f_t) \, S_{\Delta z}(f_x,f_y,f_t)$$

benötigte Punkt-Impulsantwort oder Übertragungsfunktion mit (5-39d,e) und Bild 5-13 für $\Delta z > 0$ zu

$$s_{\Delta z}(x,y,t) = -c/(2\pi\Delta r) \cos\vartheta_\Delta \, [\delta'(\Delta r - ct) - 1/\Delta r \, \delta(\Delta r - ct)] \qquad (5\text{-}47c)$$

$$= 1/(2\pi\Delta r) \cos\vartheta_\Delta \, [1/c \, \delta'(t - \Delta r/c) + 1/\Delta r \, \delta(t - \Delta r/c)] \qquad (5\text{-}47d)$$

mit $\quad \Delta\mathbf{r} := (x,y,\Delta z)^T \quad$ und $\quad \cos\vartheta_\Delta := \Delta r/\Delta z$

sowie

$$S_{\Delta z}(f_x,f_y,f_t) = e^{-j2\pi\Delta z\kappa} \qquad (5\text{-}47e)$$

mit

$$\kappa = \text{sign}(f_t) \cdot \begin{cases} [f_t^2/c^2 - (f_x^2+f_y^2)]^{1/2} & \text{für} \quad f_x^2+f_y^2 \le f_t^2/c^2 \\ -j \, [f_x^2+f_y^2 - f_t^2/c^2]^{1/2} & \text{für} \quad f_x^2+f_y^2 > f_t^2/c^2 \, . \end{cases}$$

Wie erwartet nimmt $S_{\Delta z}(.)$ für $\Delta z \to 0$ den konstanten Wert von *eins* an; in diesem Fall sind Eingangs- und Ausgangsebene identisch. Wir werden diese Funktionen in Abschnitt 5.3 für den Sonderfall harmonischer Zeitverläufe, also konstanter Zeitfrequenz, ausgiebig diskutieren sowie eine anschaulichere Herleitung von $S_{\Delta z}(.)$ angeben.

Beispiel II
Das einfachste Randwertproblem ist das für den *ein*dimensionalen Fall, also für Felder, die in x und y *konstant* sind. Der Randwert ist dann das reine Zeitsignal

$$u(z_0,t) \, .$$

Natürlich tritt dieses Signal in gleicher Form bei $z = z_0+\Delta z$, nur um $\Delta z/c$ verzögert, wieder auf. Genau dieses Ergebnis erhält man auch mit

$$S_{\Delta z}(f_x=0,f_y=0,f_t) = e^{-j2\pi\Delta z f_t/c}$$

und damit (Verschiebungssatz)

$$s_{\Delta z,\text{eindim.}}(t) = \delta(t - \Delta z/c) \, ,$$

nämlich

$$u(z_0+\Delta z,t) = u(z_0,t) * \delta(t - \Delta z/c) = u(z_0,t - \Delta z/c) \, .$$

5.3 Ausbreitung und Beugung harmonischer kohärenter Wellen

In diesem Abschnitt betrachten wir Wellenfelder, die an jedem Ort einen *harmonischen* Zeitverlauf der Frequenz

$$f_t = \nu = const$$

aufweisen und bei denen die Zeitverläufe an beliebigen zwei Punkten *phasenstarr* (kohärent) zueinander sind. Solche Wellenfelder werden z.B. in der Optik in guter Näherung von Lasern erzeugt, oder in der Akustik von monofrequenten Schallwandlern. Dann ist das Feld von der Form

$$u_{reell}(r,t) = |u(r)| \cos(2\pi\nu t + \varphi(r)) \ . \tag{5-48a}$$

Es hat sich jedoch für harmonische Wellenfelder die bequemere *komplexe* Schreibweise bewährt, die wir im folgenden ausschließlich benutzen werden, d.h. wir verwenden statt $u_{reell}(r,t)$ dessen (zeitlich) *analytisches Signal*, wie in Abschnitt 2.7 beschrieben, und bezeichnen es mit $u(r,t)$. Dieses läßt sich in einen Orts- und einen Zeitfaktor separieren[1]:

$$u(r,t) = |u(r)| \ e^{j(2\pi\nu t + \varphi(r))} = u(r) \ e^{j2\pi\nu t} \tag{5-48b}$$

mit

$$u(r) := |u(r)| \ e^{j\varphi(r)} \ . \tag{5-48c}$$

Somit genügt es, mit dem *komplexen zeitunabhängigen* Feld $u(r)$ zu rechnen. Das reelle Feld kann am Ende immer aus $u(r)$ gewonnen werden:

$$u_{reell}(r,t) = Re\{u(r) \ e^{j2\pi\nu t}\} \ . \tag{5-48d}$$

Das (*vier*dimensionale) Spektrum von $u(r,t)$ ist

$$U(f_r,f_t) = U(f_r) \ \delta(f_t - \nu)$$

mit

$$U(f_r) \quad \bullet\!\!-\!\!-\!\!\circ \quad u(r) \ .$$

Es existiert also nur im Unterraum $f_t = \nu$. Unter dem *Spektrum* eines Wellenfeldes verstehen wir daher im folgenden $U(f_r)$.

---

[1] Beim Vergleich mit der Literatur ist zu beachten, daß in Büchern der Optik oder der theoretischen Physik meist der Zeitfaktor als $e^{-j2\pi\nu t}$ angenommen wird, während in Werken über Hochfrequenztechnik häufiger der auch hier benutzte Zeitfaktor $e^{+j2\pi\nu t}$ verwendet wird. Die komplexen Wellenfelder in der ersten Darstellung sind dann die konjugiert komplexen Versionen derer in unserer Schreibweise, da gilt

$$Re\{u(r) \ e^{j2\pi\nu t}\} = Re\{u^*(r) \ e^{-j2\pi\nu t}\} \ .$$

Das Spektrum $U(f_r)$ eines Wellenfeldes ist dann zur Umrechnung in die jeweils andere Darstellung durch $U^*(-f_r)$ zu ersetzen (Satz der konjugiert komplexen Funktionen).

In komplexer Schreibweise, mit

$$\ddot{u}(\mathbf{r},t) = u(\mathbf{r})\,\partial^2(e^{j2\pi\nu t})/\partial t^2 = -4\pi^2\nu^2\,u(\mathbf{r},t)$$

und nach Kürzung des Zeitfaktors wird die Wellengleichung (5-34a) zur (zeit*unab*-hängigen) *Helmholtz-Gleichung*

$$\Delta u(\mathbf{r}) + k^2 u(\mathbf{r}) = -q(\mathbf{r})\,, \tag{5-49a}$$

wobei

$$k := 2\pi\nu/c \tag{5-49b}$$

die sog. *Wellenzahl* ist.

Ebene Wellen

Wir untersuchen zuerst die *homogenen* Lösungen $u_H(\mathbf{r})$ von (5-49a), d.h. die Felder für $q(\mathbf{r}) \equiv 0$. Lassen wir wieder exponentiell anklingende Funktionen außer acht, so dürfen wir (5-49a) Fourier-transformieren und erhalten

$$(-4\pi^2 f_r^2 + k^2)\,U_H(\mathbf{f_r}) = 0\,, \tag{5-50a}$$

also

$$f_r = k/2\pi = \nu/c\,. \tag{5-50b}$$

Dies bedeutet, daß das Spektrum einer – stationären – homogenen Lösung nur Werte auf einer Kugelschale vom Radius $f_r = k/2\pi$ aufweist. Ein *einzelner* solcher Spektralanteil auf dieser Kugelschale, z.B. bei

$$\mathbf{f_r} = -\mathbf{k}/2\pi\,, \tag{5-51a}$$

ist gegeben durch

$$W(\mathbf{f_r}) = \delta(\mathbf{f_r} + \mathbf{k}/2\pi)\,, \tag{5-51b}$$

wobei $\mathbf{k}$ der *Wellenvektor* oder *k-Vektor* ist, mit $|\mathbf{k}| = k$. Im Ortsbereich erhalten wir dann unter Verwendung des Verschiebungssatzes

$$w(\mathbf{r}) = e^{-j\mathbf{k}\cdot\mathbf{r}} \tag{5-51c}$$

oder in reeller Darstellung

$$w_{reell}(\mathbf{r},t) = \cos(2\pi\nu t - \mathbf{k}\cdot\mathbf{r})\,.$$

Das stellt offensichtlich eine *ebene Welle* dar, die sich in die durch den Wellenvektor vorgegebene Richtung ausbreitet. Dies erkennen wir leicht, wenn wir für $\mathbf{k}$ einen speziellen Vektor einsetzen, z.B. $\mathbf{k} = (0,0,k)^T$. Dann ist das Skalarprodukt

$$\mathbf{k} \cdot \mathbf{r} = (0,0,k)^T \cdot (x,y,z)^T = k\,z$$

und die ebene Welle

$$w(\mathbf{r}) = e^{-jkz}$$

oder in reeller Schreibweise

$$w_{reell}(\mathbf{r},t) = \cos(2\pi \nu t - kz) \; .$$

Die Welle wandert in z-Richtung, der Richtung des hier speziell gewählten Wellen-vektors, mit der Geschwindigkeit c und hat eine *Wellenlänge* λ von

$$\lambda := 2\pi/k = c/\nu \; . \tag{5-52}$$

Die gleichen Überlegungen gelten nun für *beliebige* Richtungen des Wellenvektors. Alle möglichen *homogenen* (und exponentiell beschränkten) Lösungen der Wellen-gleichung setzen sich offensichtlich aus ebenen Wellen *verschiedener* Richtung aber *derselben* Wellenlänge λ zusammen.

Anmerkungen
– Wir haben in (5-51a,b) $\mathbf{k}$ *anti*parallel zu $\mathbf{f_r}$ angesetzt, da es üblich ist, $\mathbf{k}$ *in* Fortpflanzungsrichtung der Welle zu orientieren. Mit dem hier verwendeten Zeitfaktor $e^{+j2\pi\nu t}$ ist zwangsläufig $\mathbf{f_r}$ von entgegen-gesetzter Richtung. Hier würde der Zeitfaktor $e^{-j2\pi\nu t}$ die elegantere Beschreibung liefern. Dann wäre nämlich $\mathbf{k}$ *parallel* zu $\mathbf{f_r}$ und die ebene Welle durch $e^{+j\mathbf{k}\cdot\mathbf{r}}$ gegeben.
– Vielfach wird auch der $\mathbf{k}$-Raum statt des $\mathbf{f_r}$-Raums als 'Spektralbereich' bezeichnet, d.h. die örtliche Fourier-Transformation durch eine *Rück*transformation ersetzt. Dies gilt es beim Vergleich mit einschlägi-ger Literatur zu beachten.

Bild 5-17 illustriert anhand einer einzigen ebenen Welle die Zusammenhänge im Orts- und Spektralbereich. Dabei ist auch gezeigt, wie die *Komponenten* des Wellen-vektors von der Ausbreitungsrichtung abhängen. Schreiben wir nämlich (5-51c) komponentenweise aus,

$$w(x,y,z) = e^{-j(k_x x + k_y y + k_z z)}$$

und benennen die Winkel, die der k-Vektor jeweils mit der k_x-, k_y- und k_z- Achse einschließt, mit respektive α, β und ϑ, so gilt

$$\mathbf{k} = k\,(\cos\alpha, \cos\beta, \cos\vartheta)^T \tag{5-53a}$$

mit

$$k = 2\pi/\lambda = (k_x{}^2 + k_y{}^2 + k_z{}^2)^{1/2} \; . \tag{5-53b}$$

Dies sind aber gleichzeitig die Winkel, die auch die Fortpflanzungsrichtung mit den Koordinatenachsen x, y und z einschließt. Der k-Vektor setzt sich also (bis auf eine Konstante) aus den *Richtungskosinussen* der ebenen Welle zusammen. Benutzen wir statt der Winkel α, β und ϑ die ebenfalls in Bild 5-17 angegebenen Winkel α', β' und ϑ' mit

$$\alpha' = \pi/2 - \alpha , \qquad \beta' = \pi/2 - \beta , \qquad \vartheta' = \pi/2 - \vartheta , \qquad (5\text{-}53c)$$

so ist

$$\mathbf{k} = k \, (\sin\alpha', \sin\beta', \sin\vartheta')^T . \qquad (5\text{-}53d)$$

Wir werden von beiden Darstellungen Gebrauch machen, je nachdem, welche gerade anschaulicher ist.

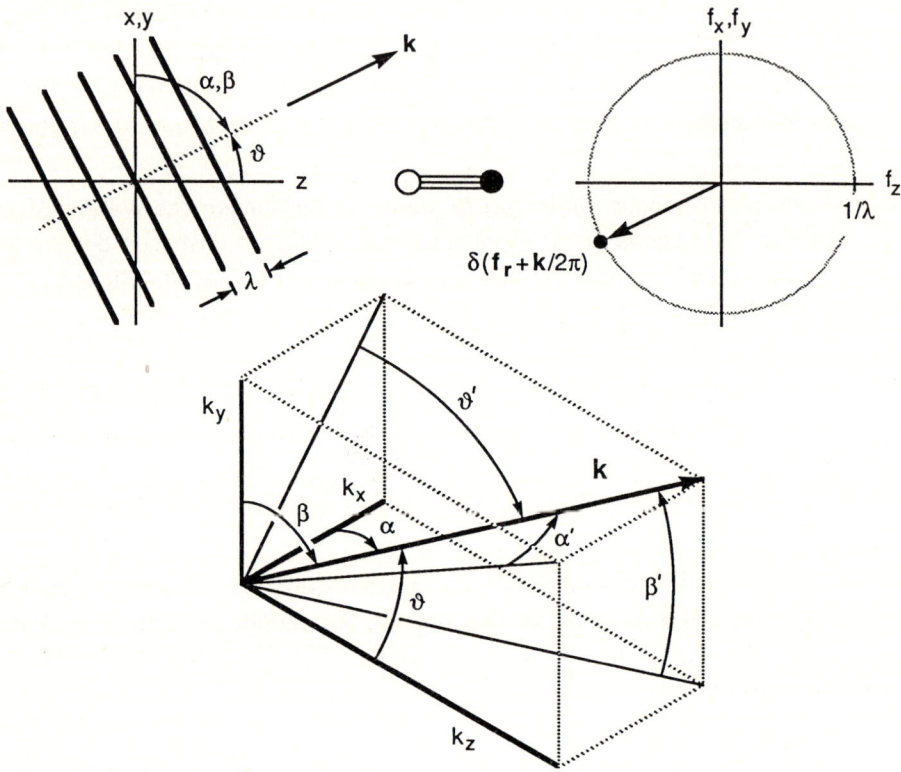

Bild 5-17, oben: Ebene Welle und ihr Fourier-Spektrum, **unten:** Zusammenhang zwischen den Komponenten des k-Vektors und den Winkeln α, β, ϑ bzw. α', β', ϑ'

Quellenproblem und Kugelwelle

Nachdem nun der Zeitverlauf als harmonisch vorgeschrieben ist, gibt es keine Punkt-*Impuls*antwort wie die aus (5-37b), sondern lediglich die (komplexe) *Punkt*antwort s(**r**). Diese ist das Feld einer harmonisch schwingenden Punktquelle

$$q(\mathbf{r}) = \delta(\mathbf{r}) \, e^{j2\pi vt}$$

und berechnet sich mit $q_0(t) = e^{j2\pi vt}$ direkt aus (5-38b):

$$s(r) \, e^{j2\pi\nu t} = 1/(4\pi r) \, e^{j2\pi\nu(t - r/c)} \, .$$

Nach Kürzung des Zeitfaktors erhalten wir die *Punktantwort* zur Lösung des Quellen-problems:

$$s(r) = \frac{1}{4\pi r} \, e^{-jkr}. \tag{5-54a}$$

Diese spezielle Welle wird *Kugelwelle* genannt. Sie beschreibt eine kugelsymmetri-sche von der Quelle abgestrahlte harmonische Welle mit konzentrischen äquiradialen Flächen gleicher Phase und einem r^{-1}-Abfall. Diesen hatten wir in Abschnitt 5.2 bereits aus Gründen der Energieerhaltung gefordert.

Die zugehörige *Übertragungsfunktion* $S(f_r)$ können wir der Gleichung (5-36d) entneh-men, wobei wir $f_t = \nu = $ const setzen. Mit $c/\nu = \lambda$ erhält man

$$S(f_r) = \frac{1}{4\pi^2} \, \frac{1}{f_r^2 - 1/\lambda^2} - j \, \frac{\lambda}{8\pi} \, \delta(f_r - 1/\lambda) \, . \tag{5-54b}$$

Diese gilt natürlich auch für den *zwei-* und *ein*dimensionalen Fall. Dagegen nimmt deren Fourier-Rücktransformierte – $s(r)$ also – je nach Dimensionalität unterschiedli-che Formen an. In Bild 5-18 sind diese zusammen mit dem für das folgende wichtige Teilspektrum $S^{x,y}(f_x,f_y,z)$ (vgl. Bild 5-13) aufgelistet und in Bild 5-19, getrennt nach Real- und Imaginärteil, skizziert.

$$s(x,y,z) = 1/(4\pi r) \, e^{-jkr}$$

$$s(x,z) = -j/4 \, H_0^{(2)}(kr)$$

$$s(x,y,z) = -j/(2k) \, e^{-jk|z|}$$

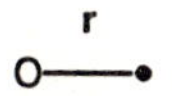

$$S(f_r) = [4\pi^2(f_r^2 - 1/\lambda^2)]^{-1} - j\lambda/(8\pi) \, \delta(f_r - 1/\lambda)$$

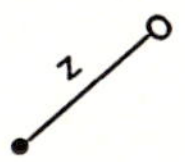

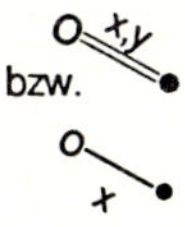

$$S^{x,y}(f_x,f_y,z) = -j/(4\pi\kappa) \, e^{-j2\pi|z|\kappa}$$

$$\text{mit} \quad \kappa = \begin{cases} [1/\lambda^2 - (f_x^2 + f_y^2)]^{1/2} & \text{für} \quad f_x^2 + f_y^2 \leq 1/\lambda^2 \\ -j[f_x^2 + f_y^2 - 1/\lambda^2]^{1/2} & \text{für} \quad f_x^2 + f_y^2 > 1/\lambda^2 \end{cases}$$

Bild 5-18: Punktantwort $s(r)$ (für $n = 1...3$), Übertragungsfunktion $S(f_r)$ und Teilspektrum $S^{x,y}(f_x,f_y,z)$ zur Lösung des Quellenproblems bei harmonischen Wellen; $H_0^{(2)}(.)$ ist die Hankel-Funktion nullter Ord-nung: $H_0^{(2)}(.) := J_0(.) - j \, N_0(.)$ mit $J_0(.)$ der Bessel- und $N_0(.)$ der Neumann-Funktion (siehe z.B. [5.19]).

182

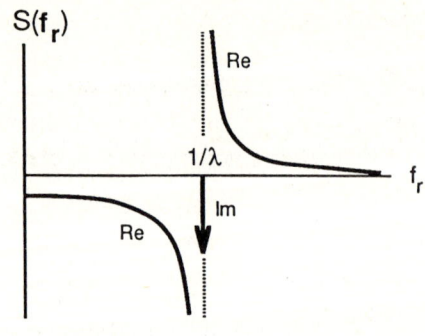

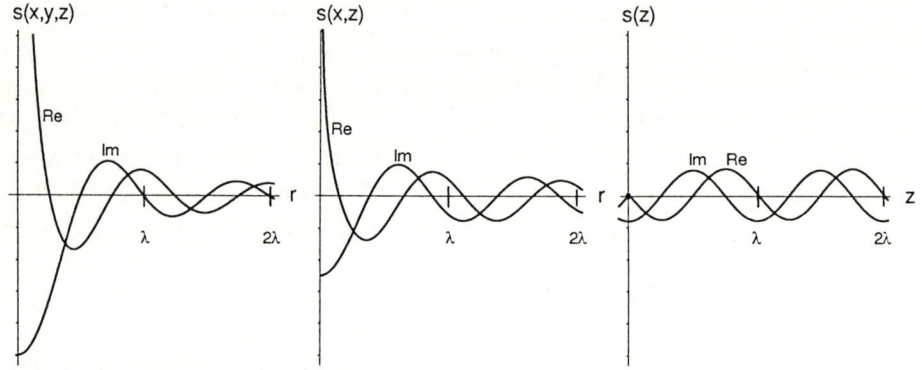

Bild 5-19: Radialschnitte von S(.) **(oben)** und s(.) für n = 1...3 **(unten)**

Das Teilspektrum $S^{x,y}(f_x,f_y,z)$

Das in Bild 5-18 aufgeführte Teilspektrum $S^{x,y}(f_x,f_y,z)$, also die *zwei*dimensionale Fourier-Transformierte eines ebenen Schnitts durch die Kugelwelle bei z = const, konnte direkt Bild 5-13 entnommen werden, indem $c/f_t = \lambda$ gesetzt wurde. Da diese sog. *Weylsche Formel* [5.20] für das folgende von großer Bedeutung ist, leiten wir sie nun nachträglich über Fourier-Rücktransformation von

$$S(f_r) = [4\pi^2(f_r^2 - 1/\lambda^2)]^{-1} - j\,\lambda/(8\pi)\,\delta(f_r - 1/\lambda)$$

aus (5-54b) nach z her. Wir unterscheiden dabei *zwei* Bereiche:

1.   Im Bereich $f_x^2+f_y^2 \le 1/\lambda^2$ benutzen wir die Abkürzung

$$\kappa := [1/\lambda^2 - (f_x^2+f_y^2)]^{1/2}$$

und die Umformung (s. (3-24) und *Beispiel V* in Abschnitt 3.1)

$$\delta(f_r - 1/\lambda) = 1/(\lambda\kappa)\,[\delta(f_z+\kappa) + \delta(f_z - \kappa)]\,,$$

also eine Aufspaltung der δ-Kugel in zwei Halbkugeln. Damit läßt sich $S(f_r)$ in übersichtlicherer Form angeben :

$$S(\mathbf{f_r}) = [4\pi^2(f_r^2 - 1/\lambda^2)]^{-1} - j/(8\pi\kappa)\,[\delta(f_z+\kappa) + \delta(f_z - \kappa)] \ .$$

Mit den Korrespondenzen (s. Tabelle 2-3)

$$1/(\kappa^2 - f_z^2) \quad \bullet\!\!-\!\!\overset{z}{-}\!\!-\!\!\circ \quad (\pi/\kappa)\,\sin(2\pi\kappa|z|)$$

und

$$\delta(f_z+\kappa) + \delta(f_z - \kappa) \quad \bullet\!\!-\!\!\overset{z}{-}\!\!-\!\!\circ \quad 2\cos(2\pi\kappa z)$$

erhalten wir das gesuchte Teilspektrum im Bereich $f_x^2+f_y^2 \leq 1/\lambda^2$:

$$S^{x,y}(f_x,f_y,z) = -1/(4\pi\kappa)\,[\sin(2\pi\kappa|z|) + j\cos(2\pi\kappa z)] = -j/(4\pi\kappa)\,e^{-j2\pi\kappa|z|} \ .$$

2. Im Bereich $f_x^2+f_y^2 > 1/\lambda^2$ und mit der Abkürzung

$$\kappa := -j\,(f_x^2+f_y^2 - 1/\lambda^2)^{1/2} =: -j\,\kappa'$$

gilt

$$S(\mathbf{f_r}) = [4\pi^2(f_z^2+\kappa'^2)]^{-1}$$

und damit (s. Tabelle 2-3)

$$S^{x,y}(f_x,f_y,z) = 1/(4\pi\kappa)\,e^{-2\pi\kappa'|z|} \qquad \text{für} \quad f_x^2+f_y^2 > 1/\lambda^2 \ .$$

Zusammenfassend erhalten wir das gesuchte *Teilspektrum* aus Bild 5-18 zu

$$S^{x,y}(f_x,f_y,z) = \begin{cases} -j\,\dfrac{e^{-j2\pi|z|(1/\lambda^2 - (f_x^2+f_y^2))^{1/2}}}{4\pi\,[1/\lambda^2 - (f_x^2+f_y^2)]^{1/2}} & \text{für} \quad f_x^2+f_y^2 \leq 1/\lambda^2 \\[4mm] \dfrac{e^{-2\pi|z|(f_x^2+f_y^2 - 1/\lambda^2)^{1/2}}}{4\pi\,(f_x^2+f_y^2 - 1/\lambda^2)^{1/2}} & \text{für} \quad f_x^2+f_y^2 > 1/\lambda^2 \ . \end{cases} \qquad (5\text{-}55)$$

Das Spektrum eines ebenen Schnitts durch das Feld einer Punktquelle existiert also in der gesamten f_x,f_y-Ebene. Während jedoch Spektralanteile *unter* $1/\lambda$ bei Veränderung der Entfernung $|z|$ von der Quelle lediglich eine Phasenverschiebung erleiden, werden jene *über* $1/\lambda$ mit wachsender Entfernung exponentiell gedämpft und sind im Abstand einiger Wellenlängen praktisch verschwunden; daher auch der Name *evaneszente* oder *quergedämpfte Wellen* für diese Anteile.

Die Ewald-Kugel

Die bisher diskutierte Punktantwort $s(\mathbf{r})$ und die Übertragungsfunktion $S(\mathbf{f_r})$ erlauben die Berechnung des Feldes einer gegebenen Quellenverteilung im *gesamten* Raum:

$$u(\mathbf{r}) = q(\mathbf{r}) * s(\mathbf{r}) \ .$$

Bei vielen technischen Meßwerterfassungssystemen ist es jedoch höchstens möglich, das Feld in einem *quellenfreien* Gebiet des Raums zu messen. Wir betrachten dazu die Anordnung in Bild 5-20, oben links: das Feld einer Quellenverteilung begrenzter Ausdehnung ($z_{min} \leq z \leq z_{max}$) soll auf einer Ebene $z = z_0 > z_{max}$ ermittelt werden. Der Beitrag eines einzelnen Volumenelements der Quelle zum Gesamtfeld, also eine Kugelwelle s(.), ist ebenfalls eingezeichnet. Offensichtlich ist der Verlauf von s(x,y,z≤0) für das Feld bei $z = z_0$ *irrelevant*, solange nur $z_0 > z_{max}$ ist. Speziell kann in diesem Bereich statt einer *ab*gestrahlten Kugelwelle eine *ein*gestrahlte (also dazu konjugiert-komplexe) von negativem Vorzeichen angenommen werden:

$$s(r) \quad \rightarrow \quad s_+(r) := \begin{cases} -s^*(r) & \text{für } z < 0 \\ s(r) & \text{für } z \geq 0 \,. \end{cases} \qquad \text{(5-56a)}$$

Jede *Punktquelle* haben wir also durch eine Art *Fokus* ersetzt (Bild 5-20, oben rechts). Die Faltung einer Quellenverteilung mit $s_+(.)$ liefert ein Feld $u_+(.)$, das mit dem über s(.) berechneten für $z > z_{max}$ übereinstimmt, im übrigen Raum jedoch nicht:

$$u_+(r) = q(r) * s_+(r) \underset{\underset{z > z_{max}}{\uparrow}}{=} u(r) \,.$$

Dies klingt nicht gerade nach einer Rechenerleichterung; der konzeptionelle Vorteil der Punktantwort $s_+(.)$ gegenüber s(.) wird aber deutlich, wenn man die zugehörige Übertragungsfunktion $S_+(f_r)$ berechnet, mit

$$S(f_r) \quad \rightarrow \quad S_+(f_r) = \begin{cases} S^*(f_r) & \text{für } z < 0 \\ S(f_r) & \text{für } z \geq 0 \,. \end{cases} \qquad \text{(5-56b)}$$

Dies kann z.B. durch Transformation des im vorangegangenen Abschnitt hergeleiteten Teilspektrums $S^{x,y}(f_x,f_y,z)$ nach z geschehen, wobei wir wieder die beiden Bereiche $f_x^2+f_y^2 \leq 1/\lambda^2$ und $f_x^2+f_y^2 > 1/\lambda^2$ (evaneszente Wellen) unterscheiden müssen. Nachdem die *evaneszenten Wellen* ohnehin in z-Richtung, also zur Meßebene hin, exponentiell abfallen und nach einigen Wellenlängen praktisch verschwunden sind, werden wir sie bei der Transformation *nicht berücksichtigen*, eine Näherung, die immer dann gerechtfertigt ist, wenn die Meßapparatur ohnehin nicht *direkt* an den Rand der Quelle gebracht werden kann. Wir berechnen also statt $S_+(f_r)$

$$S_\sim(f_r) := \begin{cases} S_+(f_r) & \text{für } f_x^2+f_y^2 \leq 1/\lambda^2 \\ 0 & \text{für } f_x^2+f_y^2 > 1/\lambda^2 \,. \end{cases} \qquad \text{(5-56c)}$$

$S_\sim(f_r)$ kann nun aus $S^{x,y}(f_x,f_y,z)$ mit Hilfe des Verschiebungssatzes ermittelt werden, da wegen (5-56b) im Exponenten von (5-55) |z| durch z ersetzt wird. Wir erhalten

$$S_\sim(f_r) = -j/(4\pi\kappa)\,\delta(f_z+\kappa) = j/(4\pi f_z)\,\delta(f_z+\kappa) \qquad \text{(5-56d)}$$

mit

$$\kappa = [1/\lambda^2 - (f_x^2+f_y^2)]^{1/2}$$

oder nach Umformung der δ-Funktion:

$$S_{\sim}(\mathbf{f_r}) = -j\lambda/(4\pi)\;\gamma(-f_z)\;\delta(f_r - 1/\lambda)\;. \qquad\qquad (5\text{-}56e)$$

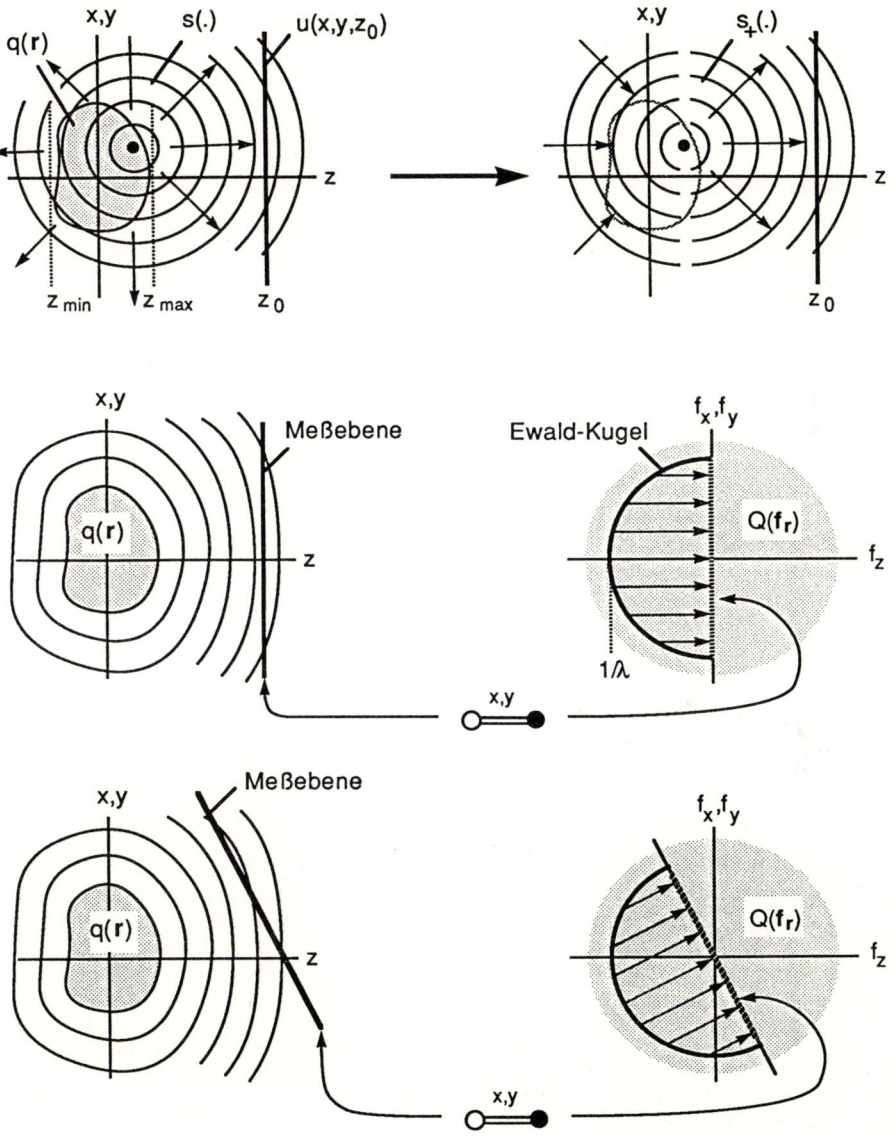

Bild 5-20, oben: Ersatz der von einem Volumenelement einer Quelle ausgehenden Kugelwelle durch eine 'fokussierte' Welle; **mitte:** Zusammenhang zwischen Quellenspektrum und Spektrum des Feldes auf der Meßebene $z = z_0$ über die Ewald-Kugel; **unten:** Einfluß der Orientierung der Meßebene

Die Übertragungsfunktion aus (5-56d,e) stellt eine δ-Halbkugelschale[1] dar, die unter dem Namen *Ewald-Kugel* [5.21] bekannt ist[2].

Mit diesem Ergebnis berechnet sich das Feld $u_+(.)$ nun näherungsweise zu

$$u_+(r) \quad \circ\!\!-\!\!\!-\!\!\bullet \quad U_+(f_r) \approx Q(f_r)\, S_\sim(f_r) = -j/(4\pi\kappa)\, Q(f_x, f_y, -\kappa)\, \delta(f_z + \kappa) \qquad (5\text{-}57a)$$

und damit schließlich das Feld $u(x,y,z_0) = u_+(x,y,z_0)$ in der Meßebene

$$u(x,y,z_0) \quad \underset{\substack{\uparrow \\ f_x^2 + f_y^2 \le 1/\lambda^2}}{\circ\!\!\overset{x,y}{=\!=\!=}\!\bullet} \quad \int_{-\infty}^{+\infty} Q(f_r)\, S_\sim(f_r)\, e^{j2\pi z_0 f_z}\, df_z$$

$$= -j/(4\pi\kappa) \int_{-\infty}^{+\infty} Q(f_r)\, \delta(f_z+\kappa)\, e^{j2\pi z_0 f_z}\, df_z \,. \qquad (5\text{-}57b)$$

Das *zwei*dimensionale Spektrum des Feldes bei $z = z_0$ ergibt sich also aus dem *drei*dimensionalen Spektrum der Quellenfunktion folgendermaßen (Bild 5-20, mitte): Aus dem Quellenspektrum $Q(.)$ werden durch Multiplikation mit $S_\sim(.)$ die Werte auf der Ewald-Kugel 'ausgeblendet' und anschließend auf die f_x, f_y-Ebene projiziert, wobei noch der (von z_0 abhängige) lineare Phasenfaktor $e^{j2\pi z_0 f_z}$ eingeht.

Das Integral in (5-57b) ist wegen der δ-Funktion leicht auszuwerten. Wir erhalten dann das Spektrum des Feldes in einer etwas kompakteren Schreibweise:

$$u(x,y,z_0) \quad \underset{\substack{\uparrow \\ f_x^2 + f_y^2 \le 1/\lambda^2}}{\circ\!\!\overset{x,y}{=\!=\!=}\!\bullet} \quad -j/(4\pi\kappa)\, e^{-j2\pi z_0 \kappa}\, Q(f_x, f_y, -\kappa) \qquad (5\text{-}57c)$$

mit

$$\kappa = [1/\lambda^2 - (f_x^2 + f_y^2)]^{1/2} \,.$$

Die Meßebene ist in Bild 5-20, oben, willkürlich senkrecht zur z-Achse angenommen worden. Für jede andere Meßebene (*außerhalb* der Quelle) erhält man natürlich die grundsätzlich selben Ergebnisse; die Lage der Ewald-Kugel und die Projektionsrichtung müssen dann nur der Orientierung der Meßebene angepaßt werden (Bild 5-20, unten).

Vom Spektrum der Quellenverteilung tragen also nur Werte auf der *Kugel* $f_r = 1/\lambda$ zum Feld im quellenfreien Raum bei. Diese Übertragungsfunktion ist eigentlich nur *zwei*dimensional, da jeder Spektralwert durch Angabe zweier Winkel bestimmt ist. Daher

---

[1] Offensichtlich läßt sich das Feld in dem quellenfreien Meßgebiet – und unter Vernachlässigung evaneszenter Wellen – aus lauter *ebenen* Wellen zusammensetzen, da $S_\sim(f_r)$ ja nur Spektralwerte auf einer Halbkugelschale vom Radius $1/\lambda$ passieren läßt. Speziell wird die die *Kugel*welle $s(r)$ ersetzende 'fokussierte' Welle beschrieben als Kontinuum gleichmäßig über den Raumwinkel verteilter ebener Wellen, die sich vom linken in den rechten Halbraum ausbreiten. Der Effekt der Tiefpaßfilterung, die die Vernachlässigung evaneszenter Wellen eigentlich darstellt, ist damit offensichtlich: durch Überlagerung ebener Wellen *endlicher* Wellenlänge kann niemals die *Pol*stelle bei $r = 0$ erzeugt werden.

[2] Üblicherweise wird als 'Ewald-Kugel' die Halbkugel im *rechten* Halbraum, also genau die *gespiegelte* Version der Halbkugel aus (5-56d,e), bezeichnet. Dies liegt daran, daß entweder der Zeitfaktor $e^{-j2\pi\nu t}$ statt $e^{+j2\pi\nu t}$ verwendet wurde oder daß die Ewald-Kugel im **k**-Raum statt im f_r-Raum betrachtet wurde.

ist eine eindeutige Rekonstruktion der dreidimensionalen Struktur einer Quellen-verteilung aufgrund von Meßungen im quellenfreien Gebiet (und in einem Abstand von mindestens einigen Wellenlängen von den Quellen) *nicht* möglich. Der in Bild 5-19, oben, skizzierte Verlauf der Übertragungsfunktion $S(f_r)$ täuscht somit eine 'lückenlose' Belegung des Frequenzbereichs – und damit eine Invertierbarkeit von $S(f_r)$ – vor, die in den meisten Fällen gar nicht nutzbar ist, da von dieser Übertra-gungsfunktion (bei Aussparung des Quellengebiets von der Messung) nur noch die Ewald-Kugel übrigbleibt.

Beispiel I

Eine Quellenfunktion, deren Spektrum bei $f_r = 1/\lambda$ verschwindet, dürfte nach dem Gesagten eigentlich außerhalb des Quellengebiets *kein* Feld erzeugen, oder zumindest nur evaneszente Wellen aussen-den. Dies untersuchen wir beispielhaft an einer kugelförmigen gleichphasig emittierenden Fläche vom Durchmesser eines ganzzahligen Vielfachen von λ, also

$$q(r) = \delta(r - r_0) \quad O\!\!=\!\!=\!\!\bullet \quad 2r_0 \sin(2\pi r_0 f_r)/f_r = Q(f_r) \qquad \text{mit} \quad 2r_0 = m\lambda .$$

Das Spektrum des *Feldes* ist dann

$$U(f_r) = Q(f_r)\,S(f_r) = r_0 \sin(2\pi r_0 f_r)/[2\pi^2 f_r\,(f_r^2 - 1/\lambda^2)] ,$$

wobei gleich die δ-Funktion in $S(.)$ weggelassen wurde, da sie ohnehin auf einer Nullstelle von $\sin(2\pi r_0 f_r)$ liegt. Mit Tabelle 3-4 erhalten wir schließlich das Feld

$$u(r) = (-1)^m\, r_0\, \mathrm{si}(2\pi r/\lambda)\, \mathrm{rect}(r/(2r_0)) .$$

Es verschwindet offensichtlich außerhalb $r = r_0$ vollständig; bei dieser speziellen Quellenform löschen sich sogar die evaneszenten Wellen aus. Es handelt sich also hier um eine der in Abschnitt 5.1 erwähn-ten *nichtemittierenden Quellen*.

Im *Ein*dimensionalen ist die Wirkung solch einer Quelle leichter verständlich. Daher berechnen wir nun das Feld zweier gleichphasig emittierender paralleler Ebenen im Abstand $\lambda/2$, also

$$q(z) = \delta(z+\lambda/4) + \delta(z - \lambda/4) ,$$

über die Faltung mit der eindimensionalen Punktantwort

$$s(z) = -j/(2k)\, e^{-jk|z|}$$

aus Bild 5-18. Diese Faltung liefert

$$u(z) = q(z) * s(z) = -j/(2k)\,[e^{-j2\pi|z+\lambda/4|/\lambda} + e^{-j2\pi|z - \lambda/4|/\lambda}] ,$$

also

$$u(z) = -j/(2k)\,[e^{-jkz}\,e^{-j\pi/2} + e^{jkz}\,e^{-j\pi/2}] = -1/k\,\cos(2\pi z/\lambda) \qquad \text{für } |z| \le \lambda/4$$

und

$$u(z) = -j/(2k)\,[e^{-jkz}\,e^{-j\pi/2} + e^{-jkz}\,e^{j\pi/2}] = 0 \qquad \text{für } |z| > \lambda/4 .$$

In Bild 5-21 ist dieses Feld als Summe der Felder der beiden Quellen skizziert.

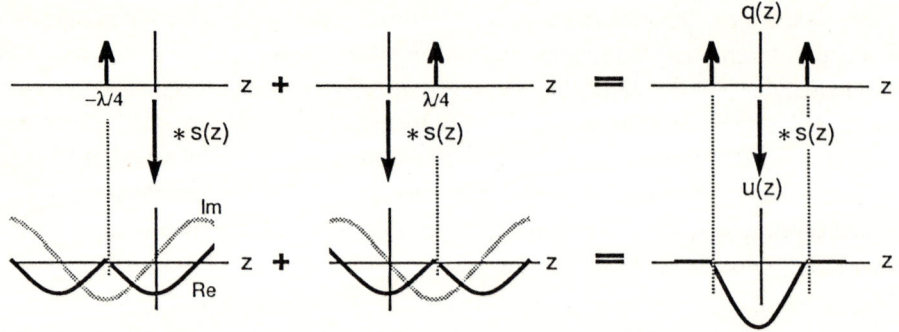

Bild 5-21: Veranschaulichung des Feldes der nichtemittierenden Quelle aus *Beispiel I*

Das Fernfeld harmonischer Quellen

Wir nehmen in diesem Abschnitt 5.3 an, daß alle Quellen harmonisch und zueinander phasenstarr (kohärent) emittieren; eventuelle Zeitunterschiede zwischen verschiedenen Orten der Quelle sind bereits in der Phase der komplexen Quellenfunktion $q(\mathbf{r})$ enthalten. Somit sind kohärente harmonische Quellen ein Sonderfall *synchroner* Quellen, wie wir sie schon in Abschnitt 5.2 diskutiert haben. Deren *Fernfeld*, also in einer Entfernung R groß gegen die Objektausdehnung D, wies einen – vor allem für das *inverse* Quellenproblem – interessanten Zusammenhang mit den planaren Projektionen der Quellenfunktion unter allen Winkeln φ und ϑ des Raums (also mit der dreidimensionalen Radon-Transformierten) auf.

Wie sieht nun das Fernfeld einer harmonischen Quellenfunktion

$$q(\mathbf{r}) = o(\mathbf{r})$$

aus? Zu dessen Ermittlung greifen wir auf (5-44d) zurück und setzen darin

$$Q_t(f_t) = \delta(f_t - \nu) \, ,$$

also (mit $\lambda = c/\nu$ und $k = 2\pi/\lambda$)

$$U_F^t(R,\varphi,\vartheta,f_t) = 1/(4\pi R) \, Q_{\varphi\vartheta}(-1/\lambda,0,0) \, \delta(f_t - \nu) \, e^{-jkR} \, . \tag{5-58}$$

Der zentrale Geradenschnitt durch das Quellenspektrum degeneriert also zu einem Punkt bei $f_R = -1/\lambda$. Benutzen wir für das Spektrum *Kugelkoordinaten*, also

$$Q(f_r,\phi,\theta) := Q(f_r \sin\theta \cos\phi, \, f_r \sin\theta \sin\phi, \, f_r \cos\theta) \, , \tag{5-59a}$$

so ist

$$Q_{\varphi\vartheta}(-1/\lambda,0,0) = Q(f_r=1/\lambda, \, \phi=\varphi, \, \theta=\vartheta - \pi) \, . \tag{5-59b}$$

Damit liefert die zeitliche Rücktransformation das Fernfeld in der Form

$$u_F(R,\varphi,\vartheta,t) = 1/(4\pi R)\ Q(1/\lambda,\ \varphi,\ \vartheta - \pi)\ e^{-jkR}\ e^{j2\pi vt} \qquad (5\text{-}60a)$$

oder nach Wegfall des Zeitfaktors

$$u_F(R,\varphi,\vartheta) = 1/(4\pi R)\ e^{-jkR}\ Q(1/\lambda,\ \varphi,\ \vartheta - \pi)\ . \qquad (5\text{-}60b)$$

Der Verlauf des Fernfeldes über φ und ϑ ist also – bis auf einen winkel*un*abhängigen Entfernungsfaktor – gleich dem Objekt*spektrum* auf der Kugel $f_r = 1/\lambda$ (Bild 5-22)[1].
Während wir bisher die Fourier-Transformation lediglich als mathematisches Hilfs-mittel benutzt hatten, erfährt sie nun eine *physikalische* Realisierung durch das Fernfeld harmonischer kohärenter Quellen. Mißt man das Fernfeld auf einer Kugel-oberfläche z.B. vom Radius R = const, wie in Bild 5-22 skizziert, so entsteht der Ein-druck, sich direkt auf der Kugel $f_r = 1/\lambda$ im Spektrum zu bewegen, mit dem Unter-schied, daß eine Veränderung von R den Radius der spektralen Kugel *nicht* verän-dert, und damit keine weitere Information über das Objekt erbringt.
Das Ergebnis aus (5-60b) zeigt wieder die generelle Unlösbarkeit des *inversen Quellenproblems* bei harmonischen Quellen; durch den Wegfall der wichtigen Zeit-variablen ist das Fernfeld eigentlich nur noch *zwei*dimensional (φ und ϑ). Daher wird häufig das Fernfeldverhalten von Quellen (z.B. von Schallwandlern) durch *Richtdia-gramme* (also die Verteilung der Leistung über φ und ϑ) charakterisiert.

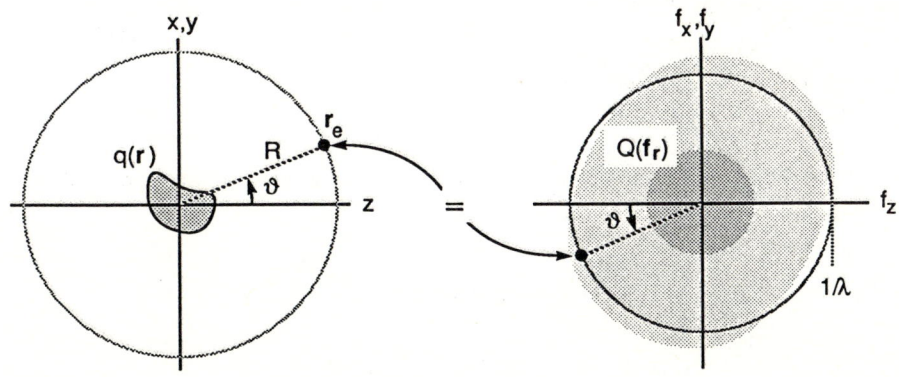

Bild 5-22: Das Fernfeld harmonischer Quellen nach (5-60b)

Anmerkung
Wir hatten in der *Anmerkung* auf Seite 173 und mit Bild 5-15 versucht, eine anschauliche Erklärung der Fernfeldlösung synchroner Quellen zu geben. Dabei hatten wir uns die Punkt-Impulsantwort des Quel-lenproblems am Ort des Empfängers zentriert gedacht und über das Produkt dieser mit dem Objekt integriert. Die Näherung bestand darin, die kugelförmigen Flächen gleicher Entfernung von r_e durch tangentiale *Ebenen* zu ersetzen.
Auf diese Erklärung kommen wir nun zurück, benutzen aber die zeit*un*abhängige Punktantwort als

---

[1] Daß dabei die Richtung im Spektrum *anti*parallel zu der im Ort ist, liegt wieder an dem hier verwendeten Zeitfaktor $e^{+j2\pi vt}$.

Integrationskern:

$$s(r_e - r') = 1/(4\pi|r_e - r'|)\,e^{-j2\pi|r_e - r'|/\lambda}\,.$$

In Bild 5-23 ist gezeigt, wie diese Kugelwelle für R » D durch die *ebene* Welle

$$1/(4\pi R)\,e^{-j2\pi R/\lambda}\,e^{j2\pi R'/\lambda}$$

ersetzt wird (vgl. (5-45b)). Das Integral des Produkts von $e^{j2\pi R'/\lambda}$ mit dem Objekt hat in der Tat die Form eines Fourierintegrals speziell für die Frequenz $(f_R, f_{T1}, f_{T2}) = (-1/\lambda, 0, 0)$:

$$\left.\iiint\limits_{-\infty}^{+\infty} o(.)\,e^{-j2\pi(R' f_{R'} + T_1' f_{T1'} + T_2' f_{T2'})}\,dR'dT_1'dT_2'\right|_{(f_R, f_{T1}, f_{T2}) = (-1/\lambda, 0, 0)}\,.$$

Der Grund dafür, daß sich im Fernfeld das Spektrum des Objekts (für $f_r = 1/\lambda$) wiederfindet, liegt im *harmonischen* Zeitverlauf der Welle; in diesem Fall ist nämlich eine ebene Welle gleich einer Fourier-Basisfunktion der Frequenz $f_r = 1/\lambda$.

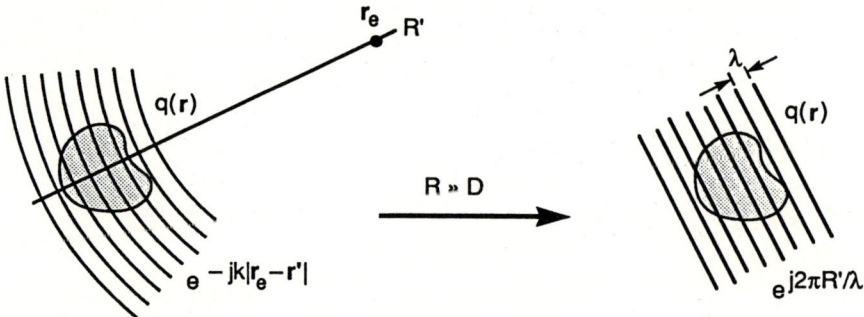

Bild 5-23: Veranschaulichung der Fernfeldnäherung aus (5-60b)

Beispiel II
Die Gleichung (5-60b) gilt (bis auf eine andere Form des Entfernungsfaktors) auch für den *zwei*dimensionalen Fall, also

$$u_F(R, \vartheta) \sim Q(1/\lambda, \vartheta - \pi)\,.$$

Wir betrachten nun eine bei z = 0 konzentrierte Quelle

$$q(x, z) = a(x)\,\delta(z)\,.$$

Deren Spektrum ist *konstant* in f_z:

$$Q(f_x, f_z) = A(f_x)\,1(f_z)\,.$$

In Bild 5-24 ist skizziert, wie sich daraus $Q(1/\lambda, \vartheta - \pi)$ berechnet:

$$Q(1/\lambda, \vartheta - \pi) = A(-1/\lambda \sin\vartheta)\,.$$

Bild 5-25, oben, zeigt das zugehörige Richtdiagramm. Vergrößert man die Abmessungen der Quelle um einen bestimmten Faktor, so wird die 'Keule' um denselben Faktor schmäler (Ähnlichkeitssatz).
In der Radar- und Ultraschalltechnik ist es häufig nötig, die 'Keule' der Quelle (Antenne, Schallwandler) zu *schwenken*. Dies kann mechanisch durch Drehung der Quellenanordnung geschehen oder aber auch elektronisch, indem der Quellenfunktion o(x) ein *linearer Phasenterm* aufgeprägt wird:

$$a(x) \quad \rightarrow \quad a(x)\,e^{j2\pi bx/\lambda}\,.$$

Dadurch wird das Spektrum zu (Verschiebungssatz)

$$A(f_x) \quad \rightarrow \quad A(f_x - b) = A(-1/\lambda(\sin\vartheta + b\lambda)) \ .$$

Bild 5-25, unten, zeigt, wie auf diese Weise die Keule geschwenkt (und leicht deformiert) wird. Ist das Quellenspektrum $A(f_x)$ schmalbandig ($\ll 1/\lambda$) und ist b ebenfalls klein, so ist

$$\sin\vartheta + b\lambda \approx \sin(\vartheta + \arcsin(b\lambda)) \ ,$$

d.h. die Keule wird in diesem Fall um den Winkel $\arcsin(b\lambda)$ geschwenkt.
Die Überlagerung des oben genannten linearen Phasenterms geschieht in der Praxis z.B. durch Aufspaltung des Wandlers in viele kleinere Wandler, die dann zueinander entsprechend zeitverzögert angesteuert werden können (*phased arrays*).

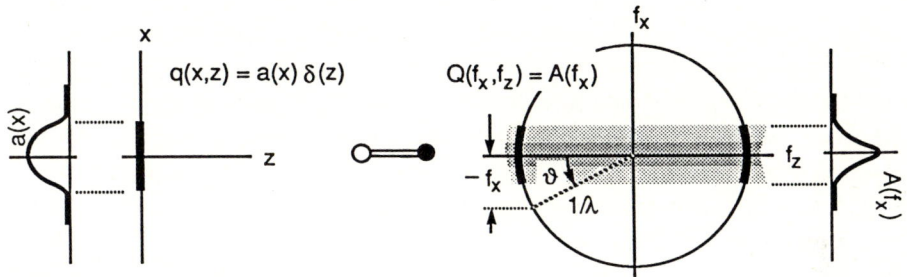

Bild 5-24: Die spezielle Quellenfunktion aus *Beispiel II*, deren Spektrum und die geometrische Beziehung zwischen f_x und ϑ

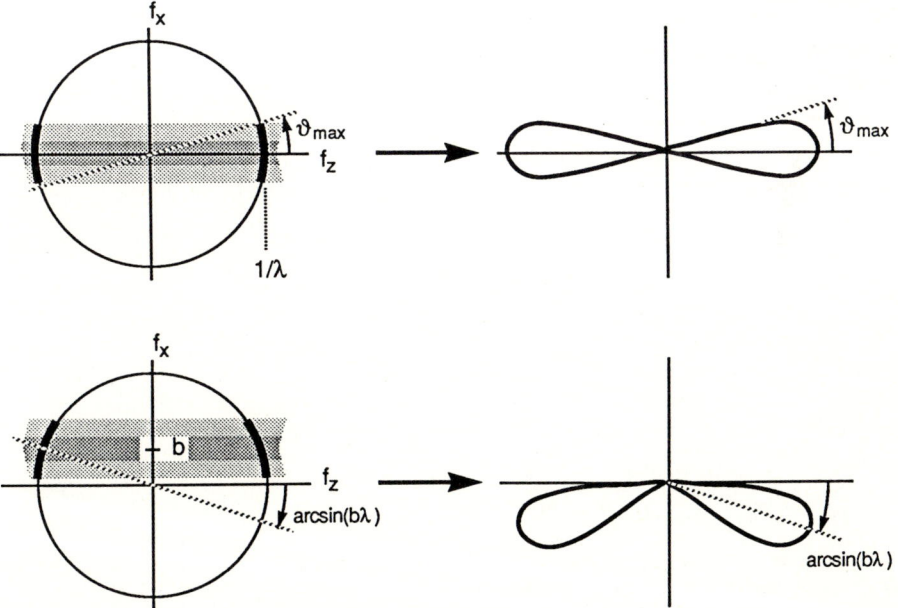

Bild 5-25, oben: Spektrum und Richtdiagramm der Quelle aus Bild 5-24; **unten:** Keulenschwenkung bei Verschiebung des Spektrums (wegen Überlagerung der Quellenfunktion mit einem linearen Phasenfaktor)

Randwertproblem, Punktantwort und Übertragungsfunktion des Raums

Die Randwertaufgabe für harmonische Wellenfelder ist zur Behandlung von Beugungsphänomenen von zentraler Bedeutung. Da wir uns mit diesem Problem nun über mehrere Abschnitte hinweg befassen werden, ist folgende vereinfachte Schreibweise angebracht:

$$u_{z0}(x,y) := u(x,y,z_0) \quad \circ\!=\!\!\overset{x,y}{=}\!\!=\!\bullet \quad U_{z0}(f_x,f_y) := U^{x,y}(f_x,f_y,z_0)$$

und

$$u_z(x,y) = u_{z0+\Delta z}(x,y) := u(x,y,z_0+\Delta z) \quad \circ\!=\!\!\overset{x,y}{=}\!\!=\!\bullet \quad U_z(f_x,f_y) = U_{z0+\Delta z}(f_x,f_y) := U^{x,y}(f_x,f_y,z_0+\Delta z).$$

In den Abschnitten 5.1 und 5.2 hatten wir gezeigt, daß sich die Randwertaufgabe auf das Quellenproblem zurückführen läßt, indem eine der Randbedingung angepaßte Quellenfunktion *angenommen* wird (fiktive Quellen). Dazu hatte sich eine *Dipol*quellenverteilung besonders gut geeignet, da diese *proportional* zur vorgegebenen Randbedingung gewählt werden darf. Dies gilt natürlich auch für harmonische Wellen; wir ersetzen also die – nun zeit*un*abhängige – Randbedingung $u_{z0}(x,y)$ durch die Dipolquellenfunktion (vgl. (5-47a))

$$q(\mathbf{r}) = -2\, u_{z0}(x,y)\, \delta'(z-z_0)\,. \tag{5-61a}$$

Deren Feld

$$u(\mathbf{r}) = u_z(x,y) = q(\mathbf{r}) * s(\mathbf{r}) = -2\, u_{z0}(x,y) \overset{x}{*} \overset{y}{*} [\partial s(\mathbf{r})/\partial z]_{z=\Delta z} \tag{5-61b}$$

nimmt in der Tat wegen (vgl. (5-40c))

$$\lim_{z\to 0_+} \{\partial s(\mathbf{r})/\partial z\} = -1/2\, \delta(x,y) \tag{5-61c}$$

für $z \to z_{0+}$ den Randwert $u_{z0}(x,y)$ an.

Die Punktantwort $s_{\Delta z}(x,y)$ zur Lösung des Randwertproblems in der Form

$$u_z(x,y) = u_{z0}(x,y) \overset{x}{*} \overset{y}{*} s_{\Delta z}(x,y) \tag{5-62a}$$

ist somit

$$s_{\Delta z}(x,y) = -2\, [\partial s(\mathbf{r})/\partial z]_{z=\Delta z}\,, \tag{5-62b}$$

also

$$\boxed{\begin{aligned} & s_{\Delta z}(x,y) = \cos\vartheta_\Delta \left[\frac{1}{2\pi\Delta r^2} + j\frac{1}{\lambda\Delta r}\right] e^{-jk\Delta r} \\[2mm] \text{mit}\quad & \Delta\mathbf{r} := (x,y,\Delta z)^\mathsf{T} \quad \text{und} \quad \cos\vartheta_\Delta := \Delta z/\Delta r\,. \end{aligned}} \tag{5-62c}$$

Wir nennen sie auch die *Punktantwort des Raums*, da sie die 'Übertragung' einer zweidimensionalen Randbedingung über ein 'Stück Raum' der Dicke Δz beschreibt.

Ist das *Feld* nur *zwei*dimensional, die Randbedingung also *ein*dimensional (z.B. konstant in y-Richtung), so berechnet sich $s_{\Delta z}(x)$ mit $s(x,z)$ aus Bild 5-18 zu

$$s_{\Delta z}(x) = -j\pi\, \cos\vartheta_\Delta\, H_1^{(2)}(k\Delta r)\,. \tag{5-62d}$$

Anmerkung
Das Faltungsintegral (5-62a) ist *eine* mögliche mathematische Formulierung des *Huygens-Fresnelschen Prinzips*, das die Ausbreitung einer Welle folgendermaßen veranschaulicht: jede Stelle einer gegebenen Wellenfront stellt man sich als Ausgangspunkt einer differentiellen Elementarwelle vor, und alle diese Wellen werden überlagert (siehe z.B. [5.22]). Wir haben hier allerdings statt einer beliebigen Wellenfront speziell das Feld $u_{z0}(x,y)$ auf einer Ebene gegeben. Mit dieser Vorgabe übernimmt die Punktantwort des Raums, also die Dipolwelle, die Rolle der Elementarwelle, und die Überlagerung ist durch obige Faltung gegeben.

In Bild 5-26 ist der radiale Verlauf der Phase von $s_{\Delta z}(.)$, sowie $|s_{\Delta z}(.)|$ in Form eines Richtdiagramms skizziert; $s_{\Delta z}(x,y)$ wird dabei *drei*dimensional, also als Dipolwelle, betrachtet.

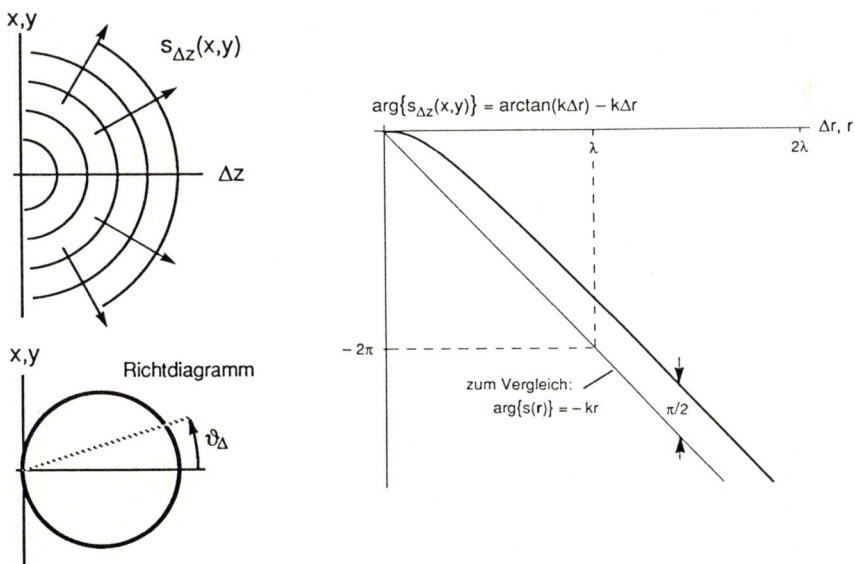

Bild 5-26: Die Punktantwort des Raums (Dipolwelle) für $\Delta z > 0$

Interessant ist in diesem Zusammenhang ein Vergleich der *Kugel*welle $s(r)$ und der *Dipol*welle $s_{\Delta z}(x,y)$. Dabei fallen folgende Unterschiede auf:

— Die Kugelwelle strahlt isotrop, also in alle Richtungen gleich stark, während die Dipolwelle eine $\cos\vartheta_\Delta$-Belegung aufweist, d.h. in z-Richtung wird am stärksten, quer dazu gar nichts abgestrahlt. Letzteres muß auch gefordert werden, da $s_{\Delta z}(.)$ ja die Randbedingung eines δ-Punktes in der Ebene $z = z_0$ erfüllt.

- Während der asymptotische Abfall der Hüllkurve für große Entfernungen r bzw. Δr sowohl bei s(.) wie auch bei $s_{\Delta z}(.)$ proportional zu r^{-1} ist, dominiert nahe des Ursprungs bei der Dipolwelle ein r^{-2}-Pol.

- Die Phase von s(.) nimmt proportional mit r zu, d.h. die Flächen gleicher Phase sind konzentrische *äquidistante* Kugelschalen:

$$\arg\{s(r)\} = -kr \ .$$

Bei $s_{\Delta z}(.)$ dagegen gilt dies nur für $\Delta r \to \infty$. In der Nähe des Ursprungs wird eine Phasenverschiebung durch den r^{-2}-Pol verursacht. Das Fernfeld ($\Delta r \to \infty$) der Dipolwelle hat also gegenüber dem Feld bei $\Delta r \to 0$ eine Phasenverschiebung von $\pi/2$ (Bild 2-26):

$$\arg\{s_{\Delta z}(x,y)\} = -k\Delta r + \arctan(\Delta kr) \ .$$

Mit (5-62a,c,d) ist die räumliche Randwertaufgabe im Ortsbereich gelöst. Die zugehörige Übertragungsfunktion $S_{\Delta z}(f_x,f_y)$ zur Lösung im *Spektral*bereich in der Form

$$U_z(f_x,f_y) = U_{z0}(f_x,f_y)\, S_{\Delta z}(f_x,f_y) \tag{5-63a}$$

kann direkt (5-47e) entnommen werden, wenn darin $f_t = v$ gesetzt wird. Mit $c/v = \lambda$ erhält man die *Übertragungsfunktion des Raums* (für $\Delta z > 0$) zu

$$S_{\Delta z}(f_x,f_y) = \begin{cases} e^{-j2\pi\Delta z(1/\lambda^2 - (f_x^2+f_y^2))^{1/2}} & \text{für} \quad f_x^2+f_y^2 \leq 1/\lambda^2 \\ e^{-2\pi\Delta z(f_x^2+f_y^2 - 1/\lambda^2)^{1/2}} & \text{für} \quad f_x^2+f_y^2 > 1/\lambda^2 \ . \end{cases} \tag{5-63b}$$

(Im Fall einer *ein*dimensionalen Randbedingung wird z.B. $f_y = 0$ gesetzt.)
Da diese Übertragungsfunktion für das Verständnis von Wellenausbreitungs- und Beugungsphänomenen wichtig ist, wollen wir uns mit der obigen formalen Herleitung nicht zufrieden geben und zeigen nun, wie sich $S_{\Delta z}(f_x,f_y)$ auch geometrisch herleiten läßt [5.23].

Geometrische Herleitung von $S_{\Delta z}(f_x,f_y)$

Zur Ermittlung der Übertragungsfunktion eines Systems untersucht man zweckmäßigerweise, wie eine Fourier-Basisfunktion $e^{j2\pi(xf_x+yf_y)}$, und damit ein *einzelner* Spektralwert des Eingangssignals $u_{z0}(x,y)$, übertragen wird. Dazu betrachten wir vorab ein spezielles Feld, nämlich die ebene Welle

$$u(x,y,z) = e^{-j\mathbf{k}\cdot\Delta r} = e^{-j(k_x x + k_y y + k_z \Delta z)} \ , \tag{5-64a}$$

wie in Bild 5-27 skizziert. Diese breite sich vom linken in den rechten Halbraum hinein aus, d.h. $k_z > 0$, oder im Grenzfall $k_z = 0$.

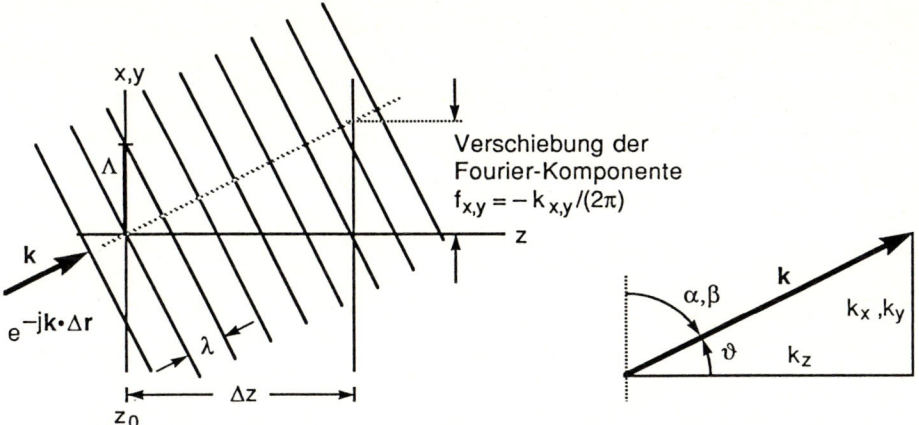

Bild 5-27: Zur geometrischen Herleitung der Übertragungsfunktion des Raums

Die Randbedingung $u_{z0}(x,y)$, die von dieser Welle erzeugt wird, ist

$$u_{z0}(x,y) = u(x,y,z=z_0) = e^{-j(k_x x + k_y y)} . \qquad (5\text{-}64b)$$

Wir erkennen darin die angesprochene Fourier-Basisfunktion $e^{j2\pi(xf_x + yf_y)}$, wenn wir k_x und k_y als

$$k_{x,y} = -2\pi f_{x,y} \qquad (5\text{-}64c)$$

interpretieren. Ein Schnitt durch eine *drei*dimensionale ebene Welle ist also eine *zwei*dimensionale ebene Welle mit dem Wellenvektor $(k_x,k_y)^T$, der damit von der Richtung der ursprünglichen Welle abhängt. Nach (5-53a...d) gilt nämlich

$$k_x = k \cos\alpha = k \sin\alpha' \qquad \text{und} \qquad k_y = k \cos\beta = k \sin\beta' .$$

Der zweidimensionale Wellenvektor hat die Länge $(k_x^2 + k_y^2)^{1/2}$, und damit ist die *Wellenlänge*

$$\Lambda = \lambda / (\cos^2\alpha + \cos^2\beta)^{1/2} \geq \lambda . \qquad (5\text{-}64d)$$

Zur Veranschaulichung lassen wir fürs erste den k-Vektor in der k_x,k_z-Ebene liegen, d.h. wir nehmen $k_y = 0$ und damit $\beta = 90°$ an. Dann ist

$$\Lambda = \lambda/\cos\alpha ,$$

wie auch in Bild 5-27 geometrisch leicht nachgeprüft werden kann. Die durch die Einfallsrichtung α 'einstellbare' Ortsfrequenz f_x ist

$$f_x = 1/\Lambda = 1/\lambda \cos\alpha .$$

Sie kann zwischen $f_x = 0$ (bei Ausbreitungsrichtung der ebenen Welle parallel zur z-Achse, also $\alpha = 90°$) und $f_x = 1/\lambda$ (bei ganz flachem Einfall, $\alpha \to 0°$) variieren. Vorerst müssen wir also die Diskussion auf Fourier-Komponenten mit $f_x^2 + f_y^2 \leq 1/\lambda^2$ be-

196

schränken.

Geben wir uns nun *eine* Fourier-Komponente $e^{j2\pi(xf_x+yf_y)}$ des Eingangssignals vor, so läßt sich sofort die dazugehörige ebene Welle, und damit das Ausgangssignal für beliebiges Δz, angeben:

$$e^{-j(xk_x+yk_y+\Delta zk_z)} = e^{j2\pi(xf_x+yf_y)} e^{-j\Delta zk_z} \qquad (5\text{-}65a)$$

mit

$$k_x^2+k_y^2+k_z^2 = k^2 = (2\pi/\lambda)^2 \,.$$

Wir erkennen

$$e^{-j\Delta zk_z} \qquad (5\text{-}65b)$$

mit

$$k_z = 2\pi\,[1/\lambda^2 - (f_x^2+f_y^2)]^{1/2} \qquad (5\text{-}65c)$$

als die gesuchte *Übertragungsfunktion des Raums*, die für $f_x^2+f_y^2 \leq 1/\lambda^2$ identisch ist mit $S_{\Delta z}(f_x,f_y)$ aus (5-63b). Dieses Übertragungsverhalten stellt somit lediglich eine *Verschiebung*, also eine Phasenverzögerung, der Welle dar, wie sie auch aus Bild 5-27 geometrisch ermittelt werden kann.

Ist nun $f_x^2+f_y^2 > 1/\lambda^2$, also $k_x^2+k_y^2 > k^2$, so ist die geometrische Deutung nicht mehr so einfach möglich. In diesem Fall muß jedoch die Bedingung

$$k_x^2+k_y^2+k_z^2 = k^2$$

weiterhin erfüllt sein. Im rechtwinkligen Dreieck in Bild 5-27, rechts, bedeutet dies, daß die Kathete, welche k_x und k_y repräsentiert, *länger* ist als die Hypothenuse k. Dann wird zwangsläufig k_z *imaginär*:

$$k_z = 2\pi\,[1/\lambda^2 - (f_x^2+f_y^2)]^{1/2} = \pm j2\pi\,(f_x^2+f_y^2 - 1/\lambda)^{1/2}\,. \qquad (5\text{-}65d)$$

Mit geeigneter Wahl des Vorzeichens in (5-65b) eingesetzt, ergibt sich nun $S_{\Delta z}(.)$ auch für $f_x^2+f_y^2 > 1/\lambda^2$. Die dabei auftretenden Wellen sind keine ebenen, sich ungedämpft ausbreitenden mehr, sondern in z-Richtung exponentiell gedämpfte (*quergedämpfte*) *Wellen*, die sich quer zu z ausbreiten, also *keine* Energie in z-Richtung transportieren. Der Einfluß dieser Wellen verschwindet offensichtlich mit wachsendem Δz rapide, daher auch die bereits erwähnte Bezeichnung *evaneszente Wellen*.

Anmerkungen
– Die Fourier-Transformation von $u_{z0}(x,y)$ ist offensichtlich (für $f_x^2+f_y^2 \leq 1/\lambda^2$) gleichbedeutend mit einer Entwicklung des Feldes $u(x,y,z)$ in ebene Wellen. Diese Entwicklung nennt man auch das *Winkelspektrum*, da die Ortsfrequenzen durch die Winkel α und β, bzw. α' und β' repräsentiert sind.
– Die Herleitung des Übertragungsfaktors nach Bild 5-27 zeigt einen anderen Aspekt der Bedingung der *Quellenfreiheit* des rechten Halbraums. Bei vorgegebenen Werten von f_x und f_y, und damit k_x und k_y, ist zwar k_z vom *Betrag* her eindeutig festgelegt, das *Vorzeichen* jedoch bleibt noch frei wählbar, d.h. die in Bild 5-27 eingezeichnete ebene Welle ist nicht die einzige, die $u_{z0}(x,y)$ erzeugt; auch die an der x,y-Ebene gespiegelte Welle, also die von rechts nach links mit $k_z < 0$ verlaufende, erfüllt die Randbedingung bei $z = z_0$. Daß diese zweite Möglichkeit (die bei jeder Fourier-Komponente zu jeweils einer Zweideutigkeit führen würde) ausgeschlossen wird, ist die gleiche Forderung wie die der Quellenfreiheit des rechten Halbraums. Für den Bereich der evaneszenten Wellen in (5-63b) haben wir das Vorzeichen

so gewählt, daß die Wellen mit wachsendem Δz abklingen. Auch diese Maßnahme ist notwendig, um Felder zu erhalten, wie sie bei quellenfreiem rechten Halbraum entstehen können.

Der nunmehr auf zweifache Weise hergeleitete Übertragungsfaktor des Raums verdient genauere Betrachtung. In Bild 5-28 sind dazu Radialschnitte durch $S_{\Delta z}(f_x,f_y)$ gesondert nach Betrag und Phase für verschiedene Werte von Δz aufgetragen. Das Übertragungssystem 'Raum' wirkt offensichtlich folgendermaßen auf Eingangssignale $u_{z0}(x,y)$:

- Frequenzanteile *unter* $1/\lambda$ werden ungedämpft, jedoch *phasenverzerrt* übertragen.
- Frequenzanteile *über* $1/\lambda$ werden nicht dispergiert, sondern *gedämpft*, und zwar um so stärker, je größer die Frequenz und je größer Δz, die Entfernung von Eingangs- zu Ausgangsebene, ist.

Bei $\Delta z > 5\lambda$ bleibt vom Eingangssignal praktisch nur noch ein (phasenverzerrter) Tiefpaßauszug übrig. Für $\Delta z \rightarrow 0$ strebt die Übertragungsfunktion natürlich dem konstanten Wert *eins* zu, da hier Eingangs- und Ausgangsebene identisch werden.

Aus den genannten Eigenschaften der evaneszenten Wellen folgt, daß eine örtliche *Rückverfolgung* von Feldern, also in das Gebiet $z < z_0$, i. allg. *nicht* möglich ist. Es müßten nämlich dabei die Frequenzanteile über $1/\lambda$ exponentiell verstärkt werden. Weist jedoch das Spektrum ohnehin einen exponentiellen Abfall zu hohen Frequenzen hin auf, so kann diese Rückrechnung innerhalb einer vom Signal-zu-Rausch-Verhältnis abhängigen Bandbreite und bis zu einem bestimmten Wert von z möglich sein. Auf keinen Fall jedoch kann ein Feld über den Ort einer Quelle hinaus extrapoliert werden. Beschränken wir uns jedoch auf Spektralanteile unter $1/\lambda$, so bleibt die Feldberechnung mit Hilfe von $S_{\Delta z}(f_x,f_y)$ für beliebige Werte Δz stabil.

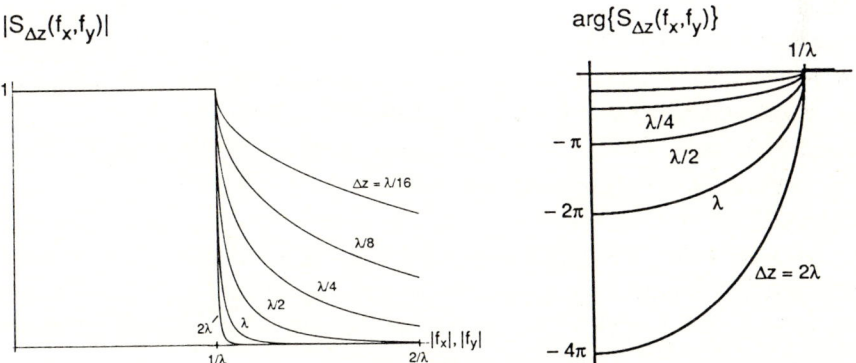

Bild 5-28: Die Übertragungsfunktion des Raums für verschiedene Werte von Δz

Beugung kohärenter Wellen

Trifft eine Welle auf ein 'Hindernis', also eine *Inhomogenität* des Ausbreitungsmediums, so wird die Wellenausbreitung anders verlaufen, als wenn die Inhomogenität nicht vorhanden wäre. Diese Beeinflussung der Welle wird üblicherweise durch die drei Effekte *Reflexion*, *Brechung* und *Beugung* beschrieben. Läuft z.B. ein Teil der Welle wieder – grob gesprochen – in die Richtung zurück, aus der die ursprüngliche Welle gekommen ist, spricht man von *Reflexion*. Besteht die Inhomogenität aus einem Material anderer Wellenausbreitungsgeschwindigkeit, z.B. einem Prisma oder einer Linse aus Glas bei optischen Wellen, so wird die Richtung der Welle (verglichen mit Reflexion) relativ schwach beeinflußt, und der Effekt der *Brechung* überwiegt. Besteht das Hindernis aus einem opaken Schirm mit einer Apertur, so zeigt sich, daß der Teil der Welle, der die Apertur passiert, sich nicht wie durch die Apertur 'ausgestanzt' fortbewegt und somit einen exakten Schatten des Schirms erzeugt, sondern, daß die Welle auch in die Schattengebiete gebeugt wird, daher die Bezeichnung *Beugung*.

Im Gegensatz zu diesen Beispielen ist die Trennung der drei genannten Effekte oft willkürlich und nicht immer in exakter Form möglich. Dies gilt umso mehr, je kleiner die Inhomogenitäten im Vergleich zur Wellenlänge sind. So erzeugt z.B. ein kleiner mit Laserlicht beleuchteter Tropfen eines Aerosols ein Störfeld, das nicht mehr sinnvoll in Reflexions-, Brechungs- und Beugungsanteil zerlegt werden kann. Eine große Linse jedoch läßt sich sehr gut durch Angabe ihrer brechenden Wirkung auf einzelne Strahlen beschreiben. Andererseits werden wir zeigen, daß durch den im folgenden herzuleitenden Beugungsformalismus z.B. auch die Brechung durch dünne Linsen beschrieben werden kann. Diese Überlegungen machen deutlich, daß die Grenzen zwischen den genannten Effekten fließend sind. Im folgenden verwenden wir den Ausdruck *Beugung* immer dann, wenn das Hindernis 'flach' ist, also beispielsweise eine Ebene z = const (oder eine andere schwach gekrümmte Fläche) okkupiert und die Tiefen-(z)-Ausdehnung vernachlässigt werden kann (die einfallende Welle breite sich im wesentlichen in z-Richtung aus) und wenn nur das Feld *rechts* von diesem Hindernis interessiert (damit ist die Reflexion ausgeklammert). Ist die Inhomogenität deutlich *drei*dimensional ausgeprägt und sollen nicht nur Brechungseffekte untersucht werden, so sprechen wir von *Streuung* (engl. *scattering*) als Überbegriff.

Nach dieser Begriffsklärung untersuchen wir das Phänomen der Beugung anhand der in Bild 5-29, oben, skizzierten klassischen Anordnung: Die *einfallende Welle* $u_i(r)$ trifft von links auf einen Schirm aus opakem Material in der Ebene $z = z_0$ mit einer oder mehreren Öffnungen (*Aperturen*). Zu bestimmen ist das Feld *rechts* vom Schirm, z.B. speziell das Feld $u_z(x,y) = u(x,y,z_0+\Delta z)$, also auf einer zum Schirm parallelen Ebene im Abstand Δz. Die Aufgabe ist in zwei Schritten zu lösen:

1. Berechnung des Feldes $u_{z0}(x,y)$ *in* der Schirmebene.
2. Berechnung von $u_z(x,y)$ aus $u_{z0}(x,y)$.

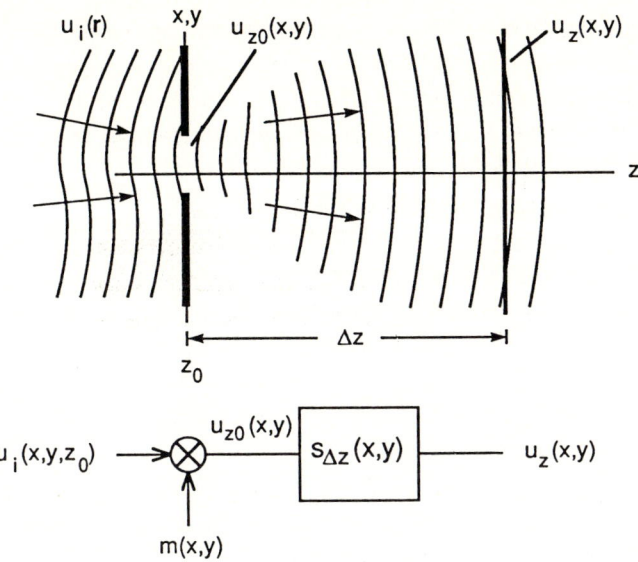

Bild 5-29: Beugung am ebenen Schirm (**oben**) und nachrichtentechnisches Analogon (**unten**)

Der zweite Schritt ist leicht auszuführen, es handelt sich dabei nämlich um das bereits diskutierte Randwertproblem.

Der erste Schritt jedoch, die Bestimmung der Randbedingung aus den physikalischen Eigenschaften des Schirms, bereitet Schwierigkeiten und ist bisher nur für ganz wenige spezielle Aperturformen gelungen. Dagegen finden sich in der einschlägigen Literatur verschiedene *Näherungen* zur Berechnung von $u_{z0}(x,y)$; im folgenden werden wir die von Sommerfeld [5.12] vor allem wegen ihrer einfachen systemtheoretischen Behandelbarkeit benutzen. Diese Näherung besagt, daß $u_{z0}(.)$ *in der Apertur* identisch der einfallenden Welle $u_i(x,y,z=z_0)$ in der Schirmebene ist, *außerhalb* der Apertur am opaken Schirm jedoch gleich *null*. Die Apertur schneidet also förmlich aus der einfallenden Welle $u_{z0}(.)$ heraus. Dies klingt plausibel, wenn auch die entsehenden Unstetigkeiten am Rand der Apertur schon zeigen, daß es sich nicht um die exakte Lösung handeln kann, da solche Unstetigkeiten der Laplace-Operator in der Wellengleichung verbietet. Definieren wir als *Transparenzfunktion* des Schirms

$$m(x,y) = \begin{cases} 1 & \text{innerhalb der Apertur} \\ 0 & \text{außerhalb ,} \end{cases} \qquad (5\text{-}66a)$$

so wirkt dieser gleichsam als *Modulator* auf die einfallende Welle. Damit ist die Beugungsaufgabe (zumindest mit der Genauigkeit der benutzten Näherung) gelöst:

$$u_{\Delta z}(x,y) = [u_i(x,y,z_0)\, m(x,y)] \overset{x}{*} \overset{y}{*} s_{\Delta z}(x,y) . \qquad (5\text{-}66b)$$

Dieses Faltungsintegral ist als *Rayleigh-Sommerfeld-Beugungsintegral* bekannt. Die verkürzte operationelle Schreibweise in (5-66b) legt das nachrichtentechnische Analogon aus Bild 5-29, unten, nahe.

Falls $u_i(r) = e^{-jk\Delta z}$ ist, also eine senkrecht auf die Aperturebene fallende ebene Welle des Betrags *eins*, gilt natürlich

$$u_i(x,y,z_0) = 1 \qquad \text{und daher} \qquad u_{z0}(x,y) = m(x,y) \,.$$

Dann werden wir im folgenden die Transparenzfunktion wahlweise als *Modulations-funktion* m(x,y) oder als *Eingangssignal* $u_{z0}(x,y)$ bezeichnen. Wir sprechen dann, z.B. in einem optischen Beugungsversuch, von einer Aperturfunktion als Eingangssignal.

Näherungen des Beugungsintegrals

Bei der Faltung (5-66b) wird als Kern die exakte Punktantwort des Raums nach (5-62c) benutzt:

$$s_{\Delta z}(x,y) = \cos\vartheta_\Delta \left[1/(2\pi\Delta r^2) + j/(\lambda\Delta r) \right] e^{-jk\Delta r}. \qquad (5\text{-}67a)$$

Interessiert uns das Beugungsfeld nicht sehr nahe an der Apertur, sondern erst in gewisser Entfernung oder nur für kleine Winkel ϑ_Δ, so sind Näherungen von $s_{\Delta z}(x,y)$ erlaubt:

—   Die erste Näherung vernachlässigt den Δr^{-2}-Pol. Dies ist für $\Delta z > 5\lambda$ zulässig:

$$s_{\Delta z}(x,y) \quad \rightarrow \quad j/(\lambda\Delta r) \cos\vartheta_\Delta \, e^{-jk\Delta r}. \qquad (5\text{-}67b)$$

—   Wenn $u_{z0}(x,y)$ auf einen Kreis vom Radius R_1 ortsbegrenzt ist und $u_z(x,y)$ nur innerhalb eines Kreises vom Radius R_2 berechnet werden soll, so ist der maximal auftretende Winkel $\vartheta_{\Delta max}$ gegeben durch

$$\tan\vartheta_{\Delta max} = (R_1 + R_2)/\Delta z \,.$$

Für $\Delta z > 6(R_1 + R_2)$ ist $\vartheta_{\Delta max} < 10°$; in (5-67b) kann also $\cos\vartheta_\Delta = 1$ gesetzt werden:

$$s_{\Delta z}(x,y) \quad \rightarrow \quad j/(\lambda\Delta r) \, e^{-jk\Delta r} = j2k \, s(\Delta r) \,. \qquad (5\text{-}67c)$$

In dieser häufig verwendeten Näherung hat die Punktantwort des Raums die Form einer *Kugelwelle*. Der Faktor j2k ist das Relikt der Differentiation nach z, durch die die Dipolwelle aus der Kugelwelle s(r) hervorging.

In (5-67c) kann natürlich Δr im Nenner auch durch Δz ersetzt werden.

—   Ist Δz im Verhältnis zu $R_1 + R_2$ *noch* größer, können wir Δr im Exponenten von (5-67c) in eine Reihe entwickeln. Es gilt nämlich allgemein

$$(1+a)^{1/2} = 1 + a/2 - a^2/8 + \ldots \approx 1 + a/2 \,, \qquad (5\text{-}68a)$$

wobei der Fehler durch den Abbruch der Reihe ungefähr der Betrag des größten vernachlässigten Glieds, also $a^2/8$, ist. Angewandt auf

$$\Delta r = (x^2+y^2+\Delta z^2)^{1/2} = \Delta z\,(1+ (x^2+y^2)/\Delta z^2)^{1/2}$$

erhalten wir

$$\Delta r \approx \Delta z + (x^2+y^2)/(2\Delta z) \qquad\qquad (5\text{-}68b)$$

mit dem maximalen Fehler

$$\varepsilon_F \approx (R_1+R_2)^4/(8\Delta z^3)$$

und damit eine weitere Näherung der Punktantwort des Raums (mit $2\pi/\lambda = k$):

$$s_{\Delta z}(x,y) \;\rightarrow\; s_{\Delta zF}(x,y) := j/(\lambda\Delta z)\,e^{-jk\Delta z}\,e^{-j\pi(x^2+y^2)/(\lambda\Delta z)} \;. \qquad (5\text{-}69a)$$

Erlauben wir einen maximalen Phasenfehler von $\pm\,5°$, so muß gelten

$$2\pi\,\varepsilon_F/\lambda < \pi/18\,, \qquad \text{also} \qquad \varepsilon_F < \lambda/36$$

und damit für Δz

$$\Delta z > [4.5(R_1+ R_2)^4/\lambda]^{1/3} \;.$$

Die Näherung $s_{zF}(x,y)$ aus (5-69a) ist als *Fresnel-Näherung* bekannt und der Bereich, in dem sie gilt, als der Bereich der Fresnel-Beugung. Dabei sind in der Dipolwelle die kugelförmigen Flächen konstanter Phase durch *Paraboloide* ersetzt worden. Wir erkennen, daß $s_{\Delta zF}(.)$ einen zweidimensionalen Faltungskern mit *quadratischer* Phase darstellt, während der Phasenverlauf von $s_{\Delta z}(.)$ für $\Delta z > 5\lambda$ *hyperbolisch* ist. Die Punktantwort $s_{\Delta zF}(.)$ ändert sich mit Δz, bis auf die komplexe Konstante $j/(\lambda\Delta z)\,e^{-jk\Delta z}$, *nur im Maßstab.*

Das Faltungsintegral, das die Fresnel-Beugung beschreibt, lautet ausgeschrieben

$$u_z(x,y) = u_{z0}(x,y) \overset{x}{*}\overset{y}{*}\, s_{\Delta zF}(x,y)$$

$$= \frac{j}{\lambda\Delta z}\,e^{-jk\Delta z} \int\!\!\!\int_{-\infty}^{+\infty} u_{z0}(x',y')\,e^{-j\pi((x-x')^2+(y-y')^2)/(\lambda\Delta z)}\,dx'dy' \;. \qquad (5\text{-}69b)$$

Eine interessante Interpretation dieses Fresnel-Beugungsintegrals ergibt sich, wenn der Exponent des Faltungskerns ausmultipliziert wird:

$$-j\pi\,[(x-x')^2+(y-y')^2]/(\lambda\Delta z) = -j\pi\,[(x^2+y^2) + (x'^2+y'^2) - 2(xx'+ yy')]/(\lambda\Delta z) \;.$$

Dann läßt sich (5-69b) folgendermaßen schreiben:

$$u_{\Delta z}(x,y) = \frac{j}{\lambda\Delta z}\,e^{-jk\Delta z}\,e^{-j\psi_{\Delta z}(x,y)} \int\!\!\!\int_{-\infty}^{+\infty} [u_{z0}(x',y')\,e^{-j\psi_{\Delta z}(x',y')}]\,e^{j2\pi(xx'+yy')/(\lambda\Delta z)}\,dx'dy'$$

$$\qquad\qquad\qquad\qquad (5\text{-}69c)$$

mit

$$\psi_{\Delta z}(x,y) := \pi(x^2+y^2)/(\lambda\Delta z) \;. \qquad\qquad (5\text{-}69d)$$

202

Wir erkennen das Integral unschwer als *Fourier-Transformation*, wenn wir $- x/(\lambda \Delta z)$ und $- y/(\lambda \Delta z)$ als *Ortsfrequenzen* interpretieren. Somit läßt sich *Fresnel-Beugung* folgendermaßen realisieren (Bild 5-30):

1. $u_{z0}(x,y)$ wird mit dem quadratischen Phasenfaktor $e^{-j\psi_{\Delta z}(x,y)}$ multipliziert.
2. Von diesem Produkt wird die zweidimensionale Fourier-Transformierte berechnet und die Frequenzkoordinaten gemäß $f_x \to - x/(\lambda \Delta z)$ und $f_y \to - y/(\lambda \Delta z)$ 'umgeeicht'.
3. Das Ergebnis wird nochmals mit dem Phasenfaktor $e^{-j\psi_{\Delta z}(x,y)}$ und der Konstanten $j/(\lambda \Delta z)\, e^{-jk\Delta z}$ multipliziert.

Dies ist eine interessante Eigenschaft aller Faltungskerne mit quadratischer Phase.

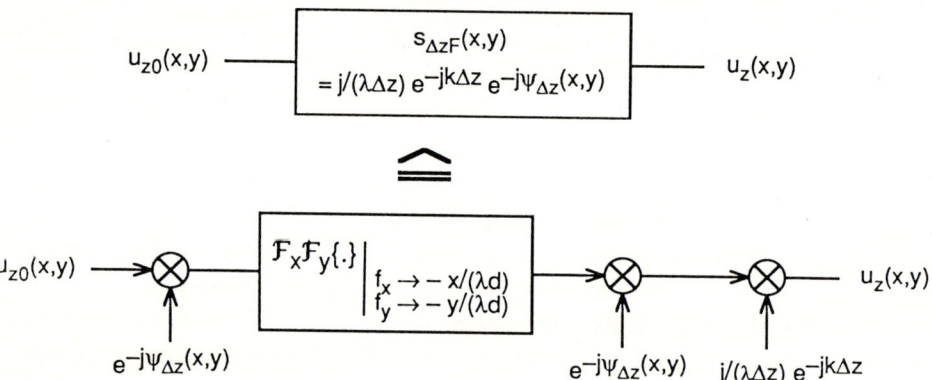

Bild 5-30: Zwei mögliche Interpretationen des Fresnel-Beugungsintegrals

Fraunhofersche Fernfeldlösung

Ein Grenzfall der Fresnel-Beugung ist die *Fraunhofer*-Beugung. Bei dieser wird der oben aufgeführte erste Schritt vernachlässigt, d.h. *im* Integral aus (5-69c)

$$e^{-j\psi_{\Delta z}(x',y')} = e^{-j\pi(x'^2+y'^2)/(\lambda \Delta z)} = 1$$

gesetzt. Diese Näherung ist gerechtfertigt, wenn gilt:

$$\pi\, (x'^2+y'^2)_{max}/(\lambda \Delta z) \ll 1 \qquad \text{also} \qquad \Delta z \gg \pi\, R_1^2/\lambda\, .$$

Beispiel III
In einem optischen Experiment mit $\lambda \approx 0.5\mu m$ und einer Aperturfunktion von der Größe eines Kleinbild-dias (Bilddiagonale $2R_1 \approx 40$ mm) gilt diese Näherung z.B. erst im Bereich

$$\Delta z \gg \pi(20mm)^2/0.5\ \mu m \approx 2.5\ km\ .$$

Unter diesen Voraussetzungen wird das Integral in (5-69c) zum Fourier-Integral. Die *Fraunhofer-Fernfeldnäherung* lautet dann:

$$u_z(x,y) = j/(\lambda\Delta z)\, e^{-jk\Delta z}\, e^{-j\psi_{\Delta z}(x,y)}\, U_{z0}(-x/(\lambda\Delta z),\, -y/(\lambda\Delta z))\,.$$ (5-70a)

mit

$$\psi_{\Delta z}(x,y) = \pi(x^2+y^2)/(\lambda\Delta z)\,.$$ (5-70b)

Auf einer zur Aperturebene parallelen Ebene im Fernfeld tritt also (bis auf einen quadratischen Phasenfaktor und eine Umnormierung und Invertierung der Koordinatenachsen) die zweidimensionale Fourier-Transformierte, bzw. (bei gleicher Orientierung der Koordinaten von Apertur und Beugungsebene) die Fourier-*Rück*transformierte des Eingangssignals auf.

Beispiel IV
Eine quadratische Apertur der Seitenlänge 0.1mm (R_1 = 0.07mm) werde von einer senkrecht einfallenden ebenen Welle (λ = 0.5µm) beleuchtet. Es ist also

$$u_{z0}(x,y) = \text{rect}\,(x/0.1\text{mm})\,\text{rect}\,(y/0.1\text{mm})$$

und

$$U_{z0}(f_x,f_y) = (0.1\text{mm})^2\,\text{si}(\pi\,0.1\text{mm}\,f_x)\,\text{si}(\pi\,0.1\text{mm}\,f_y)\,.$$

Die *Intensität* $|u_z(x,y)|^2$ (diese ist physikalisch leichter erfaßbar als das Feld selbst) des Beugungsfeldes soll im Abstand

$$\Delta z = 1\text{m}$$

berechnet werden. Hier gilt die Fraunhofer-Fernfeldnäherung sicher, da

$$\Delta z = 1\text{m} \gg \pi R_1^2/\lambda \approx 31\text{mm}$$

ist. Nach (5-70a) erhalten wir

$$|u_z(x,y)|^2 = |1/(0.5\cdot10^{-6}\text{m}^2)\cdot0.01\text{mm}^2\,\text{si}(-\pi x\,0.1\text{mm}/(0.5\cdot10^{-6}\text{m}^2))\,\text{si}(-\pi y...)|^2$$

$$= 4\cdot10^{-4}\,\text{si}^2(\pi x/5\text{mm})\,\text{si}^2(\pi y/5\text{mm})\,.$$

Sowohl in x- wie auch in y-Richtung treten also in diesem Beugungsbild alle 5mm Nullinien auf.

Das Ergebnis aus (5-70a) kann auch direkt aus der Fernfeldlösung (5-60b) des *Quellen*problems hergeleitet werden, da die Randwertaufgabe – und damit das Beugungsproblem – ja durch Verwendung der Dipolquellenfunktion (5-61a) als spezielles Quellenproblem behandelt werden kann (der einfacheren Schreibweise wegen nehmen wir nun z_0 = 0 an):

$$q(r) = -2\,u_0(x,y)\,\delta'(z)\,.$$ (5-71a)

Das Quellenspektrum ist dann (Differentiationssatz)

$$Q(f_x,f_y,f_z) = -j4\pi f_z\,U_0(f_x,f_y)$$ (5-71b)

bzw. in Kugelkoordinaten

$$Q(f_r, \phi, \theta) = Q(f_r \sin\theta \cos\phi, f_r \sin\theta \sin\phi, f_r \cos\theta)$$

$$= -j4\pi f_r \cos\theta \, U_0(f_r \sin\theta \cos\phi, f_r \sin\theta \sin\phi) \, . \tag{5-71c}$$

Dieses Spektrum ist offensichtlich bis auf einen linearen Anstieg in f_z-Richtung konstant[1]. Setzen wir dieses in (5-60b) ein, erhalten wir mit $f_r = 1/\lambda$, $\sin(\vartheta - \pi) = -\sin\vartheta$ und $\cos(\vartheta - \pi) = -\cos\vartheta$ das Beugungsfernfeld in Kugelkoordinaten:

$$\mathbf{u}(R, \varphi, \vartheta) = j/(\lambda R) \, e^{-jkR} \cos\vartheta \, U_0(-1/\lambda \sin\vartheta \cos\varphi, -1/\lambda \sin\vartheta \sin\varphi) \, . \tag{5-71d}$$

Dieses Ergebnis läßt sich noch etwas eleganter schreiben, wenn wir die bereits zur Veranschaulichung des k-Vektors in Bild 5-17, unten, eingeführten Winkel α und β bzw. α' und β' verwenden. Damit ergibt sich das *Fernfeld* (wir beschränken uns nun nicht mehr auf eine konstante Entfernung R, sondern setzen dafür r):

$$\mathbf{u}(r, \varphi, \vartheta) = j/(\lambda r) \, e^{-jkr} \cos\vartheta \, U_0(-1/\lambda \cos\alpha, -1/\lambda \cos\beta) \tag{5-71e}$$

$$= j/(\lambda r) \, e^{-jkr} \cos\vartheta \, U_0(-1/\lambda \sin\alpha', -1/\lambda \sin\beta')$$

mit

$$\sin\vartheta \cos\varphi = \cos\alpha = \sin\alpha' = x/r$$

und $\tag{5-71f}$

$$\sin\vartheta \sin\varphi = \cos\beta = \sin\beta' = y/r \, .$$

Das schon erwähnte *Winkelspektrum* hat also im Fernfeld eine physikalische Entsprechung. Am Ort (r, φ, ϑ) eines 'Empfängers' kann nämlich gerade die Spektralkomponente *der* Frequenz $f_{x,y}$ gemessen werden, die auch das Feld einer ebenen Welle in der x,y-Ebene aufweist, deren k-Vektor gerade vom Ursprung zum 'Empfänger' zeigt. In Bild 5-31 ist dies veranschaulicht.

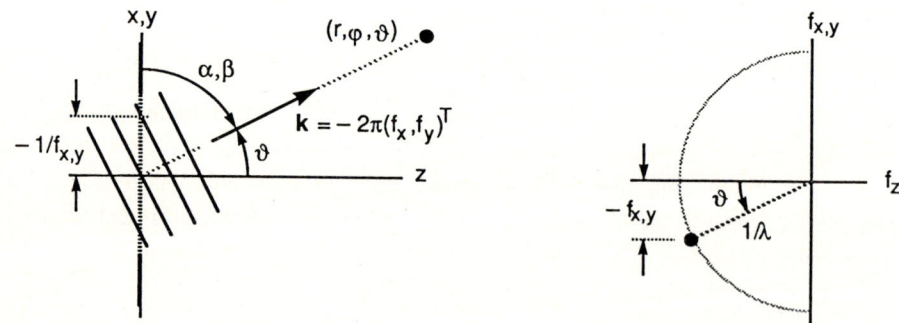

Bild 5-31: Veranschaulichung der Fernfeldlösung (5-71e)

---

[1] Vgl. auch Bild 5-24 zu *Beispiel II*.

Die Gleichungen (5-71d,e) gelten für beliebig große Winkel (innerhalb des rechten Halbraums). Die Schreibweise in Kugelkoordinaten bietet sich vor allem dann an, wenn das Feld ohnehin auf einer (Halb-)Kugelschale berechnet werden soll (also r = R = const). Im Gegensatz dazu gibt (5-70a) das Feld auf einer *Ebene* (z = const) und überdies nur für *kleine* Winkel ϑ_Δ (bzw. ϑ) an. Wegen letzterem ist die Näherung (5-71d,e) auch *genauer*[5.23, 5.24]. Sie läßt sich leicht in (5-70a) überführen, wenn

$$\sin\alpha' = x/r \approx \tan\alpha' = x/z \ , \quad \sin\beta' = y/r \approx \tan\beta' = y/z \quad \text{und} \quad \cos\vartheta = z/r \approx 1$$

gesetzt, sowie e^{-jkr} entsprechend (5-68b) entwickelt wird:

$$e^{-jkr} \approx e^{-jkz} \, e^{-j\psi_z(x,y)} \ .$$

Wie schon erwähnt, entspricht also das Fernfeld auf einer *Ebene* nur für *kleine* Winkel – und damit für niedrige Ortsfrequenzen – dem Spektrum des Eingangssignals; die Zuordnung zwischen Orts- und Frequenzkoordinaten ist nämlich *nicht* streng linear, sondern folgt der Funktion

$$x,y = z \tan[\arcsin(-\lambda f_{x,y})] \ . \tag{5-72}$$

Hohe Frequenzen kommen also in der Ebene z = const *weiter* außen zu liegen, als es (5-70a) vermuten läßt. Speziell für $|x,y| \to \infty$ geht $|f_{x,y}| \to 1/\lambda$.

Nachrichtentechnische Analogien

In Bild 5-29 hatten wir bereits ein systemtheoretisches 'Ersatzschaltbild' eines Beugungsexperiments angegeben; der Einfluß der Apertur m(x,y) wurde dabei als *multiplikativ* approximiert. Diese Beschreibungsmethode läßt sich auch auf komplexere optische Systeme ausweiten, wobei zweckmäßigerweise einige weitergehende Näherungen gemacht werden. Der im folgenden zu diskutierende Formalismus wird häufig als *Fourier-Optik* bezeichnet, da hierüber die Fourier-Rechnung und die Methoden der linearen Systemtheorie Zugang zur Optik gefunden haben [5.25-5.27].
Wir betrachten nun optische Anordnungen wie die aus Bild 5-32, oben. Aperturen oder 'dünne' optische Elemente (Linsen, Prismen …) seien auf zueinander *parallelen* Ebenen z = const angebracht. Das – zweidimensionale – Feld auf solch einer Ebene nennen wir *optisches Signal* [5.28]. Weiterhin nehmen wir an, daß die Ausbreitungsrichtungen[1] des Feldes nicht stark von der z-Richtung abweichen, also nur *paraxiale* Wellen zugelassen sind. In diesem Fall genügt die Fresnel-Näherung[2], die wir in

---

[1] Diese seien durch die k-Vektoren der ebenen Wellen, in die das Feld zerlegt werden kann, gegeben.
[2] Die Beschränkung auf die *Fresnel*-Näherung in diesem Abschnitt ist kein notwendiges Attribut der Fourier-Optik, vielmehr die *operationelle* Beschreibung von Beugung und Wellenausbreitung wie in (5-66b). Diese Methoden sind natürlich auch – und besonders wegen ihrer *skalaren* Natur – auf *Schall*wellen anwendbar (siehe. z.B. [5.29]). Wegen der Gültigkeit von Fourier-Optik unter Berücksichtigung des *vektoriellen* Charakters elektromagnetischer Wellen siehe z.B. [5.30].

diesem Zusammenhang ausschließlich benutzen werden.

In Tabelle 5-1 sind vier häufig vorkommende optische Signale (für $z = 0$ und normiert auf $|u_0(0,0)| = 1$) und ihre Spektren aufgelistet, zusammen mit den Wellenformen, durch die sie erzeugt werden, sowie jeweils einem nachrichtentechnischen Analogon [5.31-5.33]; die zugehörigen Skizzen finden sich in Bild 5-33. Die *Kugelwelle* ist dabei als Fresnel-Näherung aufgeführt:

$$1/(4\pi r)\, e^{-jkr} \quad \rightarrow \quad 1/(4\pi z)\, e^{-jkz}\, e^{-j\psi_z(x,y)} \tag{5-73}$$

mit

$$\psi_z(x,y) = \pi(x^2+y^2)/(\lambda z) .$$

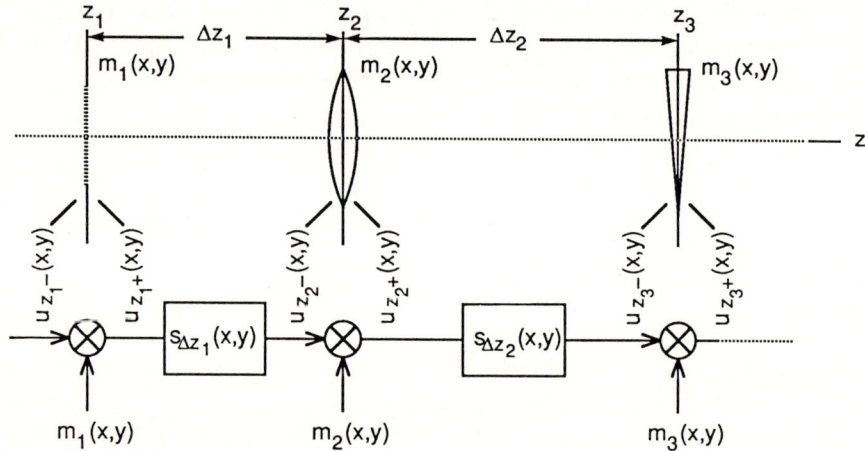

Bild 5-32: Optisches System (**oben**) und dessen systemtheoretische Beschreibung (**unten**)

Tabelle 5-1: Einige spezielle optische Signale (für $z = 0$), normiert auf $|u_0(0,0)| = 1$; Skizzen s. Bild 5-33

	Wellentyp	$u_0(x,y)$ ○══● $U_0(f_x,f_y)$		Analogie
a	*achsparallele ebene Welle*	1	$\delta(f_x,f_y)$	*Konstante*
b	*ebene Welle*	$e^{-j2\pi(xf_{x0}+yf_{y0})}$ mit $f_{x0,y0} = 1/\lambda\,\cos\alpha,\beta$	$\delta(f_x+f_{x0},\, f_y+f_{y0})$	*komplexe harmonische Schwingung*
c	*divergente Kugelwelle*	$e^{-j\pi(x^2+y^2)/(\lambda d)}$	$-j\lambda d\, e^{j\pi\lambda d(f_x^2+f_y^2)}$	*Chirp*
d	*konvergente Kugelwelle*	$e^{j\pi(x^2+y^2)/(\lambda d)}$	$j\lambda d\, e^{-j\pi\lambda d(f_x^2+f_y^2)}$	*Chirp*

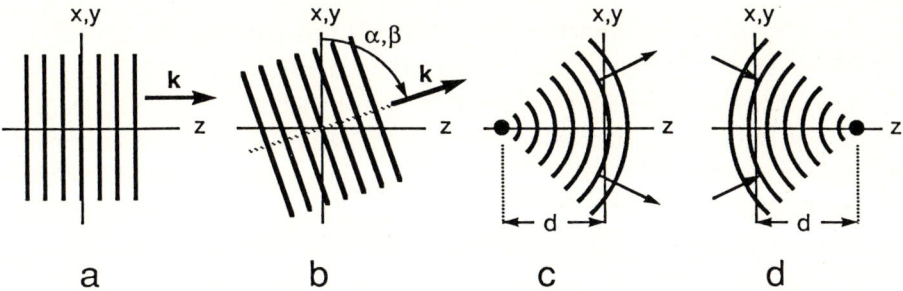

Bild 5-33: Skizzen der Wellen, die die optischen Signale aus Tabelle 5-1 erzeugen

Betrachten wir nun die einzelnen 'Bauteile' eines optischen Systems nach Bild 5-32, nämlich optische Elemente wie Aperturen, Diapositive, Linsen, Prismen und 'Stücke' homogenen Raums der Länge Δz_1, Δz_2,.... Letztere treten in der systemtheoretischen Beschreibung (Bild 5-32, unten) als lineare verschiebeinvariante Systeme in Erscheinung. Deren Punktantwort ist die Punktantwort des Raums – hier in der Fresnel-Näherung nach (5-69a):

$$
\begin{aligned}
s_{\Delta zF}(x,y) &= j/(\lambda\Delta z)\; e^{-jk\Delta z} e^{-j\pi(x^2+y^2)/(\lambda\Delta z)} \\
&= j/(\lambda\Delta z)\; e^{-jk\Delta z} e^{-j\psi_{\Delta z}(x,y)}\;.
\end{aligned}
\tag{5-74a}
$$

Die zugehörige Übertragungsfunktion $S_{\Delta zF}(f_x,f_y)$ könnten wir mit Hilfe der Korrespondenz (3-81a) ermitteln. Wir erhalten sie aber auch als Näherung des *exakten* Übertragungsfaktors des Raums $S_{\Delta z}(f_x,f_y)$ aus (5-63b), wenn wir

$$
f_x^2+f_y^2 \ll 1/\lambda^2
\tag{5-74b}
$$

annehmen. Dann kann die Wurzel im Exponenten von $S_{\Delta z}(.)$ in gleicher Weise entwickelt werden wie Δr in (5-68b):

$$
[1/\lambda^2 - (f_x^2+f_y^2)]^{1/2} \approx 1/\lambda - \lambda(f_x^2+f_y^2)/2\;.
$$

Damit ist

$$
\begin{aligned}
S_{\Delta zF}(f_x,f_y) &= e^{-jk\Delta z}\; e^{j\pi\Delta z\lambda(f_x^2+f_y^2)} \\
&= e^{-jk\Delta z}\; e^{j\psi_{\Delta z}(\lambda\Delta zf_x,\lambda\Delta zf_y)}\;.
\end{aligned}
\tag{5-74c}
$$

Nun untersuchen wir die Wirkung der *optischen Elemente* in der Anordnung nach Bild 5-32, oben. Wir behandeln diese Elemente als *Modulatoren* (Bild 5-32, unten). Bei einer Apertur ist dabei die Modulationsfunktion $m(.)$ lediglich zweiwertig, während ein Diapositiv seinem örtlichen (Amplituden-)Transparenzverlauf entsprechend durch

208

eine *reelle* Funktion vom Wertebereich $0 \leq m(.) \leq 1$ beschrieben wird. Ein nachrichtentechnisches Analogon dafür ist ein *Amplituden*modulator.

Im Gegensatz dazu stellen Elemente aus Glas *Phasen*modulatoren (mit $0 \leq |m(.)| \leq 1$) dar. In Glas ist die Wellenausbreitungsgeschwindigkeit c kleiner als die im umgebenden Medium c_0, d.h. der *Brechungsindex* ist $n = c_0/c > n_0 = 1$ (Bild 5-34). Solch ein Element verzögert die einfallende Welle entsprechend seinem *Dickenverlauf* g(x,y). Das Element sei bei z = 0 positioniert (Bild 5-34). Das durch die einfallende Welle erzeugte optische (Eingangs-)Signal (bezogen auf z = 0) bezeichnen wir mit $u_{0-}(x,y)$ und setzen es mit dem Zeitfaktor an:

$$u_{0-}(x,y)\, e^{j2\pi vt} = u_{0-}(x,y)\, e^{jkct} . \qquad (5\text{-}75a)$$

Zum Passieren des optischen Elements benötigt die Welle an jedem Ort (x,y) die Zeit g(x,y)/c, wird also um $(1/c_0 - 1/c)\,g(x,y)$ gegenüber dem Fall verzögert, daß *kein* Element vorhanden wäre. Dann ist das Ausgangssignal $u_{0+}(x,y)$ des Modulators

$$u_{0+}(x,y)\, e^{j2\pi vt} \approx u_{0-}(x,y)\, e^{jkc(t - (1/c_0 - 1/c)g(x,y))}$$

$$= u_{0-}(x,y)\, e^{-jk(n-1)g(x,y)}\, e^{jkct} . \qquad (5\text{-}75b)$$

Nach Kürzung des Zeitfaktors erhält man schließlich die *Modulationsfunktion* des optischen *Phasenmodulators* nach Bild 5-34 ('n' sei hier der Brechungsindex und nicht die Zahl der Dimensionen):

$$m(x,y) = e^{-jk(n-1)g(x,y)} . \qquad (5\text{-}75c)$$

Diese Herleitung gilt nur, solange die einfallende Welle vor und während des Durchgangs durch das Element *paraxial* ist, sonst werden die effektiven Weglängen erheblich größer als g(x,y)[1].

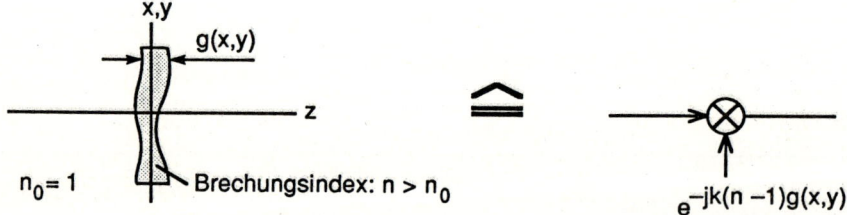

Bild 5-34: Realisierung eines optischen Phasenmodulators für paraxiale Wellen

---

[1] Diese Forderung muß übrigens auch erfüllt sein, damit *Diapositive* als Modulatoren behandelbar sind; deren Transparenz hängt natürlich auch vom Winkel ab, unter dem die Welle eintritt. Lediglich bei Aperturen entfällt diese Abhängigkeit, da hier m(.) nur die Werte 0 und 1 annimmt.

In Tabelle 5-2 und Bild 5-35 sind sowohl Amplituden- wie auch Phasenmodulatoren aufgeführt, jeweils mit der entsprechenden Modulationsfunktion m(x,y), deren Fourier-Transformierten $M(f_x,f_y)$ und je einem nachrichtentechnischen Analogon [5.31-5.33]. Interessant ist dabei, daß optische Elemente, die üblicherweise durch den Effekt der *Brechung* beschrieben werden, auch durch diesen Formalismus behandelt werden können, solange sie 'dünn' sind. So multipliziert eine Sammellinse eine einfallende *ebene* Welle mit einem quadratischen Phasenfaktor und wandelt sie somit in eine *konvergente* Welle, usw. Um diesbezüglich Konsistenz zur Fresnel-Näherung zu wahren, wird in Tabelle 5-2 der Dickenverlauf von Linsen *parabolisch* und nicht kugelförmig angenommen.

Tabelle 5-2: Einige elementare Amplituden- und Phasenmodulatoren; Skizzen s. Bild 5-35

	Bezeichnung	m(x,y) ○════● $M(f_x,f_y)$		Analogie
a	*Beugungsgitter*	$\frac{1}{2}\left[1+\cos\left(2\pi(xf_{x0}+yf_{y0})\right)\right]$	$1/2\,\delta(f_x,f_y)$ $+1/4\,\delta(f_x+f_{x0},\,f_y+f_{y0})$ $+1/4\,\delta(f_x-f_{x0},\,f_y-f_{y0})$	*harmonischer Amplituden-Modulator*
b	*Prisma*	$e^{-j2\pi(xf_{x0}+yf_{y0})}$ mit $f_{x0,y0}=1/\lambda\,\cos\alpha,\beta$	$\delta(f_x+f_{x0},\,f_y+f_{y0})$	*komplexer Frequenzumsetzer*
c	*Zerstreuungslinse (Brennweite: – d)*	$e^{-j\pi(x^2+y^2)/(\lambda d)}$	$-j\lambda d\,e^{j\pi\lambda d(f_x^2+f_y^2)}$	*Modulation mit Chirp*
d	*Sammellinse (Brennweite: d)*	$e^{j\pi(x^2+y^2)/(\lambda d)}$	$j\lambda d\,e^{-j\pi\lambda d(f_x^2+f_y^2)}$	*Modulation mit Chirp*

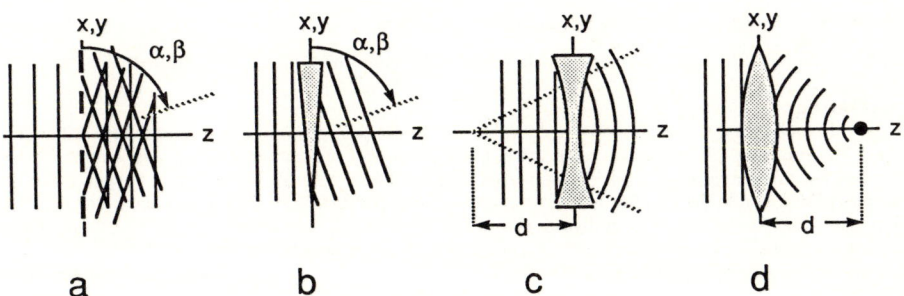

Bild 5-35: Skizzen zu Tabelle 5-2

Beim Vergleich der Tabellen 5-1 und 5-2 sowie den Gleichungen (5-74a,c) fällt folgendes auf: Sowohl bei der konvergenten und divergenten Welle, wie bei Sammel- und Zerstreuungslinse, aber auch beim Übertragungsfaktor und der Punktantwort des Raums treten immer Funktionen desselben Typs, nämlich *quadratische Phasenterme*, auf. Deren Spektren sind dabei wegen der Korrespondenz (3-81a) ebenfalls von diesem Typ. Das Beispiel aus Bild 5-35d verdeutlicht, warum dies so sein muß: Eine ebene Welle $u_{0-}(x,y) = 1$ beleuchte eine Sammellinse (Phasenmodulator). Das optische Signal

$$u_{0+}(x,y) = e^{j\psi_d(x,y)}$$

nach der Linse ist also das einer konvergenten Welle, was auch physikalisch plausibel ist. Das Signal $u_d(x,y)$ im Abstand $z = d$ ergibt sich dann zu

$$u_d(x,y) = u_{0+}(x,y) ** s_{dF}(x,y)$$

oder im Spektralbereich

$$U_d(f_x,f_y) = U_{0+}(f_x,f_y)\, S_{dF}(f_x,f_y)$$
$$= j\lambda d\, e^{-j\psi_d(\lambda df_x, \lambda df_y)}\, e^{-jkd}\, e^{j\psi_d(\lambda df_x, \lambda df_y)}$$
$$= j\lambda d\, e^{-jkd}$$

und damit

$$u_d(x,y) = j\lambda d\, e^{-jkd}\, \delta(x,y)\ .$$

Das gleiche Ergebnis erwarten wir auch aufgrund geometrisch-optischer Überlegungen: Die Linse erzeugt in der Ausgangsebene einen Fokus, also (näherungsweise) einen δ-Punkt. An diesem Beispiel fällt auf, daß, obwohl der Modulationsfaktor der Linse wie auch die verwendete Übertragungsfunktion *Näherungen* sind, im Ergebnis doch die (ideale) δ-Funktion erscheint und nicht eine Approximation dieser. Die in den Tabellen 5-1, 5-2 und den Gleichungen (5-74a,c) angegebenen Funktionen formen also einen in sich konsistenten Formalismus, dessen *physikalische* Relevanz jedoch auf den Gültigkeitsbereich der Fresnel-Näherung beschränkt ist. Offensichtlich 'kompensieren' nämlich die angewandten Näherungen einander. Aus diesem Grund hatten wir z.B. auch *parabolisch* statt sphärisch gekrümmte Linsen angenommen.

Anmerkung
Auf dem oben besprochenen Prinzip beruht auch die *Pulskompression* in der Radartechnik. Statt eines *kurzen* HF-Impulses, der eigentlich nötig wäre, um eine hohe Entfernungsauflösung zu erreichen, wird dem Sendesignal ein quadratischer Phasenverlauf aufmoduliert, also ein Chirp-Signal ausgesandt. Dies entspricht der Linse in Bild 5-35d. Das empfangene Echo durchläuft im Empfänger ein Filter mit einer ebenfalls Chirp-förmigen Impulsantwort, das sog. Impulskompressionsfilter. Am Ausgang dessen entsteht dann aus jedem empfangenen Chirp-Signal (näherungsweise) ein δ-Impuls. Im Vergleich dazu wirkt also in der Anordnung aus Bild 5-35d der *Raum* hinter der Linse als *Impulskompressionsfilter* für das Signal $u_{0+}(x,y)$.

Kohärent-optische Fourier-Transformation

Eine für die optische Informationsverarbeitung wichtige Konfiguration zeigt Bild 5-36, oben: Ein Diapositiv wird von einer ebenen achsparallelen Welle der Amplitude *eins* beleuchtet. Das Feld hinter dem Diapositiv bezeichnen wir als *Eingangssignal* $u_0(x,y)$; es ist gleich der Amplitudentransparenz des Dias. Die nachfolgende Anordnung nennen wir eine 'Linse-Raum-Linse'-Konfiguration. Die Linsen seien beliebig nahe an der Eingangs- bzw. Ausgangsebene. Ihr Abstand d sei gleich ihrer *Brennweite*. Wir bestimmen nun mit Hilfe des in Bild 5-36, unten, angegebenen nachrichtentechnischen Analogons das *Ausgangssignal* $u_d(x,y)$ bei z = d. Dazu berechnen wir nacheinander folgende optischen Signale:

1. Einfluß der (ersten) Linse bei $z \approx 0$:

$$u_{0+}(x,y) = u_0(x,y)\, e^{j\psi_d(x,y)} \,. \tag{5-76a}$$

2. Einfluß des Raums der Länge d:

$$u_{d-}(x,y) = u_{0+}(x,y) ** s_{dF}(x,y) \,. \tag{5-76b}$$

3. Einfluß der (zweiten) Linse bei $z \approx d$:

$$u_d(x,y) = u_{d-}(x,y)\, e^{j\psi_d(x,y)} \,. \tag{5-76c}$$

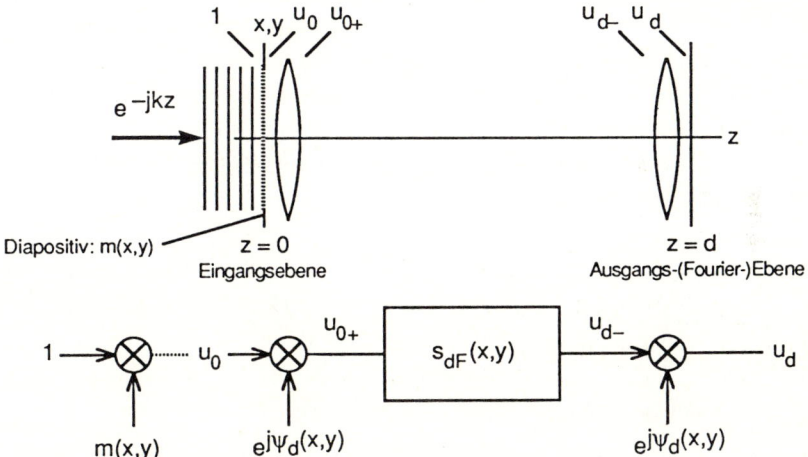

Bild 5-36: Kohärent-optischer Fourier-Transformator

Wir wissen aber aus Bild 5-30, daß der 2. Schritt, die Faltung mit $s_{dF}(x,y)$, auch als

$$u_{d-}(x,y) = j/(\lambda d)\, e^{-jkd}\, e^{-j\psi_d(x,y)}\, \mathcal{F}_x\mathcal{F}_y\{u_{0+}(x,y)\, e^{-j\psi_d(x,y)}\} \Big|_{\substack{f_x \to -x/(\lambda d) \\ f_y \to -y/(\lambda d)}} \tag{5-76d}$$

geschrieben werden kann. Setzen wir $u_{0+}(.)$ aus (5-76a) in diese Gleichung ein, so

212

erhalten wir als Feld *vor* der zweiten Linse zu

$$u_{d-}(x,y) = j/(\lambda d)\, e^{-jkd}\, e^{-j\psi_d(x,y)}\, U_0(-x/(\lambda d), -y/(\lambda d)) \,.$$ (5-77a)

Dieses ist (für z = d) identisch mit (5-70a), der *Fraunhofer-Fernfeldlösung*, obwohl wir hier lediglich die (weniger restriktive) Fresnel-Näherung angewandt haben. Die Linse bei z ≈ 0 garantiert offensichtlich die Gültigkeit der Fraunhofer-Näherung. Bei z = d_ liegt damit – bis auf einen quadratischen Phasenfaktor – die zweidimensionale Fourier-Transformierte des Eingangssignals vor, wenn wir die Koordinaten x und y durch – λdf_x und – λdf_y ersetzen. Die Aufgabe der *zweiten* Linse ist nun, den in (5-77a) noch enthaltenen Faktor $e^{-j\psi_d(\cdot)}$ zu *kompensieren* (3. Schritt). Das *Ausgangssignal* $u_d(x,y)$ ist schließlich

$$u_d(x,y) = j/(\lambda d)\, e^{-jkd}\, U_0(-x/(\lambda d), -y/(\lambda d)) \,.$$ (5-77b)

Wir nennen daher die Apparatur aus Bild 5-36, oben, einen (phasenrichtigen) *kohärent-optischen Fourier-Transformator*[1].

In Bild 5-37a ist die besprochene Anordnung nochmals skizziert. Im Aufbau von Bild 5-37b dagegen wurde die *zweite* Linse weggelassen. Dann ist das Ausgangssignal das in (5-77a) mit $u_{d-}(x,y)$ bezeichnete Fraunhofer-Fernfeld, also eine mit einem quadratischen Phasenfaktor behaftete Fourier-Transformierte. Interessiert lediglich die – physikalisch direkt meßbare – *Leistung* $|u_d(\cdot)|^2$, und damit das Leistungsspektrum $|U_0(\cdot)|^2$ von $u_0(\cdot)$, so ist diese Anordnung gleichwertig zur phasenkorrigierten aus Bild 5-37a.

Die Phasenkorrektur können wir statt durch die zweite Linse (vor der Fourier-Ebene) auch dadurch erreichen, daß wir die Eingangsebene nach z = −d verlegen (Bild 5-37c). Wir 'schalten' also der Konfiguration aus Bild 5-37b ein 'Stück Raum' der Länge d vor. Damit wird das Eingangssignal $u_{-d}(\cdot)$ mit $s_{dF}(\cdot)$ gefaltet, bevor das Fraunhofer-Fernfeld 'errechnet' wird:

$$u_0(x,y) = u_{-d}(x,y) ** s_{dF}(x,y)$$
bzw.
$$U_0(f_x,f_y) = U_{-d}(f_x,f_y)\, S_{dF}(f_x,f_y) \,.$$

In (5-77a) müssen wir also $U_0(-x/(\lambda d), -y/(\lambda d))$ durch

$$U_{-d}(-x/(\lambda d), -y/(\lambda d))\, S_{dF}(-x/(\lambda d), -y/(\lambda d))$$
$$= U_{-d}(-x/(\lambda d), -y/(\lambda d))\, e^{-jkd}\, e^{j\psi_d(x,y)}$$

ersetzen und erhalten schließlich das *Ausgangssignal* der Anordnung aus Bild 5-37c:

---
[1] Wählen wir die Frequenzachsen *gleich*orientiert zu den x,y-Koordinaten der Ausgangsebe, die wir im folgenden *Fourier-Ebene* nennen werden, so liefert die besprochene Konfiguration die Fourier-*Rück*transformation.

$$u_d(x,y) = j/(\lambda d)\, e^{-j2kd}\, U_{-d}(-x/(\lambda d), -y/(\lambda d))\,. \qquad\qquad (5\text{-}77c)$$

Damit ist die 'Raum-Linse-Raum'-Anordnung ebenfalls ein Fourier-Transformator. Der Unterschied zur 'Linse-Raum-Linse'-Konfiguration ist die (hier doppelte) Baulänge. Dieser trägt der Faktor e^{-j2kd} in (5-77c) statt e^{-jkd} in (5-77b) Rechnung.

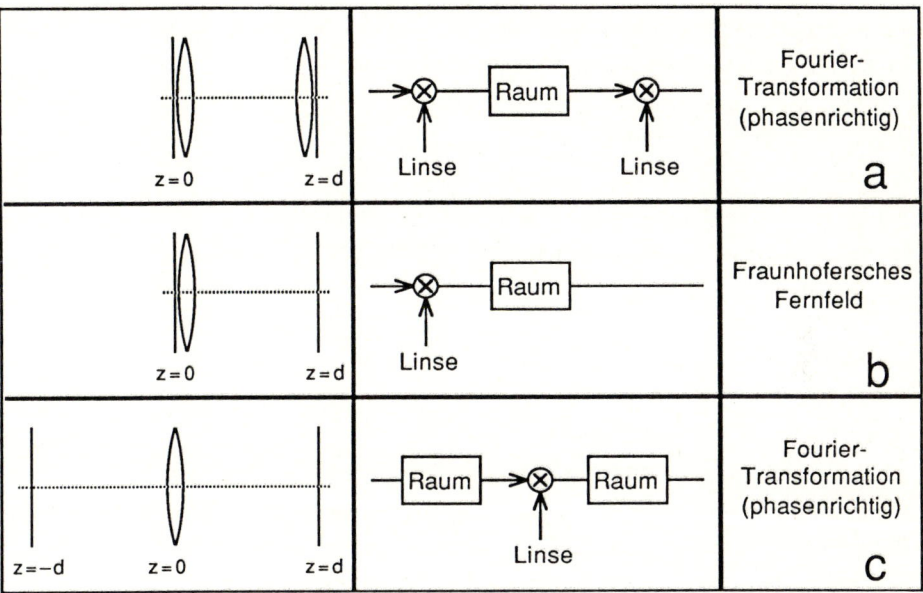

Bild 5-37: Übergang von 'Linse-Raum-Linse'-Anordnung zu 'Raum-Linse-Raum'-Konfiguration

Die Fähigkeit der besprochenen kohärent-optischen 'Rechner', die Fourier-Transformation auszuführen, läßt sich auch *geometrisch-optisch* plausibel machen [5.23]. Dazu betrachten wir die 'Raum-Linse-Raum'-Anordnung in Bild 5-38.

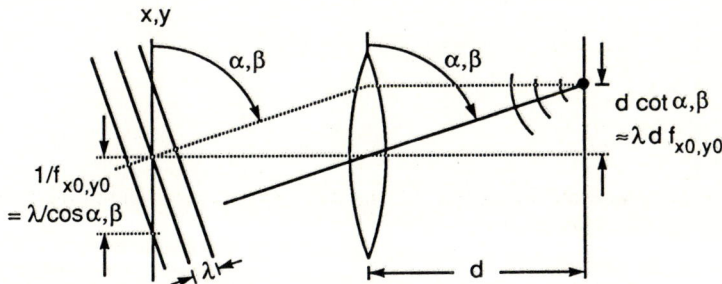

Bild 5-38: Geometrisch-optische Veranschaulichung eines Fourier-Transformators

Eine *einzelne* Fourier-Komponente $U_0(f_{x0},f_{y0})\ e^{j2\pi(xf_{x0}+yf_{y0})}$ aus $u_0(x,y)$ ist durch eine ebene Welle repräsentiert, mit der Amplitude $U_0(f_{x0},f_{y0})$ und den *Richtungskosinussen* (vgl. Bild 5-17)

$$\cos\alpha = \sin\alpha' = -\lambda f_{x0} \qquad \text{und} \qquad \cos\beta = \sin\beta' = -\lambda f_{y0} \qquad (5\text{-}78a)$$

mit

$$\alpha' = \pi/2 - \alpha \qquad \text{und} \qquad \beta' = \pi/2 - \beta \ .$$

Nach dem in Bild 5-38 eingezeichneten Strahlengang fokussiert die Linse diese ebene Welle (näherungsweise) zu einem δ-Punkt an der Stelle (x_0,y_0) in der 'Fourier-Ebene'. Die Koordinaten dieses Punktes sind offensichtlich

$$\begin{pmatrix} x_0 \\ y_0 \end{pmatrix} = d \begin{pmatrix} \tan\alpha' \\ \tan\beta' \end{pmatrix} = d \begin{pmatrix} \sin\alpha'/(1 - \sin^2\alpha')^{1/2} \\ \sin\beta'/(1 - \sin^2\beta')^{1/2} \end{pmatrix}. \qquad (5\text{-}78b)$$

Da die vorangegangene Herleitung auf der Fresnel-Näherung beruht und damit die Winkel α' und β' im Bereich von ca. $\pm\,10°$ liegen müssen, gilt

$$\sin^2\alpha' \ll 1 \qquad \text{und} \qquad \sin^2\beta' \ll 1 \ ,$$

also

$$\begin{pmatrix} x_0 \\ y_0 \end{pmatrix} \approx -d \begin{pmatrix} \sin\alpha' \\ \sin\beta' \end{pmatrix} = -\lambda d \begin{pmatrix} f_{x0} \\ f_{y0} \end{pmatrix}. \qquad (5\text{-}78c)$$

Gerade dies erwarten wir von einem Fourier-Transformator, da ja ein linearer Phasenterm $e^{j2\pi(xf_{x0}+yf_{y0})}$ den Punkt $\delta(f_x - f_{x0}, f_y - f_{y0})$ als Spektrum hat. Umgekehrt ist das Spektrum eines δ-Punktes ein linearer Phasenterm, was man wegen der Symmetrie der Anordnung aus Bild 5-38 ebenfalls sofort nachvollziehen kann.

Die durch die obige Näherung von $\tan(\alpha',\beta')$ durch $\sin(\alpha',\beta')$ unterschlagene *geometrische Verzerrung* des Spektrums in der Fourier-Ebene ist in Bild 5-39 aufgetragen.

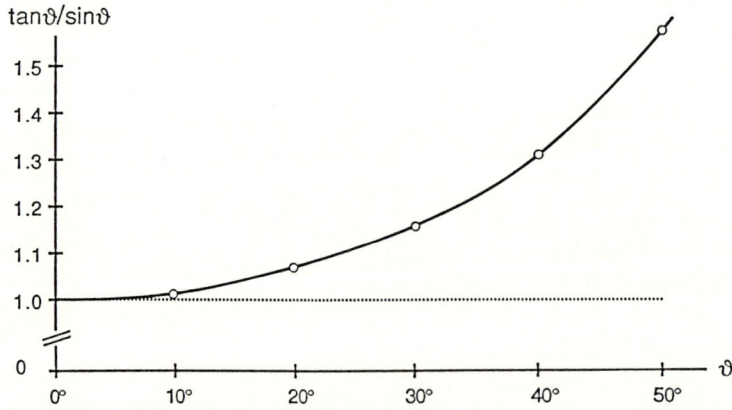

Bild 5-39: Geometrische Verzerrung des Spektrums bei kohärent-optischer Fourier-Transformation

Es ist dabei ϑ der Winkel zur z-Achse mit (vgl. Bild 5-17)

$$\sin\vartheta = (\sin^2\alpha' + \sin^2\beta')^{1/2}$$

Hohe Spektralanteile liegen also in der Fourier-Ebene etwas weiter außen, als eine lineare Skalierung erwarten ließe. Es handelt sich um dieselbe Zuordnung zwischen Orts- und Frequenzkoordinaten wie bei der Fraunhofer-Näherung (vgl. (5-72)).

Kohärente Abbildung, Ortsfrequenzfilterung

'Schaltet' man zwei kohärent-optische Fourier-Transformatoren hintereinander, erhält man wegen (Vertauschungssatz)

$$u(x,y) \quad \circ\!=\!=\!\bullet \quad U(f_x,f_y) \quad \circ\!=\!=\!\bullet \quad u(-x,-y)$$

eine 'auf dem Kopf stehende' (aber phasenrichtige) *Abbildung* des Eingangssignals. In Bild 5-40 ist solch ein System bestehend aus zwei 'Linse-Raum-Linse-Anordnungen' skizziert. Dessen Ausgangssignal ist mit (5-77b)

$$
\begin{aligned}
u_d(x,y) &= j/(\lambda d)\, e^{-jkd}\, U_0(-x/(\lambda d), -y/(\lambda d)) \\
&= j/(\lambda d)\, e^{-jkd}\, [j/(\lambda d)\, e^{-jkd}\,(\lambda d)^2\, u_{-d}(-x,-y)] \\
&= -e^{-j2kd}\, u_{-d}(-x,-y)\,.
\end{aligned}
\tag{5-79a}
$$

In der Ebene $z = 0$ liegt bei solch einem Abbildungssystem die Fourier-Transformierte des Eingangssignals vor und kann dort durch das Einführen eines Diapositivs der Amplitudentransparenzfunktion $m_0(x,y)$ manipuliert werden [5.25-5.27, 5.34-5.37], um beispielsweise Bildsignale einer Ortsfrequenzfilterung zu unterziehen. Zur Realisierung einer vorgegebenen Übertragungsfunktion $S(f_x,f_y)$ muß dabei

$$m_0(x,y) = S(-x/(\lambda d), -y/(\lambda d)) \tag{5-79b}$$

sein, also ein geeignet skaliertes Abbild des gewünschten Übertragungsfaktors.

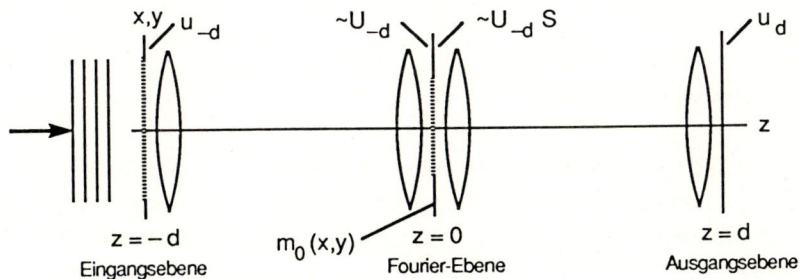

Bild 5-40: Kohärent-optisches Abbildungssystem mit der Möglichkeit der Ortsfrequenzfilterung

216

Auf diese Weise sind nur *reelle* nichtnegativwertige Filter realisierbar; komplexe Übertragungsfunktionen werden durch *holographische* Filter implementiert [5.25-5.27, 5.35-5.37].

Befindet sich in der Fourier-Ebene *kein* Filter, so wirkt der endliche Linsendurchmesser D als *Tiefpaß* der mathematischen Bandbreite B = D/(λd). Die Verarbeitungskapazität solch eines *kohärent-optischen Prozessors* (oder auch eines kohärenten Abbildungssystems) ist also durch die Größe der Linsen begrenzt. Das größtmögliche Eingangsbild hat den Durchmesser D und damit die Fläche

$$\pi/4 \, D^2 \, . \tag{5-80a}$$

In der Fourier-Ebene dagegen bestimmt die Linsengröße die maximal übertragbare *Bandbreite*. Die maximal nutzbare *spektrale* Fläche ist

$$\pi/4 \, B^2 = \pi/4 \, D^2/(\lambda d)^2 \tag{5-80b}$$

und damit das maximale (zweidimensionale) *Orts-Bandbreite-Produkt*, das durch solch einen Prozessor übertragen werden kann:

$$N_2 = [\pi/(4\lambda d)]^2 \, D^4. \tag{5-80c}$$

Beispiel V

Bei einer Wellenlänge λ = 0.5μm, einem Linsendurchmesser D = 5cm und einer Brennweite d = 1m ist

$$\lambda d = 0.5 mm^2 \, ,$$

d.h. 1mm in der Fourier-Ebene entspricht einer Ortsfrequenz von $2mm^{-1}$. Die höchste übertragbare Ortsfrequenz ist also $50mm^{-1}$ und damit die mathematische Bandbreite

$$B = 100 mm^{-1}.$$

Vom Eingangssignal können somit (*ein*dimensional entlang eines Durchmessers betrachtet)

$$N_1 = D \, B = 5000$$

Punkte übertragen werden; das *zwei*dimensionale Orts-Bandbreite-Produkt ist dann

$$N_2 = \pi^2/16 \, N_1^2 \approx 15 \cdot 10^6 \, .$$

Streuung harmonischer Wellen

Wir hatten bisher Wellen angenommen, die sich in einem – bis auf Quellen – *homogenen* Medium ausbreiten. Um auch Beugung behandeln zu können, mußten wir bereits *Inhomogenitäten* in Form dünner Transparenzobjekte zulassen. Das Beugungsproblem haben wir dann auf das Randwertproblem zurückgeführt. Bei 'dicken' Streukörpern, also deutlich *drei*dimensional ausgeprägten Inhomogenitäten, versagt jedoch diese Methode. Im folgenden werden wir uns daher mit dem allgemeineren

Streuproblem befassen und für einen Spezialfall Näherungslösungen erarbeiten.

Wir betrachten nach Bild 5-41 ein – räumlich begrenztes– Objekt, das sich vom umgebenden homogenen Medium durch eine *ortsabhängige Wellenausbreitungs-geschwindigkeit* c(r) unterscheidet:

$$c(r) = \begin{cases} \text{beliebig} & \text{innerhalb des Objekts} \\ c_0 & \text{außerhalb .} \end{cases} \qquad (5\text{-}81a)$$

Das *Gesamtfeld* u(r) können wir aufspalten in die einfallende Welle $u_i(r)$ und das eigentliche *Streufeld*[1] $u_s(r)$:

$$u(r) = u_i(r) + u_s(r) \ . \qquad (5\text{-}82)$$

Dabei ist $u_i(r)$ das Feld, das sich *ohne* Streuobjekt einstellen würde.

Zur Lösung des Streuproblems greifen wir auf die Helmholtz-Gleichung (5-49a) zurück und setzen darin die bisher als konstant angenommene *Wellenzahl*

$$k = 2\pi v/c$$

als *ortsabhängig* an:

$$k(r) = 2\pi v/c(r) = k_0 n(r) \qquad (5\text{-}81b)$$

mit

$$k_0 := 2\pi v/c_0 = 2\pi/\lambda \qquad (5\text{-}81c)$$

und dem *Brechungsindex*

$$n(r) := c_0/c(r) \ . \qquad (5\text{-}81d)$$

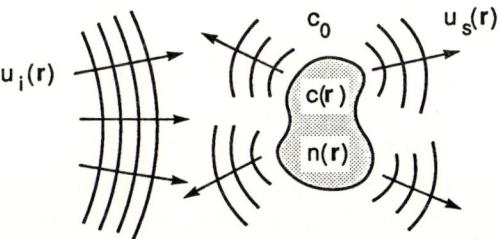

Bild 5-41: Streuung an örtlicher Inhomogenität des Ausbreitungsmediums

---

[1] Die Annahme eines *additiven* Streuterms nach (5-82) führt auf die im folgenden herzuleitende *Born-sche* Näherungslösung. Die sog. *Rytovsche* Näherung dagegen geht von einem *multiplikativen* Einfluß der Streuung aus, also

$$u(r) = u_i(r) \, u_{s,Rytov}(r) \ ,$$

und liefert bei vielen Problemstellungen eine genauere Lösung [5.38-5.42]. Wegen der leichteren Einbindung in die Systematik dieses Buches werden wir jedoch ausschließlich die Definition des Streu-feldes nach (5-82) verwenden.

Durch die Aufspaltung des Gesamtfeldes in einfallende Welle und Streufeld nach (5-82) nimmt die Helmholtz-Gleichung folgende Form an:

$$\Delta[u_i(r)+u_s(r)] + k^2(r)\,[u_i(r)+u_s(r)] = -\,q(r)\,. \tag{5-83a}$$

Der Quellenterm $q(r)$ beinhaltet dabei *die* Quellen, welche die einfallende Welle $u_i(r)$ erzeugen[1]. Für $u_i(r)$ gilt also

$$\Delta u_i(r) + k_0^2 u_i(r) = -\,q(r)\,, \tag{5-83b}$$

da dies das Feld bei *homogenem* Medium, also *ohne* Streukörper wäre. Setzen wir nun (5-83a) und (5-83b) gleich, so erhalten wir nach Wegfall einiger Terme

$$\Delta u_s(r) + k^2(r)\,u_s(r) + [k^2(r) - k_0^2]\,u_i(r) = 0 \tag{5-83c}$$

oder übersichtlicher[2]

$$\Delta u_s(r) + k_0^2 u_s(r) = -\,o(r)\,[u_i(r)+u_s(r)] \tag{5-83d}$$

mit der *Objektfunktion*

$$o(r) := k^2(r) - k_0^2 = k_0^2\,[n^2(r) - 1]\,. \tag{5-83e}$$

Diese Gleichung sieht wie die ursprüngliche Helmholtz-Gleichung (5-49a) für ein *homogenes* Ausbreitungsmedium aus. Die rechte Seite von (5-83d) übernimmt dabei die Rolle eines Quellenterms. Somit können wir sofort eine – formale – *Lösung des Streuproblems* angeben:

$$u_s(r) = \big(o(r)\,[u_i(r)+u_s(r)]\big) * s(r)\,, \tag{5-84a}$$

wobei $s(r)$ die Punktantwort des Quellenproblems, also die Kugelwelle, aus (5-54a) und Bild 5-19 ist. Gleichung (5-84a) besagt folgendes:
Jedes differentielle Volumenelement des Objekts $o(r)$ kann als Punktquelle betrachtet werden, deren 'Sende'-Amplitude und -Phase gleich dem Produkt der Objektfunktion und dem *Gesamt*feld am jeweiligen Ort ist.
Es sieht also so aus, als hätten wir das Streuproblem auf das Quellenproblem zurückgeführt. Dies ist jedoch nur eine 'Schein'-Lösung, da das Gesamtfeld das (unbekannte) Streufeld enthält. Damit ist $u_s(r)$ durch (5-84a) nur *implizit* gegeben.

---

[1] Ist $u_i(r)$ eine *ebene* Welle oder aus solchen zusammengesetzt, so ist $q(r) \equiv 0$.
[2] Die Gleichung (5-83d) beschreibt in dieser Form eine Vielzahl von Streuproblemen, die sich (außer in der Art der Feldgröße) nur noch in der pysikalischen Bedeutung der *Objektfunktion* unterscheiden. Ist z.B. $o(r)$ ein Potentialfeld und $u(r)$ die Wahrscheinlichkeitsamplitude eines Quantums, so stellt (5-83d) bis auf eine Konstante die *Schrödinger-Gleichung* dar. Eine in diesem Sinne vereinheitlichte Darstellung des skalaren Streuproblems findet sich in [5.43].

Außerdem täuscht diese Gleichung auf den ersten Blick einen *linearen* Zusammenhang zwischen Objekt und Streufeld vor. In Abschnitt 5.1 hatten wir jedoch schon plausibel gezeigt, daß das Streuproblem *nichtlinear* (und ortsvariant) ist, falls o(r) als Eingangssignal und $u_i(r)$ als Systemparameter betrachtet werden. Im folgenden leiten wir eine explizite Näherungslösung des Streuproblems her.

Anmerkung
Zur Herleitung von (5-83d) und (5-84a) haben wir eine ortsabhängige Wellenausbreitungsgeschwindigkeit c(r) in die Helmholtz-Gleichung eingesetzt. Dabei wurde *nicht* berücksichtigt
1. ob die Helmholtz-Gleichung dann überhaupt noch gilt und
2. daß in c(r) eigentlich *zwei* Materialeigenschaften enthalten sind.
Die Schallgeschwindigkeit ist nämlich (s. Abschnitt 5.1, *Beispiel II*)

$$c = (\kappa\rho)^{-1/2} \qquad (\kappa: \text{Kompressibilität}, \ \rho: \text{Dichte})$$

und die Lichtgeschwindigkeit (s. Abschnitt 5.1, *Beispiel III*)

$$c = (\varepsilon\mu)^{-1/2} \qquad (\varepsilon: \text{Dielektrizität}, \ \mu: \text{Permeabilität}) .$$

Es können also κ und/oder ρ bzw. ε und/oder μ ortsabhängig und damit das Streuverhalten – trotz evtl. gleichen Verlaufs von c(r) – *unterschiedlich* sein. Man kann jedoch zeigen, daß das Ergebnis aus (5-83d) speziell für Schallwellen korrekt ist, wenn nur die Kompressibilität zur Ortsabhängigkeit von c(r) beiträgt, und

$$\rho = \text{const}$$

ist. Für elektromagnetische Wellen kann das obige Ergebnis – schon wegen deren vektorieller Natur – nicht *direkt* übernommen werden.

Bornsche Näherungen

Wir können (5-84a) *linearisieren*, indem wir fürs erste annehmen, daß das Streufeld wesentlich *schwächer* als die einfallende Welle ist, zumindest in dem Gebiet, in welchem das Objekt existiert:

$$|u_s(r)| \ll |u_i(r)| \qquad \text{für alle} \quad r \text{ mit } o(r) \neq 0 . \qquad (5\text{-}85)$$

Unter dieser Voraussetzung eines 'schwachen' Streuobjekts können wir $u_s(r)$ auf der rechten Seite von (5-84a) vernachlässigen. Dann erhalten wir die sog. *erste Bornsche Näherung* [5.13, 5.38, 5.40-5.45] des Streufeldes:

$$u_s(r) \approx u_{s,1}(r) = [o(r) \, u_i(r)] * s(r) . \qquad (5\text{-}86a)$$

Wir haben also das Objekt durch eine Quellenverteilung ersetzt, welche nur durch die einfallende Welle zur Emission angeregt wird. Dies ist in Bild 5-42 anhand eines Volumenelements skizziert. Darunter ist (links) das nachrichtentechnische Analogon angegeben. Im folgenden werden wir die Operation 'Multiplikation und anschließende Faltung mit s(r)' (rechte Seite von (5-86a)) häufig verwenden. Wir führen daher zweckmäßigerweise den *linearen* Operator

$$\mathcal{B}_0\{u(r)\} := [o(r)\,u(r)] * s(r) \qquad (5\text{-}86b)$$

ein[1]. Damit werden die Bestimmungsgleichung für $u_s(.)$ (5-84a) und die erste Bornsche Näherung (5-86a) zu (Bild 5-42, unten rechts)

$$u_s = \mathcal{B}_0\{u_i + u_s\} \qquad (5\text{-}84b)$$

und

$$u_{s,1} = \mathcal{B}_0\{u_i\} . \qquad (5\text{-}86c)$$

Es gilt bei Verwendung dieser verkürzten Schreibweise zu beachten, daß nun –
entgegen unserer ursprünglichen Intention – das Objekt als Systemparameter und
die einfallende Welle als Eingangssignal betrachtet werden.

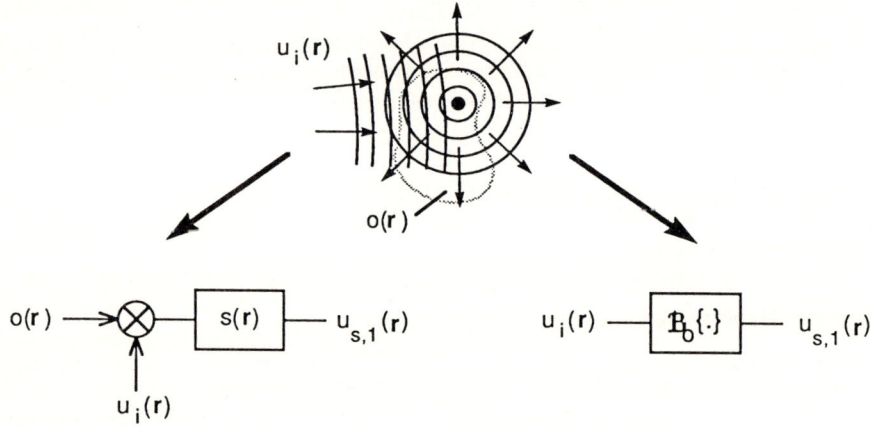

Bild 5-42, oben: Erste Bornsche Näherung am Beispiel *eines* Volumenelements des Streuobjekts;
unten: Zwei mögliche systemtheoretische Beschreibungen; die Bedeutung des Operators $\mathcal{B}_0\{.\}$

Durch die erste Bornsche Näherung wird vernachlässigt, daß einerseits $u_i(.)$ bereits
den Streukörper teilweise passieren muß, bevor diese Welle das entsprechende
Volumenelement erreicht, andererseits die vom Volumenelement ausgehende
Kugelwelle ebenfalls durch die Inhomogenität in ihrer Ausbreitung gestört wird. Diese
Näherung gilt deshalb sicher nur, solange die Phasenverschiebung der einfallenden
Welle beim Durchgang durch das Objekt nicht zu groß ist. Bei einem Objekt mit einem
'mittleren' Brechungsindex von $n \neq 1$ und einer maximalen Ausdehnung von D muß
dann für die Gültigkeit der ersten Bornschen Näherung notwendigerweise gelten (vgl.
auch 5-75c):

$$k_0 |n - 1| D \ll \pi$$

---

[1] Dabei steht '$\mathcal{B}$' für 'Born'; der Index 'o' deutet an, daß der Operator von der Objektfunktion $o(r)$ abhängt.

und damit für den durch das Objekt verursachten scheinbaren Weglängenunterschied:

$$|n-1|D \ll \lambda/2 \, . \tag{5-87}$$

Dies ist eine mögliche Quantifizierung der Forderung nach einem 'schwachen' Streuobjekt.

Beispiel VI
Für biologisches Weichgewebe liegt die Schallgeschwindigkeit im Bereich von

$$1470 \, \text{ms}^{-1} \leq c \leq 1570 \, \text{ms}^{-1} \qquad \text{(Fett ... Muskel)} \, .$$

Bezogen auf eine mittlere Schallgeschwindigkeit von $c_0 = 1520 \, \text{ms}^{-1}$ ist der Brechungsindex

$$0.967 \leq n \leq 1.033 \qquad \text{und damit} \qquad |n-1| \leq 0.033 \, .$$

Bei einer für Ultraschalldiagnostik üblichen Frequenz von $\nu = 1$ MHz, also einer Wellenlänge von

$$\lambda = c_0/\nu = 1.52 \, \text{mm} \, ,$$

gilt nach (5-87) die erste Bornsche Näherung nur für Objekte mit einer Ausdehnung von

$$D \ll 23 \, \text{mm} \, .$$

Das *Gesamt*feld

$$u_{\text{ges},1}(r) := u_i(r) + u_{s,1}(r) = u_i + \mathcal{B}_0\{u_i\}$$

aufgrund der ersten Bornschen Näherung ist, auch wenn (5-85) nicht erfüllt ist, evtl. eine bessere Schätzung als $u_i(.)$ selbst. Dies macht sich die *zweite* Bornsche Näherung zunutze, indem in (5-84a,b) $u_{s,1}(.)$ statt $u_s(.)$ eingesetzt wird:

$$u_{s,2}(r) = [o(r) \, u_{\text{ges},1}(r)] * s(r) = \big(o(r) \, [u_i(r)+u_{s,1}(r)]\big) * s(r) \tag{5-88a}$$

oder in unserer Kurzschreibweise:

$$u_{s,2} = \mathcal{B}_0\{u_i+u_{s,1}\} = \mathcal{B}_0\{u_i\} + \mathcal{B}_0\{u_{s,1}\} = \mathcal{B}_0\{u_i\} + \mathcal{B}_0^2\{u_i\} \, . \tag{5-88b}$$

Die *Bornschen Näherungen* höherer Ordnung berechnen sich dann wie folgt:

$$u_{s,1} = \mathcal{B}_0\{u_i\}$$

$$u_{s,2} = \mathcal{B}_0\{u_i+u_{s,1}\} = \mathcal{B}_0\{u_i\} + \mathcal{B}_0^2\{u_i\}$$

$$u_{s,3} = \mathcal{B}_0\{u_i+u_{s,2}\} = \mathcal{B}_0\{u_i\} + \mathcal{B}_0^2\{u_i\} + \mathcal{B}_0^3\{u_i\}$$

$$u_{s,k} = \mathcal{B}_0\{u_i+u_{s,k-1}\} = \mathcal{B}_0\{u_i\} + \mathcal{B}_0^2\{u_i\} + ... + \mathcal{B}_0^k\{u_i\} = \sum_{\nu=1}^{k} \mathcal{B}_0^\nu\{u_i\} \tag{5-89a}$$

$$u_{s,\infty} = \mathcal{B}_0\{u_i+u_{s,\infty}\} = \sum_{\nu=1}^{\infty} \mathcal{B}_0^\nu\{u_i\} = u_s \, . \tag{5-89b}$$

In der letzten Gleichung wurde vorausgesetzt, daß die angegebene Reihe *konvergiert* (siehe z.B. [5.45]). In diesem Fall stellt $u_{s,\infty}(.)$ die Lösung des Streuproblems mit Hilfe der *Bornschen Reihe* dar[1]. Ein Vergleich von (5-84b) und (5-89b) zeigt, daß tatsächlich $u_{s,\infty}(.) = u_s(.)$ ist[2].

Das Fourier-Beugungs-Theorem

Im folgenden letzten Abschnitt beschränken wir uns auf die *erste* Bornsche Näherung nach (5-86a) und schreiben verkürzt für das *Streufeld*

$$u(r) := u_{s,1}(r) . \tag{5-90}$$

Offensichtlich wird durch diese Näherung das Streuproblem auf das Quellenproblem zurückgeführt, wobei der Term $u_i(.)$ $o(.)$ als Quellenfunktion zu interpretieren ist:

$$u(r) = q(r) * s(r) \tag{5-91a}$$

mit

$$q(r) = u_i(r)\, o(r) \tag{5-91b}$$

oder im Frequenzbereich:

$$U(f_r) = Q(f_r)\, S(f_r) \tag{5-91c}$$

mit

$$Q(f_r) = U_i(f_r) * O(f_r) . \tag{5-91d}$$

Somit sind alle für das Quellenproblem hergeleiteten Gesetze auch hier gültig.
Wir betrachten nun das spezielle Streuproblem nach Bild 5-43, oben. Das einfallende Feld sei hier eine *ebene* Welle in z-Richtung, also

$$q(r) = o(r)\, e^{-jkz} = o(r)\, e^{-j2\pi z/\lambda} \tag{5-92a}$$

und damit (Verschiebungssatz)

$$Q(f_r) = O(f_x, f_y, f_z + 1/\lambda) . \tag{5-92b}$$

Das Streufeld soll nun auf der (Meß-)Ebene $z = z_0$ ermittelt werden (vgl. Bild 5-20). Dazu greifen wir auf das Ergebnis aus (5-57b,c) zurück und setzen darin für das Quellenspektrum $Q(f_r)$ das um $1/\lambda$ nach 'links' verschobene Objektspektrum, also $O(f_x, f_y, f_z + 1/\lambda)$, ein:

$$u(x,y,z_0) \quad O\underset{\substack{\uparrow\\ f_x^2 + f_y^2 \le 1/\lambda^2}}{\overset{x,y}{=\!=\!\bullet}} \quad -j/(4\pi\kappa) \int_{-\infty}^{+\infty} O(f_x, f_y, f_z + 1/\lambda)\, \delta(f_z + \kappa)\, e^{j2\pi z_0 f_z}\, df_z \tag{5-92c}$$

---

[1] Die Bornsche Reihe ist übrigens vom Typ einer *Neumann-Iteration* [5.46].
[2] Man erkennt wieder den *nicht*linearen Einfluß des Objekts auf das Streufeld; $\mathcal{B}_o\{u_i\}$ ist zwar linear bezüglich $u_i(.)$ *und* o(.), seine *mehrfache* Anwendung jedoch, also $\mathcal{B}_o{}^{\nu}\{u_i\}$, ist eine *Nicht*linearität für o(.).

bzw. nach Ausführung der Integration:

$$u(x,y,z_0) \quad \underset{f_x^2+f_y^2 \leq 1/\lambda^2}{\overset{x,y}{\circ \! \! -\! \! \bullet}} \quad -j/(4\pi\kappa)\, e^{-j2\pi z_0 \kappa}\, O(f_x,f_y,1/\lambda - \kappa) \qquad (5\text{-}92d)$$

mit

$$\kappa = [1/\lambda^2 - (f_x^2+f_y^2)]^{1/2}\,.$$

Dieses *Fourier-Beugungs-Theorem*, welches auf E. Wolf [5.47] zurückgeht und eine wichtige Rolle bei tomographischen Ultraschall-Bildgewinnungsverfahren (*Beugungs-Tomographie*) spielt [5.41, 5.42, 5.44], besagt, daß sich das Spektrum des Streufeldes – innerhalb der ersten Bornschen Näherung und unter Vernachlässigung evaneszenter Wellen – folgendermaßen berechnen läßt (Bild 5-43, oben rechts):
Zuerst wird das Objektspektrum $O(f_r)$ um $1/\lambda$ nach 'links' verschoben (wegen der Multiplikation von $o(r)$ mit der einfallenden *ebenen* Welle). Aus diesem verschobenen Spektrum werden die Werte auf der Ewald-Kugel 'ausgeblendet' (Wellenausbreitung) und anschließend – mit einem linearen Phasenfaktor behaftet – auf die f_x,f_y-Ebene projiziert (wegen der Betrachtung des Feldes nur auf einer Ebene $z = z_0 = const$).

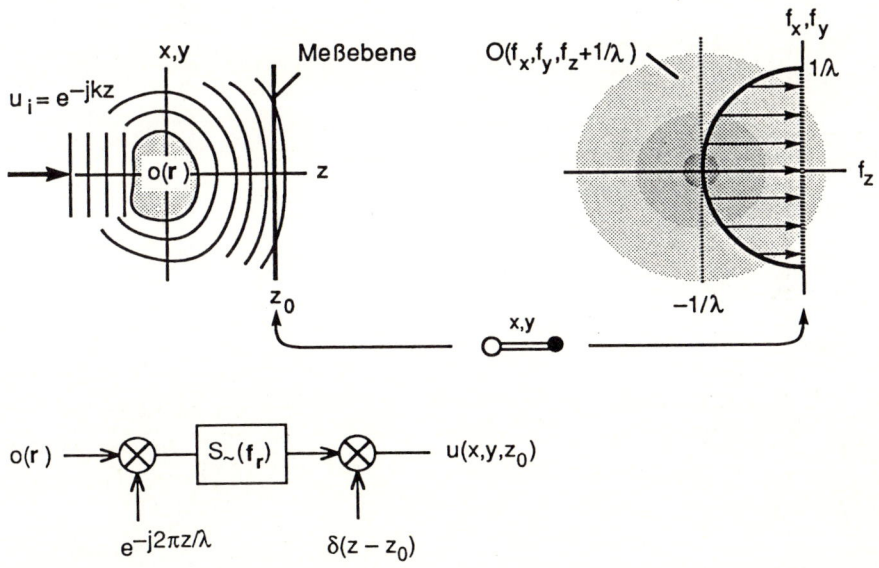

Bild 5-43, oben: Spezielles Streuexperiment und zugehörige spektrale Beschreibung; **unten:** Systemtheoretische Darstellung

Anmerkung
Interessant ist ein Vergleich des Fourier-Beugungs-Theorems mit dem Zentralschnitt-Theorem aus Abschnitt 3.3. Letzteres besagt, daß eine Parallel*projektion* des Objekts (z.B. durch sich ungebeugt ausbreitende Röntgen-Strahlen) mit einem zentralen *geraden* bzw. *ebenen* Schnitt durch das Spektrum korrespondiert. Beim Streuexperiment nach Bild 5-43 jedoch wird die einfallende Welle auch in ihrer

Richtung gestört und an jeder 'Schicht' des Objekts gebeugt, die 'Projektionsstrahlen' sind daher weder *gerade* noch *linien*förmig. Speziell der Beugung trägt das Fourier-Beugungs-Theorem aufgrund der ersten Bornschen Näherung dadurch Rechnung, daß der korrespondierende Schnitt im Spektrum nun keine Ebene mehr, sondern eine Halbkugelschale ist. Für $\lambda \to 0$, bzw. für Objektspektren mit einer Ausdehnung $\ll 1/\lambda$, was für die Röntgen-Tomographie zutrifft, kann die Beugung vernachlässigt werden, und die Ewald-Kugel geht in die vom Zentralschnitt-Theorem geforderte *Ebene* über.

Statt das Objektspektrum zuerst nach 'links' zu verschieben und dann mit der Ewald-Kugel zu multiplizieren, kann natürlich auch jene um $1/\lambda$ nach 'rechts' verschoben und das Objektspektrum dafür in seiner ursprünglichen Lage belassen werden. Die Projektion auf die f_x, f_y-Ebene liefert in beiden Fällen dasselbe Ergebnis (5-92d). Die um $1/\lambda$ nach 'rechts' verschobene Ewald-Kugel (Bild 5-44, oben) stellt somit die *Übertragungsfunktion* zur Beschreibung des Streuexperiments aus Bild 5-43 dar.

Bild 5-44, unten, zeigt, wie sich die Ewald-Kugel in Lage und Orientierung ändert, wenn die Einfallsrichtung (Wellenvektor **k**) von $u_i(.)$ und die Orientierung der Meßebene (Normalenvektor **g**) verändert werden.

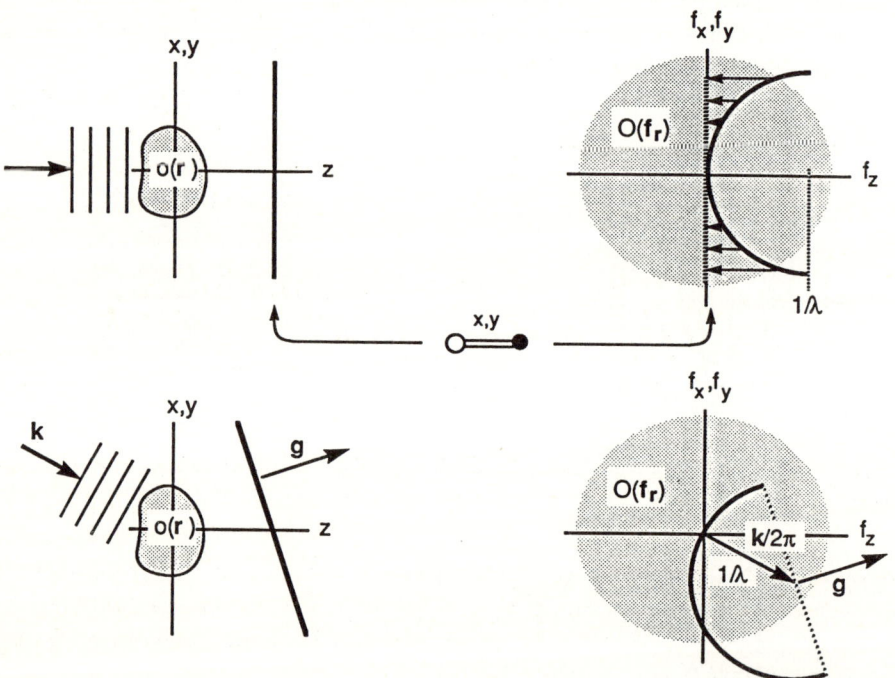

Bild 5-44: Einfluß von Einfallsrichtung der ebenen Welle und Neigung der Meßebene auf die Lage der Ewald-Kugel

Soll mit Hilfe einer Anordnung wie der in Bild 5-43 aus dem Streufeld das Objekt *rekonstruiert* werden (*inverses* Streuproblem), so müssen *viele* Messungen mit unterschiedlichen Richtungen von **k** und **g** gemacht werden, da *eine* solche Messung nur einen *zwei*dimensionalen (halbkugelförmigen) Schnitt aus dem Objektspektrum repräsentiert. Wird die Orientierung der *Meßebene* variiert, so bleibt der *Ort* (Mittelpunkt bei $f_r = k/2\pi$) der Ewald-Kugel *unverändert*, lediglich deren *Orientierung* ändert sich entsprechend, sodaß (im Grenzfall der Aufzeichnung des gesamten Streufeldes) die *Halb*kugel zur *vollständigen* Kugelschale erweitert wird (Bild 5-45, links). Variiert man dagegen die *Einfallsrichtung*, also **k**, so bleibt die Orientierung der Ewald-Kugel erhalten, deren Mittelpunkt kann jedoch beliebig auf einer Kugeloberfläche vom Radius $1/\lambda$ plaziert werden. In Bild 5-45, rechts, ist das Gebiet markiert, das unter Ausnutzung *aller* Einfallsrichtungen (aber stationärer Meßebene) erfaßt werden kann[1].

Um *drei*dimensionale Information über das Objekt zu gewinnen, muß also notwendigerweise die Beleuchtungs-(Beschallungs-)Richtung, und nicht nur die Orientierung der Meßebene, variiert werden.

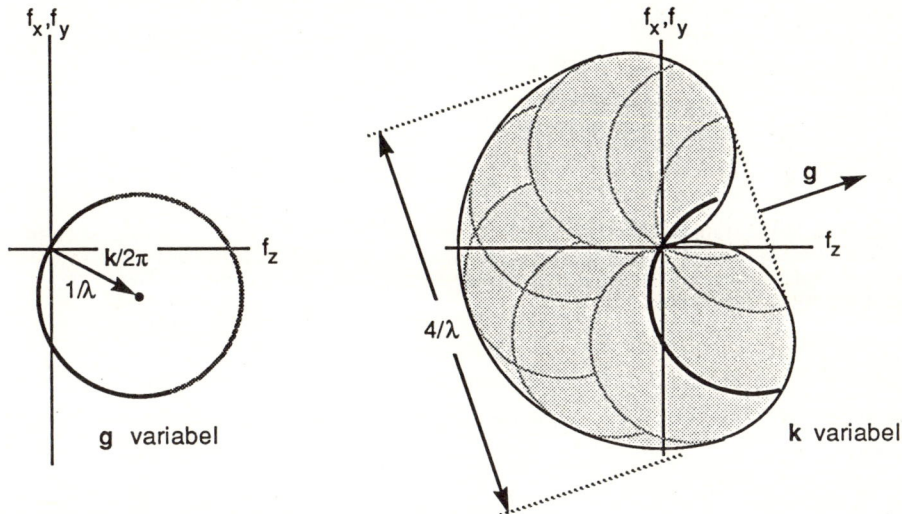

Bild 5-45: Erfaßbarer Spektralbereich bei Variation der Neigung der Meßebene (**links**) bzw. der Richtung der einfallenden Welle (**rechts**), ausgehend von dem in Bild 5-44, unten, skizzierten Fall

In vielen technischen Fällen sind **k** und **g** nicht frei wählbar, weil z.B. Schallgeber und Detektoren eines Ultraschallgeräts fest zueinander montiert sind. Die Variation von **k** und **g** wird dann z.B. durch eine Drehung des Objekts ersetzt. Zwei spezielle Meßanordnungen sind in Bild 4-46 skizziert, nämlich

g ↑↓ **k**   Reflexionsverfahren, Rückstreuung

und

g ↑↑ **k**   Transmissionsverfahren, Vorwärtsstreuung,

---

[1] Die Skizzen zeigen der Übersichtlichkeit halber nur jeweils einen *zwei*dimensionalen Schnitt durch die Spektren. So muß man sich das in Bild 5-45, rechts, markierte Gebiet als *Rotationsfigur* vorstellen; die Rotationsachse ist durch den Koordinatenursprung und durch **g** festgelegt.

zusammen mit den damit maximal erfaßbaren Gebieten des Objektspektrums. Während in ersterem Fall nur ein *Bandpaß*auszug ($\sqrt{2}/\lambda \leq f_r \leq 2/\lambda$) des Objekts rekonstruiert werden kann, liefert letzteres Verfahren eine *Tiefpaß*version ($f_r \leq \sqrt{2}/\lambda$). Beide Verfahren miteinander kombiniert erlauben die Erfassung des Objektspektrums im (größten durch Streufeldmessung möglichen) Bereich von $f_r \leq 2/\lambda$.

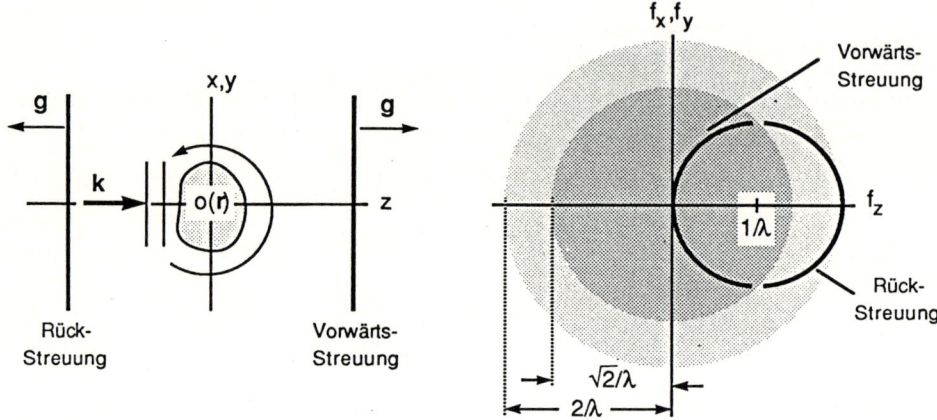

Bild 5-46, links: Meßanordnung mit zur Detektorebene senkrecht einfallender Welle; skizziert sind die zwei Fälle **g** ↑↓ **k** (Erfassung des rückgestreuten Feldes) und **g** ↑↑ **k** (Messung des vorwärtsgestreuten Feldes); **rechts:** Die zugehörigen Ewald-Kugeln, sowie der durch Variation der Objektorientierung erfaßbare Spektralbereich

Genauso, wie wir das Fourier-Beugungs-Theorem (5-92c,d) direkt aus den entsprechenden Gleichungen (5-57c,d) für das Quellenproblem hergeleitet haben, indem wir darin

$$q(r) = o(r)\, u_i(r) = o(r)\, e^{-jkz}$$

und damit

$$Q(f_r) = O(f_x, f_y, f_z + 1/\lambda)$$

gesetzt haben, können wir auch die *Fernfeldlösung* aus (5-60b) für das Streuproblem adaptieren. Wir begnügen uns jedoch mit dem Hinweis auf Bild 5-22, in welchem lediglich das Quellenspektrum Q(.) durch das um $1/\lambda$ nach 'links' verschobene Objektspektrum O(.) ersetzt werden muß (eine einfallende *ebene* Welle in z-Richtung vorausgesetzt).

Tabelle der Symbole und Formelzeichen

Symbole und Operatoren

$\mathbf{R}^n$	Menge aller reellen n-Tupel
L, F	Menge der Punkte einer Linie, Fläche
L_s, P_s	Menge der Punkte einer Schnittlinie, Menge der Schnittpunkte
$d^n\mathbf{x}$	$dx_1 dx_2 \ldots dx_n$; n-dimensionales differentielles Volumenelement
$\mathcal{S}\{.\}$	Systemoperator
$\mathcal{B}_o\{.\}$	Operator zur Berechnung von Bornschen Näherungen
$\mathcal{D}\{.\}$	allg. Differentialoperator
∇	Nabla-Operator, z.B.: $\nabla a(.) = \text{grad } a(.)$
	$\nabla \cdot \mathbf{b}(.) = \text{div } \mathbf{b}(.)$
	$\nabla \times \mathbf{b}(.) = \text{rot } \mathbf{b}(.)$
Δ	Laplace-Operator
Re{.}, Im{.}	Realteil, Imaginärteil
$*$	eindimensionale Faltung
$**$	zweidimensionale Faltung
$*$	mehrdimensionale Faltung
$\overset{x}{*}$	eindimensionale Faltung bezüglich der Variablen x
$\otimes, \otimes$	ein-, mehrdimensionale Korrelation
$\mathcal{F}\{.\}, \mathcal{F}^{-1}\{.\}$	Fourier-Transformation, Fourier-Rücktransformation
$\mathcal{F}_x\{.\}$	Fourier-Transformation bezüglich der Variablen x
o——•	eindimensionale Fourier-Transformation
o===•	zweidimensionale Fourier-Transformation
o≡≡≡•	dreidimensionale Fourier-Transformation
o——•	allg. mehrdimensionale Fourier-Transformation
o—$\overset{x}{}$—•	Fourier-Transformation bezüglich der Variablen x
$\mathcal{Hilb}\{.\}$	Hilbert-Transformation
$\mathcal{H}_m\{.\}$	Hankel-Transformation m-ter Ordnung
— m —	Hankel-Transformation m-ter Ordnung
$\cdot$	Skalar- oder inneres Produkt zwischen Vektoren
$\times$	Vektor- oder äußeres Produkt zwischen Vektoren
$\det(\mathbf{b}_1, \mathbf{b}_2, \ldots)$	Determinante der Matrix mit den Spaltenvektoren $\mathbf{b}_1, \mathbf{b}_2, \ldots$

Variablen

Orts-Zeit-Bereich:

t	Zeitvariable
t'	zweite Zeitvariable zur Beschreibung zeitvarianter Systeme

$\mathbf{x}$	allg. Variablenvektor $(x_1, x_2, \ldots, x_n)^T$ eines n-dimensionalen Signals
$\mathbf{r}$	Ortsvektor, z.B. $(x,y,z)^T$ bei drei Dimensionen
$\Delta\mathbf{r}$	$(x,y,\Delta z)^T$
r	$\lvert\mathbf{r}\rvert$ oder auch $\lvert\mathbf{x}\rvert$
x, y, z	karthesische Ortskoordinaten
Δz	$z - z_0$
R, T	karthesische Hilfs-Ortskoordinaten zur Beschreibung der Parallel-projektion einer zweidimensionalen Funktion auf die R-Achse
R_1, R_2, T	dito bei Projektion einer dreidimensionalen Funktion auf die R_1, R_2-Ebene
R, T_1, T_2	dito bei planarer Projektion einer dreidimensionalen Funktion auf die R-Achse
r, φ, ϑ	Kugel-(Polar-)koordinaten im Ort
$\Delta r, \varphi, \Delta\vartheta$	Kugel-(Polar-)koordinaten im Ort, zentriert bei $(0,0,z_0)^T$
$x', y', \xi_1, \xi_2, t', \tau$	Integrations- oder Hilfsvariablen

Spektralbereich:

f, f_t	Zeitfrequenz
f'	Integrations- oder Hilfsfrequenzvariable, zweite Frequenzvariable zur Beschreibung zeitvarianter Systeme
φ_1, φ_2	Hilfsfrequenzvariable (Abschnitt 4.1)
p	komplexe Zeitfrequenz bei der Laplace-Transformation
$\mathbf{f}$	allg. Frequenzvektor $(f_1, f_2, \ldots, f_n)^T$ eines n-dimensionalen Spektrums
$\mathbf{f_r}$	Ortsfrequenzvektor, z.B. $(f_x, f_y, f_z)^T$ bei drei Dimensionen
f_r	$\lvert\mathbf{f_r}\rvert$ oder auch $\lvert\mathbf{f}\rvert$
f_x, f_y, f_z	karthesische Spektralkoordinaten
f_R, f_T	karthesische Hilfs-Spektralkoordinaten zur Beschreibung der Parallelprojektion eines zweidimensionalen Signals
f_R, f_{T1}, f_{T2}	dito bei planarer Projektion eines dreidimensionalen Signals
f_r, ϕ, θ	Kugel-(Polar-)koordinaten im Spektralbereich

Funktionen

$a(.)$	Hilfsfunktion mit jeweils unterschiedlicher Bedeutung, meist Argument einer δ-Funktion oder: Abtastfunktion (Kapitel 4)
$A(.)$	Spektrum der Abtastfunktion $a(.)$
$\mathbf{b}(.)$	Vektorfeld zur Vorgabe der Differentiationsrichtung (Abschnitt 3.1)
$c(.)$	örtlich variierende Wellenausbreitungsgeschwindigkeit (Abschnitt 5.3)
$e(.)$	Eigenfunktion (Kapitel 1)
$g(t,t'), h(t,t')$	zeitvariante Impulsantwort; $g(t,t') = h(t - t', t')$
$G(f,f'), H(f,f')$	zweidimensionale Spektren von $g(t,t')$, $h(t,t')$
$H_0^{(2)}(.), H_1^{(2)}(.)$	Hankel-Funktion nullter, erster Ordnung (Kapitel 5)

$J_p(.)$	Bessel-Funktion p-ter Ordnung, mit $p \in \mathbf{R}$
$m(.)$	Modulationsfunktion
$n(.)$	örtlich variierender Brechungsindex (Abschnitt 5.3)
$N_0(.), N_1(.)$	Neumann-Funktion nullter bzw. erster Ordnung (Kapitel 5)
$p(.)$	δ-Puls (unendliche Reihe äquidistanter δ-Impulse)
$p_s(.), p_{sZ}(.)$	spezielle δ-Punkte-Pulse (Abschnitt 4.2)
$P_s(.), P_{sZ}(.)$	deren Spektren (Abschnitt 4.2)
$o(.), O(.)$	Objektfunktion und deren Spektrum (Kapitel 5)
$o_{\varphi,\vartheta}(.), O_{\varphi,\vartheta}(.)$	vgl. $u_{\varphi,\vartheta}(R,T_1,T_2), U_{\varphi,\vartheta}(f_R,f_{T1},f_{T2})$
$o_{pp}(.)$	vgl. $u_{pp}(R;\varphi,\vartheta)$
$q(.), Q(.)$	Quellenfunktion und deren Spektrum (Kapitel 5)
$Q(.)$	Spektrum der Quellenfunktion in Kugelkoordinaten (Kapitel 5)
$Q_{\varphi,\vartheta}(.)$	vgl. $U_{\varphi,\vartheta}(f_R,f_{T1},f_{T2})$ (Kapitel 5)
$q_r(r), q_t(t)$	Orts-, Zeitverlauf einer in r und t separierbaren Quellenfunktion
$q_{t0}(r), Q_{t0}(f_r)$	Ortsverlauf einer Impulsquelle bei $t = t_0$, dessen Ortsspektrum
$q_{r0}(t), Q_{r0}(f_t)$	Zeitverlauf einer Punktquelle bei $r = r_0$, dessen Zeitspektrum
$rect(.)$	Rechteckfunktion
$s(.)$	allg. (zeitinvariante) Punkt-(Impuls-)antwort
$S(.)$	allg. Übertragungsfunktion
$s(r,t), S(f_r,f_t)$	Punkt-Impulsantwort, Übertragungsfunktion zur Lösung des Quellenproblems (Kapitel 5)
$S_\sim(.)$	Übertragungsfunktion zur näherungsweisen Lösung des Quellenproblems, gültig für ca. $z > 5\lambda$ (Kapitel 5)
$s_{\Delta t}(.), S_{\Delta t}(.)$	Punktantwort, Übertragungsfunktion zur Lösung des Anfangswertproblems erster Ordnung (Kapitel 5)
$s_{0,\Delta t}(.), s_{1,\Delta t}(.),$ $S_{0,\Delta t}(.), S_{1,\Delta t}(.)$	Punktantworten, Übertragungsfunktionen zur Lösung des Anfangswertproblems zweiter Ordnung (Kapitel 5)
$s_{\Delta z}(.), S_{\Delta z}(.)$	Punkt-(Impuls-)antwort, Übertragungsfunktion zur Lösung des Randwertproblems erster Ordnung (Punktantwort, Übertragungsfunktion des Raums) (Kapitel 5)
$s_{0,\Delta z}(.), s_{1,\Delta z}(.),$ $S_{0,\Delta z}(.), S_{1,\Delta z}(.)$	Punkt-(Impuls-)antworten, Übertragungsfunktionen zur Lösung des Randwertproblems zweiter Ordnung (Kapitel 5)
$s_{\Delta zF}(.), S_{\Delta zF}(.)$	$s_{\Delta z}(.), S_{\Delta z}(.)$ in Fresnel-Näherung (Abschnitt 5.3)
$s_{R,p}(.), S_{R,p}(.)$	Punktantwort, Übertragungsfunktion eines auf p Rückprojektion basierenden tomographischen Abbildungssystems (Abschnitt 4.2)
$\tilde{s}_{R,p}(.), \tilde{S}_{R,p}(.)$	$s_{R,p}(.), S_{R,p}(.)$ nach Bandbegrenzung (Abschnitt 4.2)
$s_\rho(.), S_\rho(.)$	Punktantwort, Übertragungsfunktion des ρ-Filters (Abschnitt 4.2)
$si(.)$	si-Funktion
$sign(.)$	Vorzeichenfunktion
$u(.), \mathbf{u}(.)$	Signal in karthesischen, Polar-(Kugel-)Koordinaten
$U(.), \mathbf{U}(.)$	Spektrum von $u(.)$ in karthesischen, Polar-(Kugel-)Koordinaten
$U^x(.), U^t(.)$	Teilspektrum von $u(.)$, gebildet bezüglich der Variablen x, t usw.

$\hat{u}(.)$	Näherung von $u(.)$
$u_z(x,y)$	$u(x,y,z)$ (Abschnitt 5.3)
$U_z(f_x,f_y)$	$U^{x,y}(f_x,f_y,z)$ (Abschnitt 5.3)
$u_1(.)$, $u_2(.)$	Eingangs-, Ausganssignal eines Systems
$U_1(.)$, $U_2(.)$	Fourier-Spektren von $u_1(.)$, $u_2(.)$
$u'(.)$, $u''(.)$	erste, zweite Ableitung von $u(.)$ nach dem Argument
$u^{(v)}(.)$	v-te Ableitung von $u(.)$ nach dem Argument
	Ausnahmen:
$u_1'(.)$, $u_2'(.)$	Hilfsfunktionen (Abschnitt 4.2)
$U_1'(.)$, $U_2'(.)$	Spektren von $u_1'(.)$, $u_2'(.)$ (Abschnitt 4.2)
$u'(.)$, $u''(.)$	erste, zweite Ableitung nach z (Kapitel 5)
$\dot{u}(.)$, $\ddot{u}(.)$	erste, zweite zeitliche Ableitung (Kapitel 5)
$u_a(.)$	analytisches Signal von $u(.)$
$u_r(r)$, $U_{fr}(f_r)$	Radialverlauf eines rotationssymmetrischen Signals, Spektrums
$u_\varphi(\varphi)$, $U_\phi(\phi)$	azimutaler Verlauf eines in Radius und Azimut separierbaren Signals, Spektrums
$u_\varphi(R,T)$,	$u(x_1,x_2)$, dargestellt im R,T-Koordinatensystem, welches um φ gegenüber x_1,x_2 gedreht ist
$U_\varphi(f_R,f_T)$	$U(f_1,f_2)$, dargestellt im f_R,f_T-Koordinatensystem, welches um φ gegenüber f_1,f_2 gedreht ist, also zweidimensionales Fourier-Spektrum von $u_\varphi(R,T)$ bezüglich R und T
$u_{\varphi,\vartheta}(R_1,R_2,T)$,	$u(x_1,x_2,x_3)$, dargestellt im R_1,R_2,T-Koordinatensystem, welches um φ und ϑ gegenüber x_1,x_2,x_3 gedreht ist
$u_{\varphi,\vartheta}(R,T_1,T_2)$,	$u(x_1,x_2,x_3)$, dargestellt im R,T_1,T_2-Koordinatensystem, welches um φ und ϑ gegenüber x_1,x_2,x_3 gedreht ist
$U_{\varphi,\vartheta}(f_R,f_{T1},f_{T2})$	dreidimensionales Fourier-Spektrum von $u_{\varphi,\vartheta}(R,T_1,T_2)$
$u_p(R;\varphi)$	Parallelprojektion von $u_\varphi(R,T) \equiv u(x_1,x_2)$ längs T auf die R-Achse
$U_p(f_R;\varphi)$	eindimensionales Fourier-Spektrum von $u_p(R;\varphi)$ bezüglich R
$u_p(R_1,R_2;\varphi,\vartheta)$	Parallelprojektion von $u_{\varphi,\vartheta}(R_1,R_2,T) \equiv u(x_1,x_2,x_3)$ längs T auf die R_1,R_2-Ebene
$u_{pp}(R;\varphi,\vartheta)$	planare Projektion von $u_{\varphi,\vartheta}(R,T_1,T_2) \equiv u(x_1,x_2,x_3)$ längs der T_1,T_2-Ebene auf die R-Achse
$u_F(.)$, $\mathbf{u}_F(.)$	Fernfeld in karthesischen, Polar-(Kugel-)Koordinaten (Kapitel 5)
$u_d(t)$, $U_d(f)$	abgetastetes Signal $u(.)$ und zugehöriges (periodisch wiederholtes) Fourier-Spektrum (Kapitel 1)
$u_p(t)$, $U_p(f)$	periodisch wiederholtes Signal, zugehöriges (abgetastetes) Spektrum (Kapitel 1)
$u_s(x)$, $u_s(x,y)$	Zeilen-, Schnittbildsequenz von $u(x,y)$ bzw. $u(x,y,t)$ (Abschnitt 4.2)
$U_s(f_x)$, $U_s(f_x,f_y)$	zugehörige Sequenzspektren
$u_s(\mathbf{r})$	Streufeld (Abschnitt 5.3)
$u_{s,1}(.)$, $u_{s,v}(.)$	dito nach der ersten, v-ten Bornschen Näherung (Abschnitt 5.3)
$\mathbf{v}(.)$, $\mathbf{V}(.)$	allg. Vektorfeld, dessen Fourier-Spektrum (komponentenweise)

$w(l;r_0)$, $W(f_l;r_0)$ Verlauf von $\tilde{s}_{R,p}(.)$ auf einem Kreis vom Radius r_0, dessen (ein-dimensionales) Spektrum (Abschnitt 4.2)

$\delta(.)$, $\delta_\varepsilon(.)$ δ-Funktion, deren Realisierung

$\delta'(.)$, $\delta_\varepsilon'(.)$ differenzierte δ-Funktion, deren Realisierung

$\lambda(.)$, $\lambda_0(.)$ Röntgenrate nach, vor Durchdringung eines Objekts (Abschnitt 4.2)

$\gamma(.)$ Sprungfunktion

κ s. Bilder 5-13 und 5-18

$\mu(.)$ Röntgen-Schwächungskoeffizient (Abschnitt 4.2)

$\psi_d(.)$ quadratische (Phasen-)funktion, z.B. $\psi_d(x,y) := \pi(x^2+y^2)/(\lambda d)$ (Abschnitt 5.3)

Sonstige Größen und Vektoren

$\mathbf{b}_1$, $\mathbf{b}_2$, ...   Basisvektoren eines Abtastrasters (Abschnitt 4.1)

c Wellenausbreitungsgeschwindigkeit (Kapitel 5)

c_0 Wellenausbreitungsgeschwindigkeit des homogenen Mediums (Abschnitt 5.3)

D, B Zeitdauer des Signals, Ausdehnung des Spektrums (mathematische Bandbreite)

D_x, B_x Zeitdauer des Signals in x, Ausdehnung des Spektrum in f_x, usw.

B_1, B_2 Bandbreite von $u_1(.)$, $u_2(.)$ (Abschnitt 4.2)

$B_{h'}$ Bandbreite von $h(t,t')$ bezüglich f' (Abschnitt 4.2)

d Abstand zweier parallelen Ebenen oder: Brennweite von Linsen (Abschnitt 5.3)

ds differentielles Wegelement

$\mathbf{g}$ Normalenvektor einer Geraden (Ebene) (Kapitel 3)

$\mathbf{g}_\perp$ auf $\mathbf{g}$ senkrecht stehender Vektor gleichen Betrags (Kapitel 3)

$\mathbf{k}$ Wellenvektor $(k_x,k_y,k_z)^T$ (Abschnitt 5.3)

k Wellenzahl $|\mathbf{k}|$ (Abschnitt 5.3)

$\mathfrak{l}(.)$ Richtungsvektor einer Linie oder Geraden (Kapitel 3)

m Anzahl der Perioden einer zirkularharmonischen Funktion (Abschnitt 3.4)

n Anzahl der Dimensionen (in Kapitel 5: ohne Zeitdimension) oder: Brechungsindex (Abschnitt 5.3)

n_0 Brechungsindex des homogenen Mediums (Abschnitt 5.3)

N_1, N_n Zeit-(bzw. Orts-)Bandbreite-Produkt eines eindimensionalen, n-dimensionalen Signals oder Spektrums

p Anzahl von Geraden (Ebenen) eines Geraden-(Ebenen-)büschels oder: Anzahl von Projektionen (Kapitel 4) oder: Konstante in der Geraden-(Ebenen-)gleichung $\mathbf{x} \cdot \mathbf{g} - p = 0$ (Abschnitt 3.1)

r_φ Krümmungsradius einer Linie an der Tangentialstelle bei Projektionsrichtung φ (Abschnitt 3.3)

232

$\Delta t, \Delta f$	Abtast-, Wiederholabstände in Zeit- und Frequenzbereich
$\Delta x, \Delta y$	Abtast-(Verschiebe-)abstände im Ort
$\mathbf{w}_1, \mathbf{w}_2, \dots$	Basisvektoren eines Wiederholrasters (Abschnitt 4.1)
Z	Mindestanzahl der nötigen Meßwerte zur Aufnahme eines Computer-Tomogramms (Abschnitt 4.2)
α, β, γ	Winkel zwischen (Wellen-)vektor und Koordinatenachsen x, y, z (Abschnitt 5.3)
α', β', γ'	$\pi/2 - \alpha, \pi/2 - \beta, \pi/2 - \gamma$ (Abschnitt 5.3)
ε	'kleine' reelle nichtnegative Zahl
λ	Wellenlänge (Abschnitt 5.3)
ν	(feste) Zeitfrequenz harmonischer kohärenter Wellenfelder (Abschnitt 5.3)
η	Wirkungsgrad eines Abtastrasters (Kapitel 4)

Literaturverzeichnis

1 Einführung

1.1 KÜPFMÜLLER, K.: Über Beziehungen zwischen Frequenzcharakteristiken und Ausgleichsvorgängen in linearen Systemen, E.N.T. **5**, 18-32, 1928

1.2 KÜPFMÜLLER, K.: Über die Dynamik der selbsttätigen Verstärkungsregler, E.N.T. **5**, 459- 467, 1928

1.3 KÜPFMÜLLER, K.: Die Systemtheorie der elektrischen Nachrichtenübertragung, Hirzel, Stuttgart, 1949

1.4 WUNSCH, G.: Geschichte der Systemtheorie: Dynamische Systeme und Prozesse, Oldenbourg, München, 1985

1.5 ZADEH, L.A., DESOER, C.A.: Linear System Theory, The State Space Approach, McGraw-Hill, New York, 1963

1.6 WUNSCH, G., Hrsg.: Handbuch der Systemtheorie, Oldenbourg, München, 1986

1.7 STROKE, G.W.: An Introduction to Coherent Optics and Holography, Academic Press, New York, 1966

1.8 BRACEWELL, R.N.: The Fourier Transform and its Applications, McGraw-Hill, New York, 1965

1.9 FOURIER, J.B.: Théorie analytique de la Chaleur, Gauthier-Villars, Paris, 1822

1.10 FOURIER, J.B.: Theorie der Wärme, Deutsche Übersetzung: B. Weinstein, Springer, Berlin, 1884

1.11 SOMMERFELD, A.: Vorlesungen über Theoretische Physik, Band VI, Partielle Differentialgleichungen der Physik, Geest & Portig, Leipzig, 1945, und Dieterich'sche Verlagsbuchh., Wiesbaden, 1947

1.12 ZIOMEK, L.J.: Underwater Acoustics, A Linear Systems Theory Approach, Academic Press, Orlando, 1985

1.13 VOLTERRA, V.: Theory of Functionals and of Integral and Integro-Differential Equations, Blackie, London, 1930, und Dover Publikations, New York, 1959

1.14 BUTTERWECK, H.-J.: Frequenzabhängige nichtlineare Übertragungssysteme, A.E.Ü. **21**, 239-254,1967

1.15 BEDROSIAN, E., RICE, S.O.: The Output Properties of Volterra Systems (Nonlinear Systems with Memory) Driven by Harmonic and Gaussian Inputs, Proc. IEEE **59**, 1688-1707, 1971

1.16 ZWICKER, E.: Das Ohr als Nachrichtenempfänger, Hirzel, Stuttgart, 1967

1.17 ANDREWS, H.C., Hrsg.: Tutorial and Selected Papers in Digital Image Processing, IEEE Comp. Soc. Cat. No. EHO 133-9, New York, 1978

2 Eindimensionale lineare Zeitsysteme

2.1 KÜPFMÜLLER, K.: Die Systemtheorie der elektrischen Nachrichtenübertragung, Hirzel, Stuttgart, 1949

2.2 WUNSCH, G.: Moderne Systemtheorie, Geest & Portig, Leipzig, 1962

2.3 WUNSCH, G.: Systemtheorie der Informationstechnik, Geest & Portig, Leipzig, 1971

2.4 UNBEHAUEN, R.: Systemtheorie, Oldenbourg, München, 1969

2.5 MARKO, H.: Methoden der Systemtheorie, Springer, Berlin, 1977

2.6 PAPOULIS, A.: Signal Analysis, McGraw-Hill, New York, 1977

2.7 DOETSCH, G.: Anleitung zum praktischen Gebrauch der Laplace-Transformation, Oldenbourg, München, 1956

2.8 REID, G.: Linear System Fundamentals, McGraw-Hill, New York, 1983

2.9 FRITZSCHE, G.: Signale und Funktionaltransformationen, VEB Verlag Technik, Berlin, 1985

2.10 BABOVSKY, H., BETH, T., NEUNZERT, H., SCHULZ-REESE, M.: Mathematische Methoden in der Systemtheorie: Fourieranalysis, Teubner, Stuttgart, 1987

2.11 LIGHTHILL, M.J.: Einführung in die Theorie der Fourier-Analysis und der Verallgemeinerten Funktionen, B.I. Hochschultaschenbuch 139, 1966

2.12 CAMPBELL, G.A., FOSTER, R.M.: Fourier Integrals for Practical Applications, Van Nostrand, Princeton, 1948

2.13 DOETSCH, G.: Handbuch der Laplace-Transformation, I-III, Birkäuser, Basel, 1950, 1955, 1956

2.14 BRECHENBACHER, G., Persönliche Mitteilung, 1988

3   Mehrdimensionale Signale und Systeme

3.1   BRACEWELL, R.N: The Fourier Transform and Its Applications, McGraw-Hill, New York, 1965

3.2   STROKE, G.W.: An Introduction to Coherent Optics and Holography, Academic Press, New York, 1966

3.3   PFEILER, M.: Lineare Systeme zur Übertragung zeitabhängiger Ortsfunktionen und Bilder, NTZ 2, 97-108, 1968

3.4   MARKO, H.: Die Systemtheorie der homogenen Schichten, Kybernetik 5, 221-240, 1968

3.5   PAPOULIS, A.: Systems and Transforms with Applications in Optics, McGraw-Hill, New York, 1968

3.6   GASKILL, J.D.: Linear Systems, Fourier Transforms, and Optics, John Wiley & Sons, New York, 1976

3.7   PAPOULIS, A.: Probability, Random Variables, and Stochastic Processes, McGraw-Hill, New York, 1977

3.8   HÄNSLER, E.: Grundlagen der Theorie statistischer Signale, Springer, Berlin, 1983

3.9   WOODWARD, P.M.: Probability and Information Theory, with Applications to Radar, D.W. Frey, Hrsg., Pergamon, London, 1953

3.10   CLAASEN, T.A.C.M., MECKLENBRÄUKER, W.F.G.: The Wigner Distribution Function - a Tool for Time-Frequency Signal Analysis,
Part I: Continuous-Time Signals, Philips J. Res. 35, 217-250, 1980
PartII: Discrete-Time Signals, Philips J. Res. 35, 276-300, 1980
PartIII: Relation with other Time-Frequency Signal Transformations, Philips J. Res. 35, 372-389, 1980

3.11   HOFER-ALFEIS, J.: Entzerrung linienhafter Verwischung zur Bildrekonstruktion aus Projektionen, Dissertation, Lehrstuhl für Nachrichtentechnik, TU-München, 1982

3.12   MEYER-EPPLER, W.: Die funktional-analytische Behandlung des Schattenproblems. Optik 1, 465- 474, 1946

3.13   RADON, J.: Über die Bestimmung von Funktionen durch ihre Integralwerte längs gewisser Mannigfaltigkeiten, Berichte über die Verhandlungen der Königlich Sächsischen Gesellschaft der Wissenschaften – Mathem.-physik. Klasse 69, 262-277, 1917

3.14   BARRETT, H.H., SWINDELL, W.: Radiological Imaging 1 und 2, Academic Press, New York, 1981

3.15   CORMACK, A.M.: Representation of a Function by Its Line Integrals, with Some Radiological Applications, J. of Applied Physics 34, 2722-2727, 1963; Teil II: J. of Applied Physics 34, 2908-2913, 1963

3.16   HERMAN, G.T., Hrsg: Image Reconstruction from Projections, Topics in Applied Physics 32, Springer, Berlin, 1979

3.17   KRESTEL, E., Hrsg.: Bildgebende Systeme für die medizinische Diagnostik: Grundlagen, Technik, Bildgüte, Siemens-AG Abt. Verl., Berlin, 1980

3.18   PLATZER, H., ETSCHBERGER, K.: Fouriertransformation zweidimensionaler Signale, Laser+ Elektro-Optik 4, (1) 39-45, (2) 43-49, 1972

4   Abtastung und Projektion mehrdimensionaler Signale

4.1   BARTELT, H.O., LOHMANN, A.W.: Signal Processing Systems with Dimensional Transducers, in: Transformations in Optical Signal Processing, Hrsg.: W.T. Rhodes et al., Proc. SPIE 373, 3-10, 1981

4.2   MACOVSKI, A.: Medical Imaging Systems, Prentice-Hall, Englewood Cliffs, NJ, 1983

4.3   Sonderhefte über Computer-Tomographie: Proc. IEEE 71, März 1983, Appl. Optics 24, Dez. 1985

4.4   HERMAN, G.T., Hrsg: Image Reconstruction from Projections, Topics in Applied Physics 32, Springer, Berlin, 1979

4.5   BARRETT, H.H., SWINDELL, W.: Radiological Imaging 1 und 2, Academic Press, New York, 1981

4.6   HOUNSFIELD, G.N., AMBROSE, J., PERRY, J.: Computerized Transverse Axial Scanning (Tomography), Parts 1, 2, 3, Brit. J. of Radiology 46, 1016-1051, 1973

4.7   KRESTEL, E., Hrsg.: Bildgebende Systeme für die medizinische Diagnostik: Grundlagen, Technik, Bildgüte, Siemens-AG Abt. Verl., Berlin, 1980

4.8   Pykett, I.L., et al.: Principles of Nuclear Magnetic Resonance Imaging, Radiology 143, 157-168, 1982

4.9   PETERSEN, D.P.: Sampling and Reconstruction of Wave-Number-Limited Functions in N-Dimensional Euclidean Spaces, Information and Control 5, 279-323, 1962

4.10   BORN, M., WOLF, E.: Principles of Optics, 4. Aufl., Pergamon Press, Oxford, 1970

4.11   HECHT, E.: Optics, 2. Aufl., Addison-Wesley, Reading, Mass., 1987

4.12   GOODMAN, J. W.: Introduction to Fourier Optics, McGraw-Hill, New York, 1968

4.13 KLAAS, L.: Beitrag zur optimalen Abtastung reeller Funktionen in der euklidischen Ebene, AEÜ **39**, 57-60, 1985

4.14 MARKS, R.J.: Restoring Lost Samples from an Oversampled Band-Limited Signal, IEEE Trans. **ASSP-31**, 752-755, 1983

4.15 LOHMANN, A.W., WERLICH, H.W.: Spatial Pulse Modulation, Appl. Optics **10**, 2743-2753, 1971

4.16 PAULUS, E.: Über den Zusammenhang zwischen dem Spektrum des Videosignals und der zweidimensionalen Fouriertransformierten der Bildvorlage, Frequenz **12**, 330-333, 1980

4.17 HOFER-ALFEIS, J., BAMLER, R.: Three-Dimensional and Four-Dimensional Convolutions by Coherent Optical Filtering, Transformations in Optical Signal Processing, Proc. SPIE **373**, 77-87, 1981

4.18 BAMLER, R., HOFER-ALFEIS, J.: Three- and Four-Dimensional Filter Operations by Coherent Optics, Optica Acta **29**, 747-757, 1982

4.19 MARKS, R.J., WALKUP, J.F., HAGLER, M.O.: Sampling Theorems for Linear Shift-Variant Systems, IEEE Trans. **CAS-25**, No. 4, 228-233, 1978

4.20 CUTRONA, L.J.: Recent Developments in Coherent Optical Technology, Optical and Electro-Optical Informations Processing, Chapter 6, MIT Press, Cambridge, 1965

4.21 GOODMAN, J.W.: Operations Achievable with Coherent Optical Information Processing Systems, Proc. IEEE **65**, 29-38, 1977

4.22 GOODMAN, J.W., KELLMAN, P., HANSEN, E.W.: Linear Space-Variant Optical Processing of 1D Signals, Appl. Optics, **16**, 733-738, 1977

4.23 MARKS, R.J., WALKUP, J.F., HAGLER, M.O.: Methods of Linear System Characterization Through Response Cataloging, Appl. Optics **18**, 655-658, 1979

4.24 MARKS, R.J.: Two-Dimensional Coherent Space-Variant Processing Using Temporal Holography: Processor Theory, Appl. Optics **18**, 3570-3674, 1979

4.25 BAMLER, R.: HOFER-ALFEIS, J.: 2D Linear Space-Variant Processing by Coherent Optics: A Sequence Convolution Approach, Optics Comm. **43**, 97-102, 1982

4.26 SHING-HONG, L., KRILE, T.F., WALKUP, J.F.: Piecewise Isoplanatic Modeling of Space-Variant Linear Systems, JOSA A **4**, 481-487, 1987

4.27 MARKO, H.: Methoden der Systemtheorie, Springer, Berlin, 1977

4.28 PLATZER, H. : Optical Image Processing, in: Proc. of the 2nd Scandinavian Conf. on Image Analysis, Hrsg: E.Oja et al., Helsinki, Finland, 15-17, 1981

4.29 PLATZER, H.: Abtastung durch winkelperiodische Geradenbüschel: Das Sampling-Theorem der Computertomographie, Nachrichtentechnische Berichte **12**, Inst. für Nachrichtentechnik der Technischen Universität München, 1985

4.30 STARK, H., SARNA, C.S.: Image Reconstruction Using Polar Sampling Theorems, Appl. Optics **18**, 2086-2088, 1979

4.31 STARK, H.: Sampling Theorems in Polar Coordinates, JOSA **69**, 1519-1525, 1979

5 Systemtheoretische Beschreibung physikalischer Phänomene

5.1 SCHWAB, A.J.: Begriffswelt der Feldtheorie, 2. Aufl., Springer, Berlin, 1987

5.2 SOMMERFELD, A.: Vorlesungen über Theoretische Physik, Band VI, Partielle Differentialgleichungen der Physik, Geest & Portig, Leipzig, 1945, und Dieterich'sche Verlagsbuchhandlung, Wiesbaden, 1947

5.3 FOURIER, J.B: Théorie analytique de la Chaleur, Gauthier-Villars, Paris, 1822

5.4 FOURIER, J.B.: Theorie der Wärme, Deutsche Übersetzung: B. Weinstein, Springer, Berlin, 1884

5.5 GRÖBER, H., ERK, S., GRIGULL, U.: Die Grundgesetze der Wärmeübertragung, 3. Aufl., Springer, Berlin, 1961

5.6 MORSE, P.M., INGARD, U.K.: Theoretical Acoustics, McGraw-Hill, New York, 1968

5.7 SCHUMANN, W.O.: Elektrische Wellen, Hanser, München, 1948

5.8 BLEISTEIN, N., COHEN, J.K.: Nonuniqueness in the Inverse Source Problem in Acoustics and Electromagnetics, J. of Mathematical Physics **18**, 194-201, 1977

5.9 KIM, K., WOLF, E.: Non-Radiating Monochromatic Sources and Their Fields, Optics Comm. **59**, 1-6, 1986

5.10 PORTER, R.P., DEVANEY, A.J.: Holography and the Inverse Source Problem, JOSA **72**, 327-330, 1982

5.11 DOETSCH, G.: Handbuch der Laplace-Transformation, Bd. I-III, Birkäuser, Basel, 1950, 1955, 1956; wg. einer Diskussion dieser Methoden s.: TERHARDT, E.: Evaluation of Linear-System Responses by Laplace-Transformation. Critical Review and Revision of Method, Acustica **64**, 63-72, 1987

5.12 SOMMERFELD, A.: Vorlesungen über theoretische Physik, Band IV: Optik, 3. Aufl., Geest & Portig, Leipzig, 1964

236

5.13   MORSE, P.M., FESHBACH, H.: Methods of Theoretical Physics, McGraw-Hill, New York, 1953

5.14   LOHMANN, W.A.: Three-Dimensional Properties of Wave-Fields, Optik **51**, 105-117, 1978

5.15   STREIBL, N.: Three-Dimensional Imaging by a Microscope, JOSA A **2**, 121-127, 1985

5.16   MARKO, H.: Die Systemtheorie der homogenen Schichten, Kybernetik **5**, 221-240, 1969

5.17   DALLAS, W.J.: Fourier Space Solution to the Magnetostatic Imaging Problem, Appl. Optics **24**, 4543-4546,1985

5.18   CATTERMOLE, K.W.: Signale und Wellen, VCH, Weinheim, 1985

5.19   ABRAMOWITZ, M., STEGUN, I.A.: Handboock of Mathematical Functions, Dover Publications, New York, 1965

5.20   WEYL, H.: Ausbreitung elektromagnetischer Wellen über einem ebenen Leiter, Ann. der Physik **60**, 481-500, 1919

5.21   EWALD, P.P.: Zur Begründung der Kristalloptik, Teil I, Ann. der Physik **49**, 1-39; Teil II, Ann. der Physik **49**, 117-143,1916

5.22   BORN, M., WOLF, E.: Principles of Optics, 4. Aufl., Pergamon Press, Oxford, 1970

5.23   GASKILL, J.D.: Linear Systems, Fourier Transforms, and Optics, John Wiley & Sons, New York, 1976

5.24   HARVEY, J.E., SHACK, R.V.: Aberrations of Diffracted Wave Fields, Appl.Optics **17**, 3003-3009, 1978

5.25   STROKE, G.W.: An Introduction to Coherent Optics and Holography, Academic Press, New York, 1966

5.26   GOODMAN, J. W.: Introduction to Fourier Optics, McGraw-Hill, New York, 1968

5.27   MENZEL, E., MIRANDÉ, W., WEINGÄRTNER, I.: Fourier-Optik und Holographie, Springer, Wien, 1973

5.28   LUTZ, E., TRÖNDLE, E.: Systemtheorie der optischen Nachrichtentechnik, Oldenbourg, München, 1983

5.29   FLEISCHER, H., AXELRAD, V.: Fourier-Akustik: Ein Verfahren zur Schallfeldanalyse, Acustica **57**, 51-61, 1985

5.30   MUKUNDA, N., SIMON, R., SUDARSHAN, E.C.G.: Fourier Optics for the Maxwell Field: Formalism and Applications, JOSA A **2**, 416-426, 1985

5.31   VANDER LUGT, A.,: Operational Notation for the Analysis and Synthesis of Optical Data-Processing Systems, Proc. IEEE **54**, 1055-1063, 1966

5.32   PAPOULIS, A.: Systems and Transforms with Applications in Optics, McGraw-Hill, New York, 1968

5.33   MARKO, H.: Anwendung der Systemtheorie in der Optik, in: Kleinheubacher Berichte **20**, 1977

5.34   O'Neill, E.L.: Spatial Filtering in Optics, IRE Trans. **IT-2**, 56-68, 1956

5.35   VANDER LUGT, A.: Signal Detection by Complex Spatial Filtering, IEEE Trans. **IT-10**, 139-145, 1964

5.36   STROKE, G.W.: Optical Computing, IEEE Spectrum , 24-41, Dez. 1972

5.37   PRESTON, K.Jr.: Coherent Optical Computers, McGraw-Hill, New York, 1972

5.38   KELLER, J., B.: Accuracy and Validity of the Born and Rytov Approximations JOSA **59**, 1003-1004, 1969

5.39   DEVANEY, A.J.: Inverse-Scattering Theory within the Rytov Approximation, Optics Letters **6**, 374-376, 1981

5.40   BEYKLIN, G., ORISTAGLIO, M.,L.: Distorted-Wave Born and Distorted-Wave Rytov Approximations, Optics Comm. **53**, 213-216, 1985

5.41   MUELLER, R.K., KAVEH, M., WADE, G.: Reconstructive Tomography and Applications to Ultrasonics, Proc. IEEE **67**, 567-587, 1979

5.42   KAVEH, M., SOUMEKH, M.: Computer-Assisted Diffraction Tomography, in: Image Recovery: Theory and Application, Hrsg.: H. Stark, Academic Press, Orlando, 1987

5.43   FISCHER, Martin: Eine einheitliche Darstellung der Verfahren zur Behandlung des skalaren inversen Streuproblems, Dissertation, Saarbrücken, 1984

5.44   DEVANEY, A.J.: A Filtered Backpropagation Algorithm for Diffraction Tomography, Ultrasonic Imaging **4**, 336-350, 1982

5.45   KOHN, W.: On the Convergence of Born Expansions, Rev. of Modern Physics **26**, 292-310, 1954

5.46   BRONSTEIN, I.N., SEMENDJAJEW, K.A., Taschenbuch der Mathematik, 14. Aufl., Harri Deutsch, Zürich, 1974

5.47   WOLF, E.: Three-Dimensional Structure Determination of Semi-Transparent Objects from Holographic Data, Optics Comm. **1**, 153-156, 1969

Sachverzeichnis

Springer

Nachrichten-technik

Herausgeber: H. Marko

Eine aktuelle Buchreihe für Studierende und Ingenieure

Springer-Verlag
Berlin Heidelberg New York London
Paris Tokyo Hong Kong